普通高等教育"十二五"部委级规划教材

食品包装学

李大鹏　主　编
王洪江　孙文秀　副主编

中国纺织出版社

内 容 提 要

本书改变了以往常用的按照包装材料、包装技术、包装机械以及典型食品包装这一体系的分类方式，按照食品的类型进行分类编写。书中在介绍了食品包装材料和食品包装原理后，分类详细介绍了肉制品包装、果蔬包装、水产品包装和其他一些食品的包装，最后简要介绍了一部分典型食品的包装标准与法规。

本书内容比较丰富，贴近生产实际，适用于食品科学与工程专业或相近专业的大学本科、专科学生作为教材使用，也可供有关研究人员、工程技术人员或包装工程专业的学生或从业人员用作参考。

图书在版编目(CIP)数据

食品包装学 / 李大鹏主编. — 北京：中国纺织出版社，2014. 10 （2024.1重印）

普通高等教育“十二五”部委级规划教材

ISBN 978 - 7 - 5180 - 0953 - 4

Ⅰ.①食…　Ⅱ.①李…　Ⅲ.①食品包装—高等学校—教材　Ⅳ.①TS206

中国版本图书馆 CIP 数据核字(2014)第 214873 号

责任编辑:彭振雪　　责任设计:品欣排版

责任印制:王艳丽

中国纺织出版社出版发行

地址:北京市朝阳区百子湾东里 A407 号楼　邮政编码:100124

销售电话:010—67004422　传真:010—87155801

http://www. c-textilep. com

E-mail:faxing@ c-textilep. com

中国纺织出版社天猫旗舰店

官方微博:http://weibo. com/2119887771

北京虎彩文化传播有限公司印刷　各地新华书店经销

2014 年 10 月第 1 版　2024 年 1 月第 5 次印刷

开本:710 × 1000　1/16　印张:20. 25

字数:305 千字　定价:38. 00 元

《食品包装学》编委会成员

主　编　李大鹏　黑龙江八一农垦大学

副主编　王洪江　黑龙江八一农垦大学

孙文秀　内蒙古农业大学

参　编（按姓氏笔画排序）

王洪江　黑龙江八一农垦大学

刘　伟　黑龙江八一农垦大学

孙文秀　内蒙古农业大学

李大鹏　黑龙江八一农垦大学

李俊芳　内蒙古科技大学

孟令伟　黑龙江八一农垦大学

普通高等教育食品专业系列教材
编委会成员

出版者的话

《国家中长期教育改革和发展规划纲要》中提出"全面提高高等教育质量"，"提高人才培养质量"。教高[2007]1号文件"关于实施高等学校本科教学质量与教学改革工程的意见"中，明确了"继续推进国家精品课程建设"，"积极推进网络教育资源开发和共享平台建设，建设面向全国高校的精品课程和立体化教材的数字化资源中心"，对高等教育教材的质量和立体化模式都提出了更高、更具体的要求。

"着力培养信念执着、品德优良、知识丰富、本领过硬的高素质专业人才和拔尖创新人才"，已成为当今本科教育的主题。教材建设作为教学的重要组成部分，如何适应新形势下我国教学改革要求，配合教育部"卓越工程师教育培养计划"的实施，满足应用型人才培养的需要，在人才培养中发挥作用，成为院校和出版人共同努力的目标。中国纺织服装教育协会协同中国纺织出版社，认真组织制订"十二五"部委级教材规划，组织专家对各院校上报的"十二五"规划教材选题进行认真评选，力求使教材出版与教学改革和课程建设发展相适应，充分体现教材的适用性、科学性、系统性和新颖性，使教材内容具有以下三个特点：

(1) 围绕一个核心——育人目标。根据教育规律和课程设置特点，从提高学生分析问题、解决问题的能力入手，教材附有课程设置指导，并于章首介绍本章知识点、重点、难点及专业技能，增加相关学科的最新研究理论、研究热点或历史背景，章后附形式多样的思考题等，提高教材的可读性，增加学生学习兴趣和自学能力，提升学生科技素养和人文素养。

(2) 突出一个环节——实践环节。教材出版突出应用性学科的特点，注重理论与生产实践的结合，有针对性地设置教材内容，增加实践、实验内容，并通过多媒体等形式，直观反映生产实践的最新成果。

(3) 实现一个立体——开发立体化教材体系。充分利用现代教育技术手段，构建数字教育资源平台，开发教学课件、音像制品、素材库、试题库等多种立体化的配套教材，以直观的形式和丰富的表达充分展现教学内容。

教材出版是教育发展中的重要组成部分，为出版高质量的教材，出版社严格甄选作者，组织专家评审，并对出版全过程进行跟踪，及时了解教材编写进度、编写质量，力求做到作者权威、编辑专业、审读严格、精品出版。我们愿与院校一起，共同探讨、完善教材出版，不断推出精品教材，以适应我国高等教育的发展要求。

中国纺织出版社
教材出版中心

前　言

食品包装作为最古老的包装行业，在现代包装领域占有非常重要的地位。由于人们对食品安全的认识的提高和重视，现代食品包装更是具有举足轻重的地位。食品包装涉及包装材料、包装结构、包装容器、包装工艺、包装机械以及包装标准与法规等多方面内容，尤其随着新材料、新设备、新工艺的出现，食品包装技术也在不断的进步和发展。本书按照食品的类型，分别介绍了各类典型食品的包装材料、工艺技术和包装机械，旨在尽量结合当前最先进的生产现状，编写出最接近食品包装技术实际应用的教材，力求能够反映食品包装领域的新成果和发展方向，以满足目前的教学需要。

本书是由黑龙江八一农垦大学、内蒙古农业大学和内蒙古科技大学三所院校多年从事包装工程与技术、食品科学与工程教学和研究工作的教师共同编写。其中，第一章、第二章和第七章由黑龙江八一农垦大学的李大鹏老师编写；第三章由内蒙古农业大学的孙文秀老师编写；第四章由黑龙江八一农垦大学的孟令伟老师编写；第五章由黑龙江八一农垦大学的刘伟老师编写；第六章由黑龙江八一农垦大学的王洪江老师编写；第八章由内蒙古科技大学的李俊芳老师编写。全书最后由黑龙江八一农垦大学的李大鹏老师负责组稿和统稿，并根据出版社的意见对全书进行了修改和补充；内蒙古农业大学的赵丽芹老师对本书的编写给予了极大地帮助和关心，在此表示特别的感谢。

本书内容丰富，适用于食品科学与工程或其他轻工专业的大学本科、专科教学使用，也可供包装工程专业有关研究人员、工程技术人员作参考。

由于编者水平有限，书中错误、不当和疏漏之处在所难免，诚挚欢迎阅读本书的师生和有关专家、学者批评指正。

编者

2014 年 5 月

前言

2014年5月

目　录

第一章 绪 论

本章学习重点与要求：

1. 掌握包装及食品包装的相关概念；
2. 了解包装的发展及与现代社会生活的关系；
3. 掌握食品包装质量的评价体系。

包装的萌芽应该追溯到人类最原始的时代。早在8 000年前，我们的祖先就开始使用烧制的陶瓷盛装物品和食物。半坡遗址的陶瓷，龙山遗址的黑陶，以及植物的叶子、果壳、葫芦、竹筒，动物的贝壳、兽皮等作为物品的包装载入了人类文明的史册。人类社会发展到有商品交换和贸易活动时，包装已逐渐成为商品的组成部分，同时又是实现商品价值和使用价值的手段。现代包装已成为人们日常生活消费中必不可少的内容。人类生活离不开包装，却也为包装所困扰。

食品包装从始至今，历来都是包装的主体。很多食物易腐败变质而丧失其营养和商品价值，因而它们必须适当被包装才能贮存和成为商品流通。随着科学技术的发展和人们消费水平的日益提高，人们对食品包装的要求也越来越高。食品包装的迅猛发展和千姿百态，既丰富了人们的生活，也逐渐改变着人们的生活方式。

第一节 包装的基本概念

一、包装的定义

谈到包装，人们曾赋予其不同的内涵。过去人们认为包装是用器具去容纳物品，或对物品进行裹包、捆扎等的操作，仅仅起容纳物品、方便取用的作用，这样的理解显然是片面的。现在人们对包装赋予了更广泛的含义，它以系统论的观点，把包装的目的、要求、构成要素、功能作用以及实际操作等因素联系起来，形成了一个完整的概念。

根据中华人民共和国国家标准（GB/T 4122.1—2008），包装（Package，Packaging）的定义：为在流通过程中保护产品、方便贮运、促进销售，按一定技术方法而采用的容器、材料及辅助物等的总体名称；也指为了达到上述目的而采用容器、材料和辅助物的过程中施加一定技术方法等的操作活动。

世界各国对包装的涵义有不同的理解，说法也不尽相同，但基本意思是一致的，都以包装的功能作用为其核心内容。例如，美国把包装定义为："包装，是使用适当的材料、容器，而施于技术，使其能将产品安全到达目的地——即在产品输送过程中的每一阶段，不论遭到怎样的外来影响，皆能保护其内装物，而不影响产品价值。"而日本包装工业标准 JIS Z0101—1959 对包装的定义是：包装是在商品的运输与保管过程中，为保护其价值及状态，以适当的材料，容器等对商品所施加的技术处理，及施加技术处理后保持下来的状态。加拿大认为"包装是将产品由供应者送到顾客或消费者手中，而能保持产品完好状态的工具"。英国认为"包装是为货物的运输和销售所做的艺术、科学和技术上的准备工作"。

国际上各个国家对现代包装的定义不尽相同，但其基本含义一致，可归纳成两个方面：一是关于包装商品的容器、材料及辅助物品；二是关于实施包装封缄等的技术活动。

食品包装（Food Package）是指：采用适当的包装材料、容器和包装技术，把食品包裹起来，以使食品在运输和贮藏过程中保持其价值和原有的状态。

二、包装的功能

现代商品社会中，包装对商品流通起着极其重要的作用，包装的科学合理性会影响到商品的质量可靠性，及能否以完美的状态传达到消费者手中，包装的设计和装潢水平直接影响到商品本身的市场竞争力乃至品牌、企业形象。现代包装的功能有四个方面。

（一）保护商品

包装最重要的作用是保护商品。商品在贮运、销售、消费等流通过程中常会受到各种不利条件及环境因素的破坏和影响，采用科学合理的包装可使商品免受或减少这些破坏和影响，以期达到保护商品之目的。

对食品产生破坏的因素大致有两类：一类是自然因素，包括光线、氧气、温湿度、水分、微生物、昆虫、尘埃等，可引起食品氧化、变色、腐败变质和污染；另一类是人为因素，包括冲击、振动、跌落、承压载荷、人为盗窃污染等，可引起内装物变形、破损和变质等。

不同食品、不同的流通环境，对包装保护功能的要求不同。如饼干易碎、易吸潮，其包装应耐压防潮；油炸花生极易氧化变质，要求其包装能阻氧避光照；而生鲜食品为维持其生鲜状态，要求包装具有一定的 O_2、CO_2 和水蒸气的透过率。

因此,包装工作者应首先根据包装产品的定位,分析产品的特性及其在流通过程中可能发生的质变及其影响因素,选择适当的包装材料、容器及技术方法对产品进行适当的包装,保护产品在一定保质期内的质量。

(二)方便储运

包装能为生产、流通、消费等环节提供诸多方便:方便厂家及物流部门搬运装卸、存储保管、商店陈列销售,也方便消费者的携带、取用和消费。现代包装还注重包装形态的展示方便、自动售货及消费开启和定量取用的方便。一般说来,产品没有包装就不能储运和销售。

(三)促进销售

包装是提高商品竞争能力、促进销售的重要手段。精美的包装能在心理上征服消费者,增加其购买欲望;超级市场中包装更是充当着无声推销员的角色。随着市场竞争由商品内在质量、价格、成本竞争转向更高层次的品牌形象竞争,包装形象将直接反映一个品牌和一个企业的形象。

现代包装设计已成为企业营销战略的重要组成部分。企业竞争的最终目的是使自己的产品为广大消费者所接受,而产品包装包含了企业名称、标志、商标、品牌特色以及产品性能、成分容量等商品说明信息,因而包装形象比其他广告宣传媒体更直接、更生动、更广泛的面对消费者。消费者从产品包装上得到更直观精确的品牌和企业形象。食品作为商品所具有的普遍和日常消费性特点,使得其通过包装来传达和树立企业品牌形象更显重要。

(四)提高商品价值

包装是商品生产的继续,产品通过包装才能免受各种损害而避免降低或失去其原有的价值。因此,投入包装的价值不但在商品出售时得到补偿,而且能给商品增加价值。包装的增值作用不仅体现在包装直接给商品增加价值这一最直接的增值方式,而且更体现在通过包装塑造名牌所体现的品牌价值这一种无形而巨大的增值方式。例如,世界著名的碳酸饮料品牌“可口可乐 Coca - Cola”,2011 年品牌价值咨询机构 Eurobrand 对其估值高达 550.79 亿欧元(约合人民币 4 830 亿元),成为全球第二大价值品牌。

当代市场经济倡导名牌战略,同类商品名牌与否差值很大;品牌本身不具有商品属性,但可以被拍卖,通过赋予它的价格而取得商品形式,而品牌转化为商品的过程可能会给企业带来巨大的直接或潜在的经济效益。包装增值策略的运用得当,将取得事半功倍、一本万利的效果。

三、包装的分类

现代包装种类很多，因分类角度不同形成多样化的分类方法。

(一)按在流通过程中的作用分类

包装可分为销售包装和运输包装。

1. 销售包装(Consumer Package)

GB/T 4122. 1—2008 包装术语中规定：销售包装，即以销售为主要目的，与内装物一起到达消费者手中的包装。它具有保护、美化、宣传产品，促进销售的作用。因此，要求销售包装不仅具有对商品的保护作用，而且更注重包装的促销和增值功能，通过包装装潢设计手段来树立商品和企业形象，吸引消费者、提高商品竞争力。一般能放到货架上销售的包装形式(体积较小)均属于销售包装，比如瓶、罐、盒、袋及其组合包装等。

2. 运输包装(Transport Package)

GB/T 4122. 1—2008 包装术语中规定：运输包装，即以运输贮存为主要目的的包装。它具有保障产品的安全，方便储运装卸，加速交接、点验等作用。因此，运输包装应具有很好的保护功能以及方便贮运和装卸功能，其外表面对储运注意事项应有明显的文字说明或图示，如"防雨""易燃""不可倒置"等。一般能够直接放置在仓库或者运输工具中的包装均为运输包装(体积较大)，常见运输包装有瓦楞纸箱、木箱、金属大桶、各种托盘、集装箱等。

(二)按包装结构形式分类

包装可分为贴体包装、泡罩包装、热收缩包装、便携包装、托盘包装、集合包装等。

1. 贴体包装(Skin Packaging)

贴体包装又叫真空贴体包装(Vacuum Skin Packaging, VSP)，将产品置于底板(纸板或塑料片材)上，在真空作用和加热条件下使得贴体薄膜紧贴产品表面，并与底板封合的一种包装形式。

2. 泡罩包装(Blister Packaging)

将产品封合在用透明塑料片材料制成的泡罩与盖材之间的一种包装形式。

3. 热收缩包装(Shrink Packaging)

将产品用热收缩薄膜裹包或装袋，通过加热使薄膜收缩而形成产品包装的一种包装形式。

4. 便携包装(Carrier Pack,Carry-home Pack)

为方便消费者携带,装有提手或类似装置的包装形式。

5. 托盘包装(Palletizing Packaging)

将产品或包装件堆码在托盘上,通过扎捆、裹包或黏结等方法固定,形成一个搬运单元,以便用机械设备搬运。

6. 集合包装(Assembly Packaging)

将若干同类或不同类商品包装在一起,形成一个合适的搬运单元的包装。

此外,还有捆扎包装、可折叠式包装、可拆卸包装、喷雾式包装等。

(三)按包装材料和容器分类

包装按包装材料和容器分类如表1-1所示。

表1-1 包装按包装材料和容器分类

包装材料	包装容器类型
纸与纸板	纸盒、纸箱、纸袋、纸罐、纸杯、纸质托盘、纸浆模塑制品等
塑料	塑料薄膜袋、中空包装容器、编织袋、周转箱、片材热成型容器、热收缩膜包装、软管、软塑料、软塑箱、钙塑箱等
金属	马口铁、无锡钢板等制成的金属罐、桶等,铝、铝箔制成的罐、软管、软包装袋等
复合材料	纸、塑料薄膜、铝箔等组合而成的复合软包装材料制成的包装袋、复合软管等
玻璃陶瓷	瓶、罐、坛、缸等
木材	木箱、板条箱、胶合板箱、花格木箱等
其他	麻袋、布袋、草或竹制包装容器等

(四)按包装质地分类

1. 硬质包装(Rigid Package)

所谓硬质包装,即在充填或取出内装物后,容器形状基本不发生变化的包装。该容器一般用金属、木质材料、玻璃、陶瓷、纸板、硬质塑料等材料制成。

2. 软包装(Flexible Package)

在充填或取出内装物后,容器形状可发生变化的包装。该容器一般用纸、纤维制品、塑料薄膜或复合包装材料等制成。

(五)按包装使用次数分类

1. 一次性包装(Portion Package)

一次性包装,即仅使用一次的包装。这类包装一般不具备重复使用的价值,或者产品的高要求使得包装不能重复使用。比如,厚度很薄的一次性塑料袋,一次性食品包装用纸、纸盒,一次性塑料输液瓶等。

2. 可重复利用包装(Returnable Package)

可重复利用包装,也称之为周转包装,即可使用一次以上的包装。此类包装用过一次之后,不进行任何处理或者经过适当的处理后仍然就有使用的价值和功能,故可以重复利用。一般像玻璃啤酒瓶、塑料周转箱、托盘包装等都属于这一类。

(六)按被包装产品分类

包装可分为食品包装、化工产品包装、有毒物品包装、易碎物品包装、易燃品包装、工艺品包装、家电产品包装、杂品包装等。不同产品对包装有不同的要求,某些特殊产品还有相应的包装法规规范。

(七)按销售对象分类

包装可分成出口包装、内销包装、军用包装和民用包装等。

(八)按包装技术方法分类

包装可分为真空充气包装、控制气氛包装、脱氧包装、防潮包装、软罐头包装、无菌包装、热成型包装、热收缩包装、缓冲包装等。

第二节　包装与现代社会生活

包装与现代生活息息相关,现代社会生活离不开包装,包装的发展也深刻地改变和影响着现代社会生活。

一、包装策略与企业文化

产品包装是企业形象最直接生动的反映。包装形象(Packaging Image)包括企业标志、商标、标准字体、标准色等企业形象诸要素。现代企业越来越注重产品的包装形象,因为名牌的创立和认同,首先经过产品包装形象的确立和认同;包装产品经过大批量的、多次重复的展现和消费,其商品形象直接而有效地印在消费者的心目中。凡是科学的合理包装,均能概括、鲜明、集中、深刻反映商品的品质内涵,展示企业的素质形象。此观点得到企业界的广泛认同,因此,包装成为企业树立形象,创造名牌最基本、最重要的手段。

国际上杰出成功的企业通常把包装策略放在CIS(Corporate Identity System)即企业形象战略中加以统筹考虑。从广泛的意义上讲,CIS实质上是企业整体形象的包装;企业通过包装,向人们展示其内在品质和完美形象,从而赢得市场和消费者。因此,企业整体形象包装与包装策略成为现代企业文化的主流。

二、包装与资源和环境

资源的消耗和环境的保护是全球生态的两大热点问题,包装与其密切相关,并且成为这两个问题的焦点之一。包装制造所用材料大量地消耗自然资源;在包装生产过程中因不能分解的有毒三废造成对环境的污染;数量巨大的包装废弃物成为环境的重要污染源;这些因素均在助长着自然界恶性生态循环,世界各国为此投入巨大,问题有所控制,但依然严峻。

(一)包装与资源

地球的自然资源并非取之不尽、用之不竭,每一种物质的形成都需要漫长的时间。森林的大量采伐已严重破坏地球的气候和生态平衡,世界森林面积已不足国土总面积的32%。包装工业产品70%以上为一次性使用,使用后即为废弃物,产品生命周期较其他工业产品短,故消耗资源量大。如美国用于包装的纸和纸板占纸制品总量的90%,这充分说明包装消耗着相当数量的自然资源。

各种包装材料或容器的生产和使用均需要能源,表1-2所列为几种包装容器的生产所需总能源比较,其中以纸箱、纸盒包装的生产最节能。

表1-2 几种包装容器的生产所需总能源的比较

包装容器	玻璃瓶罐				金属罐	纸箱	纸盒	袋
周转次数	1	8	20	30	1	1	1	1
内装量/mL	200	200	200	200	250	1 000	500	200
单位容器重所需能源/(kJ/g)	28.59① 22.40	8.37	5.78	5.19	119.45①	98.05	116.43	287.13①
单位内装量所需总能源/(kJ/g)	17.84① 13.94	15.03	10.34	9.29	14.91	3.14	4.65	8.33

①外包装用瓦楞纸箱,其他则用塑料格箱。

从省料节能观点出发,包装应力求精简合理,防止过分包装和夸张包装;充分考虑包装材料的轻量化,采用提高材料综合包装性能等措施探索容器薄壁化和寻求新的代用材料,在满足包装要求的前提下,用纸塑类材料代替金属、玻璃包装材料。目前,牛奶、果汁类饮料产品基本采用纸塑类复合包装材料,并采用无菌包装技术包装,一方面大量节省了包装能源和成本,同时也较好地保持了食品原有风味和质量。此外,通过改进包装结构,实现包装机械化、自动化,加强包装标准化和质量管理等也能达到省料节能之目的。

我国也在积极建设资源节约型社会,在包装的使用上大力度提倡塑料包装有偿使用。例如,2008 年 1 月份国务院办公厅下发了“关于限制生产销售使用塑料购物袋的通知”,明确要求从 2008 年 6 月 1 日起在全国范围内禁止生产、销售、使用厚度小于 0. 025 mm 的超薄塑料购物袋,同时禁止超市、商场、集贸市场等零售场所免费提供塑料购物袋。这是一个新的开始,限塑令的提出可以逐步提高普通大众的环保意识和有偿使用意识。

(二)包装与环境保护

包装在促进商品经济发展的同时,对环境造成的危害也日趋严重。统计表明:截止 2011 年,全国垃圾积累量超过 60 亿吨,侵占了 300 多万亩土地。目前,在我国 600 多个大中城市中,有 2/3 的城市被垃圾围城。我国每年包装废弃物约占城市固体垃圾总量的 1/3,其中塑料占包装废弃物总量的 37. 8%、纸占 34. 8%、玻璃占 16. 9%、金属占 10. 5%。

综上所述,人类在进行产品包装的同时,唯有注重生态环境的保护,从单纯的解决人类最基本的功能性需求,转向人类生存环境条件的各方面要求,最终使产品包装与产品本身一起,与人及环境建立一种共生的和谐关系。因此,包装工业应力求低耗高效,使产品获得合理包装的同时,解决好废旧包装的回收利用和适当处理。有句话说得好:“垃圾是放错了地方的资源”,2010 年我国包装工业总产值突破 10 000 亿元,而包装废弃物的价值将近 4 000 亿元。换一个角度来看,这些垃圾如果能变成资源被重新利用,对资源节约和环境保护工作来说意义重大。

就食品包装来说,首先要解决好产品和包装的合理定位问题,抵制过度包装,优先采用高新包装技术和高性能包装材料,在保证商品使用价值的前提下,尽量减少包装用料和提高重复使用率,降低综合包装成本;其次应大力发展绿色包装、生态包装,研究包装废弃物的回收利用和处理问题。我国作为发展中国家,应避免走发达国家先污染再治理的道路,在社会主义市场经济条件下,包装工业应高度重视环境保护和生态平衡问题,优先发展易于循环利用,耗资、耗能少的包装材料;开发可控生物降解、光降解及水溶性的包装材料,并在推出新型包装材料的同时,同步推出其回收再利用技术,把包装对生态环境的破坏降低到最低程度。

(三)绿色包装

1987 年联合国环境与发展委员会发表了《我们共同的未来》宣言,1992 年 6 月再次通过《里约环境与发展宣言》和《21 世纪议程》,在全世界范围内掀起了一场以保护环境和节约资源为中心的绿色浪潮,形成了崇尚自然、保护环境的绿色理念。在绿色理念的倡导下,“绿色包装”作为迎合包装与环境的和谐共处的一个新概念,在20世纪的80年代末90年代初涌现出来。发达国家最初把这个新概念称之为“无公害包装”“环境友好包装”或“生态包装”,我国自1993年开始称为“绿色包装”。

到目前为止,有关绿色包装虽然没有明确的定义,但是一般认同的“绿色包装”是指能够循环再生利用或降解,节约资源和能源,并且在包装产品从材料、制品加工到废弃物处理全过程对人体健康及环境不造成公害的适度包装。因此,绿色包装意味着必须节省资源和能源,避免废弃物的产生,易回收、可再循环利用以及可降解等,能够满足生态环境保护的要求。发达国家已经要求包装做到“3R”和“1D”原则,即 Reduce(减量化)、Reuse(重复使用)、Recycle(再循环)、Degradable(可降解)。而随着绿色理念的不断延伸,消费者则对新型包装提出“4R1D”要求,在“3R1D”原则上加了 Recover(能源再生)。

所谓绿色包装材料,是指能够循环使用、再生利用或降解腐化,不造成资源浪费,并在材料存在的整个生命周期中对人体及环境不造成公害的包装材料。绿色包装材料本质上涵盖了保护环境和资源再生两方面的含义,这样就形成了一个封闭的生态循环圈,如图1-1所示。

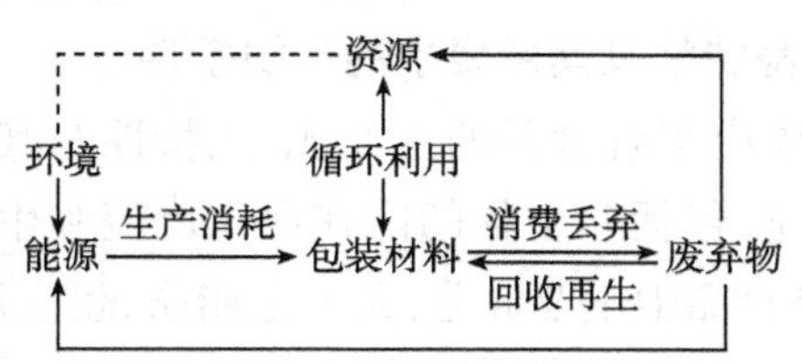

图1-1 包装材料的生态循环体系

就目前食品所使用的包装材料而言,如纸、塑料或是纸塑复合材料,从资源与环境两方面综合评判是否为绿色包装,即从资源利用、制造到使用后的处理来综合比较,结论是否定的。因此,绿色包装的技术体系应该解决包装在使用前后的整个过程中对生态环境的破坏问题,研究和寻找理想的绿色包装技术,或针对商品的不同要求去开发研究相应的绿色包装制品和方法。

倡导绿色包装的实际意义在于促进建立和完善包装资源的回收和再生系统,使包装废弃物得到充分利用,大大减少对生态环境的污染和破坏,同时又大量减少自然资源的消耗,使得人类的生存环境更安全、更清洁、更舒适。

第三节　食品包装概论

食品是人类生存和社会发展的物质基础,是人们从事劳动生产和一切活动的能量源泉,也是国家稳定和社会发展的永恒主题。随着社会的进步和发展,尤其是进入21世纪的今天,人们的温饱问题基本解决,包装对食品本身而言,不再是可有可无的环节,而是必不可少的组成部分。对食品进行合理包装,既能在一定程度上保证食品的质量,方便生产、贮存和运输,又能促进产品的销售,提高商品价值,是任何一个食品生产过程不容忽视的重要环节。

食品包装学作为一门综合性的应用科学,涉及化学、生物学、物理学、美学等基础科学,更与食品科学、包装科学、市场营销等人文学科密切相关。食品包装工程是一个系统工程,它包容了食品工程、机械力学工程、化学工程、包装材料工程以及社会人文工程等领域。因此,做好食品包装工作,首先要掌握与食品包装相关的学科技术知识,以及综合运用相关知识和技术进行包装操作的能力和方法;其次应该建立评价食品包装质量的标准体系。

一、怎样做好食品包装

(一)了解食品本身特性及其所要求的保护条件

做好食品包装首先应了解食品的主要成分、特性及其加工和贮运流通过程中可能发生的内在反应,包括非生物的内在生化反应和生物性的腐败变质反应机理;其次应研究影响食品中主要成分,尤其是脂肪、蛋白质、维生素等营养成分的敏感因素,包括光线、氧气、温度、微生物及物理、机械力学等方面的影响因素。只有掌握了被包装食品的生物、化学、物理学特性及其敏感因素,确定其要求的保护条件,才能正确选用包装材料、包装工艺技术来进行包装操作,达到保护功能并适当延长食品贮存保鲜保质期的目的。

(二)研究和掌握包装材料的包装性能、适用范围及条件

包装材料种类繁多、性能各异,因此,只有了解各种包装材料和容器的包装性能,才能根据包装食品的防护要求选择既能保护食品风味和质量,又能体现其商品价值,并使综合包装成本合理的包装材料。例如,需高温杀菌的食品应选用耐高温包装材料,而低温冷藏食品则应选用耐低温的材料包装。

(三)掌握有关的包装技术方法

对于给定的食品,在选取合适的包装材料和容器后,还应采用最适宜的包装

技术方法。包装技术的选用与包装材料密切相关,也与包装食品的市场定位等因素有关。同一种食品往往可以采用不同的包装技术方法而达到相同或相近的包装要求和效果,但包装成本不同。例如,易氧化食品可采用真空或充气包装,也可采用封入脱氧剂进行包装,但后者的包装成本较高;有时为了达到设定的包装要求和效果,必须采用特定的包装技术。

(四)研究和了解商品的市场定位及流通区域条件

商品的市场定位、运输方式及流通区域的气候和地理条件等是食品包装设计必须考虑的因素。国内销售商品与面向不同国家的出口商品的包装和装潢要求不同,不同运输方式对包装的保护性要求不同,公路运输比铁路运输有更高的缓冲包装要求。对食品包装而言,商品流通区域的气候条件变化至关重要,因为环境温湿度对食品内部成分的化学变化、食品微生物及其包装材料本身的阻隔性都有很大的影响,在较高温湿度区域流通的食品,其包装要求应更高;运往寒冷地区的产品包装,应避免使用遇冷变硬脆化的高分子包装材料。

(五)研究和了解包装整体结构和包装材料对食品的影响

包装食品的卫生与安全非常重要,而包装材料及包装整体结构与此关系很大,包装操作时应了解包装材料中的添加剂等成分向食品中迁移的情况,以及食品中某些组分向包装材料渗透和被吸附情况等对流通过程中食品质量安全的影响。

(六)进行合理的包装结构设计和装潢设计

根据食品所需要的保护性要求、预计包装成本、包装量等诸方面因素进行合理的包装设计,包括容器形状、耐压强度、结构形式、尺寸、封合方式等方面;应尽量使包装结构合理、节省材料、节约运输空间及符合时代潮流,避免过分包装和欺骗性包装。

包装装潢设计应与内装产品相适应,做到商标醒目、文字简明、图案色彩鲜明,富有视觉冲击力,并能迎合所定位的消费人群的喜好。出口商品应注意消费国家的民族习惯,并避免消费群体的禁忌。

(七)掌握包装测试方法

合格的商品必须通过有关法规和标准规定的检验测试,商品检测除对产品本身进行检测外,对包装也必须检测,合格后方能使用流通。包装测试项目很多,大致可分成以下两类。

1. 对包装材料或容器的检测

包括包装材料和容器的 O_2、CO_2 和水蒸气的透过率、透光率等的阻透性测试;包装材料的耐压、耐拉、耐撕裂强度、耐折次数、软化及脆化温度、黏合部分的剥离和剪切强度测试;包装材料与内装食品间的反应,如印刷油墨、材料添加剂等有害成分向食品中迁移量的测试;包装容器的耐霉试验和耐锈蚀试验等。

2. 包装件的检测

包括跌落、耐压、耐振动、耐冲击试验和回转试验等,主要解决贮运流通过程中的耐破损问题。

包装检测项目非常多,但并非每一个包装都要进行全面检测。对特定包装究竟要进行那些测试,应视内装食品的特性及其敏感因素、包装材料种类及其国家标准和法规要求而定。例如,罐头食品用空罐常需测定其内涂料在食品中的溶解情况;脱氧包装应测定包装材料的透氧率;防潮包装应测定包装材料的水蒸气透过率等。

(八)掌握包装标准及法规

包装操作自始至终每一步都应严格遵守国家标准和法规。标准化、规范化过程贯穿整个包装操作过程,才能保证从包装的原材料供应、包装作业、商品流通及国际贸易等顺利进行。必须指出,随着市场经济和国际贸易的发展,包装标准化越来越重要,只有在掌握和了解国家和国际有关包装标准的基础上,才能使我们的商品走出国门,参与国际市场竞争。

二、评价包装质量的标准体系

包装质量是指产品包装能满足生产、贮运销售至消费整个生产流通过程的需要及其满足程度的属性。包装质量的好坏,不仅影响到包装的综合成本效益、产品质量,而且影响到商品市场竞争能力及企业品牌的整体形象。因此,了解和建立包装质量标准体系是我们做好包装工作的重要内容。评价食品包装质量的标准体系主要考虑以下几个方面。

(一)包装能提供对食品良好的保护性

食品极易变质,包装能否在设定的食品保质期内保全食品质量,是评价包装质量的关键。包装对产品的保护性主要表现在以下四点。

(1)物理保护性:包括防振耐冲击、隔热防尘、阻光阻氧、阻水蒸气及阻隔异味等。

(2)化学保护性:包括防止食品氧化、变色,防止包装的老化、分解、锈蚀及有毒物质的迁移等。

(3)生物保护性:主要是防止微生物的侵染及防虫、防鼠。

(4)其他相关保护性:指防盗、防伪等。

(二)卫生与安全

包装食品的卫生与安全直接关系到消费者的健康和安全,也是近年来国内外社会的热点问题,将做专题介绍。

(三)方便与促销

包装应具有良好的方便和促销功能,体现商品的价值和吸引力。

(四)加工适应性好

包装材料应易加工成型,包装操作简单易行,包装工艺应与食品生产工艺相配套。

(五)包装成本合理

包装成本应指包装材料成本、包装操作成本、运输包装成本和销售成本等在内的综合经济成本。

除上述几点外,评价食品包装质量的标准体系还应考虑包装废弃物易回收利用,不污染环境及符合包装标准及法规等。

三、食品包装的安全与卫生

近年,食品安全成为全球关注的焦点,2008 年发生的“三鹿婴幼儿奶粉安全事故”在国内外更引起强烈震动。然而食品安全并不仅是食品本身的安全,也包括食品被包装后的安全,食品包装材料的安全性是食品安全不可分割的重要组成部分。因食品包装材料的安全性引起的食品安全事故近年也屡屡发生,如:2005 年初,甘肃某食品厂生产的薯片包装袋被检查发现印刷油墨里的苯残留量是国家允许的 3 倍,严重超标;同年在超市中又检查出 PVC 保鲜膜使用 DEHA 作为增塑剂,在高温加热下会迁移到食品中导致人体得癌;2006 年,某不良商家用弃旧光盘生产劣质奶瓶,奶瓶中酚的含量值达到 0.09 mg/L,超出标准值近 1 倍,而重金属铅的指标更是超标 200 倍,酚和铅被人体摄入就会蓄积在各脏器组织内,很难排出体外,当体内的累积达到一定量时,就会破坏肝细胞和肾细胞,造成慢性中毒甚至致癌;2007 年,国家质检总局组织对食品包装用塑料复合膜(袋)产品质量进行了国家监督抽查,共抽查了北京、天津、河北、山东、江苏、上海、浙江、广东、福建 9 个省、直辖市,100 家企业生产的 100 种产品,产品抽样合格率为 69%。抽查结果表明,大型生产企业产品抽样合格率为 90%,产品质量较好。而一些小型生产企业产品抽样合格率为 61%,产品质量存在较多问题。另外,一次性塑料快餐盒质量也存在很多问题,许多不法厂家为了降低成本,在产品中大量添加工业级的碳酸钙、滑石粉、石蜡等禁止用于食品包装生产的添加剂。更有甚者,将主要原料和添加剂的比例对调,工业碳酸钙、石蜡等添加剂的使用量超过了 50%,有的高达 80%。以上种种食品包装材料(其涵义可以扩大为与食品、人体接触的材料)的安全事故表明对食品包装材料加强监管、建立完整系统的食品包装材料安全保障系统已经十分急迫,必须引起高度重视。

提供安全卫生的包装食品是人们对食品厂商的最基本要求。食品包装各个环节的安全与卫生问题,可大致从三个方面去考察:即包装材料本身的安全与卫生性,包装后食品的安全与卫生性及包装废弃物对环境的安全性,如图 1-2 所示。

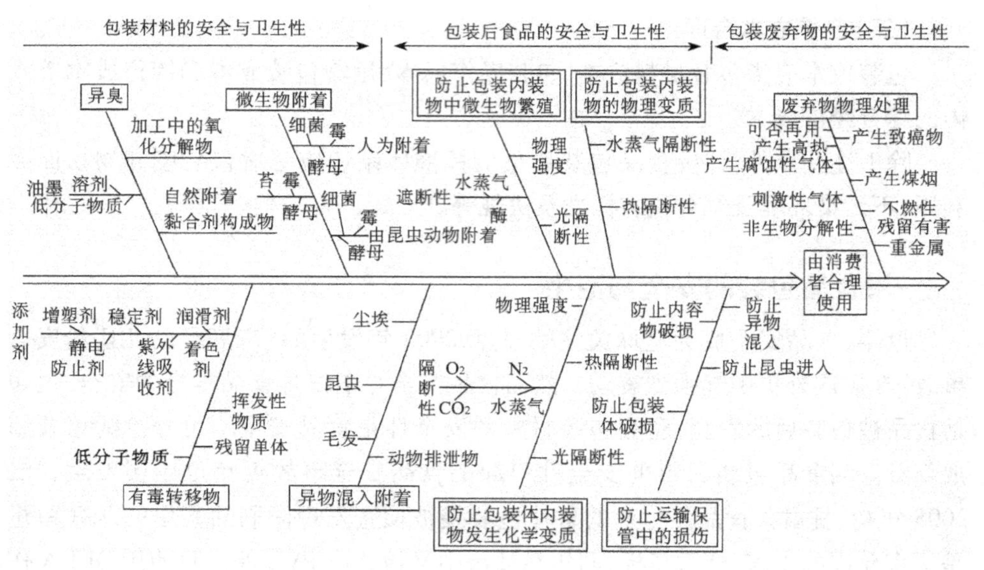

图 1-2 食品包装的安全与卫生图解

包装材料的安全与卫生问题主要来自包装材料内部的有毒、有害成分对包装食品的迁移和溶入。这些有毒有害成分主要包括:材料中的有毒元素如铅、砷等;合成树脂中的有毒单体,各种有毒添加剂及黏合剂;印刷油墨有毒溶剂残留以及涂料等辅助包装材料中的有毒成分。

包装材料的安全与卫生直接影响包装食品的安全与卫生,世界各国都制定了有关包装材料的卫生标准和使用条件。2009 年 6 月 1 日《中华人民共和国食品安全法》正式实施,取代原来的《食品卫生法》。这是我国食品安全生产、流通、加工、餐饮保障领域的一件大事,关系到老百姓的切身利益和身体健康。以下内容是《中华人民共和国食品安全法》有关包装的相关细则摘录。

第二十七条 食品生产经营应当符合食品安全标准,并符合下列要求:

(一)具有与生产经营的食品品种、数量相适应的食品原料处理和食品加工、包装、贮存等场所,保持该场所环境整洁,并与有毒、有害场所以及其他污染源保持规定的距离。

(五)餐具、饮具和盛放直接入口食品的容器,使用前应当洗净、消毒,炊具、用具用后应当洗净,保持清洁。

(六)贮存、运输和装卸食品的容器、工具和设备应当安全、无害,保持清洁,防止食品污染,并符合保证食品安全所需的温度等特殊要求,不得将食品与有毒、有害物品一同运输。

(七)直接入口的食品应当有小包装或者使用无毒、清洁的包装材料、餐具。

(八)食品生产经营人员应当保持个人卫生,生产经营食品时,应当将手洗净,穿戴清洁的工作衣、帽;销售无包装的直接入口食品时,应当使用无毒、清洁的售货工具。

第二十八条 禁止生产经营下列食品:

(七)被包装材料、容器、运输工具等污染的食品。

(九)无标签的预包装食品。

第四十一条 食品经营者贮存散装食品,应当在贮存位置标明食品的名称、生产日期、保质期、生产者名称及联系方式等内容。

食品经营者销售散装食品,应当在散装食品的容器、外包装上标明食品的名称、生产日期、保质期、生产经营者名称及联系方式等内容。

第四十九条 食品经营者应当按照食品标签标示的警示标志、警示说明或者注意事项的要求,销售预包装食品。

第六十六条 进口的预包装食品应当有中文标签、中文说明书。标签、说明书应当符合本法以及我国其他有关法律、行政法规的规定和食品安全国家标准的要求,说明食品的原产地以及境内代理商的名称、地址、联系方式。预包装食品没有中文标签、中文说明书或者标签、说明书不符合本条规定的,不得进口。

第八十六条 违反本法规定,有下列情形之一的,由有关主管部门按照各自职责分工,没收违法所得、违法生产经营的食品和用于违法生产经营的工具、设备、原料等物品;违法生产经营的食品货值金额不足一万元的,并处二千元以上五万元以下罚款;货值金额一万元以上的,并处货值金额两倍以上五倍以下罚款;情节严重的,责令停产停业,直至吊销许可证:

(一)经营被包装材料、容器、运输工具等污染的食品。

（二）生产经营无标签的预包装食品、食品添加剂或者标签、说明书不符合本法规定的食品、食品添加剂。

复习思考题

1. 包装、食品包装的定义？
2. 包装的功能是什么？
3. 现代包装的类型有哪些？
4. 怎样做好食品包装？
5. 食品包装中哪些环节存在安全与卫生问题？

第二章　食品包装材料及容器

本章学习重点和要求：

1. 掌握食品包装中常用的纸、塑料、金属、玻璃、陶瓷材料的特性与应用；
2. 了解包装容器结构设计要求及制造工艺方法。

第一节　纸包装材料及容器

纸是以纤维素纤维为原料所制成材料的通称，是一种古老而又传统的包装材料。自从公元105年中国发明了造纸术以后，纸不仅带来了文化的普及，而且促进了科学技术的发展。在现代包装工业体系中，纸和纸包装容器占有非常重要的地位。某些发达国家纸包装材料占包装材料总量的40% ~50%，我国占40%左右。从发展趋势来看，纸包装材料的用量会越来越大。纸类包装材料之所以在包装领域独占鳌头，是因为其具有如下独特的优点：

(1)原料来源广泛、成本低廉、品种多样、容易形成大批量生产；

(2)加工性能好、便于复合加工、且印刷性能优良；

(3)具有一定机械性能、重量较轻、缓冲性好；

(4)卫生安全性好；

(5)废弃物可回收利用，无白色污染。

纸作为现代包装材料主要用于制作纸箱、纸盒、纸袋、纸质容器等包装制品，其中瓦楞纸板及其纸箱占据纸类包装材料和制品的主导地位；由多种材料复合而成的复合纸和纸板、特种加工纸已被广泛应用，并将部分取代塑料包装材料在食品包装上的应用，以解决塑料包装所造成的环境保护问题。

一、纸类包装材料的包装性能

用作食品包装的纸类包装材料性能主要体现在以下几方面。

(一)机械性能

纸和纸板具有一定的强度、挺度和机械适应性，它的强度大小主要决定于纸的材料、质量、厚度、加工工艺、表面状况及一定的温—湿度条件等；另外纸还具有一定的折叠性、弹性及撕裂性等，适合制作成型包装容器或用于裹包。

环境温－湿度对纸和纸板的强度有很大的影响，空气温—湿度的变化会引起纸和纸板平衡水分的变化，最终使其机械性能发生不同程度的变化。图 2－1 所示为纸的机械性能随相对湿度变化的规律，由于纸质纤维具有较大的吸水性，当湿度增大时，纸的抗拉强度和撕裂强度会下降而影响纸和纸板的使用性。

在测定纸和纸板的机械性能指标时必须保持一个相对的温—湿度条件。我国采用的是（65 ±2）% 相对湿度、（20 ±2）℃ 温度的试验条件；ISO 标准采用（50 ±2）% 相对湿度、（23 ±1）℃ 温度的试验条件。

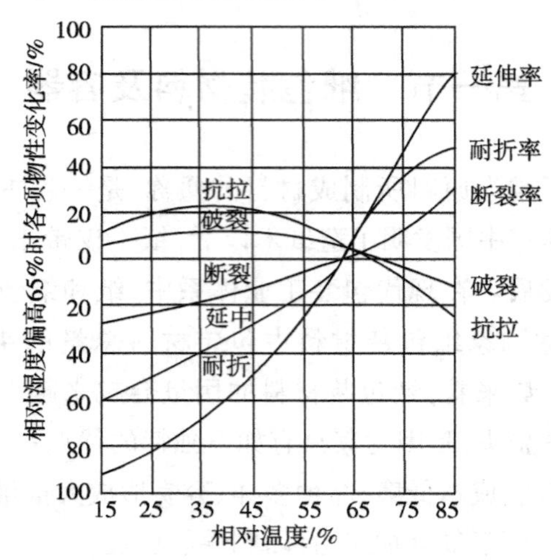

图 2－1　纸的机械力学性能随相对湿度变化的规律

（二）阻隔性能

纸和纸板属于多孔性纤维材料，对水分、气体、光线、油脂等具有一定程度的渗透性，且其阻隔性受温—湿度的影响较大。单一纸类包装材料一般不能用于包装水分、油脂含量较高及阻隔性要求高的食品，但可以通过适当的表面加工来满足其阻隔性能的要求。

（三）印刷性能

纸和纸板吸收和黏结油墨的能力较强，所以印刷性能好，因此在包装上常用作为印刷表面。纸和纸板的印刷性能主要决定于表面平滑度、施胶度、弹性及黏结力等。

（四）加工性能

纸和纸板具有良好的加工性能、可折叠处理，并可采用多种封合方式，容易加工成具有各种性能的包装容器，容易实现机械化加工操作，目前已经有成熟的生产工艺。良好的加工性能为设计各种功能性结构(如开窗、提手、间壁及设计展示台等)制造了条件。另外,通过适当的表面加工处理,可以为纸和纸板提供必要的防潮性、防虫性、阻隔性、热封性、强度及物理性能等,扩大其使用范围。

(五)卫生安全性能

在纸的加工过程中,尤其是化学法制浆,通常会残留一定的化学物质(如硫酸盐法制浆过程残留的碱液及盐类),因此,必须根据包装内容物来正确合理选择各种纸和纸板。

二、包装用纸和纸板

(一)包装用纸和纸板的分类、规格

1. 纸和纸板的分类

纸类产品分纸与纸板两大类:凡定量在 225 g/m^2 以下或厚度小于 0.1 mm 的称为纸,定量在 225 g/m^2 以上或厚度大于 0.1 mm 的称为纸板。但这一划分标准不是很严格,如有些折叠盒纸板、瓦楞原纸的定量虽小于 225 g/m^2,通常也称为纸板;有些定量大于 225 g/m^2 的纸,如白卡纸、绘图纸等通常也称为纸。根据用途,纸大致可分为文化用纸、工农业技术用纸、包装用纸、生活用纸等几种。纸板也大体分为包装用纸板、工业技术用纸板、建筑用纸板及印刷与装饰用纸板等几种。在包装方面,纸主要用作包装商品、制作纸袋、印刷装潢商标等;纸板则主要用于生产纸箱、纸盒、纸桶等包装容器。

2. 纸和纸板的规格

纸与纸板可分为平板和卷筒两种规格,其规格尺寸根据不同形式有两种要求:平板纸要求长和宽,卷筒纸和盘纸只要求宽度。规定纸和纸板的规格尺寸,对于实现纸箱、纸盒及纸桶等纸制包装容器规格尺寸的标准化和系列化,具有十分重要的意义。

国产卷筒纸的宽度尺寸主要有 1 940 mm、1 600 mm、1 220 mm、1 120 mm、940 mm 等规格;进口的牛皮纸、瓦楞原纸等的卷筒纸,其宽度多为 1 600 mm、1 575 mm、1 295 mm 等数种;平板纸和纸板的规格尺寸主要有 787 mm × 1 092 mm、880 mm × 1 092 mm、850 mm × 1 168 mm 等。

(二)包装用纸

包装用纸品种很多。食品包装必须选择适宜的包装用纸,使其质量指标符合保护包装食品质量完好的要求。常用食品包装用纸有以下几种。

1. 牛皮纸（Kraft Paper）

牛皮纸是用硫酸盐木浆抄制的高级包装用纸，具有高施胶度，因其坚韧结实似牛皮而得名，定量一般在 30～100 g/m^2 之间，分 A、B 和 C 三个等级，可经纸机压光或不压光。根据纸的外观，有单面光、双面光和条纹等品种；有漂白与未漂白之分，多为本色纸，色泽为黄褐色。牛皮纸机械强度高，有良好的耐破度和纵向撕裂度，并富有弹性，抗水性、防潮性和印刷性良好。大量用于食品的销售包装和运输包装，如包装点心、粉末等食品，多采用强度不太大，表面涂树脂等材料的牛皮纸。牛皮纸主要技术指标见表 2－1。

表 2－1　牛皮纸主要技术指标（QB 1706—2006）

指标名称		单位	规定			试验方法
			A 等	B 等	C 等	
定量		g/m^2	30±1.5 36.0±1.8 38±2.0 40±2.0 50±2.5 55.0±2.7 60±3.0 65.0±3.2 70±3.5 80±4.0 90±4.5 100±5.0			GB/T 451.2
耐破指数	≥	kPa·m^2/g	3.20	2.80	2.20	GB/T 454
撕裂指数（纵向）	≤50g/m^2 ≥	mN·m^2/g	7.80	6.00	4.00	GB/T 455
	>50g/m^2 ≥		10.00	8.50	6.50	
吸水性（可勃法）60s	≤	g/m^2	30.0			GB/T 1540
交货水分		%	6.0±2.0			GB/T 462
光泽度（750）	<70g/m^2 ≥	光泽度单位	22	20	18	GB/T 8941.3
	≥70g/m^2 ≥		18	16	14	
接头（卷筒纸）	≤	个/卷	4			

2. 羊皮纸（Parchment paper）

羊皮纸又称植物羊皮纸或硫酸纸。它是用未施胶的高质量化学浆纸表面纤维胶化，即羊皮化后，经洗涤中和残酸，再用甘油浸渍塑化形成质地紧密坚韧的半透明乳白色双面平滑纸张。由于采用硫酸处理而羊皮化，因此也称硫酸纸。羊皮纸具有良好的防潮性、气密性、耐油性和机械性能。适于油性食品、冷冻食品、防氧化食品的防护要求，可以用于乳制品、油脂、鱼肉、糖果点心、茶叶等食品的包装。食品包装用羊皮纸定量为 45 g/m^2、60 g/m^2，工业品包装的标准定量为 45 g/m^2、60 g/m^2、75 g/m^2，但应注意羊皮纸酸性对金属制品的腐蚀作用。食品羊皮纸的主要技术指标见表 2-2。

表 2-2　食品羊皮纸技术指标（QB/T 1710—2010）

指标名称		单位	规定			试验方法
			A 等	B 等	C 等	
定量		g/m^2	45.0 ±2.5		60.0 ±3.0	GB/T 451.2
抗张指数　≥		N · m/g	52.0	50.0	47.0	GB/T 12914
耐折度　≥		次	250	220	200	GB/T 457
耐破指数　≥	（干）	$kPa \cdot m^2/g$	4.5	4.0	3.5	GB/T 454
	（湿）		3.0	2.5	2.0	
透油度	不大于 0.25 mm　≤	个/100cm^2	2			QB/T 1710—2010 附录 A
	大于 0.75 mm　≤		不许有			
水抽出物 pH		—	7.0 ±1.0			GB/T 1545.2
尘埃度	0.2 ~ 1.5 mm^2　≤	个/m^2	60	80	100	GB/T 1541
	大于 1.5 mm^2		不许有			
交货水分		%	7.0 ±1.0			GB/T 462

3. 鸡皮纸（Wrapping Paper）

鸡皮纸是一种单面光的平板薄型包装纸，定量为 40 g/m^2，不如牛皮纸强韧，故戏称“鸡皮纸”。鸡皮纸纸质坚韧，有较高的耐破度、耐折度和耐水性，有良好的光泽。可供包装食品、日用百货等，也可印刷商标。鸡皮纸生产过程和单面光牛皮纸生产过程相似，要施胶、加填和染色。用于食品包装的鸡皮纸不得使用对人体有害的化学助剂，要求纸质均匀、纸面平整、正面光泽良好及无明显外观缺陷，其卫生要求应符合 GB　11680《食品包装用原纸卫生标准》的规定；根据定货要求可生产各种颜色的鸡皮纸。

4. 食品包装纸（Food Packaging Paper）

食品包装纸（QB　1014—2010）按质量分为一等品和合格品；按用途分为 I

型和Ⅱ型。

Ⅰ型为糖果包装原纸，为卷筒纸，经印刷上蜡加工后供糖果包装和商标用纸，可按订货合同生产平板纸。平板纸尺寸：787 mm × 1 092 mm，或按订货合同规定，卷筒规格应按订货合同规定。

Ⅱ型为普通食品包装纸，有双面光和单面光两种，色泽可根据订货合同规定白度或其他色泽进行生产，技术指标见表 2－3。

表 2－3　Ⅱ型（普通食品包装纸）技术指标（QB 1014—2010）

指标名称		单位	规定	
			一等品	合格品
定量		g/m^2	40 ±2.0 50 ±2.5 60 ±3.0	
耐破指数	≥	$kPa \cdot m^2/g$	2.0	1.25
抗张指数　纵横平均	≥	$N \cdot m/g$	31.4	26.5
吸水性 Cobb60	≤	g/m^2	30.0	
尘埃度	0.3～2.0 mm^2 ≤	个/m^2	160	
	2.0～3.0 mm^2 的黑色尘埃 ≤		10	
	>3.0 mm^2		不许有	
交货水分		%	5.0～9.0	

食品包装纸直接与食品接触，必须严格遵守其理化卫生指标，纸张纤维组织应均匀，不许有明显的云彩花，纸面应平整，不许有折子、皱纹、破损裂口等纸病。食品包装纸理化卫生指标见表 2－4。

表 2－4　食品包装纸理化卫生指标

项目	指标
铅（以 Pb 计），mg/kg	≤5
砷（以 As 计），mg/kg	≤1
荧光性物质，254 nm 及 365 nm	合格
脱色试验（水，正乙烷）	阴性
大肠杆菌（个/100g）	≤30
致病菌（系指肠道致病菌、致病性球菌）	不得检出

注：摘自 GB 11680—1989 规定表 2。

5. 半透明纸(Semitransparent Paper)

半透明纸是一种柔软的薄型纸,定量为 31 g/m^2,用漂白硫酸盐木浆特殊压光处理而制成的双面光纸;质地紧密坚韧,具有半透明、防油、防水防潮等性能,且有一定的机械强度。半透明纸可用于土豆片、糕点等脱水食品的包装,也可作为乳制品、糖果等油脂食品包装。

6. 玻璃纸(Glass Paper)

玻璃纸又称赛璐玢,是一种天然再生纤维素透明薄膜,一种透明性最好的高级包装材料,可见光透过率达 100%,质地柔软、厚薄均匀,有优良的光泽度、印刷性、阻气性、耐油性、耐热性,且不带静电;多用于中、高档商品包装,主要用于糖果、糕点、化妆品、药品等商品美化包装,也可用于纸盒的开窗包装。但它的防潮性差,撕裂强度较小,干燥后发脆,不能热封。

玻璃纸分平板纸和卷筒纸。国产玻璃纸技术指标见表 2-5,分优等品、合格品两等,要求纸面平整、洁净、明亮,不允许有短边、裂口、缺角、折子、严重皱纹等外观缺陷。用于直接接触食品的玻璃纸不得使用对身体有害的助剂,卫生要求符合 GB 11680 的规定。用于透明胶带原纸的玻璃纸,当要求不加防黏剂时,可不考核抗黏性指标,但应在合同中标明。色纸应使用耐酸性染料。每批纸的颜色不应有显著差别。彩色纸应色彩鲜艳美观,颜色均匀,不应有宽度大于 1 mm 的色道子,或按合同要求。

表 2-5　玻璃纸的技术指标(QB 1013—2005)

<table>
<tr><th colspan="3" rowspan="2">指标名称</th><th rowspan="2">单位</th><th colspan="2">规定</th></tr>
<tr><th>优等品</th><th>合格品</th></tr>
<tr><td colspan="3">定量</td><td>g/m^2</td><td>30 ±2.0
40 ±2.5
50 ±3.0
60 ±3.5</td><td>35 ±2.0
45 ±2.5
55 ±3.0</td></tr>
<tr><td rowspan="2">厚度幅间差</td><td>≤40 g/m^2</td><td>卷筒纸
平板纸</td><td rowspan="2">μm</td><td>2
3</td><td>2
4</td></tr>
<tr><td>≥45 g/m^2</td><td>卷筒纸
平板纸</td><td>3
4</td><td>3
4</td></tr>
<tr><td rowspan="2">抗张指数</td><td colspan="2">≤40 g/m^2</td><td rowspan="2">N · m/g</td><td>45.0</td><td>40.0</td></tr>
<tr><td colspan="2">≥45 g/m^2</td><td>40.0</td><td>35.0</td></tr>
<tr><td colspan="2">撕裂指数(纵向)</td><td>≥</td><td>mN · m^2/g</td><td>1.40</td><td>1.00</td></tr>
<tr><td colspan="2">含硫量</td><td>≤</td><td>%</td><td>0.03</td><td>0.03</td></tr>
</table>

续表

指标名称		单位	规定	
			优等品	合格品
伸长率 ≥	纵向	%	10	10
	横向		20	20
抗黏性 ≤		%(相对湿度)	75	70
pH		—	6.0~8.0	
交货水分		%	8±2.0	
气泡	<0.5 mm	个/m^2	不应性	≤5
	≥0.5 mm		不应性	不应有

玻璃纸和其他材料复合，可以改善其性能。为了提供其防潮性，可在普通玻璃纸上涂一层或两层树脂(硝化纤维素、PVDC 等)制成防潮玻璃纸。在玻璃纸上涂蜡可以制成蜡纸，与食品直接接触，有很好的保护性。

7. 茶叶袋滤纸(Tea Bag Paper)

茶叶袋滤纸是一种低定量专用包装纸，用于袋泡茶的包装，要求纤维组织均匀，无折痕皱纹，无异味，具有较大的湿强度和一定的过滤速度，耐沸水冲泡，同时应有适应袋泡茶自动包装机包装的干强度和弹性。非热封型茶叶袋滤纸技术指标详见表2-6。

茶叶袋滤纸国外多用马尼拉麻生产。我国用桑皮纤维经高游离状打浆后抄造，再经树脂处理，也可用合成纤维(即湿式无纺布)制造。

表2-6 非热封型茶叶滤纸技术指标(QB 1458—2005)

指标名称		单位	规定		试验方法
			优等品	一等品	
定量		g/m^2	13.0±1.0		GB/T 451.1
抗张强度 ≥	纵向	kN/m	0.50	0.45	GB/T 453
	横向		0.40	0.35	
湿抗张强度 ≥	纵向	kN/m	0.16	0.13	GB/T 465.2
	横向		0.14	0.10	
滤水时间 ≤		s	1.0	1.5	GB/T 10340
异味			合格		QB 1458—2005 附录 A
漏茶末		—	合格		QB 1458—2005 附录 A
交货水分 ≤		%	7.0		GB/T 462

8. 涂布纸(Coated Paper)

涂布纸主要是在纸表面涂布沥青、LDPE 或 PVDC 乳液、改性蜡(热熔粘合剂和热封蜡)等,使纸的性能得到改善。如 PVDC 涂布纸表面非常光滑,无嗅无味,可用于极易受水蒸气损害,特别是需要隔绝氧气的食品包装。此外,还可以涂布防锈剂、防霉剂、防虫剂等制成防锈纸、防霉纸、防虫纸等。

9. 复合纸(Compound Paper)

复合纸是另一类加工纸,是将纸与其他挠性包装材料相贴合而制成的一种高性能包装纸。常用的复合材料有塑料及塑料薄膜(如 PE、PP、PET、PVDC 等),金属箔(如铝箔)等。复合方法有涂布、层合等方法。复合加工纸具有许多优异的综合包装性能,从而改善了纸的单一性能,使纸基复合材料大量用于食品包装等场合。1989 年我国制定了液体食品复合软包装材料的行业标准 ZBY 39002—1989,1999 年我国又制定了 QB/T 3531—1999 代替之(表 2 - 7)。新标准适用于原纸、高压低密度聚乙烯、铝箔等为原材料经挤压复合而成,专供瑞典利乐公司无菌灌装机包装液体食品之材料;产品按质量分为 A、B、C 三个等级,要求无毒卫生安全,内层 PE 的卫生要求必须符合 GBn 88 和 GBn 84 标准规定。液体食品复合软包装材料原纸技术要求见表 2 - 8。

表 2 - 7　液体食品复合软包装材料技术指标(QB/T 3531 - 1999)

指标名称	单位	规定值		
		A	B	C
套印精度	mm	≤0.5	≤1	≤1
塑料膜与铝箔黏结力	N	≥4.41	≥3.43	≥1.47
塑料膜与纸的黏结程度	%	≥90	≥70	≥50
塑料膜涂层定量偏差	g/m^2	±3	±4	±6
包装盒宽度偏差	mm	±0.8	±0.8	±1
压痕线与印刷图案套准偏差	mm	±0.5	±1	
分切位置偏差	mm	±1	±1	

表 2 - 8　液体食品复合软包装材料原纸技术要求

指标名称	单位	规定值	试验方法
定量	g/m^2	$175.0^{+15.0}_{-9.0}$	按 GB/T 451.2 进行测定
厚度	μm	270 ±20	按 GB/T 451.3 进行测定

续表

指标名称		单位	规定值	试验方法
挺度	纵向 横向	mN mN	≥100 ≥38.0	按 GB/T 2679 进行测定
抗张程度	纵向 横向	kN/m kN/m	≥15.0 ≥4.00	按 GB/T 453 进行测定
伸长率	纵向 横向	% %	≥1.5 ≥3.0	按 GB/T 453 进行测定
粗糙度	正面 反面	mL/min mL/min	≤1 600 ≤2 200	按 GB/T 2679.4 进行测定
白度		%	≥72.0	按 GB/T 8940.1 进行测定
水分		%	6.0 ± 1.0	按 GB/T 462 进行测定
内结合力		J/m²	≥145	取 25.4 mm × 177.8 mm 的式样 5 个，在斯柯特 B 型内结合力测量仪进行测量夹紧压力为 3.5 kg/cm²，从刻度板上读取结果后乘以 2.1
边湿水 23℃		k/gm²	≤0.8	取 25 mm × 75 mm 的式样 5 个，用防水胶带将试样两面贴紧后称重，放入 1% 的乳酸溶液浸泡 1 h，拿出称重，最后按下列公式计算结果：$边湿水 = \frac{浸后重量 - 浸前重量(mg)}{试样周长(m) \times 试样厚度(m)}$
表面强度		丹尼森值	≥12	用 12 号蜡棒在酒精灯上烧化，立即轻放在试样上，冷却 15 min 后垂直拔起，若有纸毛粘上，则为不合格

（三）包装用纸板

1. 白纸板（White Board）

白纸板是一种白色挂面纸板，有单面和双面两种，其结构由面层、芯层、底层组成。白纸板作为重要的高级销售包装材料应该具备三大功能，即：印刷功能、加工功能、包装功能；产品按质量水平分为 A、B、C 三个等级，纸板底面颜色可按订货合同规定，有平板纸和卷筒纸两种产品类型。单面白纸板面层通常是用漂白的化学木浆制成，表面平整、洁白、光亮，芯层和底层常用半化学木浆、精选废纸浆、化学草浆等低级原料制成；双面白纸板底层原料与面层相同，仅芯层原料较差。白纸板主要用于销售包装，经彩色印刷后可制成各种类型的纸盒、箱，起着保护商品、装潢美化商品的促销作用，也可用于制作吊牌、衬板和吸塑包装的底板。随着商品经济的发展，白纸板的需求量越来越大，因为白纸板具有如下优点。

（1）具有一定的挺度和良好印刷性。

（2）缓冲性能好，制成纸盒后能够有效地保护商品。

（3）具有优良的成型性与折叠性，机械加工能够实现高速连续生产。

(4)废旧纸板可再生利用,自然条件下能被微生物降解,不污染环境。

(5)白纸板作为基材可与其他材料复合,制成包装性能优良的复合包装材料。

单面涂布白纸板技术指标见表 2-9。

表 2-9　单面涂布白纸板的技术指标(QB/T 1011—1991)

指标名称			单位	规定		
				A 等	B 等	C 等
定量			g/m^2	200 220 +5% −4% 250 270 300 350 400 +5% −3% 450		
横向定量差　不大于			%	6.0	10.0	12.0
紧度　不大于			g/cm^3	0.82	0.85	—
平滑度(涂布面)　不低于			s	50	28	18
白度(涂布面)　不低于			%	78.0	78.0	75.0
横向耐折度　不低于			次	10	5	4
表面吸水性　不大于			g/m^2	55.0		
横向挺度	200 g/m^2	不小于	mN · m	2.00	1.70	15.0
	220 g/m^2			2.40	1.90	1.70
	250 g/m^2			3.00	2.30	2.00
	300 g/m^2			4.50	3.80	3.00
	350 g/m^2			7.00	4.50	3.60
	400 g/m^2			9.50	6.30	5.00
	450 g/m^2			13.0	8.00	6.00
印刷光泽度(涂布面)①　不小于			%	60	35	25
印刷表明强度(涂布面)①　不小于			m/s	2.0	1.2	0.8
油墨吸收性(涂布面)			%	15.0~30.0	15.0~30.0	15.0~35.0
尘埃度	0.3~1.5 mm^2　不多于		个/m^2	20	60	80
	其中 1.0~1.5 mm^2 黑色的　不多于			1	2	4
	大于 1.5 mm^2			不许有		
交货水分			%	8.0±2.0		

①暂不作交收试验的依据。

2. 标准纸板

标准纸板是一种经压光处理，适用于制作精确特殊模压制品以及重制品的包装纸板，颜色为纤维本色，其技术指标见表2-10。

表2-10　标准纸板技术指标（QB/T 1314—1991）

<table>
<tr><th colspan="2" rowspan="2">指标名称</th><th rowspan="2">单位</th><th colspan="2">规定等级</th><th rowspan="2">试验方法</th></tr>
<tr><th>A 等</th><th>B 等</th></tr>
<tr><td colspan="2" rowspan="7">厚度</td><td rowspan="7">mm</td><td colspan="2">1.0 ±0.10</td><td rowspan="7">GB/T 451.3</td></tr>
<tr><td colspan="2">1.5 ±0.15</td></tr>
<tr><td colspan="2">2.0 ±0.15</td></tr>
<tr><td colspan="2">2.5 ±0.20</td></tr>
<tr><td colspan="2">3.0 ±0.20</td></tr>
<tr><td colspan="2">4.0 ±0.25</td></tr>
<tr><td colspan="2">5.0 ±0.25</td></tr>
<tr><td>紧度</td><td>不小于</td><td>g/m^2</td><td>0.75</td><td>0.75</td><td>GB/T 451.2</td></tr>
<tr><td>横向抗张强度</td><td>不小于</td><td rowspan="8">kN/m</td><td colspan="2"></td><td rowspan="8">GB/T 453</td></tr>
<tr><td rowspan="7">厚度</td><td>1.0 mm</td><td>15.0</td><td>12.0</td></tr>
<tr><td>1.5 mm</td><td>22.0</td><td>18.0</td></tr>
<tr><td>2.0 mm</td><td>29.0</td><td>24.0</td></tr>
<tr><td>2.5 mm</td><td>37.0</td><td>29.0</td></tr>
<tr><td>3.0 mm</td><td>44.0</td><td>35.0</td></tr>
<tr><td>4.0 mm</td><td>59.0</td><td>47.0</td></tr>
<tr><td>5.0 mm</td><td>78.0</td><td>59.0</td></tr>
<tr><td>横向伸长率</td><td>不小于</td><td>%</td><td>5.5</td><td>5.0</td><td>GB/T 453</td></tr>
<tr><td>灰分</td><td>不大于</td><td>%</td><td>2.0</td><td>2.0</td><td>GB/T 463</td></tr>
<tr><td>水抽提液酸度</td><td>不大于</td><td>%</td><td colspan="2">0.05</td><td>GB/T 1545.1</td></tr>
<tr><td colspan="2">交货水分</td><td>%</td><td colspan="2">10.0 ±2.0</td><td>GB/T 462</td></tr>
</table>

3. 箱纸板（Case Board）

箱板纸是以化学草浆或废纸浆为主的纸板，以本色居多，表面平整、光滑，纤维紧密、纸质坚挺、韧性好，具有较好的耐压、抗拉、耐撕裂、耐戳穿、耐折叠和耐水性能，印刷性能好。箱纸板用于制造瓦楞纸板、固体纤维板或“纸板盒”等产品的表面材料，分为普通箱纸板，牛皮挂面箱纸板、牛皮箱纸板。普通箱纸板为未用硫酸盐木浆抄造的箱纸板；牛皮挂面箱纸板为表面两层或一层用硫酸盐木浆抄造的箱纸板。牛皮箱纸板俗称牛皮卡纸，配浆中硫酸盐木浆占80%以上，且正反面色泽相近的箱纸板。箱纸板按质量分为优等品、一等品、合格品三个等级，其中，优等品适宜制造重型、精细、贵重和冷藏物品包装用的瓦楞纸板；一等品适宜制造一般物品包装用的瓦楞纸板；合格品适宜制造轻载瓦楞纸板。箱板纸分平板纸和卷筒纸两种。普通箱纸板和牛皮挂面箱纸板的技术指标见表2－11，牛皮箱纸板的技术指标见表2－12。

表2－11　普通箱纸板和牛皮挂面箱纸板的技术指标（GB/T 13024—2003）

指标名称		单位	规定		
			普通箱纸板和牛皮挂面箱纸板		
			优等品	一等品	合格品
定量①		g/m²	125±7　160±8　180±9　200±10　220±10　250±11　280±11　300±12　320±12　340±13　360±14		
横幅定量差 ≤	幅宽≤1 600 mm	%	6.0	7.5	9.0
	幅宽>1 600 mm		7.0	8.5	10.0
紧度 ≥	≤220 g/m²	g/cm³	0.70	0.68	0.65
	>220 g/m²		0.72	0.70	0.65
耐破指数 ≥	<160 g/m²	kPa·m²/g	3.30	3.00	2.20
	(160～<200) g/m²		3.10	2.85	2.10
	(200～<250) g/m²		3.00	2.75	2.00
	(250～<300) g/m²		2.90	2.65	1.95
	≥300 g/m²		2.80	2.55	1.90
横向环压指数 ≥	<160 g/m²	N·m/g	8.60	7.00	5.50
	(160～<200) g/m²		9.00	7.50	5.70
	(200～<250) g/m²		9.20	8.00	6.00
	(250～<300) g/m²		10.6	8.50	6.50
	≥300 g/m²		11.2	9.00	7.00
横向短距压缩指数② ≥	<250 g/m²	N·m/g	20.2	19.2	18.2
	≥250 g/m²		16.4	15.4	14.2
横向耐折度	≥	次	60	35	12
吸水性（正/反）	≥	g/m²	35.0/70.0	40.0/100.0	60.0/200.0
交货水分		%	8.0±2.0	9.0±2.0	

①本表规定外的定量，其指标可就近按插入法考核。
②横向短距压缩指数，不作为考核指标。

表 2-12 牛皮挂面箱纸板的技术指标(GB/T 13024—2003)

指标名称		单位	规定	
			牛皮箱纸板	
			优等品	一等品
定量①		g/m^2	125±6　160±7　180±9　200±10　220±10　250±11　280±11　300±12　320±12　340±13　360±14	
横幅定量差 ≤	幅宽≤1 600 mm	%	6.0	7.0
	幅宽>1 600 mm		7.0	8.0
紧度 ≥	≤220 g/m^2	g/cm^3	0.70	0.68
	>220 g/m^2		0.72	0.70
耐破指数 ≥	<160 g/m^2	$kPa\cdot m^2/g$	3.40	3.20
	(160~<200) g/m^2		3.30	3.10
	(200~<250) g/m^2		3.20	3.00
	(250~<300) g/m^2		3.10	2.90
	≥300 g/m^2		3.00	2.80
横向环压指数 ≥	<160 g/m^2	$N\cdot m/g$	9.00	8.0
	(160~<200) g/m^2		9.50	9.0
	(200~<250) g/m^2		10.0	9.2
	(250~<300) g/m^2		11.0	10.0
	≥300 g/m^2		11.5	10.5
横向短距压缩指数② ≥	<250 g/m^2	$N\cdot m/g$	21.4	19.6
	≥250 g/m^2		17.4	16.4
横向耐折度	≥	次	100	60
吸水性(正/反)	≥	g/m^2	35.0/40.0	40.0/50.0
交货水分		%	8.0±2.0	

①本表规定外的定量,其指标可就近按插入法考核。
②横向短距压缩指数,不作为考核指标。

4. 瓦楞芯纸(Corrugating Base Paper)

瓦楞芯(原)纸是一种低定量的薄纸板,具有一定的耐压、抗拉、耐破、耐折叠的性能。瓦楞芯纸经轧制成瓦楞纸后,用黏结剂与箱纸板黏合成瓦楞纸板,可用来制造纸盒、纸箱和做衬垫用;瓦楞纸在瓦楞纸板中起支撑和骨架作用,因此,提高瓦楞芯纸的质量,是提高纸箱抗压强度的一个重要方面。瓦楞芯纸按质量分为优等品、一等品、合格品三个等级,其中,优等品又分为三个等级,分别是:AAA

（瓦楞芯纸优等品中的最高等级）；AA（瓦楞芯纸优等品中的第二等级）；A（瓦楞芯纸优等品中的第三等级）。瓦楞芯纸的纤维组织应均匀，纸幅间厚薄一致；纸面应平整，不许有影响使用的折子、窟窿、硬杂物等外观纸病；瓦楞芯纸切边应整齐，不许有裂口、缺角、毛边等现象；水分应控制在8% ~11%，如果水分超过15%，加工时会出现纸身软、挺力差、压不起楞、不吃胶、不粘合等现象；如果水分低于8%，纸质发脆，压楞时会出现破裂现象。瓦楞芯纸的技术指标如表2－13。

表2－13　瓦楞芯纸的技术指标（GB/T 13023—2008）

指标名称		单位	规定				试验方法
			等级	优等品	一等品	合格品	
定量（80、90、100、110、120、140、160、180、200）		g/m^2	AAA	（80、90、100、110、120、140、160、180、200）±4%	（80、90、100、110、120、140、160、180、200）±5%		GB/T 451.2
			AA				
			A				
紧度	不小于	g/cm^3	AAA	0.55	0.50	0.45	GB/T 451.3
			AA	0.53			
			A	0.50			
横向环压指数 ≤90 g/m^2 >90 g/m^2 ~140 g/m^2 ≥140 g/m^2 ~180 g/m^2 ≥180 g/m^2	不小于	N·m/g	AAA	7.5 8.5 10.0 11.5	5.0 5.3 6.3 7.7	3.0 3.5 4.4 5.5	GB/T 2679.8
			AA	7.0 7.5 9.0 10.5			
			A	6.5 6.8 7.7 9.2			
平压指数①	不小于	N·m^2/g	AAA	1.40	1.00	0.80	GB/T 2679.6
			AA	1.30			
			A	1.20			
纵向裂断长	不小于	km	AAA	5.00	3.75	2.50	GB/T 1294或GB/T 453
			AA	4.50			
			A	4.30			
吸水性	不超过	g/m^2	—	100	—	—	GB/T 1540
交货水分		%	AAA AA A	8.0±2.0	8.0±2.0	8.0±3.0	GB/T 462

①不作交收试验依据。

5. 加工纸板

加工纸板是为了改善原有纸板的包装性能，对纸板进行再加工的一类纸板，如在纸板表面涂蜡、涂聚乙烯或聚乙烯醇等，处理后纸板的防潮、强度等综合包装性能大大提高。

（四）瓦楞纸板

瓦楞纸板是由瓦楞芯纸轧制成屋顶瓦片状波纹，然后将瓦楞纸与两面箱板纸黏合制成。瓦楞波纹宛如一个个连接的小型拱门，相互并列支撑形成类似三角的结构体，即坚固又富弹性，能承受一定重量的压力。瓦楞形状由两圆弧一直线相连接所决定，瓦楞波纹的形状直接关系到瓦楞纸板的抗压强度及缓冲性能。

1. 瓦楞纸板的楞形

瓦楞楞形即瓦楞的形状。一般可分为 U 形、V 形、和 UV 形三种，如图 2－2 所示：

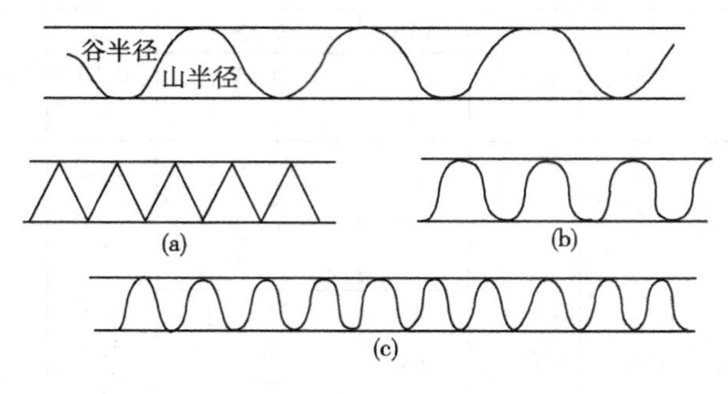

图 2－2　瓦楞楞形

U 形瓦楞的圆弧半径较大，缓冲性能好，富有弹性，当压力消除后，仍能恢复原状，但抗压力弱些。黏合剂的施涂面大，容易黏合。V 形瓦楞的圆弧半径较小，缓冲性能差，抗压力强，在加压初期抗压性较好，但超过最高点后即迅速破坏。黏合剂的施涂面小，不易黏合，但成本低。UV 形是介于 V 形和 U 形之间的一种楞形，其圆弧半径大于 V 形，小于 U 形，因而兼有二者的优点，是目前广泛使用的 UV 楞形。

2. 瓦楞纸板的楞型

所谓楞型，是指瓦楞的型号种类，即瓦楞的大小、密度与特性的不同分类。同一楞型，其楞形可以不同。按国家标准 GB/T 6544—2008 规定，所有楞型的瓦楞形状均采用 UV 形，瓦楞纸板的楞型有 A、B、C、E、F 五，如表 2－14。

表 2-14　我国瓦楞纸板的楞型标准（GB/T 6544—2008）

楞型	楞高 h/mm	楞宽/（t/mm）	楞数/（个/300 mm）
A	4.5~5.0	8.0~9.5	34±3
C	3.5~4.0	6.8~7.9	41±3
B	2.5~3.0	5.5~6.5	50±4
E	1.1~2.0	3.0~3.5	93±6
F	0.6~0.9	1.9~2.6	136±20

A 型楞：单位长度内的瓦楞数量少而瓦楞高度大，有较大的缓冲力。A 楞纸箱适于包装较轻的易碎物品。

B 型楞：单位长度内的瓦楞数量多而瓦楞高度小。B 楞纸箱适于包装较重和较硬的物品，多用于罐头、瓶装物品等的包装。由于 B 楞坚硬且不易破坏，近年来多用它制造形状复杂的组合箱。

C 型楞：单位长度内的瓦楞数及瓦楞高度介于 A、B 型之间，性能则接近于 A 楞。近年来，随着保管及运输费用的上涨，纸板厚度低于 A 楞的 C 楞纸板受到人们的重视。

E 型楞：单位长度内的瓦楞数目最多，瓦楞高度最小，具有平坦表面和较高平面刚度。用它制造的瓦楞折叠纸盒，比普通纸板缓冲性能好，而且开槽切口美观；表面光滑可进行较复杂的印刷，大量用于食品的销售包装。

F 型瓦楞：具有比 E 型瓦楞纸板更好的裱合性，与彩印面纸板裱合后，面纸表面平整、光滑，无露楞、起皱褶现象，并可承受更大的平面压力，是 E 型瓦楞纸板的 3~4 倍，因而可直接在面纸板上印刷更精细、复杂的图案和文字。同时，它可与 A、B、C、E 型瓦楞纸板组成多层瓦楞纸板，以获得各种物理性能，用于装载各种不同硬度、尺寸、重量的物品。

此外，F 型瓦楞还适合普通平压压痕切线机、裱纸机进行加工，切口整齐、美观，更适用于真空吸附传送的自动生产线及包装线；还可以采用各种不同的原纸、彩色原纸、皱纹纸、香味纸起楞，获得不同效果和风格的单面细瓦楞纸板。并可直接用于制作各种纸箱、纸盒及包装物，以其细密的瓦楞来凸现包装物的独特品位和风韵。F 型瓦楞纸板比 E 型瓦楞纸板的厚度小，瓦楞（坑纸）精细、密集、坚硬，强度、挺度高，粘合强度好。更有利于防止过度包装，符合环保要求。

3. 瓦楞纸板的种类

瓦楞纸板按其材料的组成可分为如图 2-3 所示的几种。

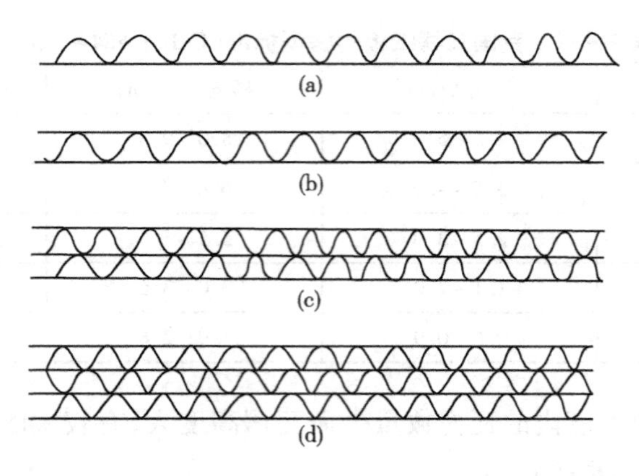

图 2－3　瓦楞纸板种类

（1）单面瓦楞纸板：仅在瓦楞芯纸的一侧贴有面纸，一般不用于制作瓦楞纸箱，而是作为缓冲材料和固定材料。

（2）双面瓦楞纸板：又称单瓦楞纸板，在瓦楞芯纸的两侧均贴以面纸，目前多使用这种纸板。

（3）双芯双面瓦楞纸板：简称双瓦楞纸板，用双层瓦楞芯纸加以面纸板制成，即由一块单面瓦楞纸板和一块每双面瓦楞纸板黏合而成。在结构上，可以采用各种楞型的组合形式，如 AB、BC、AC、AA 等结构。组合形式不同，其性能也各不相同，一般外层用抗戳穿能力好的楞型，而内层用抗压强度高的楞型，由于双瓦楞纸板比单瓦楞纸板厚，所以各方面的性能都比较好，特别是垂直抗压强度明显提高，多用于制造易损、较重及需要长期保存等的物品（如含水分较多的新鲜果品等）的包装纸箱。

（4）三芯双面瓦楞纸板　简称三瓦楞纸板，使用三层瓦楞芯纸制成，即由一块单面瓦楞纸板和一块双瓦楞纸板黏合而成。在结构上也可以采用 A、B、C、E 各种楞型的组合，常用 AAB、AAC、CCB、和 BAE 结构。其强度比双瓦楞纸板又要强一些，可以用来包装重物品以代替木箱，一般与托盘或集装箱配合使用。

4. 瓦楞纸板技术标准

用于制造瓦楞纸箱的瓦楞纸板技术指标可参见表 2－15。GB/T 6544—2008 规定，瓦楞纸板按质量分为优等品和合格品。单瓦楞纸和双瓦楞纸按照大小综合定量不同各分为 1 类～5 类，三瓦楞纸板按照其最小综合定量不同分为 1 类～4 类。同时标准规定瓦楞纸板表面应平整、清洁、不许有缺材、薄边，切边整齐，粘合牢固，其脱胶部分之和每平方米不大于 $20cm^2$。瓦楞纸板的技术指标如表 2－15。

表2-15 瓦楞纸板的技术指标(GB/T 6544—2008)

代号	瓦楞纸板最小综合定量/(g/m²)	优等品			合格品		
		类级代号	耐破强度(不低于)/kPa	边压强度(不低于)/(kN/m)	类级代号	耐破强度(不低于)/kPa	边压强度(不低于)/(kN/m)
S	250	S-1.1	650	3.00	S-2.1	450	2.00
	320	S-1.2	800	3.50	S-2.2	600	2.50
	360	S-1.3	1 000	4.50	S-2.3	750	3.00
	420	S-1.4	1 150	5.50	S-2.4	850	3.50
	500	S-1.5	1 500	6.50	S-2.5	1 000	4.50
D	375	D-1.1	800	4.50	D-2.1	600	2.80
	450	D-1.2	1 100	5.00	D-2.2	800	3.20
	560	D-1.3	1 380	7.00	D-2.3	1 100	4.50
	640	D-1.4	1 700	8.00	D-2.4	1 200	6.00
	700	D-1.5	1 900	9.00	D-2.5	1 300	6.50
T	640	T-1.1	1 800	8.00	T-2.1	1 300	5.00
	720	T-1.2	2 000	10.0	T-2.2	1 500	6.00
	820	T-1.3	2 200	13.0	T-2.3	1 600	8.00
	1 000	T-1.4	2 500	15.5	T-2.4	1 900	10.0

注：各类级的耐破强度和边压强度可根据流通环境或客户的要求任选一项。
S——单瓦楞纸板；
S-1.1～S-1.5——分别为单瓦楞纸板优等品的第1类～第5类；
S-2.1～S-2.5——分别为单瓦楞纸板合格品的第1类～第5类。
D——双瓦楞纸板；
D-1.1～T-1.5——分别为双瓦楞纸板优等品的第1类～第5类；
D-2.1～T-2.5——分别为双瓦楞纸板合格品的第1类～第5类。
T——三瓦楞纸板；
T-1.1～T-1.4——分别为三瓦楞纸板优等品的第1类～第4类；
T-2.1～T-2.4——分别为三瓦楞纸板合格品的第1类～第4类。

三、包装纸箱

(一)瓦楞纸箱的特性及纸箱结构基本形式

1.瓦楞纸箱的特性

瓦楞纸箱由瓦楞纸板制作而成，是使用最广泛的纸包装容器。纸板结构60%～70%的体积中空，具有良好的缓冲减震性能，与相同定量的层合纸板相比，瓦楞纸板的厚度大2倍，大大增强了纸板的横向抗压强度，故大量用于运输包装。与传统的运输包装相比，瓦楞纸箱有如下特点：

(1)轻便牢固、缓冲性能好。瓦楞纸板是空心结构，很少的用材便可构成刚性较大的箱体。

(2)原料充足,成本低。瓦楞纸板的原料很多,边角木料、竹、麦草、芦苇等均可,其成本仅为同体积木箱的一半左右。

(3)加工简便。瓦楞纸箱的生产可实现高度的机械化和自动化,用于产品的包装操作也可实现机械化和自动化。

(4)贮藏和运输方便。空箱可折叠或平铺展开运输和存放,便于装卸、搬运和堆码,节省运输工具和库房的有效空间,提高其使用效率。

(5)使用范围广。瓦楞纸箱包装物品范围广,与各种覆盖物和防潮材料结合制造使用,可大大提高使用性能,拓展使用范围,如防潮瓦楞纸箱可包装水果和蔬菜;加塑料薄膜覆盖的可包装易吸潮食品;使用塑料薄膜衬套,在箱中可形成密封包装,可以包装液体、半液体食品等。

(6)易于印刷装潢。瓦楞纸板有良好的吸墨能力,印刷装潢效果好。

2. 纸箱箱型结构的基本形式

纸箱种类繁多,结构形式各异。按照国际纸箱箱型标准,基本箱型一般用四位数字表示,前两位表示箱型种类,后两位表示同一箱型种类中不同的纸箱式样。纸箱箱型结构基本形式如下:

(1)02 类摇盖纸箱:由一页纸板裁切而成纸箱坯片,通过钉合、黏合剂或胶纸带黏合来结合接头。运输时呈平板状,使用时封合上下摇盖。这类纸箱使用最广,尤其是 0201 箱,可用来包装多种商品,国际上称为 RSC 箱(Regular Slotted Case)。02 类箱基本箱型和代号如图 2-4 所示。

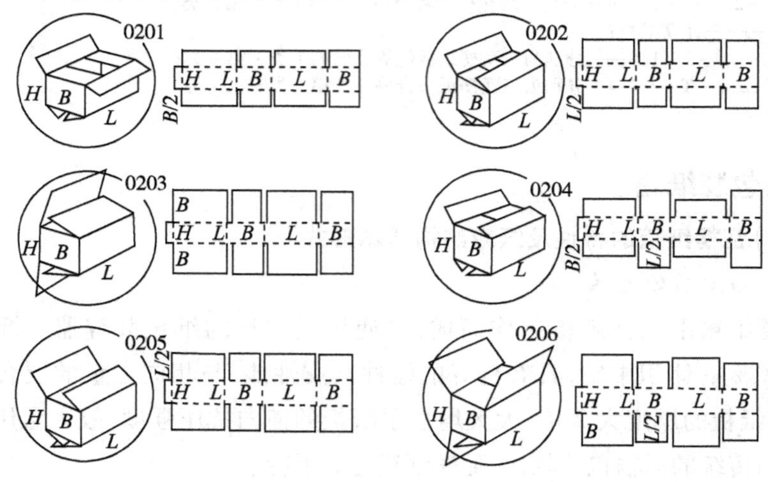

图 2-4 02 类箱基本箱型和代号

(2)03 类套合型纸箱:具有两个以上独立部分组成,即箱体与箱盖(有时也包括箱底)分离。纸箱正放时,顶盖或底盖可以全部或部分盖住箱体。图 2-5 所示为 0310 型箱。

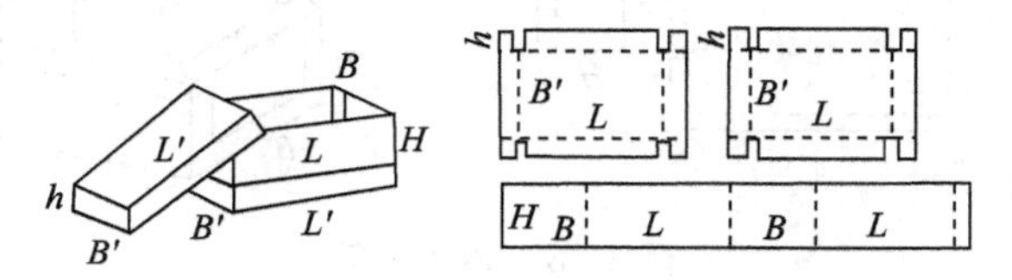

图 2-5 0310 型纸箱

(3)04 类折叠型纸箱:通常由一页纸板组成,不需钉合、或胶纸带黏合,甚至一部分箱型不需要黏合剂黏合,只要折叠即能成型,还可设计锁口、提手和展示牌等结构。图 2-6 所示为 0402 型箱。

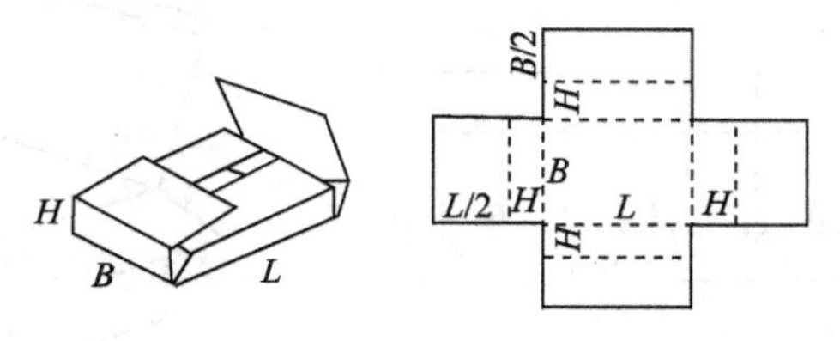

图 2-6 0402 型纸箱

(4)05 类滑盖型纸箱:由数个内装箱或框架及外箱组成,内箱与外箱以相对方向运动套入。这一类型的部分箱型可以作为其他类型纸箱的外箱。图 2-7 所示为 05 类箱的一种形式。

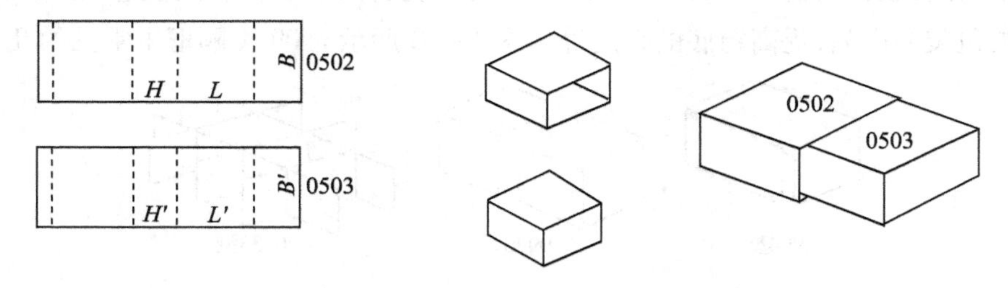

图 2-7 0502 型、0503 型纸箱

(5)06 类固定型纸箱:由两个分离的端面及连接这两个端面的箱体组成。使用前通过钉合、黏合剂或胶纸带黏合将端面及箱体连接起来,没有分离的上下盖。图 2-8 所示为 0601 型箱。

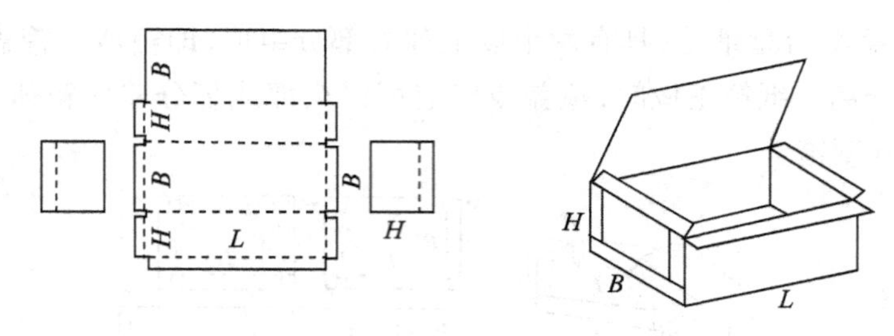

图 2-8　0601 型箱

(6)07 类自动型纸箱:仅有少量黏合,只要是一页纸板成型,运输呈平板状,使用时只要打开箱体即可自动固定成型。结构与折叠纸盒相似。图 2-9 所示为 0713 型箱。

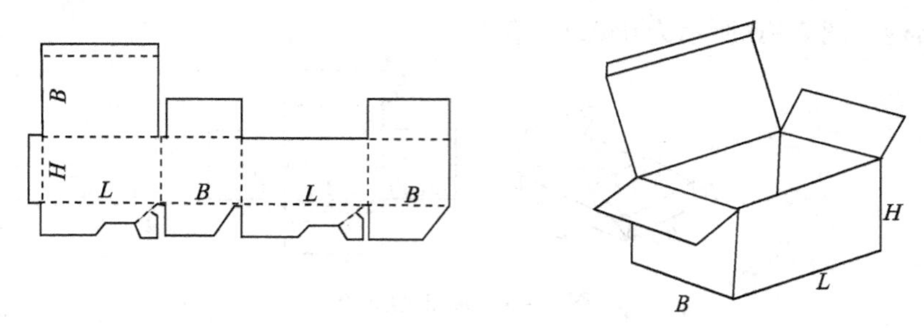

图 2-9　0713 型箱

(7)09 类为内衬件:包括隔垫、隔框、衬垫、隔板、垫板等。盒式纸板、衬套周边不封闭,放在纸盒内部,加强了箱壁并提高包装的可靠性。隔垫、隔框用于分割被包装的产品,提高箱底的强度等。图 2-10 所示为 09 类隔框中常见的几种。

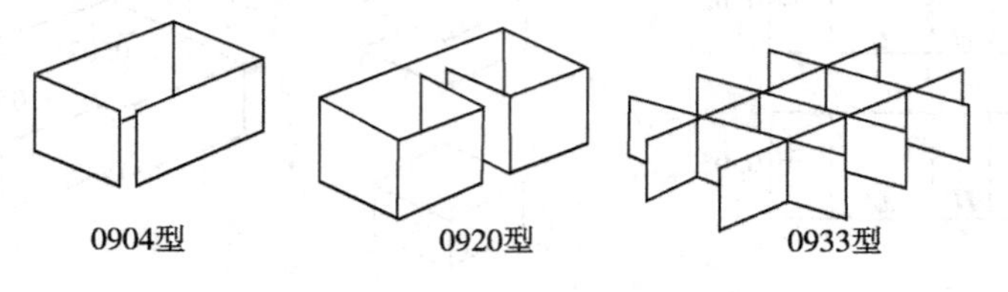

图 2-10　09 类隔框

(二)纸箱的结构设计

1. 纸箱结构设计的一般原则与依据

(1)设计原则:符合保护商品要求,达到要求的性能指标;符合生产厂包装车间的要求,装箱使用方便;满足销售者要求,便于搬运、堆垛、货架陈列等;达到商品包装标志上(怕热、易碎等)的要求;原材料利用最经济,排列套装结构合理;适合机械化包装，外销的设计应符合销往国有关包装标准及规定。

（2）设计依据：所包装商品的性质（如重量、尺寸、易碎、怕压、怕热等）；贮运条件（堆垛高度、搬运条件、仓储流通条件及贮存时间等）。

（三）瓦楞纸箱的技术标准

1. 通用瓦楞纸箱

通用瓦楞纸箱国家标准（GB/T 6543—2008）适用于运输包装用单瓦楞纸箱和双瓦楞纸箱。瓦楞纸箱按照使用不同瓦楞纸板种类、内装物最大重量及综合尺寸、预计的储运流通环境条件等将其分为20种，见表2－16。

表2－16　瓦楞纸箱的种类

种类	内装物最大质量/kg	最大综合尺寸①/mm	1类②		2类③	
			纸箱代号	纸板代号	纸箱代号	纸板代号
单瓦楞纸箱	5	700	BS－1.1	S－1.1	BS－2.1	S－2.1
	10	1 000	BS－1.2	S－1.2	BS－2.2	S－2.2
	20	1 400	BS－1.3	S－1.3	BS－2.3	S－2.3
	30	1 750	BS－1.4	S－1.4	BS－2.4	S－2.4
	40	2 000	BS－1.5	S－1.5	BS－2.5	S－2.5
双瓦楞纸箱	15	1 000	BD－1.1	D－1.1	BD－2.1	D－2.1
	20	1 400	BD－1.2	D－1.2	BD－2.2	D－2.2
	30	1 750	BD－1.3	D－1.3	BD－2.3	D－2.3
	40	2 000	BD－1.4	D－1.4	BD－2.4	D－2.4
	55	2 500	BD－1.5	D－1.5	BD－2.5	D－2.5

注：当内装物最大质量与最大综合尺寸不在同一档次时，应以其较大者为准。
①综合尺寸是指瓦楞纸箱内尺寸的长、宽、高之和。
②1类纸箱主要用于储运流通环境比较恶劣的情况。
③2类纸箱主要用于流通环境较好的情况。

瓦楞纸箱的机械性能，应根据每种具体产品所用瓦楞纸箱的标准或技术要求，或由供需双方商定。瓦楞纸箱的其他规定，详见瓦楞纸箱国家标准（GB/T 6543—2008）。

2. 金属罐食品罐头包装纸箱

GB/T 12308—1990《金属罐食品罐头包装纸箱技术条件》规定，金属罐食品罐头箱型结构采用GB/T 6543中规定的0201型纸箱（RSC箱），瓦楞纸板采用A型楞和C型楞，衬垫材料纸板采用B型楞，内装物重量超过20 kg时应使用双瓦楞纸板。表2－17为用于金属罐食品罐头包装纸箱的瓦楞纸板耐破强度。

表 2－17　用于金属罐食品罐头包装纸箱的瓦楞纸板耐破强度

纸箱内装物重量/kg	干耐破强度/kPa	湿耐破强度/kPa
≤10	≥1 177	≥363
10～18	≥1569	≥412
18～29	≥1961	≥569

纸箱质量除应符合 GB 6543 的规定外，还应要求纸箱内部尺寸偏差为±3 mm，箱高不应有负公差；纸箱外壁不得涂上光油；纸箱搭接处接合强度当拉动接合处的两端至纸板断裂时，接合处不应脱钉或脱胶。包装纸箱其他规定，详见 GB 12308—1990《金属罐食品罐头包装纸箱技术条件》。

（四）瓦楞纸箱的物理性能及测试

在设计纸箱箱体结构时，首先要根据所包装商品的性质、易碎易损程度、重量、拟采用的箱形结构式样，仓储条件、堆码高度、运输条件、路程远近等，测算纸箱应该承受的压力，然后确定楞型、瓦楞纸板层数、用料配比等。在此基础上试制出样箱，经试装测试取得数据，方能批量生产；这样能确保在一定载荷条件下包装件的可靠性，又能合理用料。

1. 影响纸箱包装强度的主要因素

（1）包装纸箱的主要破坏方式。

①在包装箱装载、封闭、堆垛、贮存及运输过程中，箱体材料中产生垂直方向的压缩，当包装强度不足时而引起包装破坏。

②在运输及装卸过程中，产生水平方向的压缩而引起包装破坏。

③包装过程包装箱跌落时，由于动载荷会使包装产生轴向拉伸而引起包装破坏。

④在使用过程中，当强行从包装箱取商品时，包装箱会发生边缘撕裂。

（2）纸箱包装的主要变形形式。

①包装在运输及使用过程中由于静载荷或动载荷产生的变形。

②由于作用力作用在包装件某一部位形成集中载荷，使包装破裂或产生永久变形时造成包装件的变形。

包装件变形值的大小及其所能承受的最大载荷，取决于纸箱的包装强度，而包装强度则取决于以纸板材料的结构性质。影响瓦楞纸箱强度的因素可分为两类：一类是瓦楞纸板的基本因素，它是决定瓦楞纸箱抗压强度的主要因素，主要包括原纸的抗压强度、瓦楞楞型、瓦楞纸板种类、瓦楞纸板的含水量等因素；另一类是在设计、制造及流通过程中发生影响的可变因素，主要包括箱体尺寸比例、印刷面积与印刷设计、纸箱的制造技术、制箱机械的缺陷及质量管理等因素，这类因素在设计或制造瓦楞纸板及瓦楞纸箱的过程中可以设法避免。

2. 瓦楞纸板物理性能及测试

为了使瓦楞纸箱能抵抗在贮运过程中所遇到的各种应变及损害，纸箱及纸板必须具有许多性能要求，如抗压强度、耐破强度、减振性能等。纸箱的包装性能除了与箱体尺寸、制造技术、流通使用环境等密切相关外，还与瓦楞纸板的性能有很大关系，因此，常需测定瓦楞纸板的各种物理性能指标。

（1）瓦楞纸板的一般物理性能测试。

①定量：按 GB/T 451. 2—2002 进行，试样必须具有足够的尺寸，最低限度为 500 cm^3（ISO 536）。对已制成瓦楞纸板的各组分的测试，可将纸板浸在温水中，然后分离、烘干、再进行分别测试。

②厚度：测试时使用瓦楞纸板厚度计（GB/T 6547—1998），试件的面积应大于厚度计的接触面积［$10 \pm 0.2\ cm^2$］，并施加一定的压力［20 ± 0.5 kPa］。

③水分：把试样放在 100 ~ 105℃（GB/T 462—2003）的烘箱内烘干至恒重，试样所减少的重量与试样原重之比即为水分测试值。

（2）瓦楞纸板机械性能及测试。

①耐破强度：测定方法（GB/T 6545—1998）是以液压增加法测定其耐破强度值的，测定时为了防止试样滑动，试样应具有不低于 690 kPa 的支持力。

②戳穿强度：指瓦楞纸板受锐利物品冲撞，发生损坏时的抵抗力。戳穿强度测定按 GB/T 2679. 7—2005《纸板　戳穿强度的测定》的规定进行测试。

③平压强度：依据（GB/T 2679. 6—1996）的规定，在一定温湿度条件下，一定面积（大于 $50cm^2$）试样在平压试验机上测定瓦楞纸板所能承受的压力，单位 N（或 kPa）。

④边压强度：测定方法（GB/T 6546—1998）是将矩形的瓦楞纸板试样置于耐压强度测定器的两压板之间，并使试样的瓦楞方向垂直于耐压强度测定器的两板，然后对试样施加压力，直到破坏时最大压力即边压强度。单位 N/m。

⑤黏合强度：测定方法（GB/T 6548—2011）适用于测定各种瓦楞纸板楞峰与面板或芯纸的黏合强度，以试样被全部分离时所需的最大力表示，单位 N/m。

3. 瓦楞纸箱的物理性能测试

（1）压缩强度试验：通常称为抗压力试验，是纸箱测试最基本的一个项目。抗压强度是考核纸箱质量的重要指标，它反映了纸箱内在强度质量，也是运输包装的主要考核指标,决定着瓦楞纸箱包装的实际功能。纸箱压缩强度试验方法(GB/T 4857.4—2008)是将试验样品置于试验机两平面压板之间,然后均匀施加压力,直到试验纸箱发生破裂时的最大压力,以 N 表示。

(2)综合测试:指瓦楞纸箱装入商品后,进行破坏性模拟试验、跌落试验、迴转试验等,这些试验项目一般由专门的包装测试机构实施。

第二节　塑料包装材料及容器

塑料是一种以高分子聚合物——树脂为基本成分,再加入一些用来改善其性能的各种添加剂制成的高分子有机材料。塑料用作包装材料是现代包装技术发展的重要标志,因其原材料来源丰富、成本低廉、性能优良,成为近年来世界上发展较快、用量巨大的包装材料。塑料包装材料广泛应用于食品包装,并逐步取代了玻璃、金属、纸类等传统包装材料,使食品包装的面貌发生了巨大的改变,体现了现代食品包装形式的丰富多样、流通使用方便的特点,成为食品销售包装中最主要的包装材料之一。尽管塑料包装材料用于食品包装还存在着某些卫生安全方面的问题,及包装废弃物的回收处理对环境的污染等问题,但塑料包装材料仍是21世纪需求增长最快的食品包装材料之一。

一、塑料的基本概念、组成及包装性能

(一)塑料的组成和分类

1. 高分子聚合物的基本概念

高分子聚合物是一类分子量通常在 $10^4 \sim 10^6$ 以上的大分子物质,其分子所含原子数通常数几万、几十万甚至高达几百万个,分子长度达 $10^2 \sim 10^4$ nm 或更长。由于高分子聚合物由巨大的分子组成,且大分子又有特殊的结构,从而使高分子聚合物具有一系列低分子化合物所不具有的特殊性能,如化学惰性、难溶、强韧性等。高分子聚合物的分子量虽然很大,但它们的化学组成并不复杂,通常由 C、H、O、N 等构成,往往由一种或几种简单的低分子化合物(也称单体)以某种形式重复连接而成。如聚乙烯由若干乙烯组成,简写为$\left[CH_2—CH_2\right]_n$。高分子聚合物大分子是由一些基本单元结构重复连接而成,这一单元结构称为链节,如聚乙烯分子的链节是$\left[CH_2—CH_2\right]$。大分子中重复链节的数目 n 为链节数,也称作聚合度。显然,高分子聚合物大分子的分子量 M 及分子链的长度与聚合度有关。

$$M = m \cdot n$$

式中：m——基本单位的分子量；

n——大分子的聚合度。

同一种高分子聚合物中，各大分子所含链节的数目是不同的，即聚合度不同。因此，某种高分子聚合物的聚合度和分子量是指其平均聚合度和平均分子量。

2. 塑料的组成

塑料是一种以高分子聚合物——树脂为基本成分，再加入一些用来改善性能的各种添加剂而制成的高分子材料。其中树脂是最基本、最主要的组分，也是决定塑料类型、性能和用途的根本因素。

（1）聚合物树脂。塑料中聚合物树脂占40% ~100%。塑料的性能主要取决于树脂的种类、性质及在塑料中所占的比例，各类添加剂也能改变塑料的性质，但所用树脂种类仍是决定塑料性能和用途的根本因素。目前生产上常用树脂有两大类：一类为加聚树脂，如聚乙烯、聚丙烯、聚氯烯、聚乙烯醇、聚苯乙烯等，这是构成食品包装用树脂的主体；另一类是缩聚树脂，如酚醛、环氧、氨基酸脂等，在食品包装上应用较少。

（2）常用添加剂。常用的添加剂有增塑剂、稳定剂、填充剂、抗氧化剂等。

①增塑剂：是一类提高树脂可塑性和柔软性的添加剂，通常为一些有机低分子物质。聚合物分子间夹有低分子物质后，加大了分子间距，降低其分子间作用力，从而增加大分子的柔顺性和相对滑移流动能力。因此，树脂中加入一定量增塑剂后，其 T_g、T_m 温度降低，在黏流态时黏度降低，流动塑变能力增高，从而改善塑料成型加工性能。

②稳定剂：用于防止或延缓高分子材料的老化变质。塑料老化变质的因素很多，主要有氧气、光和热等。稳定剂主要有三类：第一类为抗氧剂，有胺类抗氧剂和酚类抗氧剂，酚类抗氧剂其抗氧能力虽不及胺类，但因具有毒性低、不易污染的特点而被大量应用；第二类为光稳定剂，用于反射或吸收紫外光、防止塑料树脂老化、延长其使用寿命，效果显著且用量极少，光稳定剂品种繁多，用于食品包装应选用无毒或低毒的品种；第三类为热稳定剂，可防止塑料在加工和使用过程中因受热而引起降解，是塑料等高分子材料加工时不可缺少的一类助剂，目前应用最多的是用于聚氯乙烯的热稳定剂，其中铅稳定剂和金属皂类热稳定剂因含重金属而毒性大，因此，用于食品包装应选用有机锡稳定剂等低毒性产品。

③填充剂：它的功用是弥补树脂的某些不足性能，改善塑料的使用性能，如

提高制品的尺寸稳定性、耐热性、硬度、耐气候性等，同时可降低塑料成本。常用填充剂有碳酸钙、陶土、滑石粉、石棉、硫酸钙等，其用量一般为20% ~50%。

④着色剂：用于改变塑料等合成材料固有的颜色，分无机颜料、有机颜料和其他染料。塑料着色可使制品美观，提高其商品价值，用作包装材料还可起屏蔽紫外线和保护内容物的作用。

⑤其他添加剂　根据其功能和使用要求，在塑料中不可加入润滑剂、固化剂、发泡剂，抗静电剂和阻燃剂等。

塑料所用各种添加剂应具有与树脂很好的相溶性、稳定性、不相互影响其作用等特性，对用于食品包装的塑料，特别要求添加剂具有无味、无臭、无毒、不溶出的特性，以免影响包装食品的品质、风味和卫生安全性。

3. 塑料的分类

塑料的品种很多，分类方法也很多，通常按塑料在加热、冷却时呈现的性质不同，把塑料分为热塑性塑料和热固性塑料两类。

（1）热塑性塑料（Thermoplastic）：主要以加成聚合树脂为基料，加入适量添加剂而制成。在特定温度范围内能反复受热软化流动和冷却硬化成型，其树脂化学组成及基本性能不发生变化。这类塑料成型加工简单，包装性能良好，可反复成型，但刚硬性低，耐热性不高。包装上常用的塑料品种有聚乙烯、聚丙烯、聚氯乙烯、聚乙烯醇、聚酰胺、聚碳酸酯、聚偏二氯乙烯等类塑料。

（2）热固性塑料（Thermosetting Plastic）：主要以缩聚树脂为基料，加入填充剂、固化剂及其他适量添加剂而制成；在一定温度下经一定时间固化，再次受热，只能分解，不能软化，因此不能反复塑制成型。这类塑料具有耐热性好，刚硬、不熔等特点，但较脆且不能反复成型。包装上常用的有氨基塑料、酚醛塑料、环氧塑料等。

（二）塑料材料的主要包装性能指标

1. 主要保护性能指标

保护性能指的是能保护内容物，防止其质变、被破坏的性能，主要包括阻透性、机械力学性能、稳定性等。

（1）阻透性：包括对水分、水蒸气、气体、光线等的阻隔性能。

①透气度 Q_g 和透气系数 P_g：透气度 Q_g 指一定厚度材料在一个大气压差条件下、$1m^2$ 面积、24h 内所透过的气体量（在标准状况下），单位 $cm^3/(m^2 \cdot 24h)$。透气系数 P_g 指单位时间、单位压差下透过单位面积和厚度材料的气体量，单位 $g/(m \cdot h \cdot Pa)$。

②透湿度 Q_v 和透湿系数 P_v:透湿度 Q_v 指一定厚度材料在一个大气压差条件下、$1m^2$ 面积、24 小时内所透过的水蒸气的克数,单位 $g/(m^2 \cdot 24h)$。透湿系数 P_v 指单位时间单位压差下、透过单位面积和厚度材料的水蒸气重量,单位 $g/(m \cdot h \cdot Pa)$。

③透水度 Q_w 和透水系数 P_w:透水度 Q_w 指 1 m^2 材料在 24 h 内所透过的水分重量,单位 $g/(m^2 \cdot 24h)$。透水系数 P_w 指单位时间、单位压差下、透过单位面积和厚度材料的水分重量,单位 $g/(m \cdot h \cdot Pa)$。

④透光度 T:指透过材料的光通量和射到材料表面光通量的比值,以% 表示。

(2)机械力学性能:指外力作用下材料表现出抵抗外力作用而不发生变形和破坏的性能,主要有下列几项。

①硬度:指在外力作用下材料表面抵抗外力作用而不发生永久变形的能力,常用布氏硬度(HB)和洛氏硬度(HR)表示。

②抗张、抗压、抗弯强度　材料在拉、压、弯力缓慢作用下不被破坏时,单位受力截面所能承受的最大力分别称为材料的抗张、抗压、抗弯强度(MPa)。

③爆破强度:使塑料薄膜袋破裂所施加的最小内应力,表示容器材料的抗内压能力;也可由材料的抗张强度来表示,常常用来检测包装封口的封合强度。

④撕裂强度:指材料抵抗外力作用使材料沿缺口连续撕裂破坏的性能,也指一定厚度材料在外力作用下沿缺口撕裂单位长度所需的力(N/cm)。

⑤戳刺强度:材料被尖锐物刺破所需的无原则的最小力(N)。

(3)稳定性:指材料抵抗环境因素(温度、介质、光等)的影响而保持其原有性能的能力,包括耐高、低温性,耐化学性,耐老化性等。

①耐高、低温性能:温度对塑料包装材料的性能影响很大,温度升高,其强度和刚性明显降低,其阻隔性能也会下降;温度降低,会使塑料的塑性和韧性下降而变脆。材料的耐高温性能用温度指标来表示,热分解温度是鉴定塑料耐高温性能的指标之一,而耐低温性用脆化温度表示(指材料在低温下受某种形式外力作用时发生脆性破坏的温度)。用于食品的塑料包装材料应具有良好的耐高、低温性能。

②耐化学性:指塑料在化学介质中的耐受程度,评定依据通常是塑料在介质中经一定时间后的重量、体积、强度、色泽等的变化情况,目前尚无统一的耐腐蚀标准。

③耐老化性:指塑料在加工、储存、使用过程中在受到光、热、氧、水、生物等外界因素作用下,保持其化学结构和原有性能而不被损坏的能力。

2. 卫生安全性

食品用塑料包装材料的卫生安全性非常重要，主要包括无毒性、耐腐蚀性、防有害物质渗透性、防生物侵入性等。

(1)无毒性。塑料由于其成分组成、材料制造、成型加工以及与之相接触的食品之间的相互关系等原因，存在着有毒单体或催化剂残留，有毒添加剂及其分解老化产生的有毒产物等物质的溶出和污染食品的不安全问题。目前国际上都采用模拟溶媒溶出试验来测定塑料包装材料中有毒有害物的溶出量，并对之进行毒性试验，由此获得对材料无毒性的评价，确定保障人体安全的有毒物质极限溶出量和某些塑料材料的使用限制条件。

模拟溶媒溶出试验其溶媒的选用主要取决于包装食品的特性，部分国家常用食品分类与模拟溶媒如表 2－18 所列，溶出试验方法及条件按国家的有关法规或标准进行。

表 2－18　常用食品分类与模拟溶媒

食品分类		食品举例	模拟溶媒						
			日本	美国	德国	英国	意大利	法国	荷兰
1	含有游离油脂的水溶性食品(包括W/O型乳状液)	凉拌菜、调味品	油脂及油脂性食品、n－[正]庚烷	水、n－[正]庚烷	花生油或椰子油	—	n－[正]庚烷 5%醋酸水	花生油 水 3%醋酸	花生油 水 3%醋酸
2	水分少的油脂	油脂	n－[正]庚烷	n－[正]庚烷	花生油或椰子油	橄榄油+2%脂肪酸	n－[正]庚烷	花生油	花生油
3	表面上存在游离油脂的干燥固形食品	油炸食品	n－[正]庚烷	n－[正]庚烷	—	—	—	—	—
4	含酒精的饮料		酒类、含20%酒精的食品	80%或50%的酒精	10%酒精	50%酒精	使用浓度的酒精	10%、50%或95%的酒精	15%酒精、水
5	非酸性(pH值在5以上)水溶性食品	魔芋、细粉条	水、4%醋酸	水	水	5% Na_2CO_3	水	水	水
6	酸性水溶性食品(包括W/O型乳状物)	果子酱、调味料	4%醋酸	水	3%醋酸	5%醋酸	5%醋酸	—	3%醋酸
7	不含酒精的饮料	一般清凉饮料	4%醋酸	水	—	—	—	—	水

续表

	食品分类	食品举例	模拟溶媒						
			日本	美国	德国	英国	意大利	法国	荷兰
8	表面上不存在游离油脂的干燥固体食品	面条、面包粉、酥脆饼干	4%醋酸	不需试验	—	—	—	—	根据试验情况临时性地予以判断

(2)抗生物侵入性。塑料包装材料无缺口及孔隙缺陷时,一般其材料本身就可抗环境微生物的侵入渗透,但要完全抵抗昆虫、老鼠等生物的侵入则较困难。材料抗生物侵入的能力与其强度有关,塑料的强度比金属玻璃低得多,为保证包装食品在贮存环境中免受生物侵入污染,有必要对材料进行虫害侵害率或入侵率试验,为食品包装的选材及确定包装质量要求和贮存条件等技术指标提供依据。

侵害率:指用一定厚度某材料制成的容器内装食品后密封,在存放环境中存放至被昆虫侵入包装时所经过的平均周数。

入侵率:指用一定厚度某材料制成的容器装入食品后密封,在存放环境中存放时每周侵入包装的昆虫的个数。

3. 加工工艺性及主要性能指标

(1)包装制品成型加工工艺性及主要性能指标。塑料包装制品大多数是塑料加热到黏流状态后在一定压力下成型的,表示其成型工艺性好坏的主要指标有:熔融指数(MI)、成型温度及温度范围(温度低,范围宽则成型容易)、成型压力(MPa)、塑料热成型时的流动性、成型收缩率。

(2)包装操作加工工艺性及主要性能指标。表示包装材料在食品包装各工艺过程,尤其在机械化、自动化工艺过程中的操作适应能力,其工艺性指标有:机械性能,包括强度和刚度;热封性能,包括热封温度、压力、时间及热封强度(在规定的冷却时间内热封焊缝所能达到的抗破裂强度)等。

(3)印刷适应性。包括油墨颜料与塑料的相容性,印刷精度、清晰度、印刷层耐磨性等。

二、食品包装常用的塑料树脂

(一)聚乙烯(PE)和聚丙烯(PP)

1. 聚乙烯(PE)

聚乙烯树脂是由乙烯单体经加成聚合而成的高分子化合物,为无臭、无毒、乳白色的蜡状固体,其分子结构式为:$\{CH_2-CH_2\}_n$;大分子为线型结构,简单规整且无极性,柔顺性好,易于结晶。聚乙烯塑料是由 PE 树脂加入少量的润滑剂和抗氧化剂等添加剂构成。

(1)聚乙烯的主要包装特性。阻水阻湿性好,但阻气和阻有机蒸汽的性能差;具有良好的化学稳定性,常温下与一般酸碱不起作用,但耐油性稍差;有一定的机械抗拉和抗撕裂强度,柔韧性好;耐低温性很好,能适应食品的冷冻处理,但耐高温性能差,一般不能用于高温杀菌食品的包装;光泽度透明度不高,印刷性能差,用作外包装需经电晕处理和表面化学处理改善印刷性能;加工成型方便,制品灵活多样,且热封性能很好。PE 树脂本身无毒,添加剂量极少,因此被认为是一种安全性很好的包装材料。

(2)乙烯的主要品种、性能特点及应用

①高压低密度聚乙烯(LDPE):具有分支较多的线型大分子结构,结晶度较低,密度也低,为 0.91~0.94 g/cm³,因此,阻气、阻油性差,机械强度也低,但延伸性、抗撕裂性和耐冲击性好、透明度较高,热封性和加工性能好。LDPE 在包装上主要制成薄膜,用于包装要求较低的食品,尤其是有防潮要求的干燥食品。利用其透气性好的特点,可用于生鲜果蔬的保鲜包装,也可用于冷冻食品包装,但不宜单独用于有隔氧要求的食品包装;经拉伸处理后可用于热收缩包装,由于其热封性、卫生安全性好、价格便宜,常作复合材料的热封层,大量用于各类食品的包装。

②低压高密度聚乙烯(HDPE):大分子呈直链线型结构,分子结合紧密,结晶度高达 85% ~95%,密度为 0.94~0.96 g/cm³,故其阻隔性和强度均比 LDPE 高;耐热性也高,长期使用温度可达 100℃,但柔韧性、透明性、热成型加工性等性能有所下降。HDPE 也大量用于薄膜包装食品,与 LDPE 相比,相同包装强度条件下可节省原材料;由于其耐高温性较好,也可作为复合膜的热封层,用于高温杀菌(110℃)食品的包装;HDPE 也可制成瓶、罐容器盛装食品。

③线型低密度聚乙烯(LLDPE):大分子的支链长度和数量均介于 LDPE 和 HDPE 之间,具有比 LDPE 优的强度性能,抗拉强度提高了 50%,且柔韧性比 HDPE 好,加工性能也较好,可不加增塑剂吹塑成型。LLDPE 主要制成薄膜,用于包装肉类、冷冻食品和奶制品,但其阻气性差,不能满足较长时间的保质要求。为改善这一性能,采用与丁基橡胶共混来提高阻隔性,这种改性的 PE 产品在食品包装上有较好的应用前景。

2. 聚丙烯(PP)

聚丙烯塑料的主要成分是聚丙烯树脂,密度为 0.90 ~0.91 g/cm^3,是目前最轻的食品包装用塑料材料。

(1)主要包装特性。阻隔性优于 PE,水蒸气透过率和氧气透过率与高密度聚乙烯相似,但阻气性仍较差;机械性能较好,具有的强度、硬度、刚性都高于 PE,尤其是具有良好的抗弯强度;化学稳定性良好,在一定温度范围内,对酸碱盐及许多溶剂等有稳定性;耐高温性优良,可在 100 ~120℃范围内长期使用,无负荷时可在 150℃使用,但耐低温性比 PE 差,-17℃时性能变脆;光泽度高,透明性好,印刷性差,印刷前表面需经一定处理,但表面装潢印刷效果好;成型加工性能良好,但制品收缩率较大;热封性比 PE 差,但比其他塑料要好;卫生安全性高于 PE。

(2)包装应用。聚丙烯主要制成薄膜材料包装食品。薄膜经定向拉伸处理(BOPP、OPP)后的各种性能,包括强度、透明光泽效果、阻隔性比普通薄膜(CPP)都有所提高,尤其是 BOPP,强度是 PE 的 8 倍,吸油率为 PE 的 1/5,故适宜包装含油食品,在食品包装上可替代玻璃纸包装点心、面包等;其阻湿耐水性比玻璃纸好,透明度、光泽性及耐撕裂性不低于玻璃纸,印刷装潢效果不如玻璃纸,但成本可低 40% 左右,且可用作糖果、点心的扭结包装。PP 可制成热收缩膜进行热收缩包装;也可制成透明的其他包装容器或制品;同时还可制成各种形式的捆扎绳、带,在食品包装上用途十分广泛。

(二)聚苯乙烯(PS)和 K-树脂

1. 聚苯乙烯(PS)

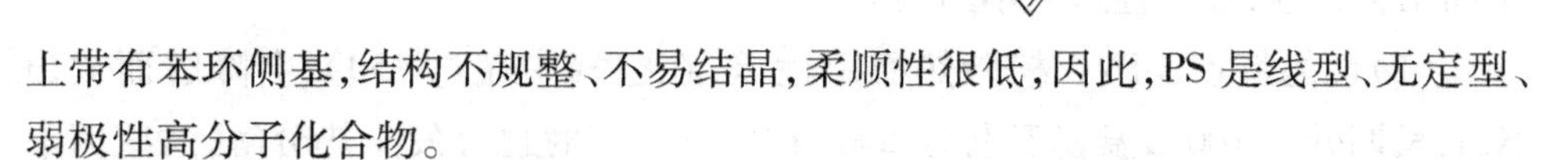

聚苯乙烯由苯乙烯单体加聚合成,分子结构式 $\left[CH—CH_2 \right]_n$(CH 上连苯环),因大分子主链上带有苯环侧基,结构不规整、不易结晶,柔顺性很低,因此,PS 是线型、无定型、弱极性高分子化合物。

(1)性能特点。PS 阻湿、阻气性能差,阻湿性能低于 PE;机械性能好,具有较高的刚硬性,但脆性大,耐冲击性能很差;能耐一般酸、碱、盐、有机酸、低级醇,其水溶液性能良好,但易受到有机溶剂如烃类、酯类等的侵蚀软化甚至溶解;透明度好,高达 88% ~92%,有良好的光泽性;耐热性差,连续使用温度为 60 ~80℃,耐低温性良好;成型加工性好,易着色和表面印刷,制品装饰效果很好;无毒无味，卫生安全性好，但PS树脂中残留单体苯乙烯及其他一些挥发性物质有低毒，对人体最大无害剂量为133 mg/kg，因此，塑料制品中单体残留量应限定在1 %以下。

(2)包装应用。PS塑料在包装上主要制成透明食品盒、水果盘、小餐具等，色泽艳丽，形状各异，包装效果很好。PS薄膜和片材料经拉伸处理后，冲击强度得到改善，可制成收缩薄膜，片材大量用于热成型包装容器。发泡聚苯乙烯EPS可用作保温及缓冲包装材料。目前大量使用的EPS低发泡薄片材可热成型为一次性使用的快餐盒、盘，使用方便卫生，价格便宜，但因包装废弃物难以处理而成为环境公害，因此将被其他可降解材料所取代。

(3)PS的改性品种。PS最主要的缺点是脆性。其改性品种ABS由丙烯腈、丁二烯和苯乙烯三元共聚而成，具有良好的柔韧性和热塑性，对某些酸、碱、油、脂肪和食品有良好的耐性，在食品工程上常用于制作管材、包装容器等。

2. K－树脂

K－树脂是一种具有良好抗冲击性能的聚苯乙烯类透明树脂，由丁二烯和苯乙烯共聚而成，由于其高透明和耐冲击性，被用于制造各种包装容器，如盒、杯、罐等。K－树脂无毒卫生，可与食品直接接触，经γ射线(2.6 mGy)辐照后其物理性能不受影响，符合食品和药品的有关安全性规定，在食品包装上尤其是辐照食品包装应用前景看好。

(三)聚氯乙烯(PVC)和聚偏二氯乙烯(PVDC)

1. 聚氯乙烯(PVC)

聚氯乙烯塑料以聚氯乙烯树脂为主体，加入增塑剂、稳定剂等添加剂混合组成，PVC树脂的分子式为$\left[CH_2 - \underset{\displaystyle Cl}{\underset{|}{CH}} \right]_n$，大分子中C—Cl键有较强极性，大分子间结合力强，柔顺性差且不易结晶。

(1)性能特点。PVC树脂热稳定性差，在空气中超过150℃会降解而放出HCl，长期处于100℃温度下也会降解，在成型加工时也会发生热分解，这些因素限制了PVC制品的使用温度，一般需在PVC树脂中加入2% ~5%的稳定剂。PVC树脂的分子结构决定了它具有较高黏流化温度，且很接近其分解温度，同时其黏流态时的流动性也差，为此需加入增塑剂来改善其成型加工性能。根据增塑剂的加入量不同可获得不同品种的PVC塑料，增塑剂量达树脂量的30% ~40%时构成软质PVC，增塑剂量小于5%时构成硬质PVC。

(2)包装特性。PVC 的阻气阻油性优于 PE 塑料,硬质 PVC 优于软质 PVC;阻湿性比 PE 差;化学稳定性优良,透明度、光泽性比 PE 优良;机械性能好,硬质 PVC 有很好的抗拉强度和刚性,软质 PVC 相对较差,但柔韧性和抗撕裂强度较 PE 高;耐高低温性差,一般使用温度为 -15 ~ 55℃,有低温脆性;加工性能因加入增塑剂和稳定剂而得到改善,加工温度在 140 ~ 180℃ 范围;着色性、印刷性和热封性较好。

(3)卫生安全性。PVC 树脂本身无毒,但其中的残留单体氯乙烯 VC 有麻醉和致畸致癌作用,对人体的安全限量为 1mg/kg 体重,故 PVC 用作食品包装材料时应严格控制材料中 VC 残留量;PVC 树脂中 VC 残留量≤3 ppm、包装制品小于 1 ppm($1ppm = 10^{-6}$)时,满足食品卫生安全要求。

稳定剂是影响 PVC 安全性的另一个重要因素,用于食品包装的 PVC 材料不允许加入铅盐、镉盐、钡盐等较强毒性的稳定剂,应选用低毒且溶出量小的稳定剂。增塑剂是影响 PVC 安全性的又一重要因素,用作食品包装的 PVC 应使用邻苯二甲酸二辛酯、二癸酯等低毒品种作增塑剂,使用剂量也应在安全范围内。

(4)包装应用。PVC 存在的卫生安全问题决定其在食品包装上的使用范围,软质 PVC 增塑剂含量大,卫生安全性差,一般不用于直接接触食品的包装,可利用其柔软性、加工性好的特点制作弹性拉伸膜和热收缩膜;又因其价廉,透明性、光泽度优于 PE 且有一定透气性而常用于生鲜果蔬的包装。硬质 PVC 中不含或含微量增塑剂,安全性好,可直接用于食品包装。

(5)改性品种。PVC 树脂中加入无毒小分子共混而起增塑作用,故改性塑料中不含增塑剂,在低温下仍保持良好韧性;具有中等阻隔性、卫生安全,价格也便宜;其薄膜制品可用作食品收缩包装,薄片热成型容器用于冰激凌、果冻等的热成型包装。

2. 聚偏二氯乙烯(PVDC)

PVDC 塑料是由 PVDC 树脂和少量增塑剂和稳定剂制成。PVDC 树脂的分子结构式为:$\left[\begin{array}{c} Cl \\ | \\ C—CH_2 \\ | \\ Cl \end{array} \right]_n$。

(1)性能特点。PVDC 软化温度高、接近其分解温度,在热、紫外线等作用下易分解,与一般增塑剂相溶性差,加热成型困难而难以应用;工程上采用与氯乙烯单体共聚的办法来改善 PVDC 的使用性能,大分子有极性、分子结合力强,结构对称、规整,故结晶性高,加工性较差,制成薄膜材料时一般需加入稳定剂和增塑剂。

(2)包装特性。PVDC 树脂用于食品包装具有许多优异的包装性能:阻隔性很高,且受环境温度的影响较小,耐高低温性良好,适用于高温杀菌和低温冷藏;化学稳定性很好,不易受酸、碱和普通有机溶剂的侵蚀;透明性光泽性良好,制成收缩薄膜后的收缩率可达30% ~60% ,适用于畜肉制品的灌肠包装,但因其热封性较差,薄膜封口强度低,一般需采用高频或脉冲热封合,也可采用铝丝结扎封口。

(3)适用场合。PVDC 膜是一种高阻隔性包装材料,其成型加工困难,价格较高。目前除单独用于食品包装外,还大量用于与其他材料复合制成高性能复合包装材料。由于 PVDC 有良好的熔黏性,可作复合材料的黏合剂,或溶于溶剂成涂料,涂覆在其他薄膜材料或容器表面(称 K 涂),可显著提高阻隔性能,适用于长期保存的食品包装。

(四)聚酰胺(PA)和聚乙烯醇(PVA)

1. 聚酰胺(PA)

聚酰胺通称尼龙 Ny(Nylon),是分子主链上含大量酰胺基团结构的线型结晶型高聚物,按链节结构中 C 原子数量分为 Ny6 和 Ny12 等。PA 树脂大分子为极性分子,分子间结合力强,大分子易结晶。

(1)性能特点。在食品包装上使用的主要是 PA 薄膜类制品,具有的包装特性为如下。

①阻气性优良,但因分子极性较强,是一种典型的亲水性聚合物,阻湿性差,吸水性强,且随吸水量的增加而溶胀,其阻气阻湿性能急剧下降。

②化学稳定性良好,PA 具有优良的耐油性,耐碱和大多数盐液的作用,但强酸能侵蚀它,水和醇能使 Ny 溶胀。

③PA 抗拉强度较大,但随其吸湿量的增多而使强度降低;抗冲击强度比其他塑料明显高出很多,且随吸湿量增加而提高。

④耐高低温性优良,正常使用温度范围在 -60 ~ 130℃,短时耐高温达 200℃。

⑤成型加工性较好,但热封性不良(180 ~ 190℃),一般常用其复合材料。

⑥卫生安全性好。

(2)适用场合。PA 薄膜制品大量用于食品包装,为提高其包装性能,可使用拉伸 PA 薄膜,并与 PE、PVDC 或 CPP 等复合,提高防潮阻湿和热封性能,可用于畜肉类制品的高温蒸煮包装和深度冷冻包装。

2. 聚乙烯醇(PVA)

PVA 由聚醋酸乙烯酯经碱性醇液醇解而得,分子结构式为:$\left[CH_2—\underset{\underset{OH}{|}}{CH} \right]_n$是一种分子极性较强且有高度结晶的高分子化合物。

(1)性能特点。包装上 PVA 通常制成薄膜用于包装食品,具有如下特点:阻气性能很好,特别是对有机溶剂蒸汽和惰性气体及芳香气体;因其为亲水性物质,阻湿性差,透湿能力是 PE 的 5~10 倍,吸水性强、易吸水溶胀,且随吸湿量的增加而使其阻气性能急剧降低;化学稳定性良好,透明度、光泽性及印刷性都很好;机械性能好,抗拉强度、韧性、延伸率均较高,但因承受吸湿量和增塑剂量的增加而使强度降低;耐高温性较好,耐低温性较差。

(2)适用场合。PVA 薄膜可直接用于包装含油食品和风味食品,吸湿性强使其不能用于防潮包装,但通过与其他材料复合可避免易吸潮的缺点,充分发挥其优良的阻气性能而广泛用于肉类制品如香肠、烤肉、切片火腿等包装,也可用于黄油、干酪及快餐食品包装。

(五)聚酯(PET)和聚碳酸酯(PC)

1. 聚酯(PET)

聚酯是聚对苯二甲酸和乙二酯的简称,俗称涤纶,具有较高的强韧性和较好的柔顺性。

(1)性能特点。PET 用于食品包装,与其他塑料相比具有许多优良的包装特性:具有优良的阻气、阻湿、阻油等高阻隔性,化学稳定性良好;具有其他塑料所不及的高强韧性能,抗拉强度是 PE 的 5~10 倍,是 PA 的 3 倍,抗冲强度也很高,还具有良好的耐磨和耐折叠性;具有优良的耐高低温性能,可在 -70~120℃ 温度下长期使用,短期使用可耐 150℃ 高温,且高低温对其机械性能影响很小;光亮透明,可见光透过率高达 90% 以上,并可阻挡紫外线;印刷性能较好;卫生安全性好,溶出物总量很小;由于熔点高,故成型加工、热封较困难。

(2)适用场合。PET 制作薄膜用于食品包装主要有四种形式:

①无晶型未定向透明薄膜,抗油脂性很好,可用来包装含油及肉类制品,还可作食品桶、箱、盒等容器的衬袋。

②将上述薄膜进行定向拉伸,制成无晶型定向拉伸收缩膜,表现出高强度和良好热收缩性,可用作畜肉食品的收缩包装。

③结晶型塑料薄膜，即通过拉伸提高 PET 的结晶度，使薄膜的强度、阻隔性、透明度、光泽性得到提高，包装性能更优越，可大量用于食品包装。

④与其他材料复合，如真空涂铝、K 涂 PVDC 等制成高阻隔包装材料，用于保质期较长的高温蒸煮杀菌食品包装和冷冻食品包装。

PET 也有较好的耐药品性，经过拉伸，强度好、又透明，许多清凉饮料都使用 PET 瓶包装。PET 不吸收橙汁的香气成分 d - 柠檬烯，显示出良好的保香性，因此，作为原汁用保香性包装材料是很适合的。

(3)改性品种。新型“聚酯”包装材料聚萘二甲酸乙二醇酯(PEN)与 PET 结构相似，只是以萘环代替了苯环，PEN 比 PET 具有更优异的阻隔性，特别是阻气性、防紫外线性和耐热性比 PET 更好。PEN 作为一种高性能、新型包装材料，将有一定的开发前景。

2. 聚碳酸酯 PC(Polycar Bonate)

(1)性能特点。PC 大分子链节结构的规整性决定了它能够结晶，又难与熔体结晶，具有很好的透明性和机械性能，尤其是低温抗冲击性能，故 PC 是一种非常优良的包装材料，但因价格贵而限制了它的广泛应用。

(2)适用场合。在包装上，PC 可注塑成型为盆、盒，吹塑成型为瓶、罐等各种韧性高、透明性好、耐热又耐寒的产品，用途较广。在包装食品时因其透明而可制成“透明”罐头，可耐 120℃ 高温杀菌处理。存在的缺点是：因刚性大而耐应力开裂性差和耐药品性较差。应用共混改性技术，如用 PE、PP、PET、ABS 和 PA 等与之共混成塑料合金可改善其应力开裂性，但其共混改性产品一般都失去光学透明性。

(六)乙烯—醋酸乙烯共聚物(EVA)和乙烯—乙烯醇共聚物(EVAL)

1. 乙烯—醋酸乙烯共聚物(EVA)

EVA 由乙烯和醋酸乙烯酯(VA)共聚而得，EVA 的性能取决于 VA 的分子量及其在共聚物中的含量，当 EVA 分子量一定时，共聚物中 VA 含量低则接近于 PE 的性能，VA 含量在 10% ~20% 时能部分结晶而用于塑料；VA 含量在 10% 左右时，EVA 刚性较好，成型加工性、耐冲击性比 PE 还好些；当 VA 含量增大时，它的弹性、柔软性、透明性增大，VA 含量大于 30% 时的 EVA 性似橡胶；当 VA 含量大于 60% 时便成为热熔黏结剂。

(1)性能特点。EVA 阻隔性比 LDPE 差，且随密度降低透气性增加；环境抗老化性能比 PE 好，强度也比 LDPE 高，增加 VA 含量能更好抗紫外线，耐臭氧作用比橡胶高；透明度高，光泽性好，易着色，装饰效果好；成型加工温度比 PE 低 20

~30℃,加工性好,可热封也可黏合;具有良好抗霉菌生长的特性,卫生安全。

(2)适用场合。不同的EVA在食品包装上用途不同,VA含量少的EVA薄膜可作呼吸膜包装生鲜果蔬保鲜贮藏,也可直接用于其他食品的包装;VA含量10%~30%的EVA薄膜可用作食品的弹性裹包或收缩包装,因其热封温度低、封合强度高、透明性好而常作复合膜的内封层。EVA挤出涂布在BOPP、PET和玻璃纸上,可直接用来包装干酪等食品。VA含量高的EVA可用作黏结剂和涂料。

2. 乙烯和乙烯醇共聚物(EVAL)

EVAL是乙烯和乙烯醇的共聚物,乙烯醇改善了乙烯的阻气性,而乙烯则改善了乙烯醇的可加工性和阻湿性,故EVAL具有聚乙烯的易流动加工成型性和优良的阻湿性,又具有聚乙烯醇的极好阻气性。

(1)性能特点。EVAL树脂是高度结晶型树脂,EVAL最突出的优点是对O_2、CO_2、N_2气体的高阻隔性,及优异的保香阻异味性能。EVAL的性能依赖于其共聚物中单体的相对浓度,一般地,当乙烯含量增加时,阻气性下降,阻湿性提高,加工性能也提高;由于EVAL主链上有羟基而具亲水性,吸收水分后会影响其高阻隔性,为此常采用共挤方法把EVAL夹在聚烯烃等防潮材料的中间,充分体现其高阻隔性能;EVAL有良好的耐油和耐有机溶剂性,且有高抗静电性,薄膜有高的光泽度和透明度,并有低的雾度。

(2)适用场合。EVAL作为高性能包装新材料,目前已开始用于有高阻隔性要求的包装上,如真空包装、充气包装或脱氧包装,可长效保持包装内部气氛的稳定。

EVAL可制成单膜,可共挤制成多层膜及片材,也可采用涂布方法复合,加工方法灵活多样。杜邦公司还采用云母填充EVAL树脂制成高阻隔包装容器,使其阻隔性进一步提高,二氧化碳的渗透性降低了3~4倍。目前由于EVAL的价格较高而限制了其在食品包装上的广泛应用。

(七)离子键聚合物(Lonomer)

离子键聚合物是一种以离子键交联大分子的高分子化合物,目前常用的是乙烯和甲基丙烯酸共聚物引入钠离子或锌离子交联而成的产品,也称离聚体,商品名为Surlyn。由于大分子主链有离子链存在,使聚合物具有交联大分子的特性,在常温下强度高,韧性大,但加热到一定温度时,其金属离子形成的交联可离解,表现其热塑性,影响其再次熔融加工,冷却后可再交联,是一种高韧性的热塑性塑料。

(1)性能特点。Surlyn薄膜用于食品包装所表现的主要特性为:有极好的冲击强度,抗张强度是LDPE的2倍多,且在低温下也性能优良;韧性弹性好,有优良的抗刺破性和耐折叠性；阻气性优于 PE，但阻湿性差；耐无机酸、碱和油脂性优良；透明性优良，光泽度高；耐低温性良好，但高温易氧化老化，正常使用温度不应高于 80℃；成型加工性较好，印刷适应性好，且无臭、无味、无毒，卫生安全；但脂肪族烃、芳香烃及杂环化合物对 Surlyn 有溶胀性。Surlyn 最大的特点是有极好的热封性，在相同温度条件下封合强度几乎是 PE、EVA 的 10 倍，且热封温度低、范围宽（100～160℃）。

（2）适用场合。离子型聚合物薄膜适用于形状复杂或带棱角的食品包装，特别适用于包装油脂性食品，可用作普通包装、热收缩包装、弹性裹包，也可作复合材料的热封层。

第三节　金属及玻璃包装材料

一、金属包装材料

金属包装材料用作食品包装历史悠久，有近两百年的历史，以金属薄板或箔材为主要原材料，经加工制成各种形式的容器来包装食品，是现代食品包装的四大包装材料之一，在我国占包装材料总量的 20% 左右。

金属包装材料的优良性能表现在以下几个方面。

（1）高阻隔性能：可完全阻隔气、汽、水、油、光等的透过，用于食品包装表现出极好的保护功能，使包装食品有较长的货架寿命。

（2）优良的机械性能：金属材料具有良好的抗拉、抗压、抗弯强度，韧性及硬度，用作食品包装表现出耐压、耐温湿度变化和耐虫害，包装的食品便于运输和贮存，同时适宜包装的机械化、自动化操作，密封可靠，效率高。

（3）容器成型加工工艺性好：金属具有优良的塑性变形性能，易于制成食品包装所需要的各种形状容器。现代金属容器加工技术与设备成熟，生产效率高，如马口铁三片罐生产线生产速度可达 1 200 罐/min，铝质二片罐生产线生产速度达 3 600 罐/min，可以满足食品大规模自动化生产的需要。

（4）良好的耐高低温性、良好的导热性、耐热冲击性：用作食品包装可适应食品冷、热加工、高温杀菌以及杀菌后的快速冷却等加工需要。

（5）表面装饰性好：金属具有光泽，可通过表面彩印装饰提供更理想美观的商品形象。

（6）包装废弃物较易回收处理：金属包装废弃物的易回收处理减少了对环境

的污染，同时，它的回炉再生可节约资源、节省能源，这在提倡“绿色包装”的今天显得尤为重要。

金属作为食品包装材料的缺点是：化学稳定性差、不耐酸碱腐蚀，特别是包装高酸性内容物时易被腐蚀，且金属离子易析出会影响食品风味，这在一定程度上限制了它的使用范围。为弥补这个缺点，一般需在容器内壁施涂涂料。另一个缺点是价格较贵，但会随着生产技术的进步和大规模化生产而得以改善。

食品包装常用的金属材料按材质主要分为两类：一类为钢基包装材料，包括镀锡薄钢板（马口铁）、镀铬薄钢板、涂料板、镀锌板、不锈钢板等；另一类为铝质包装材料，包括铝合金薄板、铝箔、铝丝等。

（一）镀锡薄钢板

镀锡薄钢板是低碳薄钢板表面镀锡而制成的产品，简称镀锡板，俗称马口铁板，广泛用于制造包装食品的各种容器，其他材料容器的盖或底。

1. 镀锡板的制造和结构组成

镀锡板是将低碳钢（$C < 0.13\%$）轧制成约 2 mm 厚钢带，经酸洗、冷轧、电解清洗、退火、平整、剪边加工，再经清洗、电镀、软熔、钝化处理、涂油后剪切成板材成品；镀锡板所用镀锡为高纯锡（$Sn > 99.8\%$），也可用热浸镀法涂敷，此法所得锡层较厚，用锡量大，镀锡后不再钝化处理。

镀锡板结构由五部分组成，如图 2－11 所示，由内向外依次为钢基板、锡铁合金层、锡层、氧化膜和油膜。镀锡板各构成部分的厚度、成分和性能见表 2－19。

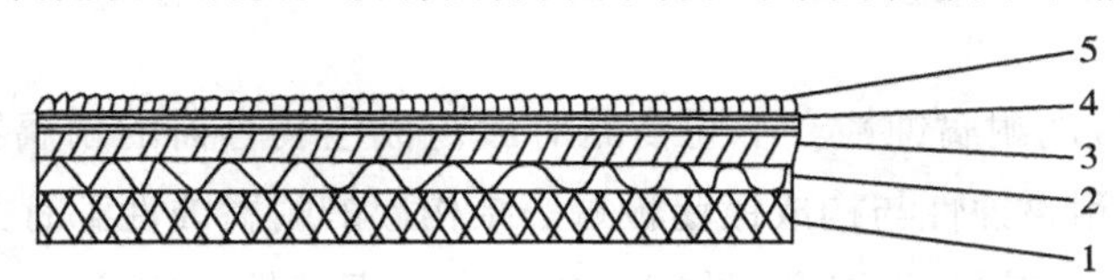

图 2－11　镀锡板断面图

1—钢基板　2—锡铁合金层　3—锡层　4—氧化膜　5—油膜

表 2－19　镀锡板各层的厚度、成分和性能

结构名称	厚度		结构成分		包装性能特点
	热浸镀锡板	电镀锡板	热浸镀锡板	电镀锡板	
油膜	20 mg/m^2	2～5 mg/m^2	棕榈油	棉籽油或癸二酸二辛酯	润滑和防锈
氧化膜	3～5 mg/cm^2（单面）	1～3 mg/m^2（单面）	氧化亚锡	氧化亚锡、氧化锡	电镀锡板表面钝化膜经化学处理生成，具有防锈、防变色和防硫化斑作用

续表

结构名称	厚度		结构成分		包装性能特点
	热浸镀锡板	电镀锡板	热浸镀锡板	电镀锡板	
锡层	22.4～44.8 g/m²	5.6～22.4 g/m²	纯锡	纯锡	美观、易焊、耐腐蚀，且无毒害
锡、铁合金层	5 g/m²	小于1 g/m²	锡铁合金结晶	锡铁合金结晶	耐腐蚀，如过厚，加工性和可焊性不良
钢基板	制罐用 0.2～0.3 mm	制罐用 0.2～0.3 mm	低碳钢	低碳钢车	加工性能良好，制罐后具有必要的强度

2. 镀锡板的主要性能指标

（1）镀锡板的机械性能。通常用调质度作为指标来表示镀锡板的综合机械性能，包括强度、硬度、塑性和韧性等。镀锡板调质度是以其表面洛氏硬度值（HR30T）来表示，按HR30T值的大小分为几个等级，分别以T50、T52……符号表示。镀锡板调质度等级由低至高，其强度和硬度越高，而相应塑性韧性越低。不同调质度的镀锡板使用场合、加工方法不同。

影响镀锡板机械性能的因素很多，如钢基板成分、冶炼、轧制方法及质量、制板加工的退火处理及平整加工工艺和质量等。镀锡板的钢基板按成分不同分为D、L、MR、MC型等几种，其中L、MR型杂质含量少、强度不高塑性好，所制成的镀锡板调质度低；MC型钢基板含磷较高，强度高塑性低，所制成的镀锡板调质度高。

（2）镀锡板的耐腐蚀性。不同食品对镀锡板包装容器的耐腐蚀性有不同要求。镀锡板的耐腐蚀性与构成镀锡板每一结构层的耐腐蚀性都有关。

①钢基板：钢基板的耐腐蚀性能主要取决于钢基板的成分、非金属夹杂物的数量和表面状态。钢基板中含磷、硫、铜等一般都将对其耐腐蚀性带来有害的影响，但是包装有些食品时又表现出特殊的情况，如包装橘子类含柠檬酸的食品时，可用含铜稍多钢基板的镀锡板容器；灌装可口可乐类含 CO_2 饮料时，可用含硫稍多钢基板的镀锡板容器，表现出较好的耐腐蚀性。

②锡层：要求镀锡完全覆盖钢基板表面，但实际镀锡层存在许多针孔，其中暴露出钢基板的孔隙称露铁点。镀锡板上露铁点的多少用孔隙度表示：即每平方分米上孔隙数或孔隙面积。镀锡板上的露铁点在有腐蚀性溶液存在的条件下将发生电化学腐蚀，镀锡板孔隙度多会加速锡层溶解，结果加快钢基板腐蚀的速度。镀锡板孔隙度的大小与镀锡工艺和质量、镀锡层厚度有关，加工和使用中机

械刮伤所产生的连续破坏锡层也将严重影响镀锡板的耐腐蚀性。

③锡铁合金层：处于钢基板和锡层之间的锡铁合金层的主要成分是锡铁金属化合物 $FeSn_2$，锡层不连续的孔隙暴露出的并不都是钢基表面，更多的是锡铁合金层。在酸性水果汁液等介质中锡铁合金层的电位比铁高，它和锡层偶合，构成受 $FeSn_2$ 合金层的极化程度控制的一种阴极控制型腐蚀体系，此时，若 $FeSn_2$ 层不连续，钢基体暴露增多，$FeSn_2$ 极化程度减小，结果加快锡的溶解速度。所以，提高 $FeSn_2$ 合金层的连续性和致密性可以有效地提高镀锡板的耐腐蚀性能。

④氧化膜：镀锡板表面的氧化膜有两种，一种是锡层本身氧化形成的 SnO_2 和 SnO，另一种是镀锡板钝化处理后形成的含铬化合物钝化膜。SnO_2 是个稳定的氧化物，而 SnO 是不稳定的化物，所以两者数量的多少将影响镀锡板的耐腐蚀性。含铬纯化膜使镀锡板的耐腐蚀性大大提高，且钝化膜的含铬量越多，耐腐蚀性越好，它可有效地抑制锡氧化变黄，硫化变黑。

⑤油膜：镀锡板表面的油膜将板与腐蚀性环境相隔开，防止锡层被氧化发黄，防止水汽使镀锡板生锈。此外，油膜在镀锡板使用和制罐中起润滑剂作用，可有效地防止加工、运输过程中的锡层擦伤破损，导致镀锡板的腐蚀。油膜也会对制罐加工、表面涂饰加工带来不利影响。

3. 镀锡板的主要技术规格

（1）镀锡板的尺寸和厚度规格。为方便生产和使用，镀锡板长宽尺寸已规范，板宽系列为 775、800、850、875、900、950、1 000、1 025、1050 mm，板长一般与板宽差在 200 mm 内可任意选用。镀锡板厚度系列为 0. 2、0. 23、0. 25、0. 28 四种，且板厚偏差一般不超过 0. 015 mm，同一张板厚度偏差不超过 0. 01 mm。国际上镀锡板厚度采用重量/基准箱法表示，即规定 112 张 20 英寸 ×14 英寸或 56 张 20 英寸 ×28 英寸（1 英寸 ≈2. 54 cm）的镀锡板为一基准箱，根据一基准箱镀锡板重量大小表示板厚，重量/基准箱重量大，板厚度也大。

（2）镀锡板的镀锡量。镀锡量的大小表示镀锡层的厚度，是选用镀锡板的重要参数。镀锡量以单位面积上所镀锡的重量表示（g/m^2）。另一种表示法是以一基准箱镀锡板上镀锡总量（磅）乘 100 后所得的数字为镀锡量的标号，如 1 磅/1 基准箱的镀锡量标为#100（相当于 11. 2 g/m^2），标号越大表示镀锡层厚。对两面镀锡量不等的镀锡板. 用两组数分别表示两面的镀锡量，如#100/#25 即 11. 2/2. 8 g/m^2。

4. 镀锡板的分类及代号

镀锡板种类很多，主要按镀锡量、调质度、表面状况、钝化方法、涂油量及表面质量等不同分类。各类镀锡板及其代号见表 2 – 20。

表 2－20 镀锡板分类及其代号

分类方法	类别	符号
按镀锡量	等厚镀锡	E1、E2、E3、E4
	差厚镀锡	D1、D2、D3、D4、D5、D6、D7
按硬度等级	T50、T52、T61、T65、T70	
按表面状况	光面	G
	石纹面	S
	麻面	M
按钝化方式	低铬钝化	L
	化学钝化	H
	阳极电化学钝化	Y
按涂油量	轻涂油	Q
	重涂油	Z
按表面质量	一组	Ⅰ
	二组	Ⅱ

5. 涂料镀锡板

镀锡板具有的耐腐蚀性时常不能满足某些食品包装的需要，如富含蛋白质的鱼、肉食品，在高温加热中蛋白质分解产生硫化氢对镀锡罐壁产生化学腐蚀作用，与露铁点发生作用形成硫化铁，对食品产生污染；高酸性食品对罐壁腐蚀产生氢胀和穿孔；有色果蔬因罐内壁溶出的二价锡离子作用将发生褪色现象；有的食品还出现金属味等。为此，采用在镀锡板上涂覆涂料，将食品与镀锡板隔离，以减少它们之间的接触反应。表面涂料优良的耐腐蚀效果已使其用到其他金属薄板表面，广泛应用于食品包装。

（1）涂料镀锡板的主要质量要求。涂料镀锡板是由镀锡板经钝化、表面净化处理、喷涂料、烘烤固化而制成；一般涂层厚在 12 g/m^2 以下，涂料层表面应连续光滑、色泽均匀一致、无杂质油污和涂料堆积等现象。涂料板耐腐蚀性很重要的因素之一是涂层的连续性；涂层不连续的地方为眼孔，眼孔处出现露铁点时，在腐蚀环境下会发生快速深入的铁腐蚀。

（2）食品包装对涂料的要求。

①无味、无臭、无毒，不影响食品品质和风味。

②有良好的机械性能，涂料随同镀锡板进行成型加工时能承受冲压. 弯曲等

作用,不破裂、脱落。

③有足够的耐热性,能承受制罐加工、罐装食品热杀菌加工等的高温作用而不变色、不起泡、不剥离。

④施涂加工方便,涂层干燥迅速,与镀锡板间有良好亲润性以保证涂层质量。

(3)常用涂料。目前可选用的涂料种类很多,按其制成的容器是否与食品接触,分内涂料和外涂料;按涂料涂覆的顺序不同分为底涂料和面涂料;用于容器接缝或涂层破损处施涂的为补涂料;适合制罐加工要求的一般涂料和冲拔罐涂料。根据食品特性及其包装保护要求将所用的内涂料分为抗酸涂料、抗硫涂料、抗酸抗硫两用涂料、抗粘涂料、啤酒饮料专用涂料及其他专用涂料等。

(二)无锡薄钢板

锡为贵金属,故镀锡板成本较高。为降低产品包装成本,在满足使用要求前提下由无锡薄钢板替代马口铁用于食品包装,主要品种有镀铬薄钢板、镀锌板和低碳钢薄板。

1. 镀铬薄钢板

(1)镀铬板的结构和制造。镀铬板是由钢基板、铬层、水合氧化铬层和油膜构成(图2-12),各结构层的厚度、成分及特性见表2-21。

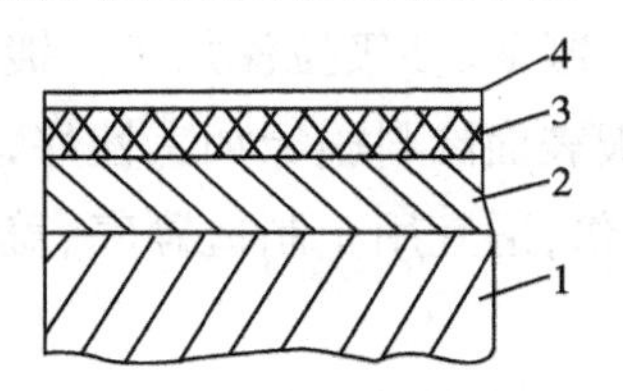

图2-12　镀铬板金相结构

1—钢基　2—金属铬层　3—氧化铬　4—油膜

表2-21　镀铬板各层厚度、成分及性能特点

各层名称	成分	厚度	性能特点
油膜	癸二酸二辛酯	22 mg/m^2	防锈、润滑
水合氧化铬层	水合氧化铬	7.5~27 mg/m^2	保护金属铬层,便于涂料和印铁,防止产生孔眼
金属铬层	金属铬	32.3~140 mg/m^2	有一定耐蚀性,但比纯锡差
钢基板	低碳钢	制罐用0.2~0.3 mm	提供板材必需的强度,加工性良好

镀铬板的制造与镀锡板基本相同,只是将钢基板表面镀锡改为镀络,主要制造工序为:钢板轧制→电解清洗→退火→平整清洗→电镀铬→钝化处理→清洗

干燥→涂油→成品。

(2)镀铬板的性能和使用。

①镀铬板的机械性能:镀铬板的机械性能与镀锡板相差不大,其综合机械性能也以调质度表示,各等级调质度镀铬板的相应表面硬度见表2-22。

表2-22 镀铬板的调质度及相对应的表面硬度

调质度	HR30T	调质度	HR30T	调质度	HR30T
T-1	46~52	T-4-CA	58~64	DR-9	73~79
T-2	50~56	T-5-CA	62~68	KR-10	77~83
T-2.5	52~58	T-6-CA	67~73		
T-3	54~60	DR-8	70~76		

②镀铬板的耐腐蚀性:镀铬板也有较好的耐腐蚀性,但比镀锡板稍差。铬层和氧化铬层对柠檬酸、乳酸、醋酸等弱酸、弱碱有很好的抗蚀作用,但不能抗强酸、强碱的腐蚀。所以镀铬板通常施加涂料后使用。而涂料镀铬板具有比涂料镀锡板更好耐腐蚀性。使用镀铬板时尤要注意剪切断口极易腐蚀,必须加涂料以完全覆盖。

③镀铬板的加工性能:因镀铬层韧性较差,所以冲拔、盖封加工时表面铬层易损伤破裂,不能适应冲拔、减薄、多级拉深加工。镀铬板不能锡焊,制罐时接缝需采用熔接或粘接。镀铬板表面涂料施涂加工性好,涂料在板面附着力强,比镀锡板表涂料附着力高3~6倍,适宜用于制造罐底、盖和二片罐,而且可采用较高温度烘烤。

④价格便宜:镀铬板加涂料后具有的耐蚀性比镀锡板高,价格比镀锡板低10%左右,具有较好的经济性,其使用量逐渐扩大。

2. 镀锌薄钢板

镀锌薄钢板是在低碳钢基板表面镀上一层厚0.02 mm以上的锌构成的金属板材,其制造过程为:低碳钢板→轧制→清洗→退火处理→热浸镀锌→冷却→冲洗→拉伸矫直。镀锌板也可经电镀锌制成,锌层较热浸镀锌板薄,且防护层中不出现锌铁合金层。所以电镀锌板的成型加工性能较热浸镀锌板好,可焊性较好,但是耐腐蚀性不如热浸镀锌板。镀锌板主要用作大容量的包装桶。

3. 低碳薄钢板

低碳薄钢板是指含碳量<0.25%,厚度为0.35~4 mm的普通碳素钢或优质碳素结构钢的钢板。低碳使低碳薄钢板塑性性能好,易于成型加工和接缝的焊

接加工，制成容器有较好的强度和刚性，而且价格便宜。低碳薄钢板表面加特殊涂料后用于灌装饮料或其他食品，还可以将其制成窄带来捆扎纸箱、木箱或包装件。

（三）铝质包装材料

铝质（Aluminium）包装材料的包装性能优良，且资源丰富，广泛用于食品包装。

1. 铝质材料的一般包装特性

（1）优良的阻挡气、汽、水、油的透过性能，良好的光屏蔽性，反光率达80%以上，包装食品将能起很好的保护作用。

（2）良好的热性能。耐热、导热性能好，导热系约为钢的3倍，耐热冲击，可适应包装食品加热杀菌和低温冷藏处理要求，且减少能耗。

（3）重量轻。铝是轻金属，比重为2.7 g/cm^3，约为钢材的1/3，用作食品包装材料可降低贮运费用，方便包装商品的流通和消费。

（4）具有银白色金属光泽，易美化装饰，用于食品包装有很好商业效果。

（5）良好的耐腐蚀性。

铝在空气中易氧化形成组织致密、坚韧的氧化铝（Al_2O_3）薄膜，从而保护内部铝材料，避免被继续氧化。采用钝化处理可获得更厚的氧化铝膜，能起更好的抗氧化腐蚀作用。但铝抗酸、碱、盐的腐蚀能力较差，尤其杂质含量高时耐蚀性更低。当Al中加入如Mn、Mg合金元素时可构成防锈铝合金，其耐蚀性能有很大提高。铝对各种食品的耐蚀性见表2－23。

表2－23　铝对各种食品的耐蚀性

食品种类	耐蚀性	食品种类	耐蚀性	食品种类	耐蚀性
啤酒	○	酱油	⊗～△	面包屑	○
葡萄酒	⊗～○A	醋	○	明胶	○
威士忌	⊗，○A	砂糖水	○，○H	汽水	⊗○～△，○
白兰地	⊗，○A	食料油	○	果实精	○A
杜松子酒	⊗，○A	脂肪	○	果汁	○～△，○A
清酒	○	牛乳	○，○H	橘子汁	△，○A
牛油	○	炼乳	○	柠檬汁	⊗～△，○A
人工干酪	○	奶油	○	洋葱汁	○，○H
干酪	○～△	巧克力	○B	苹果汁	⊗
盐	⊗～△	发酵粉	○		

注：○—不被侵蚀；⊗—稍被侵蚀，但可使用；△—被侵蚀；○A—阴极氧化时不被腐蚀；○H—加热也不被腐蚀；○B—沸点以上不被腐蚀。

(6)较好的机械性能。工业纯铝强度比钢低,为提高强度,可在纯铝中加入少量合金元素如 Cu、Mg 等形成铝合金,或通过变形硬化提高强度。铝的强度不受低温影响,特别适用于冷冻食品的包装。铝的塑性很好,易于通过压延制成铝薄板、铝箔等包装材料,铝薄板、铝箔容易加工并可进一步制成灌装各类食品的成型容器。

(7)工业纯铝易于制成铝薄并可与纸、塑料膜复合,制成具有良好综合包装性能的复合包装材料。

(8)铝的原料资源丰富,然而炼铝耗量巨大,铝材制造工艺复杂,故铝质包装材料价格较高,但铝质包装废弃物可回收再利用,在减少包装废弃物对环境污染的同时可节约资源和能源。

2. 铝质包装材料的种类及应用

用于食品包装的铝质材料主要包括工业纯铝和铝合金两大类。工业纯铝指含铝 >99.0% 的纯铝,按铝的纯度不同分为 L1、L2、L3、L4、L5、L6、L51(或 L5-1)几种,其含杂质依次增高。包装用铝合金主要为铝中加入少量锰、镁的合金(称防锈铝),使用较多的是防锈铝 LF2(铝镁合金)和 LF21(铝锰合金)。这些铝材可分别加工成铝薄板、铝箔和铝丝用于食品包装。

(1)铝薄板。将工业纯铝或防锈铝合金制成厚度为 0.2 mm 以上的板材称铝薄板。铝薄板的机械性能和耐腐蚀性能与其成分关系密切。铝薄板与镀锡板一样,也是用调质度来表示它的综合机械性能,其调质度按 AA 标记法(美国铝协会标准)分为"O"和"H"型两类。"O"型调质度的铝薄板是强度低、塑性很好的极软铝材,主要用于制箔。"H"型调质度的铝薄板按调质度不同分为 H1X、H2X、H3X,其中 X=1~9,X 数字越大的板材强度越高;"H"型调质度铝薄板中调质度较低的用来制软管,调质度较高的用做罐盖、易拉盖。深拉变薄罐选用塑性好的材料。常用铝薄板的调质度及其相应机械性能指标和主要用途见表 2-24。

表 2-24 主要金属容器用铝板的机械性能

板材种类			厚度 t/mm	机械性能				主要用途
中国对应牌号	国际牌号	调质度		屈服强度 >/MPa	抗拉强度 >MPa	延伸率 >/%	180 弯曲内侧半径/mm	
L5-1	1 100	0	≥3	30	800~1100	28~30	3≤t<6,,贴紧	冷挤压软管
		H14		170	1 200~1 500	2	t	拉深罐,瓶盖
		H16	0.3~0.5	1 170	1 400~1 700	1	2 t	
		H18		—	≥1 600	1	—	
LF21	3 003	H14		1 170	1 400~1 800	2	t	
		H16	0.3~0.5	1 450	1 700~2 100	1	2 t	
		H18		—	≥1 900	1	—	
—	4 004	0	0.2~0.5	590	1 500~2 000	10	贴紧	变薄拉深罐
		H19	0.36	2 600~3 100	2 700~3 200	1		
LF2	5 052	H19 或 H38	0.3~0.5	—	2 400~2 900	3	t	拉深罐不耐压易开盖、耐压易开盖
	5 082	H19 或 H38	0.35	3780	4 000	4		

注:本表数据大部分来自美国铝协会标准(AA)、日本工业标准(JIS),少部分来自工厂提供的数据。根据资料,铝板通常用拉伸试验求出抗拉强度和延伸率,只有必要时才测屈服强度、硬度、弯曲性能、杯突值等。

(2)铝箔。铝箔是一种用工业纯铝薄板经多次冷轧、退火加工制成的金属箔材,食品包装用铝箔厚度一般为0.05~0.07 mm,与其他材料复合时所用铝箔厚度为0.03~0.05 mm,甚至更薄。铝材的杂质含量及轧制加工时产生的氧化物或轧辊上的硬压物等,会使铝箔出现针眼而影响铝箔的阻透性能。铝箔越薄针眼出现的可能性越大、数量越多。一般认为厚度<0.015 mm 的铝箔不能完全阻挡气、水的透过,厚度≥0.015 mm 铝箔的气体透过系数为0。

铝箔很容易受到机械损伤及腐蚀,所以铝箔较少单独使用,通常与纸,塑料膜等材料复合使用。采用不同加工方法可获得压花铝箔、彩箔、树脂涂覆箔及与其他材料贴合箔等多种铝加工箔。压花铝箔、彩箔可直接用来裹包食品,尤其用于礼品包装。

铝箔复合膜材料具有优良的耐蚀、阻透、光屏蔽、密封性能,且强度好,所以大量用于食品的真空、充气包装,如制成蒸煮袋,制作多层复合袋,制软管,做泡罩包装的盖材,制作杯、盒、盘的盖材,制成浅盘盒及制商标等。铝复合膜材料的组成及用途见表2-25。

2-25 包装用铝箔复合膜的组成与用途

用途	箔厚/μm	加工箔构成
口香糖(内装)	7	Al/蜡/薄叶纸
香烟	7	Al/黏合剂/模造纸
粉末食品	7	PP(印)/Al/PE
纸容器	7	Al/黏合剂/马尼拉板纸
贴纸	7	Al/黏合剂/高质纸
红茶	7	玻璃纸(印)/黏合剂/A1/黏合剂/模造纸/PE
牛油	7~8	Al/黏合剂/羊皮纸
复合罐	7	薄纸(印)/黏合剂/牛皮纸/黏合剂/Al/PE
蒸煮袋	9	PET(印)/黏合剂/Al/黏合剂/聚烯烃
干酪	10	喷漆/Al/喷漆
巧克力板	8~15	①平箔 ②Al/PVC ③Al/PE ④Al/蜡/薄叶纸
封瓶箔	15~30	①平箔②Al/PVC
"PTP"包装	20	Al/热封层
药品	20~40	①玻璃纸(印)/PE/AL/PE ②着色玻璃纸/黏合剂/Al/PE
Crown spot	50	热封涂层/Al/耐热喷漆
乳酸饮料瓶盖	50	Al(印)/PE/热融胶
箔容器	30~150	①平箔 ②喷漆/Al/喷漆 ③喷漆/Al/黏合剂/PP

为了减少铝箔材料的用量,在塑料膜或纸上采用真空镀铝膜的方法制成铝复合膜包装材料,这种复合膜的阻隔性比铝箔差,但耐折性、热封性比铝箔好,而与前述的铝复合膜材料比,真空镀铝复合膜的阻气性、反射紫外光性能稍差,但成本低。

二、玻璃包装材料

玻璃陶瓷包装容器是很常用的包装容器之一。尽管它们有易碎、易损、质量过大等缺点,但由于其固有的特点,今天仍然是重要的包装容器,特别是在食品、饮料的包装方面需求量还在继续上升。

玻璃与陶瓷包装容器的造型多呈瓶、罐状,其造型的多变性是任何包装容器所不及的。同时,用玻璃与陶瓷容器包装的食品、饮料,常常作为礼品馈赠亲友,因而玻璃与陶瓷包装容器要求充分注意美化与装饰。玻璃的化学成分基本上是二氧化硅(SiO_2)和各种金属氧化物,SiO_2 在玻璃中形成硅氧四面体的结构网,即为玻璃的骨架,使玻璃具有一定的机械强度、耐热性和良好的透明性、稳定性等。金属氧化物包括氧化钠、氧化钙、氧化铝、氧化硼、氧化钡、氧化铬和氧化镍等。这些金属氧化物与氧化硅按一定配比,经过高温熔融、冷却形成固定物质。

(一)玻璃的分类及结构

玻璃是已知的最古老的材料之一。大约在4500年以前,在美索不达米亚已经发明了玻璃制造技术,主要是制作玻璃珠等装饰品。公元前1500年,埃及人首先用“砂芯”法制造出玻璃容器,这是历史上发现最早的玻璃包装材料。公元前1世纪,叙利亚出现了玻璃吹制技术。公元3世纪,罗马人从叙利亚和埃及移民那里学会了生产玻璃的技术,并建立了庞大的玻璃制造中心和玻璃工厂,在日常的生活用品和建筑中已有相当多的玻璃制品。12~15世纪,玻璃制造中心在威尼斯。17~18世纪,蒸汽机问世,机械工业和化学工业有了很大发展,特别是发明了以食盐为原料制造纯碱的技术。这些对玻璃工业的发展起了很大的促进作用。19世纪中叶,蓄热空池炉用于玻璃熔制并发明了半机械化成型方法。1905年,欧文斯真空吸料全自动制瓶机研制成功,1915年,滴料供料机问世,使玻璃包装工业进入了一个迅猛发展的时期。1925年,出现了行列式制瓶机,用吹一吹法生产小口瓶;1940年,用压一吹法制造大口瓶,之后,行列式制瓶机不断改进。进入20世纪,玻璃工业已达到了机械化和自动化的程度。现在,计算机已广泛用于玻璃生产线的自动控制。我国西周时代(公元前8世纪),已有了玻璃饰物,其化学组成中含有大量的氧化铅和氧化钡,与在埃及发现的古代玻璃迥然不同。后来,由国外传入了玻璃吹制技术,有了现代的玻璃制造业。

在人类的生活、生产、文化和科学技术各方面,玻璃材料曾经并继续起着重要作用。由于玻璃包装材料的优异特性,它是食品工业、化学工业、医药卫生等行业的常用包装材料。平板玻璃也是重要的建筑材料。玻璃材料与容器的生产在国民经济中占有非常重要的地位。

1. 玻璃的定义

玻璃一词有两种含义:一是作为一种材料和制品;二是指物质的一种物理化学状态。广义的玻璃包括无机物和有机物两大类,传统的玻璃是指无机玻璃。

ASTM(美国材料试验学会)把玻璃定义为:玻璃是熔融体冷却为固体后的,不结晶的无机产物。前苏联科学院名词术语委员会的定义为:由过冷熔体制得的无定形物体,无论其化学成分如何,冷凝范围多大,统称为玻璃。我国《硅酸盐辞典》对玻璃的定义是:介于晶态和液态之间的一种特殊状态,由熔融体过冷而得,其内能和构形熵高于相应的晶态,其结构为短程有序和长程有序。

2. 玻璃的分类

无机玻璃的种类很多，根据组成可分为元素玻璃、氧化物玻璃、卤化物玻璃、硫属玻璃等。工业生产的商品玻璃主要是氧化物玻璃，它们由各种氧化物组成。

氧化物玻璃的组成主要有 SiO_2，B_2O_3，P_2O_5，Al_2O_3，Li_2O，Na_2O，K_2O，CaO，SrO，BaO，MgO，BeO，ZnO，PbO，TiO2，ZrO 等。其中，SiO_2，B_2O_3，P_2O_5 等可以单独形成玻璃，它们叫做玻璃形成体氧化物；而碱金属和碱土金属氧化物本身不能单独形成玻璃，但可以改变玻璃的性质，它们叫做改变体氧化物；介于二者之间的氧化物，如 Al_2O_3、ZnO 等，在一定条件下可以成为玻璃形成体的氧化物，叫做中间体氧化物。

根据玻璃形成体氧化物的不同，可以把玻璃分为硅酸盐玻璃、硼酸盐玻璃、磷酸盐玻璃和铝酸盐玻璃等。由两种以上玻璃形成体氧化物组成的玻璃，则以其含量多少来命名。例如，由 SiO_2 和 B_2O_3 两种氧化物组成的玻璃，当 SiO_2 含量比 B_2O_3 多时，叫做硼硅酸盐玻璃；在 SiO_2、B_2O_3、Al_2O_3 作玻璃形成体构成的玻璃中，如果氧化物含量 $SiO_2 > B_2O_3 > Al_2O_3$ 叫做铝硼硅酸盐玻璃；假如 Al_2O_3 的含量多于 B_2O_3 而少于 SiO_2 时，则叫做硼铝硅酸盐玻璃。在分类时，也可将一价和二价金属氧化物包括在内，如钠—钙—硅玻璃（Na_2O—CaO—SiO_2 系），钠—钙—镁—铝—硅玻璃（Na_2O—CaO—MgO—Al_2O_3—SiO_2 系）等。还可根据用途把玻璃分为平板玻璃、瓶罐玻璃、器皿玻璃、医药玻璃、光学玻璃、电真空玻璃、乳浊玻璃、有色玻璃、玻璃纤维等。玻璃包装材料主要为钠—钙—硅玻璃系统，包括瓶罐、器皿、医药、乳浊玻璃等。表 2 - 26 列出了普通工业玻璃的类型、组成及特征。

表 2 - 26 普通工业玻璃的组成及特征

类型＼组成	主要组成的重量百分数						主要特征
	SiO_2	Na_2O	CaO	Al_2O_3	B_2O_3	MgO	
石英玻璃	99.5						极小的热膨胀系数
硼硅酸盐玻璃	81	3.5 ~ 4		2.5	12 ~ 13		耐热、化学稳定、热膨胀小
钠钙玻璃	74	12 ~ 16	5 ~ 10	1 ~ 3		1 ~ 4	易加工、化学稳定
窗玻璃	72	14	10	1		2	寿命长
纤维玻璃	54		16	14	10	4	易拉制纤维
光学玻璃	54	1	($8K_2O$)	(37PbO)			高密度、高折射率

注：($8K_2O$) 和 (37PbO) 指光学玻璃中，K_2O 和 PbO 含量分别是 8% 和 37%。

3. 玻璃的结构

(1)晶体与玻璃。固态物质的原子和分子通过化学键及分子间的作用力结合在一起时,通常有两种不同的结构状态:晶体与玻璃。晶体结构中的原子、离子或分子的空间排列是规则有序的,不论从几个原子间距的微观尺度,还是从长距离的宏观尺度来观察,晶体可以由构成大的最小结构单元(晶胞)重复周期性排列得到。玻璃的结构与晶体不同,虽然从几个原子间距的微观尺度来看,原子的排列也有规则,但从较长的距离观察时,原子排列没有可重复的周期性。人们通常把玻璃的这种结构特点叫做短程有序,长程无序。

晶体与玻璃的不同结构特点决定了它们有许多不同的性质。如图 2-13 所示,晶体与玻璃比容随温度的变化呈现完全不同的规律性:晶体比容随温度的变化在熔点 T_m 处突然下降即出现了不连续性。在熔点以上,晶体以液态形式存在,在熔点以下为晶态。而玻璃没有确定的熔点,比容随温度连续变化到转变温度 T_g,然后,曲线出现弯折,但变化仍然是连续的。在玻璃转变温度之上,玻璃以过冷熔体的状态存在,在转变温度以下为玻璃态。晶体与玻璃比容随温度变化的不同规律是由它们不同的结构特点决定的。其他的性能,如黏度随温度的变化、导热性、X 光衍射、透明性、脆性、加工性能等,玻璃与晶体也都有不同的规律。

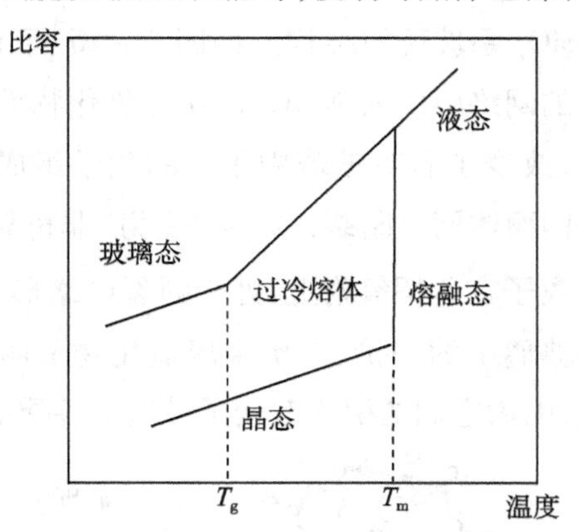

图 2-13 晶体与玻璃的比容—温度曲线

(2)玻璃的结构。

①石英晶体与石英玻璃的结构。为了说明普通玻璃的结构,我们先来看组成单一,结构最简单的石英玻璃。石英是由二氧化硅组成的,它以两种结构状态,晶体与玻璃,存在于自然界。图 2-14 示出了石英晶体与石英玻璃的原子排列。从几个原子间距的近距离观察,石英晶体与石英玻璃的基本结构单元都是

由硅氧四面体[SiO_4]构成的,即每个硅原子被4个氧原子包围组成四面体,各四面体之间通过项角相连接,形成向3度空间发展的网络结构。因而在石英玻璃和普通玻璃中,SiO_2又叫做网络形成体氧化物。在网络中,每个氧原子通过化学键与2个硅原子相连,形成(≡Si—O—Si≡)结构,以平衡硅氧所带的电荷。这些氧原子称为"桥氧"。由图可见,石英晶体中的硅氧排列得非常规则有序,即不论从"短程"还是从"长程"来看,都有很好的重复性和周期性。而在石英玻璃中,硅氧排列的规律性只在几个原子间距的"短程"内保持着,从较大的范围看,没有可重复的周期性,是短程有序,长程无序。

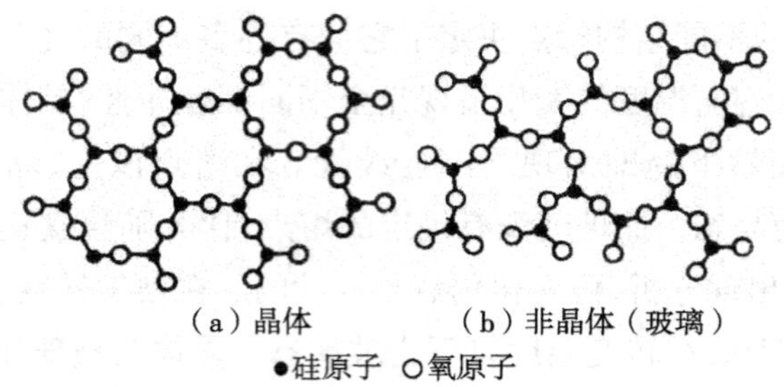

图2-14 石英晶体和石英玻璃中原子的排列

②Na_2O—CaO—SiO_2系玻璃的结构。如图2-15所示,钠钙玻璃的结构可以看成是向石英玻璃的网络中引入Na_2O、CaO等氧化物而形成的。由于在结构中引入了金属氧化物,改变了石英玻璃中单一的化学组成和Si/O的比例,使原来互相连接的[SiO_4]四面体网络断裂,"桥氧"变为"非桥氧",只与1个硅离子相连,引入的Na^+、Ca^{2+}离子在非桥氧附近,处于断裂网络形成的空隙中,以平衡氧离子的负电荷。因而玻璃中的一价、二价金属氧化物又叫做网络外体氧化物或者叫做改变体氧化物,因为它们的引入改变了玻璃的性质。

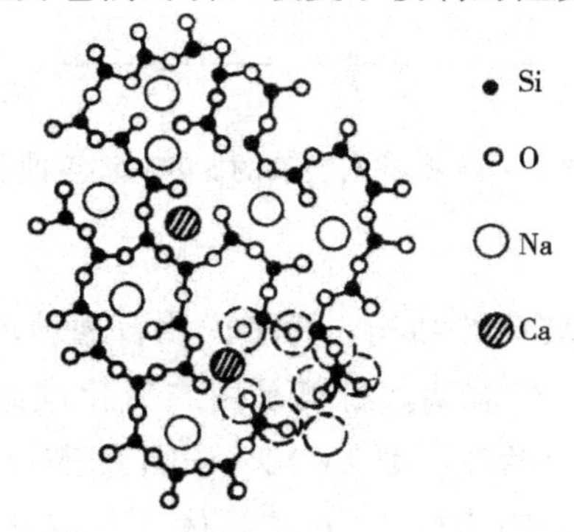

图2-15 Na_2O—CaO—SiO_2系玻璃的结构

与石英玻璃相比，Na_2O、CaO 等氧化物的加入，改变了原来的四面体网络，引起玻璃的许多性质改变：如降低了玻璃的熔制温度和黏度，降低了硬度和强度，降低了化学稳定性，增大了热膨胀系数，从而导致抗热冲击性能下降。这些性能变化在本质上都是由于出现了“非桥氧”。非桥氧的出现，使玻璃的加工性能变好，在较低的温度下易于加工成型。

③Na_2O—B_2O_3—SiO_2 系玻璃的结构。向石英玻璃中引入大量 B_2O_3 的玻璃叫做硼硅酸盐玻璃。这种玻璃的结构和性质取决于 Na_2O 与 B_2O_3 的摩尔比。根据 Na_2O/B_2O_3 的摩尔比，玻璃中的 B_2O_3 可以有两种结构形式：一种为[BO_3]三角形平面结构，另一种为[BO_4]四面体结构。

当 B_2O_3 在系统中以[BO4]结构存在时，它能与[SiO_4]四面体连接，参与形成玻璃的骨架网络。这时，网络外的 Na^+ 离子与[BO_4]相匹配，达到电荷平衡，并形成单一、均匀、连续的相。

而当 B_2O_3 以[BO_3]形式存在时，由于[BO_3]是平面结构，不能与[SiO_4]连接，从而在玻璃中形成层状分布，与硅氧四面体互不混溶，产生分相。这种结构将导致玻璃性能劣化。究竟 Na_2O/B_2O_3 的比例是多少时才不致产生[BO_3]分相呢？理论及实验分析表明，在 $Na_2O/$ B_2O_3 的摩尔比大于 1 时，B_2O_3 在系统中以[BO_4]结构形式存在，而摩尔比小于 1 时，产生[BO_3]分相。所以，在向石英玻璃中引入 B_2O_3 时，必须控制 $Na_2O/$ B_2O_3 的摩尔比，如果原料中的 B_2O_3 含量过高，就会出现所谓“硼反常”特性，描述玻璃性质的一系列物理量，如折射率、密度、热膨胀系数等参数变化规律出现反常。这是由于出现[BO_3]分相而产生的。

(3)普通玻璃的结构。普通玻璃的组成除含有 Na_2O(12% ~ 16%)，CaO(6% ~12%)，SiO_2(66% ~75%)外，还含有少量的 AL_2O_3、MgO 等氧化物，属于钠钙系玻璃。

与引入 B_2O_3 的情况类似，同时向玻璃中引入 AL_2O_3 与 Na_2O 时，AI^{3+}可以代替 Si^{4+}，形成铝氧四面体[ALO_4]而参与形成[SiO_4]的骨架网络。Na^+ 离子分布在[ALO_4]周围，以中和其负电荷。结构中没形成非桥氧。当引入的 Na_2O 量不足时，AI^{3+}不能形成[ALO_4]四面体，而以 AI^{3+}离子状态存在于[SiO4]四面体孔隙中，这时虽然形成非桥氧，但因铝离子电荷较多，与非桥氧的吸引力很大，结构较紧密。在通常情况下，玻璃中的 AL_2O_3 含量为 1% ~3%，增加 AL_2O_3 含量将使玻璃熔体的黏度增加，不利于熔制和加工。

玻璃中 MgO 的作用是调节玻璃料的料性，但 MgO 含量增加会使玻璃耐水性变差。普通玻璃中 MgO 的含量为 1% ~4%。表 2 – 27 列举了几种食品包装瓶罐的氧化物组成。

表 2-27 几种食品包装瓶罐的化学组成

组分质量/%	SiO_2	Na_2O	K_2O	CaO	AL_2O_3	Fe_2O_3	MgO	BaO
棕色啤酒瓶	72.50	13.20	0.07	10.40	1.85	0.23	1.60	
绿色啤酒瓶	69.98	13.65	13.65	9.02	3.00	0.51	2.72	
香槟酒瓶	61.38	8.51	2.44	15.76	8.26	1.30	0.82	
汽水瓶(淡青)	69.00	14.50	14.50	9.60	3.08	0.50	2.20	0.20
罐头瓶(淡青)	70.50	14.90	14.90	7.50	3.00	0.40	3.60	0.30

(二)玻璃包装材料的性能

玻璃包装材料主要是钠钙玻璃,它具有非常好的化学情性和稳定性,几乎不与任何内容物相互作用。有很高的抗压强度。厚度均匀、设计良好的薄壁玻璃瓶,其静态抗内压强度可达 1 700 kPa。这比金属三片罐的耐内压强度还高。良好的抗内压性使玻璃瓶适合于现代高速灌装生产线,并能承受含二氧化碳饮料所产生的压力。玻璃具有优良的光学性能,它可以制成透明、表面光洁的玻璃包装,也可根据需要制成某种颜色,以屏蔽紫外光和可见光对被包产品的光催化反应。这些优良的性能,使玻璃成为一种优良的包装材料。

玻璃的主要缺点是抗冲击强度不高。而当玻璃表面有损伤时,其抗冲击性能再度下降。容易破碎和重量大增加了玻璃包装的运输费用。玻璃的另一个缺点是不能承受内外温度的急剧变化。除非经过特殊设计和处理。玻璃能够承受的表面与内部之间最大急变温差为 32℃,在需要对玻璃内容物热加工(加灭菌及热灌装)的场合,为了减少对玻璃容器的热冲击,防止玻璃瓶破碎,要保证玻璃内外温度均匀上升。另外,玻璃熔制是在很高的温度(1 500 ~ 1 600℃)下进行的。所以,玻璃生产需要耗费很大的能量。

近年来,已研制出高强度轻量玻璃容器,克服了玻璃包装材料重量大易破碎的缺点,使玻璃瓶罐成为性能完美的包装材料。高强度轻量玻璃瓶制造工艺中,除了采用严格的配方保证玻璃的固有性质外,还采用了表面喷涂金属氧化物和高分子化合物的双层涂敷工艺及强化技术,使轻量的薄壁瓶保持了原有的强度。开发生产高强度轻量玻璃容器是当今玻璃包装材料的一个主要发展趋向。

玻璃包装工业的进一步发展,在很大程度上决定于与塑料瓶的竞争。生产塑料所需的原料价格随石油的价格而波动,而玻璃原料却是非常丰富的,而且价格稳定。但由于玻璃生产需要消耗大量的能量,从而玻璃也同样受到燃料价格的影响。尽管如此,由于玻璃容器具有其他包装材料无可比拟的优点,它仍然是当今及未来的重要包装材料。

1. 耐热性

玻璃有一定的耐热性,但不耐温度急剧变化。作为容器玻璃,在成分中加入硅、硼、铅、镁、锌等的氧化物,可提高其耐热性,以适应玻璃容器的高温杀菌和消毒处理。容器玻璃的热稳定受热膨胀系数、抗拉强度和弹性系数的影响最大,它与抗张强度成正比,与热膨胀系数成反比。容器玻璃的厚度不均匀,或存在结石、气泡、微小裂纹和不均匀的内应力,均会影响热稳定性。

2. 机械性能

玻璃的强度和硬度是玻璃的物理机械性能的重要指标。玻璃的强度决定于其化学组成、制品形状、表面性质和加工方法。玻璃的理论强度很高,约 10 000 MPa,而实际强度为理论强度的 1% 以下。这是因为玻璃制品内存在着未熔夹杂物、结石、节瘤或微细裂纹,造成应力集中,从而急剧降低其机械强度。

抗拉强度是决定玻璃品质的主要指标,通常为抗压强度的 1/14 ~ 1/15,即 40 ~ 120 MPa。

玻璃的硬度取决于其组成成分。玻璃的硬度比较高,用普通的刀、锯等不能切割。

3. 光学性能

玻璃具有优异的光学性能,许多现代科学仪器都离不开光学玻璃。玻璃的光学性质包括折射、反射和透射,这些性质主要取决于玻璃的组成,也与制造工艺与光的波长有关。对于玻璃容器来说,透明的玻璃包装可以促进产品在市场的销售,但可见光与紫外光的穿透可以加速玻璃容器中的食品、药品等产品的变质、氧化或腐败。某些光催化反应可以改变产品的颜色、气味或味道,因此需要用有色玻璃屏蔽光线,保护内容物。适当加入能选择吸收某些波长光的过渡金属或稀土金属离子(着色剂),和以使玻璃呈现与被吸收的光互补的颜色。这些有颜色的玻璃能够有效地遮隔紫外光和可见光。琥珀色玻璃能遮隔波长小于 450 nm 的光;绿色玻璃能遮隔波长小于 350 nm 的光。美国药典规定,包装药品的玻璃瓶的透光率应小于 20% 。玻璃的厚度、种类对透光率也有影响。

4. 化学稳定性

玻璃具有良好的化学稳定性,耐化学腐蚀性强。只有氢氟酸能腐蚀玻璃。因此,玻璃容器盛装酸性或碱性食品以及针剂药液,显得格外重要。玻璃的种类很多,不同玻璃的化学稳定性不一样。影响玻璃性质的因素还有其他一些,包括玻璃的化学组成、腐蚀的温度和时间，以及玻璃是否与其他有害的元素接触过高。中性玻璃一般比碱性玻璃更耐化学腐蚀，后者会使水溶液呈碱性，因此，这种玻璃容器对其内装物的性质有所影响。

对于所有气体、溶液或溶剂，玻璃是完全不渗透的。因此，人们经常把玻璃作为气体的理想包装材料。

复习思考题

1. 常用包装用纸和纸板的主要特性是什么？
2. 评价纸和纸板的性能指标有哪些？
3. 瓦楞纸板有哪些类型？各类瓦楞纸板在结构和性能上有什么特点？
4. 瓦楞的形状有几种？各有什么特点？
5. 评价瓦楞纸板的性能指标有哪些？
6. 瓦楞纸箱抗压强度的影响因素有哪些？
7. 塑料是由哪些成分组成的？各成分的作用是什么？
8. 常见塑料包装材料的特性有哪些？
9. 简述镀锡薄钢板、镀铬薄钢板、镀锌薄钢板和低碳薄钢板的结构、性能及用途？
10. 铝和铝箔作为包装材料具有哪些优缺点？
11. 玻璃的主要原料是什么？它们各起什么作用？
12. 玻璃熔制通常经历哪几个阶段？其代表温度如何？

第三章　食品包装原理与方法

本章学习重点和要求：

1. 熟练掌握环境因素对食品品质的影响；
2. 熟练掌握包装食品微生物的控制方法及原理；
3. 掌握包装食品的品质变化机理及控制方法。

第一节　环境因素对食品品质的影响

食品品质包括食品的色、香、味，营养价值，应具有的形态、重量及应达到的卫生指标。几乎所有的加工食品都需包装才能成为商品销售。尽管食品是一种品质最易受环境因素影响而变质的商品，但每一种包装食品在设定的保质期内都必须符合相应的质量指标。

食品从原料加工到消费的整个流通环节是复杂多变的，它会受到生物性和化学性的侵染，受到生产流通过程中出现的诸如光、氧、水分、温度、微生物等各种环境因素的影响。图 3－1 显示了包装食品在流通过程中因环境因素影响而

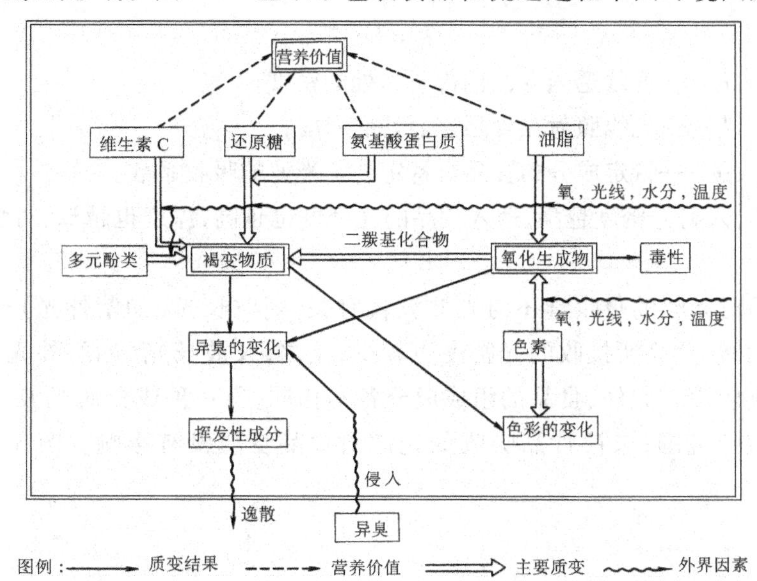

图 3－1　包装食品在流通过程中可能发生的质变

发生的质量变化,研究这些因素对食品品质的影响规律是食品包装设计的重要依据。

一、光照对食品品质的影响

(一)光照对食品的变质作用

光对食品品质的影响很大。它可以引发并加速食品中营养成分的分解,使其发生腐败变质反应,主要表现在四个方面:促使食品中油脂的氧化反应而发生氧化性酸败;使食品中的色素发生化学变化而变色;使植物性食品中的绿、黄、红色及肉类食品中的红色发暗或褐变;引起光敏感性维生素如 B 族维生素和维生素 C 的破坏,并与其他物质发生不良化学变化;引起食品中蛋白质和氨基酸的变性。

(二)光照对食品的渗透规律

光照能促使食品内部发生一系列的变化是因其具有很高的能量。光照下食品中对光敏感的成分能迅速吸收并转换成光能,从而激发食品内部发生变质的化学反应。食品对光能吸收量越多、转移传递越深,食品变质越快、越严重。食品吸收光能量的多少用光密度表示,光密度越高,光能量越大,对食品变质的作用就越强。根据朗伯—比尔定律(Lamber - Beer 定律),光照食品的密度向内层渗透的规律为:

$$I_x = I_i e^{-\mu x} \quad (5-1)$$

式中:I_x——光线透入食品内部 x 深处的密度;

I_i——光线照射在食品表面处的密度;

μ——特定成分的食品对特定波长光波的吸收系数。

显然,入射光密度越高,透入食品的光密度也越高,深度也越深,对食品的影响也越大。

食品对光波的吸收量还与光波波长有关,短波长光(如紫外光)透入食品的深度较浅,食品所接收的光密度也较少;反之,长波长光(如红外光)透入食品的深度较深。此外,食品的组成成分各不相同,每一种成分对光波的吸收有一定的波长范围;未被食品吸收的光波对食品变质没有影响。图 3 - 2 为光谱图。

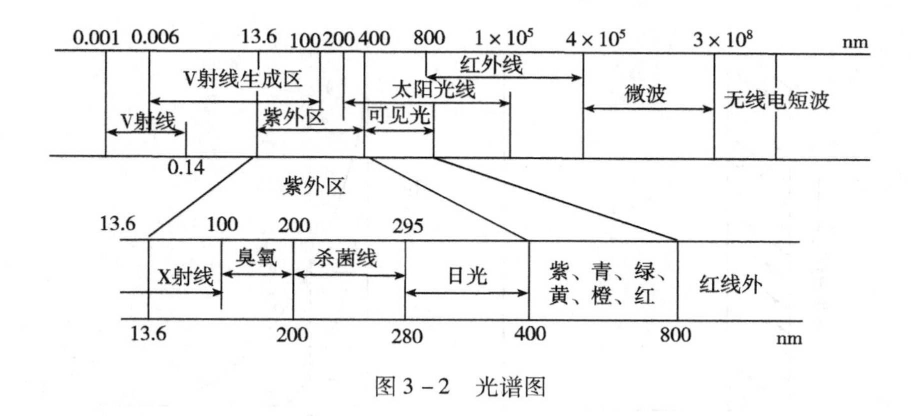

图 3－2　光谱图

（三）包装避光机理和方法

要减少或避免光线对食品品质的影响，主要的方法是通过包装将光线遮挡、吸收或反射，减少或避免光线直接照射食品；同时防止某些有利于光催化反应因素，如水分和氧气透过包装材料，从而起到间接的防护效果。

根据朗伯－比尔定律，透过包装材料照射到食品表面的光密度为：

$$I_i = I_o e^{-\mu_p x_p} \quad (5-2)$$

式中：I_o——食品包装表面的入射光密度；

x_p——包装材料厚度；

μ_p——包装材料的吸光系数。

将此式代入式（5－1）得光线透过包装材料透入食品的光密度为：

$$I_x = I_o e^{-(\mu_p x_p + -\mu x)} \quad (5-3)$$

光线在包装材料和食品中的传播和透入的光密度分布规律如图 3－3 所示。包装材料可吸收部分光线，从而减弱光波射入食品的强度，甚至可全部吸收而阻挡光线射入食品内。因此，选用不同成分、不同厚度的包装材料，可达到不同程度的遮光效果。

图 3－4 是几种食品软包装材料透光率比较曲线。由图可知，不同包装材料其透光率不同，且在不同的波长范围内也有不同的透光率。大部分紫外光可被包装材料有效阻挡，而可见光能大部分透过包装材料。同一种材料内部结构不同时透光率也不同，如高密度 PE 和低密度 PE。此外，材料的厚度对其遮光性能也有影响，材料越厚、透光率越小，遮光性能越好。

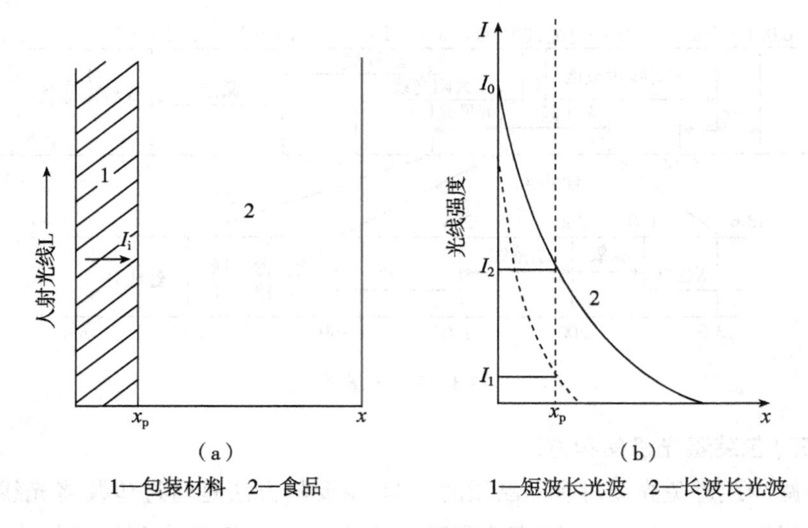

1—包装材料　2—食品　　1—短波长光波　2—长波长光波

图 3－3　包装食品对光的吸收

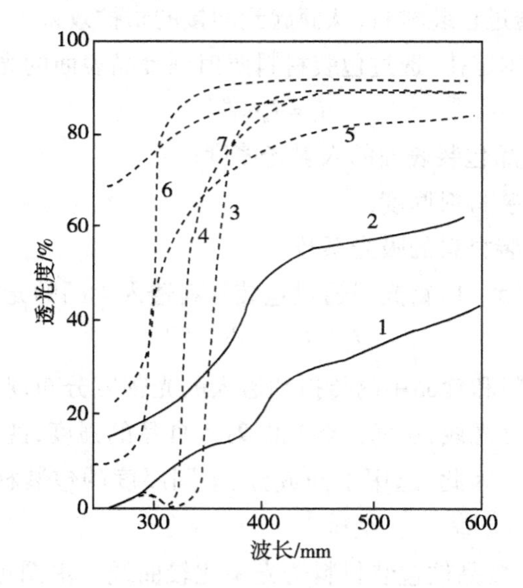

图 3－4　光线对于几种柔软性包装材料的穿透作用

1—高密度 PE，厚 89 μm　2—蜡纸，厚 89 μm　3—PVDC，厚 28 μm　4—PET，厚 36 μm　5—氯化橡胶，厚 36 μm　6—醋酸纤维素，厚 25 μm　7—低密度 PE，厚 38 μm

图 3－5 是三种不同玻璃透光率比较曲线，说明同种材料不同着色处理产生不同的遮光效果。

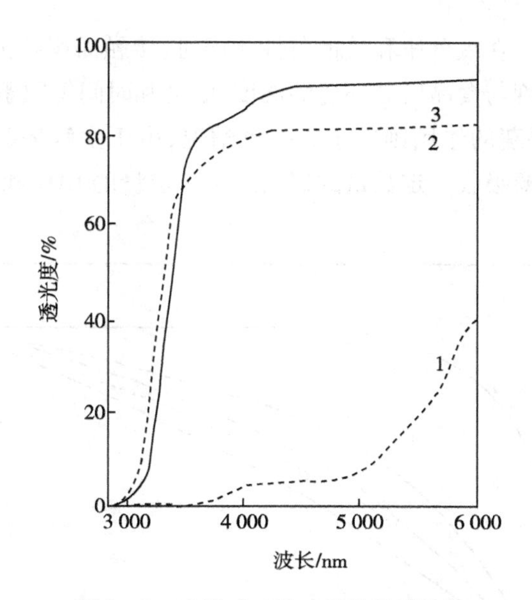

图 3－5　光线对三种玻璃的穿透性能

1—琥珀色玻璃，厚 3.0 mm　2—透明乳白色玻璃，厚 3.0 mm　3—窗户透明玻璃，厚 3.02 mm

食品包装时，可根据食品和包装材料的吸光特性，选择一种对食品敏感的光波具有良好遮光效果的材料作为该食品的包装材料，从而有效避免光对食品质变的影响。为了满足食品不同的避光要求，可对包装材料进行必要的处理来改善其遮光性能，如玻璃一般采用加色处理。从图 3－5 中可知：有色玻璃抵抗紫外光的能力相对较强，对可见光也有较好的遮光效果。有些包装材料可采用表面涂覆遮光层的方法改变其遮光性能。在透明的塑料包装材料中也可加入着色剂或在其表面涂敷不同颜色的涂料达到遮光效果。

二、氧对食品品质的影响

氧气对食品的品质变化有显著影响。氧使食品中的油脂发生氧化，这种氧化即使是在低温条件下也能进行；油脂氧化产生的过氧化物，不但使食品失去食用价值，而且会发生异臭，产生有毒物质。氧能使食品中的维生素和多种氨基酸失去营养价值，还能使食品的氧化褐变反应加剧，使色素氧化退色或变成褐色。对于食品微生物，大部分细菌由于氧的存在而繁殖生长，造成食品的腐败变质。

食品因 O_2 发生的品质变化程度与食品包装及贮存环境中的氧分压有关。图 3－6 表示了亚油酸相对氧化速率随氧分压而变化的规律：油脂氧化速率随氧分压的提高而加快;在氧分压和其他条件相同时,接触面积越大,氧化速度越高。此外,食品氧化程度与食品所处环境的温度、湿度和时间等因素也有关。

氧气对新鲜果蔬的作用则属于另一种情况,由于生鲜果蔬在贮运流通过程中仍在呼吸,故需要吸收一定数量的氧而放出一定量的 CO_2 和水,并消耗一部分营养。

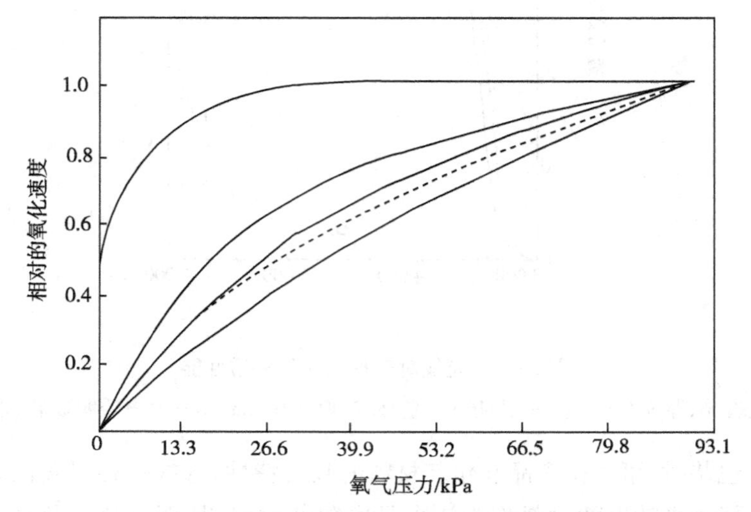

图 3-6 亚油酸相对氧化速率与氧分压和接触面积的关系

1—温度为45℃,摇动样品 2—温度为37℃,表面积为12.6 cm^2 3—温度为57℃,表面积为12.6 cm^2 4—温度为37℃,表面积为3.2 cm^2 5—温度为37℃,表面积为0.515 cm^2

食品包装的主要目的之一,就是通过采用适当的包装材料和一定的技术措施,防止食品中的有效成分因 O_2 而造成品质劣化或腐败变质。

三、水分或湿度对食品品质的影响

一般食品都含有不同程度的水分,这些水分是食品维持其固有性质所必需的。水分对食品品质的影响很大,一方面,水能促使微生物的繁殖,助长油脂的氧化分解,促使褐变反应和色素氧化;另一方面,水分使一些食品发生某些物理变化,如有些食品受潮而发生结晶,使食品干结硬化或结块,有些食品因吸水吸湿而失去脆性和香味等。

食品中所含水分根据其理化性质可分为结合水和自由水。结合水具有不易结冰(冰点约 -40℃)和不能作为溶质之溶剂的特点,但食物组织结构所含水分大部分是自由水,这部分水在某种程度上决定了微生物对某种食品的侵袭而引起食品变质的程度,用水分活度 A_w 表示。食品的水分活度可近似地表示为食品的水蒸气压与相同体积温度下纯水的蒸汽压之比。食品中水分含量与水分活度 A_w 的关系曲线如图 3－7 所示。当食品含水量低于干物质的 50% 时,水分含量的轻微变动即可引起 $Aw_{的}$ 极大变动。

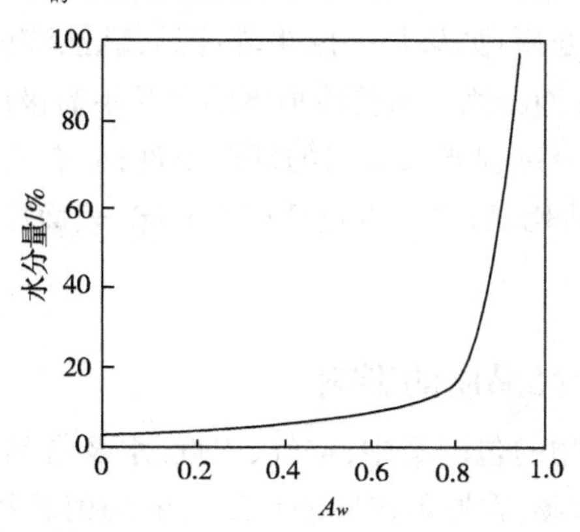

图 3－7　食品在不同含水量时的 A_w

根据食品中所含水分的比例,一般可将食品分为三大类,用水分活度 A_w 表示:$A_w > 0.85$ 的食品称为湿食品,$A_w = 0.6 \sim 0.85$ 的食品称为中等含水食品,$A_w < 0.6$ 的食品称为干食品。各种食品具有的水分活度值范围表明:食品本身抵抗水分的影响能力的不同。食品具有的 A_w 值越低,相对地越不易发生由水带来的生物生化性变质,但吸水性越强,即对环境湿度的增大越敏感。因此,控制包装食品环境湿度是保证食品品质的关键。

四、温度对食品品质的影响

引起食品变质的原因主要是生物和非生物两个方面的因素。温度对这两方面都有非常显著的影响。

(一)温度升高对食品品质的影响

在适当的湿度和氧气等条件下,温度对食品中微生物繁殖和食品变质反应速度的影响都是相当明显的。一般说来,在一定温度范围内(10～38℃),食品在恒定水分条件下,温度每升高 10℃,许多酶促和非酶促的化学反应速率加快 1 倍,其腐变反应速度将加快 4～6 倍。当然,温度的升高还会破坏食品的内部组织结构,严重破坏其品质。过度受热也会使食品中蛋白质变性,破坏维生素特别是含水食品中的维生素 C,或因失水而改变物性,失去食品应有的物态和外形。

为了有效地减缓温度对食品品质的不良影响，现代食品工业采用食品冷藏技术和食品流通中的低温防护技术，可有效地延长食品的保质期。

（二）低温对食品品质的影响

温度对食品的影响还表现在低温冻结对食品内部组织结构和品质的破坏。冻结会导致液体食品变质：如果将一瓶牛乳冻结，乳浊液即受到破坏，脂肪分离出来、牛乳蛋白质变性而凝固。易受冷损害的食品不需极度冻结，许多果蔬采收后为延长其细胞的生命过程要求适当的低温条件；但有些果蔬在一般冷藏温度4℃下保存会衰竭或枯死，随之发生包括产生异味、表面斑痕和各种腐烂等变质过程。

五、微生物对食品品质的影响

人类生活在微生物的包围之中，空气、土壤、水及食品中都存在着无数的微生物，如猪肉火腿和香肠，在原料肉腌制加工后的细菌总数为$10^5 \sim 10^6$个/g，其中大肠杆菌$10^2 \sim 10^4$个/g。完全无菌的食品只限于蒸馏酒、高温杀菌的包装食品和无菌包装食品等少数几类。虽然大部分微生物对人体无害，但食品中微生物繁殖量超过一定限度时食品就要腐败变质。微生物是引起食品质量变化最主要的因素。

（一）食品中的主要微生物

与食品有关的微生物种类很多，这里仅举出常见的、具有代表性的食品微生物菌属。

1. 细菌

细菌在食品中的繁殖会引起食品的腐败、变色、变质而不能食用，其中有些细菌还能引起人的食物中毒。细菌性食物中毒案例中最多的是肠类弧菌所引起的中毒，约占食物中毒的50%；其次是葡萄球菌和沙门氏菌引起的中毒，约占40%；其他常见的能引起食物中毒的细菌有：肉毒杆菌、致病大肠杆菌、魏氏梭状芽孢杆菌、蜡状芽孢杆菌、弯曲杆菌属、耶尔森氏菌属。

2. 真菌

食品中常见的真菌，主要为霉菌和酵母。霉菌在自然界中分布极广、种类繁多，常以寄生或腐生的方式生长在阴暗、潮湿和温暖的环境中。霉菌有发达的菌丝体，其营养来源主要是糖、少量的氮和无机盐，因此极易在粮食和各种淀粉类食品中生长繁殖。大多数霉菌对人体无害，许多霉菌在酿造或制药工业中被广泛利用，如用于酿酒的曲霉，用于发酵制造腐乳的毛霉及红曲霉，用于制造发酵饲料的黑曲霉等。然而，霉菌大量繁殖会引起食品变质，少数菌属在适当条件下还会产生毒素。到目前为止，经人工培养查明的霉菌毒素已达100多种，其中主要的产毒霉菌及毒素种类见表3－1。

表3－1 主要产毒霉菌及毒素种类

主要产毒霉菌	毒素种类	致癌霉菌毒素
黄曲霉、寄生曲霉	肝脏毒素	黄曲霉毒素，毒性最强
岛青霉、杂色曲霉	肝脏毒素	杂色曲霉毒素
黄绿青霉	神经毒素	毒性最强
橘青霉	肾脏毒素	展开青霉素

（二）微生物对食品的污染

作为食品原料的动植物在自然界环境中生活，本身已带有微生物，这就是微生物的一次污染。食品原料从自然界中采集到加工成食品，最后被人们所食用为止整个过程所经受的微生物污染，称为食品的二次污染。

食品二次污染过程包括食品的运输、加工、贮存、流通和销售。由于空气环境中存在着大量的游离菌，如城市室外空气中一般含有10^3～10^5个/m^3的微生物，其中大部分是细菌，而霉菌约占10%，这些微生物很容易污染食品。因此，在这个复杂的过程中，如果某一环节不注意灭菌和防污染，就可能造成无法挽回的微生物污染，使食品腐败变质。

由于一次污染和二次污染的存在，市场上销售的食品中含有大量的微生物。表3－2为主要优质食品中的微生物情况。

表3－2 主要优质食品中的微生物

编号	食品	pH	A_w	具有一定杀菌效果的处理情况	参与腐败的微生物							
					革兰氏阴性杆菌		过氧化氢酶阳性球菌	过氧化氢酶阴性球菌	乳酸杆菌属	芽孢杆菌属	霉菌	酵母菌
					非发酵*	发酵的						
1	鲜肉，鱼、贝，禽，蛋，蛋制品	>4.5	>0.95	无	+++	+	+	±	0	0	+	0
2	蔬菜	>4.5	>0.95	无	+++	±	0	±		+	+	0
3	谷粒，豆类	>4.5	>0.95	无	+	+	+	0	+	+	+++	+
4a	果实	>4.5	>0.95	无	0	±	0	0	++	0	++	+
4b	果汁	>4.5	>0.95	无	+*	±	0	++	++	0	±	++
5	牛奶	>4.5	>0.95	低温杀菌	±	±	±	+	±	++	0	0

续表

编号	食品	pH	A_w	具有一定杀菌效果的处理情况	参与腐败的微生物							
					革兰氏阴性杆菌		过氧化氢酶阳性球菌	过氧化氢酶阴性球菌	乳酸杆菌属	芽孢杆菌属	霉菌	酵母菌
					非发酵*	发酵的						
6	加热香肠,大型罐装火腿	>4.5	约0.95	加热	0	0	±	+	+	+ +	0	0
7	面包,夹馅面包,糕点	>4.5	约0.95	加热	0	0	0	0	0	+	+ +	±
8a	干菜,豆,谷类,可可	>4.5	<0.95	不定	0	0	0	0	0	0	+++	0
8b	杏仁酥,巧克力馅糕点	>4.5	<0.95	无	0	0	0	0	0	0	+	+ +
8c	干燥果脯	>4.5	<0.95	干燥	0	0	0	0	0	0	+ +	+ +
9	奶酪,人造奶油	约4.5	约0.95	无	0	0	±	±	0	0	+	+
10a	密封包装的肉,鱼,蔬菜,牛奶	>4.5	>0.95	调味加工	0	0	±	0	0	+ +	0	0
10b	密封包装的水果,果汁	>4.5	>0.95	调味加工	0	0	0	0	0	±	+ +	+

注:+ + +表示通常几乎是独占菌种;+ +表示优势菌种;+表示多数菌种;±表示重数或者偶尔见到的菌种;0 表示基本上不起作用的菌种。

*指除醋酸杆菌和葡萄糖酸发酵菌外,包括假单胞菌属,不动细菌属及产碱杆菌属。

光、氧、水分、温度及微生物对食品品质的影响是相辅相成、共同存在的。采用科学有效的包装技术和方法避免或减缓这种有害影响,保证食品在流通过程中的质量稳定,更有效地延长食品保质期,是食品包装科学研究要解决的主要课题。

第二节　包装食品的微生物控制

一、环境因素对食品微生物的影响

(一)水分

水分是微生物生存繁殖的必要条件,水分的增加使微生物活性增高。食品中微生物与水分的关系可以用水分活度 A_w 说明，不同种类微生物繁殖所需要的水分活度最低限不一样，大部分细菌在水分活度 $A_w = 0.90$ 以上的环境中生长，大部分霉菌在 $A_w = 0.80$ 以上的环境中繁殖，部分霉菌和酵母在 A_w 较低的环境中也能繁殖。

食品微生物在水分活度较低（$A_w = 0.5$ 以下）的干燥环境中不能繁殖，但值得注意的是干燥食品从环境中吸收水分的能力较强，一旦吸湿，A_w 又将提高而适宜微生物繁殖。要想降低食品的水分活度，就得使食品干燥或在食品中添加盐、糖等易溶于水的小分子物质。

（二）温度

微生物生存的温度范围较广（－10～90℃之间），根据适宜繁殖的温度范围微生物可分为：嗜冷细菌（0℃以下），嗜温性细菌（0～55℃）和嗜热性细菌（55℃以上）。食品在贮存、运输和销售过程中所处的环境温度一般在55℃以下，这一温度范围正处在嗜温性和嗜冷性细菌繁殖生长威胁之中，而且侵入食品的细菌随温度的升高而繁殖速度加快，一般在20～30℃时细菌数增殖最快。

（三）氧气

氧的存在有利于需氧细菌的繁殖，且繁殖速度与氧分压有关。由图3－8可见，细菌繁殖速率随氧分压的增大而急速增高。即使仅有0.1%的氧化，也就是空气中氧分压的1/200的残留量，细菌的繁殖仍不会停止，只不过缓慢而已。这个问题在食品进行真空或充气包装时应特别注意。

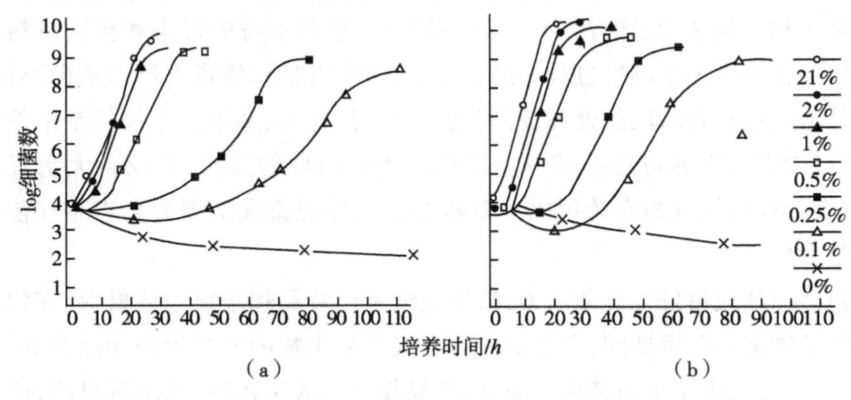

图3－8　需氧性细菌的繁殖和气体氧分压的关系

（四）pH 值

适合微生物生长的 pH 值范围为1～11。一般食品微生物得以繁殖的 pH 值范围：细菌3.5～9.5，霉菌和酵母2～11；对食品微生物最适宜的 pH 值：细菌为

pH =7 附近,霉菌和酵母 pH =6 左右。大多数食品均呈酸性,酸性条件下微生物繁殖的 pH 下限:细菌 4.0 ~5.0,乳酸菌 3.3 ~4.0,霉菌和酵母 1.6 ~3.2。适当控制食品的 pH 值也能适当的控制微生物的生长和繁殖。

二、包装食品的微生物变化

(一)因包装发生的环境变化对食品微生物的影响

食品经过包装后能防止来自外部微生物的污染,同时包装内部环境也会发生变化,其中的微生物相也会因此而变化。以肉为例,生鲜肉经包装后其内部环境的 O_2 和 CO_2 的构成比例不断发生变化,这是因食品中微生物及肉组织细胞的呼吸而使 O_2 减少、CO_2 增加,包装内环境的气相变化反过来又会影响食品中的微生物相,即需氧性细菌比例下降,厌氧性比例上升,霉菌的繁殖受抑制而酵母菌等却在增殖。在包装缺氧状态下,食品腐败产物为大量的有机酸,而在氧气充足的条件下食品腐败时多产生氨和 CO_2。

(二)包装食品可能引起的微生物二次污染

如前所述,大部分市售包装食品都会有一定数量的微生物,如果把这些常见微生物都当做污染来处理是不现实的,但弄清在流通过程中食品所含的细菌总数或明确其菌群组成,不仅有利于从微生物学角度查明食品腐变等质量事故的原因,且对包括加工、包装工艺在内的从食品制造到消费的整个流通过程中的微生物控制有实际的指导意义。

微生物对包装食品的污染,可分为被包装食品本身的污染和包装材料污染两方面。在食品加工制造过程中的各个工艺环节,如果消毒不严或杀菌不彻底,在产品流通过程各阶段的处理,特别是在分装操作中,如果微生物控制条件欠佳等,均有二次污染的可能。随着货架期或消费周期的延长,不仅会大量繁殖细菌,也会给繁殖较慢的真菌提供蔓延机会。这种现象在防潮或真空充气包装中也常常发生。

包装材料较易发生真菌污染,特别是纸制包装品和塑料包装材料;在包装容器制品的制造和贮运期间,会受到环境空气中微生物的直接污染和器具的沾污。就外包装而言,由于被内装物污染,包装操作时的人工接触,黏附有机物,或吸湿或吸附空气中的灰尘等都能导致真菌污染。因此,如果包装原材料存放时间较长且环境质量又差,在包装操作前若不注意包装材料或容器的灭菌处理,包装材料的二次污染则成为包装食品的二次污染。

近年来,基于健康角度考虑及人们饮食嗜好的变化,大多数食品逐渐趋于低盐和低糖，且大多采用复合软塑材料包装以提高包装的阻隔保护性，这样处理可能会助长真菌的污染和繁殖。表3－3为霉菌对食品污染的主要表现。

表3－3　霉菌对食品的污染的主要表现

食品种类	霉菌污染情况
盒饭、面包、米糕	这类食品含有较多水分，包装后会在包装容器内壁布满水气，适合霉菌的生长繁殖，明显降低其保存性能
糕点类、果酱类及巧克力食品	蛋糕等甜味糕点最易发霉变质，果酱、巧克力等吸湿后也常发霉，这些食品与干货类食品一样，以生长嗜干性霉菌为主，尤其以出现的黄色散囊菌属霉菌斑点及褐色弗里米菌斑点格外显眼
加热杀菌包装食品	罐头及蒸煮袋食品一般都经杀菌消毒，但实际上由于杀菌不彻底或封口不良以及材料本身质量而有残菌或造成二次污染。加热杀菌包装食品一般在常温下流通，且消费周期长，也易引起微生物污染
果汁清凉饮料	果汁糖度高、pH低，易受真菌和酵母污染引起变质，特别在杀菌不彻底及流通环境温差大的情况下引起果汁膨罐或爆瓶。清凉饮料一般利用CO_2抑菌，灌装后不再杀菌，如果CO_2压力小于1 MPa时，pH和CO_2抑菌作用变弱，尤其是果汁清凉饮料，如果不杀菌处理，酵母菌便会大量繁殖而使其变质
生鲜食品	果蔬类食品易发生因霉菌（尤其是果胶酶）引起的腐烂病害，在收获或运输过程中由于损伤易侵入交替霉菌属、葡萄孢菌属、酒曲菌属等霉菌；果蔬用托盘薄膜包装后，由于其呼吸作用使包装内温、湿度增大而易使霉菌繁殖，从而使霉害加重

三、包装食品的微生物控制

（一）包装食品的加热杀菌

绝大多数微生物在20～40℃的温度范围内生长迅速，若使食品的温度偏离这个温度范围，就能杀灭细菌或制造一个不利于微生物生长的环境。

高温可以达到杀菌效果，因而大部分包装食品都要进行加热杀菌，然后才能流通和销售。加热杀菌方法可分为湿热杀菌法和干热杀菌法；所谓湿热杀菌是利用热水和蒸汽直接加热包装食品以达到杀菌目的，这是一种最常用的杀菌方法；所谓干热杀菌就是利用热风、红外线、微波等加热食品以达到杀菌目的。例如，把经过杀菌的食品用热收缩包装薄膜包装后，再用150～160℃的热风加热5～10 min，一方面使包装膜收缩，另一方面可有效地杀死附着在包装材料表面的微生物。

1. 微生物的耐热性

食品中最耐热的病原菌是肉毒杆菌，但有些非病原性、能形成孢子的腐败菌，如厌氧腐败菌和嗜热脂肪芽孢杆菌等比肉毒杆菌更耐热。因此，通常的加热杀菌是以杀死各种病原菌和真菌孢子为目的，也可通过变性作用使酶失去活性。

表3－4列出了微生物在湿热下的耐热性。

表3－4　微生物在湿热下的耐热性

微生物	加热温度/℃	死亡所需时间/min
肉毒杆菌孢子A型、B型	100 110 120	360 36 4
肉毒杆菌孢子E型	80 90	20～40 5
枯草杆菌孢子	100 120	175～185 7.5～8
沙门氏菌	60	4.3～30
大肠菌	57	20～30
四链球菌	61～65	<30
葡萄球菌	60	18.8
乳酸菌	71	30
肠炎弧菌	60	30
霉菌丝	60	5～10
霉菌孢子	65～70	5～10
酵母营养细胞	55～65	2～3
酵母孢子	60	10～15

2. 影响微生物耐热性的因素

食品成分会不同程度地增强微生物抗热性。高浓度糖液对细菌孢子有保护作用，因此糖水水果罐头的杀菌温度或时间一般比不加糖的同类产品高或长；食品中的淀粉和蛋白质也有保护微生物的作用；油脂对微生物及其孢子的保护作用较大，除了直接保护外，还能阻止湿热渗透；水分是一种有效的传热体，它能渗入微生物细胞或孢子中，因而一定温度条件下湿热比干热更具有致死性；如果微生物被截留在脂肪球内，那么水分就不易渗入细胞，湿热致死效果就与干热相近。因此，同一食品物料中，液相内的微生物可以迅速地被致死，而油相内菌群却不易杀死，这就使得油脂类食品的杀菌温度更高、时间更长而造成风味损失。

另外，食品成分对微生物的耐热性有间接影响，即不同食品成分物料的热传导率有差别，如脂肪的导热性比水差。更重要的是微生物的耐热性与食品稠度有关。如果把足够的淀粉或其他增稠剂添加于食品中，使其内部的对流加热系统转化为传导加热系统，那么除了对微生物有直接保护作用外，还会缓解热量至容器内或食品物料内部冷点的热渗透速率，这样就间接地保护了微生物。pH值对加热杀菌也有很大的影响，当食品含酸量高时，如番茄汁或橙汁，就不需高度加热，因为酸可提高热的杀菌力。如果有足够的酸度，用93℃，15 min加热杀菌便可达到要求。一般来说，pH值越低，杀菌所需的加热温度也越低、时间越短。

3. 加热杀菌温度和时间组合

加热杀菌温度和时间密切相关，即温度越高，破坏微生物所需时间越短。虽然温度和时间是破坏微生物所需要的，但在破坏微生物作用上，同样有效的不同温度—时间组合对食品的损害作用远远不同。在现代加热杀菌中，这是最重要的实践，也是几种比较先进的包装技术的基础。

在杀菌温度—时间组合中，高温对微生物的致死至关重要，但对损害食品色泽、风味、质地和营养价值等更重要的因素是长时间，而不是高温。如果用肉毒杆菌接种牛乳，然后试样分别按100℃—330 min、116℃—10 min、127℃—1 min条件加热，虽然其灭菌作用相同，但对牛乳的热损害却大大不同：加热330 min的试样具有蒸煮味并呈棕色；加热10 min的试样几乎有同样的质量问题；加热1 min的试样虽稍过热，但其品质与未经加热的牛乳差异不大。

在微生物与各种食品之间，敏感性在时间和温度方面的差异是一种普遍现象。表3－5为高温杀菌牛乳温度对芽孢破坏速度、加热时间及褐变反应的比较。微生物对高温的相对敏感性比食品成分大，温度每上升10℃（18 ℉），大致能使导致食品变质的化学反应速率加快1倍，而当温度高于微生物的最高生长温度时，每上升同样的10℃，会使微生物破坏的速率加快10倍。

表3－5 高温杀菌牛乳温度对加热杀菌时间、褐变、食品营养的影响

加热温度/℃	芽孢破坏相对速度	褐变反应相对速度	杀菌时间（完全杀灭）	相对褐变程度	杀菌孢子致死时间	食品营养成分保存率/%
100	1	1	600 min	10 000	400 min	0.7
110	10	2.5	60 min	25 000	36 min	33
120	100	6.5	6 min	6 250	4 min	73
130	1 000	15.6	36 s	1 560	30 s	92
140	10 000	39.0	3.6 s	390	4.8 s	98
150	100 000	97.5	0.36 s	97	0.6 s	99

由于高温可用较短的灭菌时间，因此，只要技术条件可能，对热敏性食品应尽可能采用高温瞬时灭菌处理。例如，对酸性果蔬汁进行巴氏杀菌时，目前一般采用瞬间巴氏杀菌：88℃—1 min或100℃—12 s或121℃—2 s。尽管三种温度—时间组合其灭菌效果相同，但121℃—2 s杀菌处理可在果汁风味和维生素的

保留上获得最佳效果。然而,如此短的杀菌保温时间使杀菌设备更加复杂和昂贵。

4. 加热杀菌方法

食品工业上通常根据产品特性采用最低标准温度进行加热杀菌,一般根据温度的高低可分为以下三种杀菌方法。

(1)低温杀菌法:也称巴氏杀菌(Pasteurigation),由于杀菌温度低于100℃,食品中还残存微生物,除了嗜热性乳杆菌外,均为芽孢菌的芽孢,而大部分芽孢细菌在5℃以下的低温环境中是不能繁殖的,故在80℃左右巴氏杀菌的包装熟食品,在低温下贮藏,其保质期也是较长的。巴氏杀菌目的是为了杀菌致病菌和腐败菌,同时保证食品有较好的品质、弹性和风味。

(2)高温杀菌:主要适用于罐装、瓶装及蒸煮袋食品的杀菌。将食品装入包装容器中完全密封,用蒸汽或热水蒸馏杀菌。一般罐头食品在115℃左右进行60~90 min的杀菌处理,普通蒸煮袋(RP-F)采用115~120℃杀菌20~40 min,高温蒸煮袋(HRP-F)采用121~135℃杀菌8~20 min,超高温杀菌蒸煮袋(URP-F)采用135~150℃、2 min的超高温杀菌。

(3)高温短时杀菌(HTST)和超高温瞬时杀菌(UHT):这是两种适合于流动性液态或半液态食品的短时杀菌方法,能有效地保全食品原有的营养和风味质量,常用于无菌包装的食品杀菌。

(二)低温贮存

各种生鲜食品和经过处理调制的加工食品一般都含有较高水分,这些食品在常温下短时间内放置,就会因微生物大量繁殖而腐败变质,若采用冷藏或冻结,其腐变反应速度会明显降低。

1. 冷藏

冷藏能降低嗜温性细菌的增殖速度,嗜热性细菌一般也不会繁殖。目前常用三种方法:

(1)低温与真空并用:食品低温贮藏时所产生的代表性腐败菌一般是需氧性假单孢杆菌,而大部分厌氧性细菌的繁殖温度下限为2~3℃,若在无氧的低温环境(0℃ ±2℃)下保藏食品,可大幅度地延长食品保质期,这种方法称冰温贮藏。

(2)低温和CO_2并用:CO_2能抑制需氧细菌的繁殖,如果降低包装内的含氧量,再充入CO_2进行低温贮藏,能产生更显著的贮藏效果。

(3)低温与放射杀菌并用:如果采用能杀灭食品中所有微生物的照射剂量进行放射杀菌,食品会产生严重褐变和异臭而根本不能食用。对于鱼类和畜肉类食品,如果用不影响食品质量的低剂量(10~40 GY)照射杀灭其中的假单孢菌属等特殊的腐败菌，然后进行低温贮藏，其贮存期可延长 2～6 倍，这种方法称辐射杀菌法（Rodurization）。

2. 冻结

普通食品在 -5℃左右，其水分的 80% 会冻结，降温至 -10℃时低温性微生物还能增殖，温度再下降，微生物就基本上停止繁殖，但化学反应和酵素反应仍未停止。一般认为，食品在 -18℃以下保质期可达 1 年以上。

冷冻调理食品多采用塑料及其复合材料包装，并在冻结状态下流通和销售，这类材料必须具备优良的低温性能，常用的有 PA/PE，PET/PE，BOPP/PE，AL 箔/PE。托盘包装采用 PP，HIPS，OPS 等。表 3-6 所列为冷冻调理食品的包装形式和包装材料。

表 3-6　冷冻调理食品的包装形式和包装材料

食品		包装形式	包装材料
蔬菜		袋含气包装	PE、OPP/PE、PET/PE
鱼贝	一般鱼	重叠、含气包装	盘子：泡沫 PS HIPS 外部包装：PET/PE、OPP/PE
	虾干贝	带覆皮、紧贴包装	盘子：EVA 覆层的泡沫 PS； 密封材料：聚合树脂/EVA
	金枪鱼	袋、真空包装	ONy/PE，尼龙，聚合树脂
水产加工品（烤鳗鱼串）		袋、真空包装	ONy/PE
烹调	汉堡肉饼、饺子	重叠、含气包装	盘子：HIPS、OPP、PP； 外部包装：PET/PE，OPP/PE
	烹调食品、奶汁、烤通心粉	纸盒、含气包装	盘子：铝箔容器； 外包装：PE，ONy，PE； 外箱：厚纸盒
	米饭	纸盒、真空包装	外包装：PET/PE，ONy/PE； 外箱：厚纸盒
	馅饼	纸盒、收缩包装	外包装：收缩 PVC；收缩 PP； 外箱：厚纸盒
果品		袋、含气包装	PE、OPP/PE、ONy/PE
冷冻水点心		纸盒、含气包装	盘子：铝箔容器； 外包装：PP/PE；外箱：厚纸盒
汤		纸盒、脱气包装	筒：PE/PVDC；盘子：PP/PE 外包装：PET/PE；外箱：厚纸盒

现代食品包装常采用真空、充气和脱氧包装技术与低温贮藏相结合的方法来有效地控制微生物对食品腐变的影响。

(三)微波灭菌

微波是具有辐射能的电磁波,微波用作食品加热处理已有一定历史,但微波用作食品灭菌处理的研究只有60多年的历史,其工业化则时间更短。我国工业微波加热设备常用的固定专用频率有两种:915 MHz和2 450 MHz。

1. 微波灭菌机理

微波与生物体的相互作用是一个极其复杂的过程,生物体受微波辐射后会吸收微波能而产生热效应,而且生物体在微波场中其生理活动也会发生反应和变化,这种非热的生物效应也会影响微生物的生存。微波辐照细菌致死可认为是微波热效应和非热力生物效应共同作用的结果,两种效应相互依存、互相加强。细菌的基本单元是细胞,细胞的存活除依靠细胞膜保护外,还与细胞膜电位差有关,如果维持细胞正常生理活动的膜电位状态被破坏,必然会影响到细胞的生命状态。微生物处在相当高强度的微波场中,其细胞膜电位会发生变化,细胞的正常生理活动功能将被改变,以致危及细胞的存活。这种微波致死细菌的机理与传统加热杀菌致死完全不同。

组成微生物的蛋白质、核酸和水介质作为极性分子在高频微波场中被极化的理论也是常见的微波灭菌机理的一种解释。极性分子在高频高强度微波场中将被极化,并随着微波场极性的迅速改变而引起蛋白质分子团等急剧旋转及往复振动,一方面相互间形成摩擦转换成热量而自身升温,另一方面将引起蛋白质分子变性。对微生物细胞来说,如果细胞壁受到某种机械性损伤而破裂,细胞内的核酸、蛋白质等将渗漏体外而导致微生物死亡。

比较一般加热灭菌方法,在一定温度条件下微波灭菌缩短了细菌死亡时间,或者,微波灭菌致死的温度比常规加热灭菌的温度低,这是微波灭菌与传统加热灭菌最重要的区别。当然,微波灭菌处理时能有较高的温度状态,对充分灭菌是极为有利的。

2. 微波灭菌的热力温度特性

传统加热灭菌其热力由食品表面向里层传递,传热速率决定于食品的传热特性,这就决定了食品表层和中心的温度差,以及中心升温的滞后性,从而延长了食品整体灭菌所需要的总时间,而且单纯的热力作用较难杀灭耐热性较强的芽孢杆菌。微波透入食品加热传热的特性使食品升温时间大大短于传统加热升温时间,而且微波灭菌使细菌致死的因素还有非热力的生物效应,这使得微波灭菌时间更短,且温度较低,这为保持食品的色、香、味和营养成分创造了条件。

必须指出,灭菌是对食品整体而言的。微波灭菌时食品表面温度可能会因散热或水分散失而低于其内部温度,致使食品表面的细菌残留存活,这个问题应予注意和解决。

3. 微波灭菌工艺

(1)微波间歇辐照灭菌工艺:用脉冲式微波辐照食品灭菌可取得较理想的效果。脉冲式微波灭菌能在短时间内产生较强微波电场,间歇作用于食品而使食品升温,因其按时间积分平均值计其总能量不大,食品物料升温变化相对来说并不大,但瞬时强微波电场对食品物料的极化作用十分强烈,从而大大提高了灭菌效果。但高电场强度和高功率密度将对微波设备和被处理物料的耐击穿性提出更高要求,并需要精确控制辐照时间,这些要求将使微波设备成本有所提高。

(2)连续微波辐照工艺:一般采用较低场强、适当延长微波辐照时间的连续微波灭菌工艺。隧道式箱型微波设备的箱体内功率密度较低、能适合于连续微波灭菌工艺。在物料对温度及加热时间允许的前提下,适当延长辐照时间将有利于强化灭菌效果,同时也能使物料加热状态均衡,减少物料内外温差。用频率2 450 MHz、功率5 kW的连续可调微波设备对复合膜包装的调味海带作灭菌处理,结果40 s ~ 2 min大肠杆菌完全杀灭,而传统加热杀菌需蒸煮30 min。连续微波灭菌工艺对袋装榨菜及包装月饼、面包、蛋糕等因二次污染的灭菌有较好的效果,可获得较长的贮存货架期。

(3)多次快速加热辐照和冷却杀菌工艺:该工艺能快速地改变微生物的生态环境温度,且多次实施微波辐照灭菌,从而避免被杀菌物料连续长时间处于高温状态,可有效保持食品的色、香、味和营养成分。该灭菌工艺适合于对热敏感的液体食品,如饮料、米酒的灭菌保鲜。

微波灭菌作为食品加工新技术应用于传统加工食品的保鲜工艺近年来得到较大的发展。如糕点类、豆制品、畜肉加工制品、鱼片干等经微波灭菌处理,可较好地保全食品原有风味特色,并有效延长货架保质期。由于微波灭菌保鲜食品其保鲜期长于冷冻食品,可高于0℃冷藏而无需低温冻藏,且食用时烹调快、能与家用微波炉配套使用,因此,食品微波灭菌技术将有更广的应用前景。

第三节　包装食品的品质变化及控制

一、包装食品的褐变及其控制

食品的色泽不仅给人以美感和消费倾向性，也是食用者心理上的一种营养素；食品所具有的色泽好坏，已成为食品品质的一个重要方面。事实上，食品色泽的变化往往伴随着食品内部维生素、氨基酸、油脂等营养成分及香味的变化。因此，食品包装必须有效地控制其色泽的变化。

（一）食品的主要褐变及变色

食品褐变包括食品加工或贮存时，食品或原料失去原有色泽而变褐或发暗。图3-9表示几种产生褐变的食品成分及其反应机理。

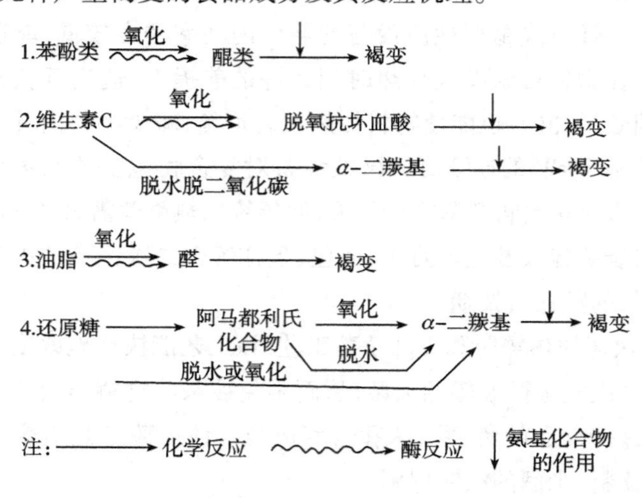

图3-9　产生褐变的食品成分及其反应机理

褐变反应有三类：食品成分由酶促氧化引起的酶促性褐变，非酶促性氧化或脱水反应引起的非酶促性褐变，油脂因酶和非酶促性氧化引起酸败而褐变。在导致褐变的食品成分中，以具有还原性的糖类、油脂、酚及抗坏血酸等较为严重，尤其是还原糖引起的褐变，如果与游离的氨基酸共存，则反应非常显著，即所谓美拉德反应。典型的非酶褐变有氨基、羰基反应和焦糖反应等，从影响食品质量的角度来分析，氨基、羰基反应又可分为基本上无氧也能进行的加热褐变和在有氧条件下发生的氧化褐变；前者在食品加工过程中赋予食品以令人满意的色香味，后者因褐变而呈暗色和产生异臭。典型的酶促褐变如苹果、香蕉及茄子、山药等果蔬受伤去皮之后,其组织与氧接触引起的褐变。酶促性褐变需有酚类、氧化酶和氧等基质,因此,加热使酶失活,降低 pH 值,或使用亚硫酸盐等可抑制酶促褐变;真空或充气包装也能有效减缓褐变反应。

食品的变色主要是食品中原有颜色在光、氧、水分、温度、pH 值、金属离子等因素影响下的褪色和色泽变化。

(二)影响食品褐变的因素

影响食品褐变的因素主要有光、氧、水分、温度、pH 值、金属离子等。

1. 光

光线对包装食品的变色和褪色有明显的促进作用,特别是紫外线的作用更显著。天然色素中叶绿素和类胡萝卜素是一种在光线照射下较易分解的色素。图 3 - 10 和图 3 - 11 表示了光的波长对胡萝卜素和叶绿素分解的影响。由图可知,波长 300 nm 以下的紫外线对色素分解的影响最为显著。

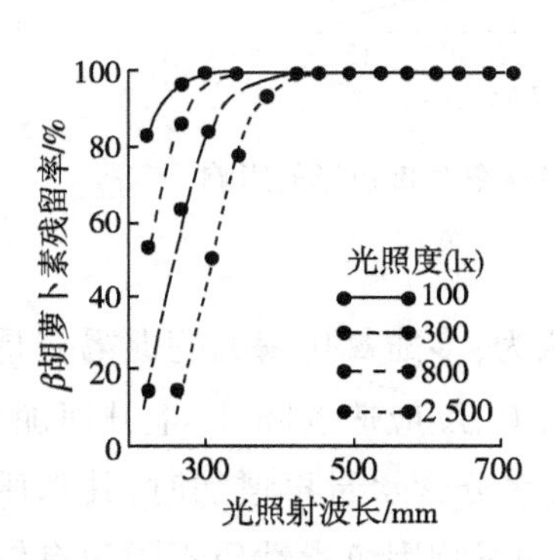

图 3 - 10　光的波长对 β 胡萝卜素分解的影响

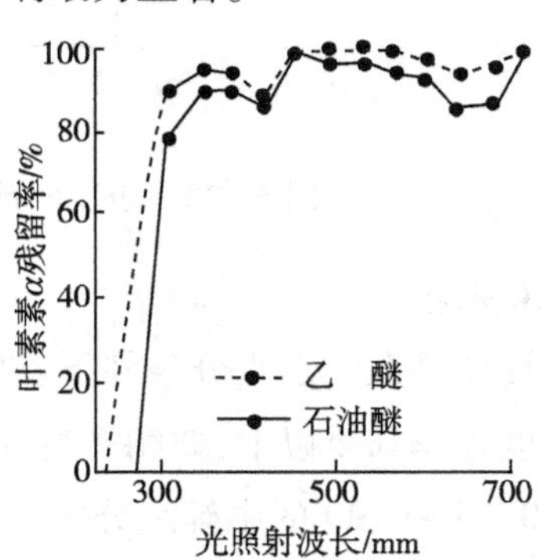

图 3 - 11　光的波长对叶绿素分解的影响

玻璃和塑料包装材料虽能阻挡大部分的紫外线,但所透过的光线也会使食品变色和褪色,缩短食品保质期。为减少光线对食品色泽的影响,选择的包装材料必须能阻挡使色素分解的光波。

2. 氧气

氧是氧化褐变和色素氧化的必需条件。色素是容易氧化的,类胡萝卜素、肌红蛋白、血红色素、醌类、花色素等都是易氧化的天然色素。苯酚化合物,如苹果、梨、香蕉中含有绿原酸、白花色等单宁成分,还原酮类中的 V_C、氨基还原酮类,羰基化合物中的油脂、还原糖等物质,易氧化而引起食品的褐变、变色或褪色,随之而来的是风味降低、维生素等微量营养成分的破坏。因此,包装食品对氧化的控制是至关重要的保质措施。图 3 - 12 表示透氧性不同的各种塑料薄膜包装咸味牛肉,其贮藏温度对牛肉色泽的影响。显然包装材料的透氧率越高,温度越高,色素的分解越快。

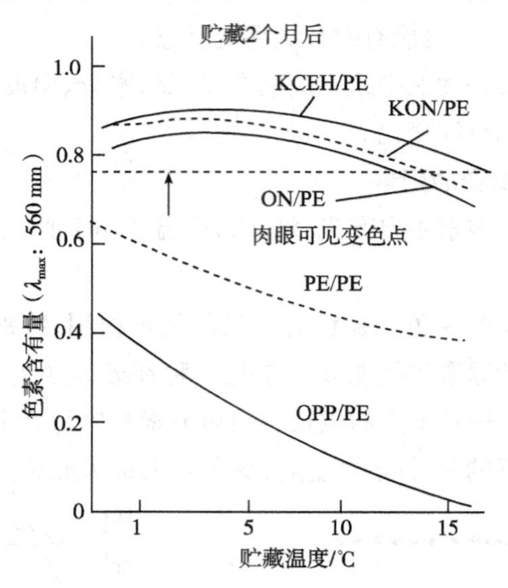

图 3-12　包装材料的阻隔性对咸味熟牛肉色泽的影响

3. 水分

褐变是在一定水分条件下发生的,一般认为:多酚氧化酶的酶促褐变是在水分活度 A_w = 0.4 以上,非酶褐变 A_w 在 0.25 以上,反应速度随 A_w 上升而加快;在 A_w = 0.55 ~ 0.90 的中等水分中反应最快。若水分含水量再增加时,其基质浓度被稀释而不易引起反应。水分对色素稳定性的影响因色素性质不同而有较大差异,类胡萝卜素在活体上非常稳定,但在干燥后暴露在空气中就非常不稳定;叶绿素、花色素等色素在干燥状态下非常稳定,但在水分达 6% ~ 8% 以上时,就明显地迅速分解,尤其在光氧存在条件下很快褪色。

4. 温度

温度会影响食品的变色,温度越高,变色反应越快。干燥食品吸湿就会褐变或褪色,这种反应与环境温度关系密切;由氨基—羰基反应引发的非酶促褐变,温度提高 10℃ 其褐变速度提高 2 ~ 5 倍。高温会使食品失去原有的色泽,如干菜、绿茶、海带等含有叶绿素、类胡萝卜素的食品,高温能破坏其色素和维生素类物质而使风味降低。因此,若长期贮存食品,应注意环境温度的影响。

5. pH 值

褐变反应一般在 pH = 3 左右最慢,pH 值越高,褐变反应越快。从中等水分到高水分的食品中，pH 值对色素的稳定性影响很大。叶绿素随 pH 值下降，分子中 Mg^{2+} 和 H^+ 离子换位，变为黄褐色脱镁叶绿素，色泽变化显著；花色素类和蒽醌类色素的稳定性受 pH 值的影响各异；红色素在 pH 为 5.5 ~6.0 以上时易变成青紫色，檀色素、青色素等在 pH =4 左右时变成不溶性而不能使用，故包装食品的色泽保护应考虑 pH 值的影响。

6. 金属离子

一般地，Cu、Fe、Ni、Mn 等金属离子对色素分解起促进作用，如番茄中的胭脂红，橘子汁中的叶黄素等类胡萝卜素只要有 1 ~2 ppm（1 ppm = 10^{-6}）的铜、铁离子就能促进色素氧化。

（三）控制包装食品褐变变色的方法

食品变色是食品变质中最明显的一项，尽管褐变变色的因素很多，但通过适当的包装技术手段可有效地加以控制。

1. 隔氧包装

在常温下，氧化褐变反应速度比加热褐变反应速度快得多，对易褐变食品必须进行隔氧包装。对于诸如浓缩肉汤和调味液汁类风味食品，即使包装内有少量的残留氧，也能引起褐变变色，降低食品的风味和品质。

真空包装和充气包装是常用的隔氧包装，要完全除去包装内部的氧、特别是吸附在食品上的微量氧是困难的，必须在包装中封入脱氧剂，用以吸除包装内的残留氧，并可吸除包装食品在贮运过程中透过包装材料的微量氧，这样处理可长期地保持包装内部的低氧状态，有效防止食品氧化褐变。目前大部分食品采用软塑包装材料，隔氧包装应选用高阻氧的如 PET、PA、PVDC、AL 箔等为主要阻隔层的复合包装材料。

2. 避光包装

利用包装材料对一定波长范围内光波的阻隔性，防止光线对包装食品的影响；选用的包装材料既不失内装食品的可视性，又能阻挡紫外线等对食品的影响。例如，能阻挡 400 nm 以下光的包装材料，适用于油脂食品包装，用在含有类胡萝卜素及花色素类的食品也有效。然而，对于一般色素，可见光也会加速光变质，对长时间暴露在光照下的食品，可对包装材料着色或印刷红、橙、黄褐色等色彩，这样虽部分丧失了包装的可视性，但能有效地阻挡光线对食品品质的影响，而且通过丰富多彩的图案装潢设计，可增加食品的陈列效果和广告促销作用。现代食品包装，也采用阻光阻氧阻气兼容的高阻隔包装材料，如铝箔、金属罐等防止光、氧对食品的联合影响，大大延长食品保质期。

3. 防潮包装

水分对食品色泽的影响包括两方面含意:其一是对一定水分(20% ~30%)的食品,如带馅的点心等糕点食品,由于脱温而发生变色。其二是干燥食品会因吸湿增大食品中的水分而变色。前者防止变色的方法是采用适当的包装材料保持其原有水分,而后者主要是保持食品干燥而使色素处于稳定状态,采用阻湿防潮性能较好的包装材料或采用防潮包装方法,能较好地控制因水分变化引发的褐变变色。

二、包装食品的香味变化及其控制

在食品的感观指标中,香味或滋味是评判一种食品优劣的重要指标,因此,控制食品的香味变化也是食品包装所要研究和解决的一大课题。

(一)包装食品产生异味的主要因素及控制

包装食品的香味变化主要是由于包装及内部食品的变质因素产生的异味所造成,追溯风味变化的起因是非常复杂的问题,图 3 - 13 形象地示出了风味变化及主要因素。

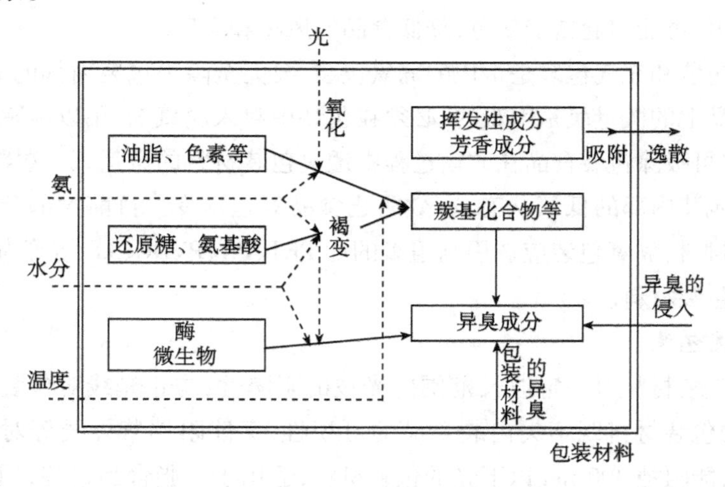

图 3 - 13 包装食品的风味变化

1. 食品所固有的芳香物

食品主要成分或在加工过程中产生的挥发性成分,一般是人们较为欢迎的香味,这种香味成分应用保香性较好的包装材料来包装,尽可能减少透过包装的逸散。

2. 食品化学性变化产生的异臭

包装食品贮运过程中因油脂、色素、碳水化合物等食品成分的氧化或褐变反应而产生的异味会导致食品风味的下降。这种食品氧化、褐变是由残留在包装内部或透过包装材料的氧所引起，故对易氧化褐变食品应采用高阻隔性，特别是阻氧性较好的包装材料进行包装，还可采用控制气氛包装、遮光包装来控制氧化和褐变的产生。

3. 由食品微生物或酶作用产生的异臭味

这种因素可以根据食品的性质状态选择加热杀菌、低温贮藏、调节气体介质、加入添加剂等各种适当的食品质量保全技术和包装方法来加以抑制和避免。

4. 包装材料本身的异臭成分

这是引起食品风味变化的一个严重问题，特别是塑料及其复合包装材料的异味。应严格控制直接接触食品的包装材料质量，并控制包装操作过程中可能产生的塑料包装材料过热分解所产生的异味异臭污染食品。图 3－14 说明了食品在加工流通过程中产生异味的主要途径，这些因素可通过严格的质量管理及流通贮运过程中严格的防范措施来避免和减缓。

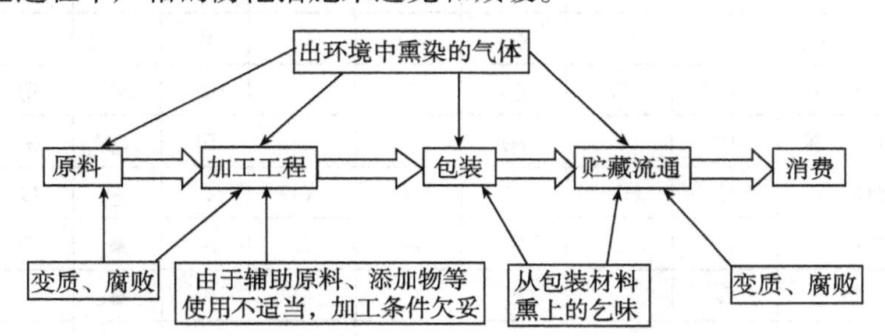

图 3－14 食品在加工流通过程中产生异臭的主要途径

(二)塑料包装材料的渗透性引起的异味变化

1. 塑料包装材料的透氧、透气性引发的食品异味变化

塑料包装材料都具有不同程度的渗透各种气体的性能，包装食品后能使食品香味不逸散，但由于氧气的渗入，会引起食品氧化、褐变等而产生异味；同时，对没有经过杀菌处理或杀菌不彻底的包装食品，也会因微生物和酶的作用而产生异臭或风味变化。这是塑料与玻璃和金属包装材料相比的一大缺陷。为防止因材料透氧所引起的食品风味变化，应选用新型高阻气性复合包装材料，并采用各种食品质量保全新技术。

2. 塑料包装材料的气味渗透性

不同塑料薄膜对挥发生芳香物的渗透性有很大差异。从保护食品质量和风味角度考虑,包装材料对挥发性物质的渗透性也是至关重要的。

有关各种塑料薄膜对挥发性物质渗透性试验数据很多,但由于所用薄膜、挥发性物质的种类和状态不同,且测定方法及测定结果的表示方法也有差异,故很难进行同一的比较。表 3-7 为塑料薄膜对各种香精的渗透性比较(用塑料薄膜把香精包装后,用人体器官功能判断气味残留情况而得到):PE 及 Ny 薄膜对香气的渗透性很大,而 PET、PC 薄膜则小些。图 3-15 表示了各种塑料复合薄膜小袋装入挥发性物质的蒸汽后,用气象色谱法跟踪测定其残留物质得到的结果;表 3-8 列出了用各种塑料小袋封入乙醇,用重量测定法测定的乙醇渗透速度;由图、表结果可知:PC、PET、EVA、PVDC 等薄膜对挥发性物质有较高的阻隔性,保香性较好。

表 3-7　各种薄膜的香气透过性

香精种类	低密度聚乙烯	高密度聚乙烯	聚丙烯	氯化乙烯基	聚酰胺	聚脂	聚碳酸脂	聚氯乙烯	防潮玻璃纸
华尼拉(香草)香精	○	○	⊕	⊙	○	●	⊕		○
熏制香精	○	○	⊕	⊕	○	●	●	⊕	○
杨梅(草莓)香精	○	○	⊕	⊕	○	⊙	⊕	⊕	○
橘香精	○	○	⊕	⊕	○	○	⊕	○	○
柠檬香精	○	○	⊕	⊕	○	⊕	●	○	○
咖喱香精	○	○	⊙	⊙	○	⊙	●	⊙	⊙
姜香精	○	⊕	⊙	⊙	○	⊕	●	⊕	○
大蒜香精	○	○	○	⊙	○	●	●	⊕	⊕
咖啡香精	○	○	⊕	⊕	○	●	●	⊙	●
可可茶香精	⊕	⊕	⊙	⊙	○	●	●	⊕	●
辣酱油香精	○	○	⊕	⊙	○	⊙	⊕	⊕	○
酱油香精	○	○	⊕	⊕	○	⊙	⊕	⊕	○
咸辣椒	○	○	○	⊕	○	●	⊙	⊕	⊕

注:○1 小时内,⊕1 天内,⊙1 周内,●2 周以上。

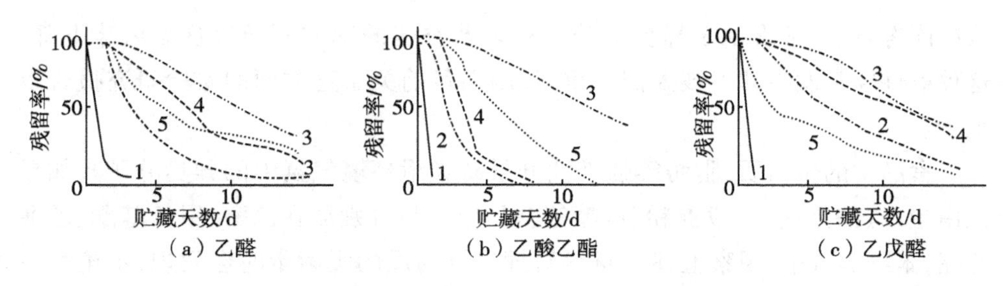

图 3－15　各种塑料薄膜对挥发性物质的渗透性

1—PT/PE(70)　2—BOPP/PE(72)　3—PET/PE(70)　4—BOPP/PT/PE(72)　5—KBOPP/PE(70)

表 3－8　各种薄膜的乙醇渗透速度

包装材料的组成与厚度/μm	渗透速度/(g/m²·24h)		
	20℃	30℃	40℃
PE(100)	1.29	5.5	1.35
CPP	—	1.0	—
ONY(15)/PE(60)	1.26	5.3	12.6
K 玻璃纸(#350)/PE(60)	0.17	1.20	4.2
OPP(20)/ PE(60)	0.12	0.90	3.0
KOPP(22)/ PE(60)	0.083	0.66	2.1
OPP(26)/EVAL(15)/PE(60)	—	0.87	2.93
OPP(30)/EVAL(17)/PE(85)	—	0.42	—
EVA(17)OPP(35)	—	0.111	0.40

根据渗透性物质的性质与塑料薄膜间的亲和性不同,其渗透的难易程度也有变化。PE 和 PP 等疏水性薄膜容易渗透酯类疏水性分子;尼龙 PA 等亲水性薄膜易渗透乙醇等亲水性物质而不易透过酯类等疏水性物质。

由此可知,风味食品选择包装材料时应考虑挥发成分的性质,来决定可否选用亲水性薄膜如 Ny 等。由于环境温湿度对挥发性物质的渗透性有较大的影响,对亲水性物质的渗透性影响尤为显著,因此,为防止温湿度带来的不利影响,可采用 PVDC、PE 等多层复合薄膜来包装含一定水分的风味食品。

3. 异臭的侵入和香味的逸散

包装食品受环境异臭的影响,也是由薄膜对挥发性物质的渗透性这一因素所造成。若食品贮存环境有异臭源,或者把包装食品存放在有异臭的仓库、货车或冷库等场所,常常由于异臭成分的侵入及香味的逸散而导致食品风味下降。这种事件经常发生却不被人们所重视,因而目前关于这方面的实验研究报告也很少。

食品中的蛋白质、脂肪等强极性分子易吸附环境气氛中的异臭分子。如果把白蛋白、酪蛋白、土豆淀粉、蔗糖等食品原材料分别放在乙醇、甲乙基酮、乙酸乙酯、苯等蒸汽中,观察上述原材料对挥发性物质的吸附量时会发现,不论哪一种食品原料,其吸附量的大小顺序为:乙醇 > 甲乙基酮 > 乙酸乙酯 > 苯。如果用同一种挥发性物质进行比较时,白蛋白和淀粉易吸附挥发性物质,而蔗糖对任何一种挥发性物质的吸附性都不大。

因食品的性质及异臭的种类和性质不同,用塑料包装材料包装食品时对食品的异臭污染也有很大差异,在选用包装材料和技术方法时应加以关注。

三、包装食品的油脂氧化及其控制

现代加工食品构成中大多含有油脂成分,油脂不仅能改善食品的风味,且在营养上其单位重量能提供更多的热量,对人体发育和生理机能也起着重要作用。油脂一旦氧化变质会发生异臭,不仅失去食用价值,而且其氧化生成物——过氧化物(用 POV 表示)对人体有一定的毒害。

(一)油脂的氧化方式

根据氧化的条件和机理可分为三类。

1. 自动氧化

这是油脂常温下放置在空气中的氧化现象,其中的不饱和脂质在环境条件(光、水分、金属离子)作用下的一个连锁复杂的反应过程,从而使油脂分解生成有害的氧化生成物。自动氧化在低温环境中也会缓慢慢进行。

2. 热氧化

油脂在与空气中氧接触状态下加热所产生的氧化现象,此时明显产生有较强毒性的羰基化合物和聚合物,且不饱和脂肪酸和饱和脂肪酸一起被氧化。

3. 酶促氧化

主要是脂肪氧化酶(Lipoxidase)、棒曲霉(Aspergillus)、镰刀霉(Fusarium)和酒曲霉(Rhizopus)的各属的酶促作用,促进食品中的饱和及不饱和脂肪酸氧化。

油脂氧化与油脂种类,及光、氧、水分、温度金属离子及放射线等因素密切相关。

（二）油脂类食品变质的影响因素及控制方法

1. 光线

光能明显地促进油脂氧化，其中紫外线的影响最大。对于包装食品，直接暴露在阳光下的机会是很少的，主要受到橱窗和商店内部荧光灯产生的紫外线照射。表3－9表示了光波波长和油脂氧化的关系，500 nm以下的光线对氧化的影响极大，为防止包装食品因透明薄膜引发的光氧化，最好采用红褐色薄膜或者采用铝箔等作为富含油脂食品的包装材料。

表3－9　使用各种波长的光照玉米油和棉籽油以后的过氧化值

滤纸的透过性范围/μm	过氧化值/(meq/kg)			
	玉米油		棉籽油	
	试料1	试料2	试料1	试料2
360～420	20.9	20.2	17.6	17.3
420～520	8.7	8.5	12.4	12.5
490～590	4.5	4.9	8.1	7.9
590～680	1.1	1.4	3.1	3.4
680～790	1.0	1.2	2.1	1.8

表3－10表示了荧光灯照射对低温保存的奶油、奶酪氧化影响。奶油奶酪对空气中的氧是相对稳定的，当受到荧光照射时就会迅速氧化，当用5 000勒克斯(Lx)荧光灯照射时仅几个小时，奶油、奶酪就会产生异味，但使用蛋白的奶油奶酪可抑制光氧化，这是因蛋白质阻挡了部分光线的作用。图3－16表示了添加玉米油的小麦粉光照实验；在商店明亮处照度为500～1 000 Lx能明显促进包装食品的氧化，当照度为20 000 Lx、温度37℃条件下，其包装食品的氧化速度是照度为1 000 Lx时的7倍，是500 Lx、30℃条件下的15倍。

表3－10　奶油奶酪在低温保存时受荧光灯照射的影响(过氧化值meq/kg)

照度(勒克斯)	1 000			3 000			5 000		
照射条件 \ 时间	1日	3日	5日	1日	3日	5日	1日	3日	5日
奶油乳	2.52	3.77	6.18	4.80	9.58	12.36	7.89	13.67	25.33
使用蛋白的奶油乳酪	1.33	1.69	2.43	1.93	3.41	4.72	2.08	4.60	6.57
猪油混合奶油乳酪	1.89	3.37	4.65	4.12	7.81	11.00	4.94	12.10	17.70

注：保存温度为10℃，每天荧光灯照射时间为10 h，使用油脂的AOM稳定度为奶油27 h，猪油85 h。

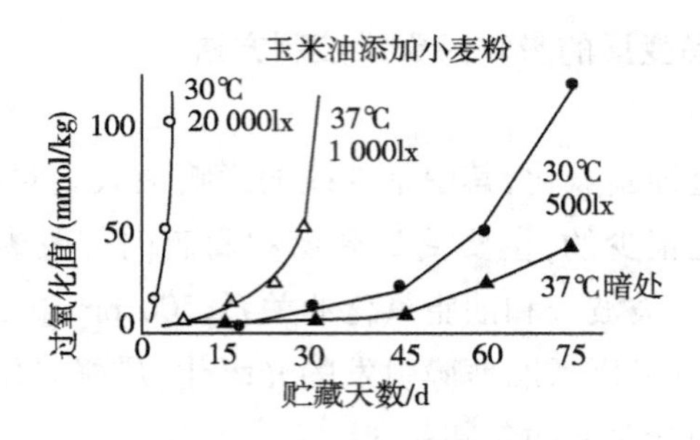

图 3－16　荧光灯照明度与氧化的关系

因荧光灯照射引起的包装食品氧化，即使其过氧化值较低，也会使食品产生特有异味，并使香味降低。因此，对光氧化敏感的食品，必须采用避光包装材料和包装方法。近年来，铝箔及其复合包装材料的大量采用，使光线对食品氧化的作用减少，但为了提高包装食品的透视性以便吸引消费者，大部分食品依然采用透明性包装，故光线对食品氧化变质的影响一直存在；解决这个问题的方法只能局部或大部地牺牲包装食品的可视性，采用装潢印刷、制成完全避光的包装材料来保全光氧化敏感食品的风味和品质。

2. 氧气

食品中油脂氧化与氧分压密切相关，图 3－17 表示了氧浓度与亚油酸乳油液氧化速度的关系，当 O_2 降至 2% 以下时，氧化速度明显下降，故油脂食品常采用真空或充气包装。

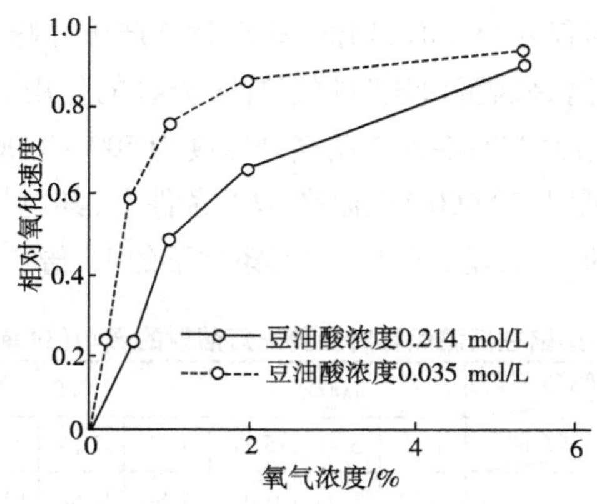

图 3－17　亚油酸乳浊液氧化速度与氧浓度的关系

食品油脂氧化还与接触面积和油脂稳定性有关，若食品中油脂稳定性差则极易氧化变质，这时可采用封入脱氧剂的包装方法，使包装内的氧浓度降低到 0.1% 以下。对添油小麦粉的过氧化值（POV）、总羰基值（COV）与耗氧量的关系研究表明(图 3－18)：含油脂量 15% 的小麦粉 15 g 包装在 10 cm × 15 cm 的薄膜袋中，包装的容差空间为 160 mL，其中氧占油脂量的 2.06%，在 60℃ 暗处保存，当耗氧量相当于油脂的 0.1% 时，POV 值为 60 meq/kg，COV 值为 28 meq/kg，发生明显的氧化变质。

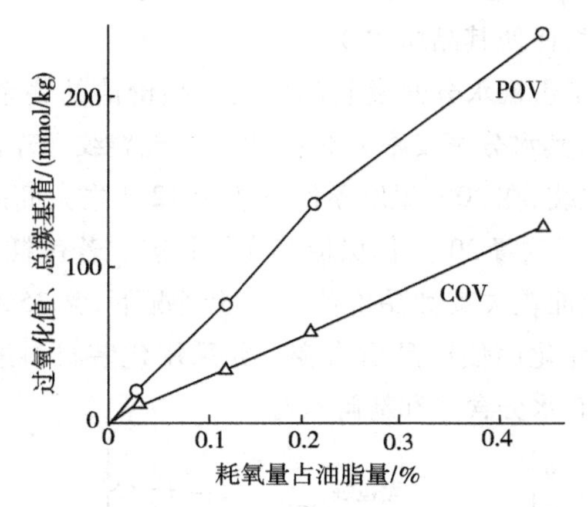

图 3－18　添油小麦粉 POV、COV 与耗氧量的关系

3. 水分

食品中的水分以游离水和化合水两种形式存在。干燥食品中化合水的存在对保护食品质量稳定非常重要，过度干燥并失去了化合水的食品，其氧化速度很快；水分的增加又会助长水分解而使游离脂肪酸增加，并且会使霉菌和脂肪氧化酶增多，故应尽可能保持食品的较低水分活度。水分对油脂氧化的影响是复杂的，对油脂食品的包装，一般以严格控制其透湿度为保质措施，即不论包装外部的湿度如何变化，采用的包装材料必须使包装内部的相对湿度保持稳定。

4. 温度

油脂的氧化速度随温度的升高而加快，低温贮藏能明显减缓食品中油脂的氧化。

四、包装食品的物性变化

包装食品的物性变化主要因水分变化所引发，无论是生鲜食品还是加工食品，都存在着食品本身失水趋于干燥的脱湿过程或吸收空气中水分的吸湿过程。食品的脱湿或吸湿，其物性就会发生变化，干燥时发生裂变和破碎现象，吸湿时发生潮解和固化现象，两者都会引起食品的品质风味下降，直至失去商品价值。

(一)食品的脱湿

一般食品含有一定水分,只有在保持食品一定水分条件下,食品才有较好的风味和口感。蔬菜、鱼肉等生鲜食品,其含水量一般在70% ~90%,贮存过程中因水分的蒸发,蔬菜会枯萎、肉质变硬,其组织结构劣变;加工食品中,中等含水食品也会因水分散失而使其品质劣变。

图3-19表示了蛋糕水分蒸发与品质及商品价值的关系:在30℃温度条件下,无包装放置3 d,其水分蒸发率为6%,表面出现裂纹和碎块,蛋糕失去商品价值;用防潮玻璃纸包装,在30℃温度条件下放置12 d失去商品价值;用PVDC包装在30℃温度条件下放置20 d,仍保持其完好状态。若蛋糕水分蒸发4% ~5%时,因表面出现裂纹而丧失其商品价值。一般情况下,含35%以上水分的食品,会因脱湿产生物性变化而使产品质劣变。如采用包装材料进行包装,可在一定时间内保持食品原有水分含量和新鲜状态。

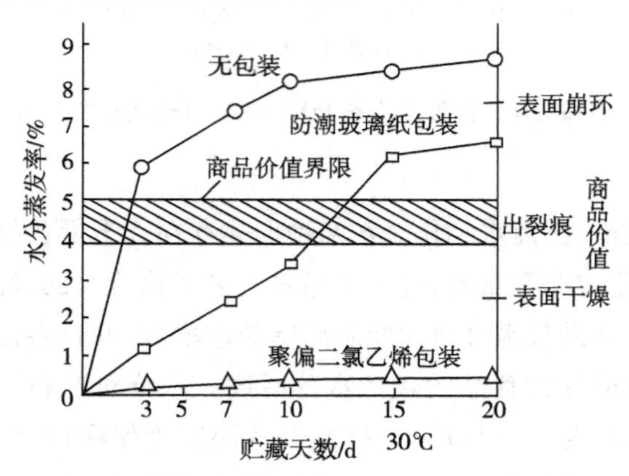

图3-19　蛋糕的水分蒸发率与商品价值

(二)食品的吸湿

1. 平衡相对湿度

每一种食品各有其平衡相对湿度,即在既定温度下食品在周围大气中既不失去水分又不吸收水分的平衡相对湿度。若环境湿度低于这个平衡相对湿度,食品就会进一步散失水分而干燥,若高于这个湿度,则食品会从环境气氛中吸收水分。

2. 吸湿等温曲线

测定不同温度下食品的平衡相对湿度,可获得一组食品的吸湿等温曲线,方法是把干燥食品露置在一设定温度、不同湿度气氛的钟形罩内,经几小时露置后称重，即可获得一组不同湿度条件下的平衡含水量数据，绘制成曲线即为该食品在这设定温度的吸湿等温曲线。如图 3－20 所示的土豆吸湿等温线，在 20℃和 40% RH 时，土豆的平衡水分值为 12%。

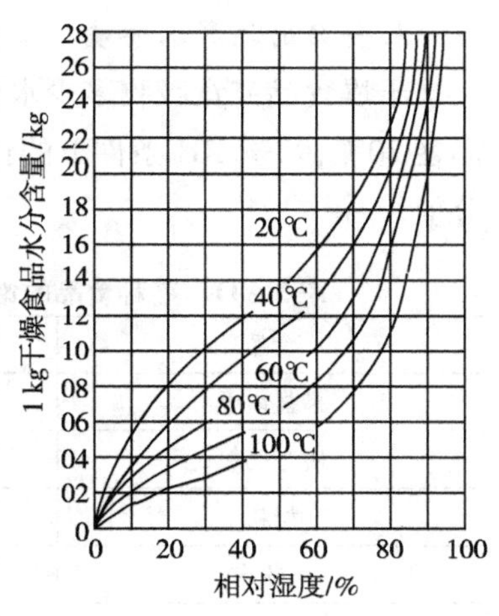

图 3－20　土豆等温吸湿线

不同性质食品其等温吸湿特性完全不同。水溶性物质在相对湿度达到一定值之前，其试样完全不吸湿或吸湿很少，如果相对湿度超过某一定值，则开始急剧吸湿；从理论上讲，其吸湿进行到试样完全溶解且水溶液的浓度和外界的相对湿度相平衡为止。图 3－21 为糖、盐等水溶性物质的等温吸湿曲线，这些食品在相对湿度 70% 或 80% 之前，水分含量并不增加，但超过某一限度，则急剧吸湿而潮解。图 3－22 为几种天然食品的等温吸湿曲线，这些天然高分子物质随着湿度的增加而其水分也不断地增加。粉末食品或固体食品一般由蛋白质、碳水化合物、脂肪及其他诸如砂糖、食盐、谷氨酸钠等组成，这些食品因其组织成分不同、各有不同的吸湿平衡特征。如奶粉、粉末肉汁等吸湿性强的食品，其低湿处的吸湿性较低，而高湿处的吸湿性则急剧增加。再如脱脂奶粉一度使其吸湿后再干燥制成的速溶奶粉，其吸湿性比原料奶粉的吸湿性小得多。

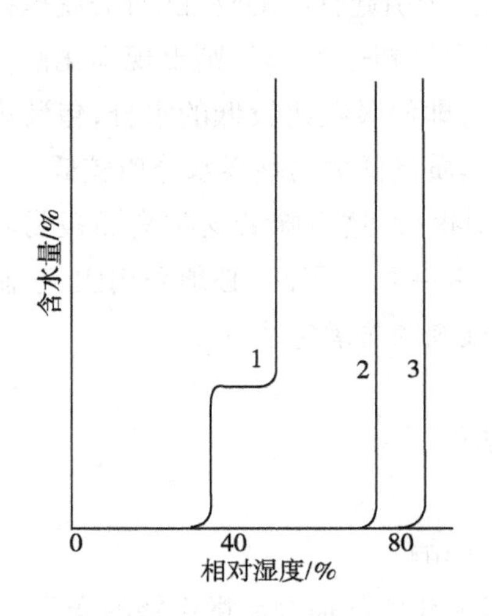

图 3－21　晶状物品的吸湿等温线

1—非食物化学品　2—食盐　3—糖

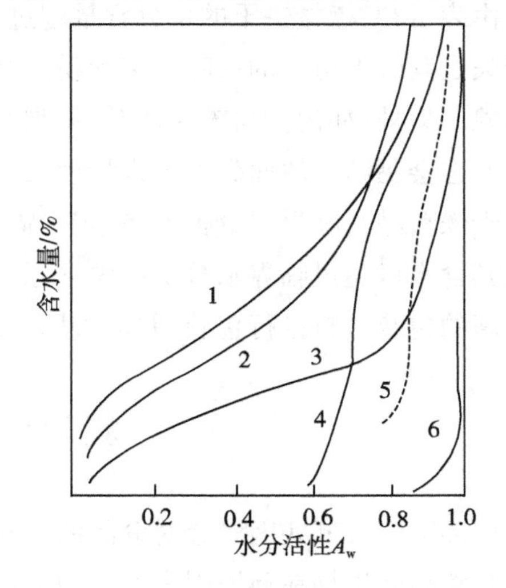

图 3－22　天然食品的吸湿等温线

1—淀粉　2—蛋白质　3—纤维素

4—葡萄糖　5—蔗糖　6—脂类

3. 食品的临界水分值

干燥食品究竟吸收多少水分才会使之质量低劣呢？表 3－11 列出了几种食品在 20℃，90% RH 条件下的饱和吸湿量及质量低劣的极限吸湿量——临界水分值。

表 3－11　各种食品的饱和吸湿量（20℃，90%RH）和临界水分值（%）

食品	吸湿量/%	临界水分/%
椒盐饼干	43	5.00
脱脂奶粉	30	3.50
奶粉	30	2.25
肉粉末	60	4.00
洋葱干粉末	35	4.00
果汁粉末	60	—
可可粉末	45	3.00
干燥肉	72	2.25
蔗糖	85	—
干菜（西红柿）	20	—
果脯（苹果）	70	—

由表可知：椒盐饼干的水分含量超过 5% 时，则引起食品的物性变化，使椒盐饼干失去其酥脆可口的风味。肉汁粉末其水分含量超过 4% 时，则出现固化潮解等现象。另外，如肉汁粉末、咖啡等易吸湿食品，即使吸收比较低的水分，包装内的粉粒也会黏结成块而失去粉末特性，故确定其质量低劣的临界水分值较低。

干燥食品其临界水分值与饱和吸湿量差别很大，这意味着这类食品极易吸湿使其含水量超过临界水分值而失去原有物性并变质。因此，必须采用阻气、阻湿性高的包装材料进行包装，并可采用封入吸湿剂的防潮包装方法。

复习思考题

1. 环境中有哪些因素会对食品的品质产生影响？
2. 食品微生物在环境因素的影响下将如何变化？如何控制微生物的变化？
3. 食品的品质变化主要表现为哪些方面？如何控制品质变化？

第四章　肉制品包装

本章学习重点及要求：

1. 了解肉的物理和化学组成及在加工中的变化；
2. 掌握肉制品常用的包装形式、包装材料和方法；
3. 掌握肉制品包装的一般要求；
4. 了解典型肉制品包装技术及方法。

肉制品是含有一定水分且营养丰富的食品，它易因腐败变质而丧失其营养价值和商品价值，因此，进行必要的包装才能贮存并使之成为有价值的商品。随着生活水平的提高和科学技术的发展，人们对肉制品包装的要求也越来越高。肉制品包装的迅猛发展，既丰富了人们的生活，也逐渐改变着人们的生活方式。

肉制品包装保存期的长短，主要取决于肉制品中的水分含量和加工方法，以及杀菌后的操作和包装技术。肉制品的保存，短的也许只能保存2～3 d，长的则可保存数月。

肉制品包装是食品包装的重要组成部分。近年来，随着我国经济的飞速发展和消费结构的变化，自选市场逐年增加，购买带包装的肉制品已成为消费主流。为了满足广大消费者的需要，首先，要求使用各种多功能的包装设备来实现批量大规模生产；其次，新颖的包装设计也是必不可少的。经过包装的肉制品不仅卫生，而且还能延长保存期。同时包装还可作为吸引顾客的广告，新颖美观的肉制品包装很容易引起顾客的注意，所以肉制品的包装是企业不应忽视的重要问题之一。

第一节　肉制品的成分和性质

肉制品的营养价值，虽然主要取决于其中所含营养素的种类、含量、质量及可利用性，但加工工艺对肉制品的可消化性有很大关系。许多技术手段，如切割、绞碎、冷藏、腌制、后熟、乳化和加热等，都可以改善产品的风味及可消化性，从而提高其营养素的吸收率。某些不良的工艺，如油煎、干烤等处理，由于硬壳形成，营养素破坏等原因，使肉制品的营养价值有所降低。

原料肉的卫生质量好坏，密切关系到以后制成的各种肉制品的质量。不卫生的或低劣的原料肉即使加工工艺再精,也生产不出高质量的产品。因此,先进国家对加工熟肉制品所用的原料肉都非常重视,从屠宰加工、剔骨分割、冷却贮存都制定了严格的卫生管理措施,目的是防止污染和营养素损失,也只有这样才能生产出高质量产品。同时原料肉的质量又因构成原料肉的各个组成部分而有所差异。因此,需要了解各组成部分的基本情况和所产生的物理化学变化,才能指导生产。

一、肉的主要物理性状与加工中的变化

肉的主要物理性状包括颜色、密度、比热容、热导率、保水性、气味和嫩度等,这些性状与肉的形态结构、动物的种类、年龄、性别、肥度、宰前状态等因素有关。

1. 颜色

肉之所以是红色,是因为肉中含有显红色的色素肌红蛋白和血红蛋白,血液中含有的血红蛋白,对肉的颜色也有直接关系。但肉的固有红色是由肌红蛋白的色泽决定的,肉的色泽越暗,肌红蛋白越多。

肌红蛋白在肌肉中的数量随动物生前组织活动的状况、动物的种类、年龄等不同而异。如心肌是机体最活泼的组织器官,需氧量多,含有较多的肌红蛋白。总之,凡是生前活动频繁的部位,肌肉中含肌红蛋白的数量多,肉色红暗。

不同类动物的颜色不同,主要是由含肌红蛋白的数量不同所致,而且同一种动物年龄不同相差也很明显。以新鲜牛肉为例,小牛肉含肌红蛋白 1 ~ 3 mg/g,中龄牛肉含 4 ~ 10 mg/g,老龄牛肉含 16 ~ 20 mg/g;屠宰后的幼龄猪肉含肌红蛋白 1 ~ 3 mg/g,老龄猪肉含 8 ~ 12 mg/g;小羊肉含 3 ~ 8 mg/g,老龄母羊肉和公羊肉可高达 12 ~ 18 mg/g。牧放的动物比圈养的动物含有较高的肌红蛋白,故色泽发暗。高营养状态和含铁质少的饲料所饲养的动物,肌肉中肌红蛋白少,肌肉色泽较淡。

肉类的颜色由于放置在空气中经过一定时间,也会发生由暗红色—鲜红色—褐色的变化。冷却或冻结,并经过长时期保藏的肉类,同样会发生颜色的变化。这是由肌红蛋白受空气中氧的作用或作用程度不同所形成的颜色变化引起的。

鲜艳的红色是肌红蛋白与氧结合生成氧合肌红蛋白,强烈的氧化形成褐色的氧化肌红蛋白,当氧化肌红蛋白的数量超过 50% 时,变为褐色。

除此之外,在个别情况下有变绿、变黄、发荧光等。这是由于细菌、霉菌的繁殖,蛋白质产生分解的原因造成的。

未经腌制的肉加热时，由于肌红蛋白受热变性，失掉防止血红素氧化的作用，因而血红素很快被氧化成灰褐色。加热的温度不同，引起肉的颜色变化也不同。牛肉在60～70℃时，为粉红色，80℃则成灰褐色；猪肉在60～70℃时，呈淡红色，72℃以上则成灰红色。

如将鲜肉加硝（硝酸钠或硝酸钾）腌制几天，肌红蛋白与硝经过复杂的反应，生成亚硝基（NO）肌红蛋白，具有鲜亮棕红色的色泽。再加热时，尽管肌蛋白发生变性，但NO与血红素结合牢固，难以解离，故仍维持棕红色。

国内多用硝酸钠或硝酸钾与盐进行腌制，利用细菌对硝酸盐的还原作用，将硝酸盐还原成亚硝酸盐，然后再与肌红蛋白起反应，发色慢，腌制期长，但发色后着色力较持久，不易褪色。国外多直接用亚硝酸盐加助色剂（如维生素C及烟酰胺）发色。其发色快，也便于掌握亚硝酸盐的用量。现在国内很多厂家已开始应用亚硝酸钠盐作为发色剂。

用亚硝酸钠盐发色，由于用量很少，通常是将亚硝酸钠先溶于少量水中，然后将此溶液泼在食盐上，混合均匀后，再作为腌制用盐使用。

国外配方所列举的盐或亚硝酸盐实际上是指这种含亚硝酸钠的混合盐（不是指食盐或纯亚硝酸钠，这点千万要注意）。混合盐常用的配方是食盐99.5%，亚硝酸钠0.5%；西欧各国有用食盐99.4%，亚硝酸钠0.6%的，我们不能照搬。因为国外肉制品用盐量通常为2%或2%以下，所以配制混合盐时，亚硝酸盐可占0.5%～0.6%。国内用盐量较多，亚硝酸钠不能超过0.5%这个极限，否则成品的亚硝酸盐的残留量，会超过国家规定标准。

用亚硝酸钠作发色剂发色快，但褪色也较快，国外多采用添加抗坏血酸等还原助色剂来弥补，同时抗坏血酸盐有阻断亚硝胺形成的作用，这在卫生上有重要意义。现在有的厂家已在探索解决发色与褪色的矛盾，趋向于用硝酸钠和亚硝酸钠共同腌制法，即将一定量的硝酸钠、亚硝酸钠与盐混合进行腌制，既可按时发色，又能使着色力持久。例如：食盐99%，硝酸钠0.83%，亚硝酸钠0.17%。

在加工酱卤类肉制品时，一般都是在汤沸腾时下锅，一方面使肉表面蛋白质迅速凝固，防止内部可溶性蛋白质溶于汤内；另一方面可以减少肌红蛋白色素溶于汤中，保持肉汤清澈透明。

2. 保水性

肉的保水性是指肉在加工过程中，对肉的本身水分及添加到肉中水分的保持能力。保水性的实质是肉的蛋白质形成网状结构，单位空间以物理状态所捕获的水分量的反映。捕获水量越多，保水性越大。因此，蛋白质的结构不同，必然影响肉的保水性变化。

肉的保水性,按猪肉、牛肉、羊肉、禽肉次序减低。刚屠宰1~2 h的肉保水能力最高,在尸僵阶段的肉,保水能力最低,至成熟阶段保水性又有所提高。经过肥育的畜肉,由于肌肉间蓄积一定量脂肪,使肌肉组织的微细结构松散,提高保水能力。经过冰冻的肉,由于肌肉组织受到机械损伤,蛋白质的胶体结构也受到一定程度破坏,保水性降低。因此,用热鲜肉加工的灌肠制品,出品率高,质量好。

提高肉的保水性能,在肉制品生产中有重要意义,通常采取以下四种方法。

(1)加盐先行腌渍。未经腌制肌肉中的蛋白质处于非溶解状态,吸水力弱。经腌制后,由于受盐离子的作用,从非溶解状态转变成溶解状态,从而大大提高保水能力。

(2)提高肉的pH值至接近中性。目前,国内普遍采用添加低聚度的碱性复合磷酸盐(焦磷酸纳、六偏磷酸钠、三聚磷酸钠的混合物)来提高肉的pH值,这种复合磷酸盐具有多种功能。

①能提高pH值,增加蛋白质的带电量,提高其亲水性;

②与肌肉中的钙、镁离子发生螯合,使蛋白质结构松弛,增加吸水性;

③有利于肌动球蛋白解离成肌动蛋白和肌球蛋白,后者的亲水性比结合状态的高得多;

④六偏磷酸钠在煮制加热时能加速蛋白质的凝固,表面蛋白一经凝固,制品内部的水分就不易渗出,从而保持较多水分。

添加磷酸盐增加肉的保水性,以兔肉最高,鸡肉次之,再其次是猪肉,牛肉较低。

(3)用机械方法提取可溶性蛋白质。肉块经适当腌制后,再经过机械的作用,如绞碎、多刀斩剁、搅拌或滚揉等机械方法,把肉中盐溶性蛋白提取出来。它是一种很好的乳化剂,不仅能提高保水性,而且还改善制品嫩度,增加黏结度及弹性。

(4)添加大豆蛋白。在肉制品中添加一定量的大豆蛋白(脱脂大豆粉、浓缩大豆蛋白、分离大豆蛋白),能取得较好效果。由于大豆蛋白结构松弛遇水膨润,本身能吸收3~5倍的水,它与其他添加料和提取的蛋白质组成乳浊液时,遇热凝固而起到吸油、保水的作用。

制馅过程中要添加凉水或冰屑。一般添加量为瘦肉量的20%,可不致影响肉制品的黏结性及弹性。如需添加更多的水,则需借助于大豆蛋白(能吸收3~5

倍水)、淀粉(吸收5~10倍水)、混合粉(吸收10倍水)、明胶(吸收10倍水)及琼脂(吸收50倍水)等吸水原料。因此,某一项产品制馅时需添水量,除要根据配方和工艺规定确定外,还要根据原料肉的质量和生产经验,进行必要的增减,以保证产品的全面质量。

3. 嫩度

通常人们理解的嫩度系指吃肉时牙齿是否费劲。它与动物的种类、品种、性别、年龄、肉的组织结构、后熟作用、冷凉方法等有关。如猪肉较嫩,水牛肉较韧,乳牛肉比黄牛肉嫩一些,阉畜肉比未去势畜肉嫩,幼畜由于肌纤维细,含水分多,结缔组织少,所以生长期在6~8月龄内的猪肉及24个月龄内的小牛肉,肉质鲜嫩些;而役畜的肌纤维粗,结缔组织多,肉质就坚韧些;经过肥育的畜禽,肌纤维间含脂肪量高,肉质柔软细嫩;未经肥育的差一些。

即使同一头家畜,由于部位不同,肌肉的嫩度也不一样,肌肉中含结缔组织多的(如咬肌、颈部肌肉),肉质坚韧;含结缔组织少的(如里脊、背最长肌)肉就嫩些。

刚屠宰的家畜未进入尸僵之前,肌肉呈松弛状态,柔软而有弹性。处在尸僵阶段的肉,由于肌纤维收缩,柔嫩性变差,经过一定程序的后熟作用,肌间结缔组织被软化,胶原膨胀,蛋白质有不同程度的分解,可溶性蛋白质增加,肉柔软多汁,口感性好。这对牛羊肉非常重要,对猪肉质量改善不明显。

冷缩可致肉变韧,如牛羊肉尸 pH 值仍在6.2以上,而肉温下降到10℃以下时,就会发生强烈收缩,肌肉变得老硬,收缩率视 pH 值而定。pH =6 馏时的收缩率比 pH =6.2 时更明显,这样的肉即使加热处理也是硬的。如果把牛羊肉尸悬挂在10℃的室温中,经24 h后,再将肉快速冷却,并最后冰冻,可以避免冷缩现象。

肉制品生产中为满足消费者的需要,通常采用以下方法,使牛羊肉嫩化。

①把宰后的鲜肉悬挂在一定的低温室中,使之冷却成熟,为最常用的致嫩方法。

②用机械方法处理,改变肉的纤维结构。如绞碎、斩拌、滚揉、切丁等,均可增进肉的嫩度。

③用电刺激。在活畜屠宰后30~45 min内,用电流刺激1~2 min。加速宰后生物化学反应过程,促进三磷酸腺苷(ATP)迅速分解,pH 值很快降到6.0,同时肌原纤维断裂,结构松弛,肉的嫩度增加。以后冷冻时也不会发生冷缩,但也带来保水性降低的缺点。

需要说明,我国饮食习惯有红烧、炖、焖等烹调方法,将肉煮很长时间,肉的组织结构大部分被破坏,极易入口消化。这种处理不是使肉嫩化,而是将肉煮烂,两者是不相同的。

在国外,有的使用人工嫩化剂。这些物质实际上是一些酶(如木瓜蛋白酶、酶性蛋白酶、霉菌蛋白酶),它的作用是破坏胶原蛋白分子间的结合,使肉的嫩度提高。在国内尚少见使用。

4. 肉的结构

肉的结构是指用肉眼所观察到的肉的组织结构。其好坏主要是通过肉的纹理的粗细,肉断面的光滑程度,脂肪存在量和分散程度来判断。一般认为,纹理细腻,断面光滑,分散一致,即呈大理石纹状的肉较好。

这些因素受家畜的种类、品种、年龄、性别、营养状态的影响。可是,断面的光滑度受成熟状态影响。

总之,肉的结构好坏主要是按硬度、黏着性、黏度、弹力、附着性、脆度、咀嚼性、黏胶性这 8 个特性进行综合评价的。

5. 肉的冰点

肉中水分开始结冻时的温度称为肉的冰点。它决定于肉汁中盐溶液的浓度。由于家畜种类和宰后条件的不同,肉的冰点也不一样,通常在 -0.8~1.7 ℃之间。加工用的冷却肉贮藏温度过去常用 0~2 ℃,但保存时间太短。最近国外冷却肉长途运输采用 -3 ℃。这时,只有细胞外液结冰,其他部分仍然呈生鲜状态,细胞不会因结冻而被破坏,因而效果更佳。

6. 肉的气味

肉的气味决定于肉中所存在的特殊挥发性物质,成熟度不同的肉各有其特殊芳香气味。未经腌渍的公山羊或公猪的肉带有腥臭,以下腹部及鼠蹊部最为严重。母畜肉略带奶气味,以奶牛肉较明显。宰前经口或注射过樟脑、松节油、煤焦油、乙醚、甲酚等药物实验,可致宰后肉尸带有各种讨厌的气味。患尿毒症或膀胱破裂的肉带有尿臭,变质的肉有腐败臭,在运输和贮存过程中与鱼虾或有气味的化学品共装的肉,会有被污染的气味。这些肉均不适合做肉制品原料,在选料时应予注意。

7. 肉的导热性

肉的导热性弱,大块肉煮沸 0.5 h 后,其中心温度只能达 55 ℃,煮沸 2.5 h 后也只能达 77~80 ℃。在宰后检验被判定高温处理的肉尸,必须切割成重不超过 2 kg,厚度不超过 8 cm,经煮沸 2.5 h,才认为安全无害。若利用高温肉做肉制品时,应严格根据卫生防疫站的具体规定处理。

二、肉的化学组成与加工中的变化

各种家畜肉的重要化学成分包括水、蛋白质、脂肪、维生素、无机盐和少量碳水化合物。这些营养素的含量,因家畜种类、性别、体重、年龄、畜体部位及营养状况而异。由于各种家畜体中脂肪贮存量变化很大,因此肉中所含脂肪比例很不稳定,而且肉中脂肪的变动与肉中水的含量密切相关。脂肪含量增高,水分相应减少。对于完全除去了脂肪的肌肉,不论来自何种家畜,其化学组成比例都很近似,水分为72% ~80%,固体物质为20% ~28%。

1. 水分

水是肉中含量最多的组成成分,肌肉中含有72% ~80%的水,其中约10%为结合水,90%为游离水。

结合水是吸附在蛋白质胶体颗粒上的水,具有两个特点:

①不易结冰(冰点为 -40℃);

②不能作为溶质的溶剂。

游离水是不接触蛋白质分子的水,存在于组织、细胞间隙、肌纤维蛋白网间。这些水溶解盐类,并在稍低于0℃时结冰。

在肌肉中水与蛋白质呈凝胶状态而存在。

2. 蛋白质

肌肉的固体成分约有80%是蛋白质、肌膜、肌浆、肌原纤维、肌细胞核,以及肌细胞间质中均存在着不同种类的蛋白质。下面概述几种主要蛋白质成分。

(1)肌原纤维中的蛋白质。肌原纤维中的蛋白质为结构蛋白质,由丝状的蛋白质凝胶所构成。它是肌肉收缩的物质基础,约占肌肉总蛋白量的2/3。

①肌凝蛋白:又名肌球蛋白,微溶于水,易溶于中性盐溶液,其溶液具有极高的黏性,是肌肉持水性、黏结性的决定性物质。具有ATP(三磷酸腺苷)酶活性,能分解三磷酸腺苷为二磷酸腺苷,放出能量,供肌肉收缩用。

肌凝蛋白对热不稳定,受热易发生变性,变性后的肌凝蛋白失去ATP酶的活性,溶解性也降低。其等电点为pH =5.4,在44 ~50℃时凝固。

肌凝蛋白在有盐存在时,其开始变性的温度变得很低。所以,用盐溶液萃取肌凝蛋白时,温度以3℃最为适宜。

在屠宰后的后熟过程中,肌凝蛋白极易与肌纤维蛋白结合形成肌纤凝蛋白(又名肌动球蛋白)。肌纤凝蛋白也能溶于盐液中,但持水性大为降低。

②肌纤蛋白:又名肌动蛋白,能溶于水,不具酶的性质,也易生成凝胶,其等电点为 pH =4.7。肌纤蛋白有两种不同存在形式,肌肉收缩时以球形出现,肌肉松弛时以纤维形出现。肌纤蛋白具有较低的凝固温度(30~50℃)。

肌原纤维除上述两种主要蛋白质外,还含有原肌凝蛋白、肌原蛋白、A-肌纤蛋白、B-肌纤蛋白等。

肌原纤维中所含的各种蛋白质,均属全营养的蛋白质。

(2)肌浆中的蛋白质。由新鲜的肌肉磨碎后压榨出含有水溶性蛋白质的液体,称为肌浆。肌浆类似血液,能凝固,凝固后剩下液体部分称为肌清。

肌浆中蛋白质在高温、低 pH 情况下,会发生沉淀变性,不仅失去本身的持水性,而且由于沉淀到肌原纤维上,也影响肌原纤维的持水性。其主要蛋白质如下。

①肌溶蛋白:属清蛋白类的蛋白质。可溶于水,性质不稳定,在其等电点(约 pH =6.3)时极易变性,加热到 52℃就凝固,具有酶的性质,大多是与糖类代谢有关的酶,是营养完全的蛋白质。

②肌红蛋白:血红素与珠蛋白结合的色蛋白,为肌肉呈现红色的主要成分。肌红蛋白有多种衍生物,如呈鲜红色的氧合肌红蛋白,暗红色的还原肌红蛋白,褐色的氧化肌红蛋白(高铁肌红蛋白),鲜亮红色的亚硝基肌红蛋白等。这些衍生物与肉及肉制品的色泽有关。珠蛋白有保护血红素的作用,但当肉制品热加工时,珠蛋白受热变性,失去抗氧化功能。血红素则迅速氧化,导致肉制品由红色变为灰白色。

(3)基质蛋白质:基质蛋白质也称间质蛋白。它是指鲜肉经过高浓度盐溶液提取后剩余的残渣,包括胶原蛋白、弹性硬蛋白及网状硬蛋白。这些蛋白质含有大量甘氨酸、脯氨酸,而蛋氨酸、色氨酸很少或根本就没有,所以是不完全蛋白质。

胶原蛋白与水(70~100℃)同煮,可生成明胶,弹性硬蛋白和网状硬蛋白在沸水中长期煮不易软化,但不形成明胶,也不为消化酶所消化。

上述情况表明,肌肉中不仅含有全价蛋白,同时也含有非全价蛋白,两者含量直接影响肉的营养价值。如牛肉蛋白质含量为 20%,其中结缔组织占 4%,而同等肥度的猪肉含蛋白质量为 16%,其中结缔组织占 5%。所以,一般认为牛肉营养价值比猪肉高。

3. 脂肪

肌肉中的脂肪大部分附着于肌膜上,其中生长在肌束间或肌纤维间的脂肪特征称为肌内脂肪。肌内脂肪使鲜肉外观呈现大理石样花纹,是牛肉肉质好坏的重要标志。但由于猪肉本来脂肪含量高,相对就显得不重要了。

脂肪对改善肉的适口性和味道至关重要。当吃肉时,由于咀嚼,肌膜被破坏,液化的油脂顺势流出,在咀嚼和吞咽时成了一种润滑剂。提高肉的细嫩感,同时肉内脂肪还含有许多呈味物质,也增加了肉的风味。

家畜的脂肪在常温下呈固体状态,只有某些骨脂是液态的,以山羊脂硬度最高,牛脂次之,绵羊脂、猪脂、马脂依次减低,公牛脂比母牛脂硬,成畜脂比幼畜脂硬。脂肪越硬,其熔点越高,否则相反。脂肪的熔点变动范围很大,羊脂37~55℃,牛脂35~52℃,猪脂28~48℃,鸡脂23~40℃,马脂29.5~43.2℃。脂肪熔点越接近人的体温,其消化率越高,熔点高于50℃的脂肪,就不易被吸收。一般说来,猪脂的消化率较高(97%),牛脂次之(93%),羊脂较差(88%)。

脂肪在高温下(200℃以上)会逐渐发生聚合,黏度增高,一部分分解而出现异味,在临近350℃时,分解为酮类、醛类等有毒物质,如有金属离子存在,分解速度加快。所以,在肉品制作过程中,如需用油炸时,一般规定油温不宜太高,以150℃左右较为适宜。

由于脂肪在改善肉的适口性和味道方面起着重要作用,在肉肠(灌肠)制作工艺上,很重视肉馅中脂肪比例,美国政府规定肉肠中脂肪比例最高限额为50%,制造厂商认为最可口程度的脂肪比例应占35%左右,低于20%时适口性差。先进国家的灌肠生产线,在原料肉预混合之后,都设有脂肪含量分析工序,用仪器快速测出这批原料中脂肪含量。然后再添瘦肉或肥膘来平衡,以达到配方中规定的脂肪含量标准。

4. 碳水化合物

肌肉中的碳水化合物以糖原形式存在,一般含量不足1%。马肉可达2%以上,家畜宰前休息的好,肌肉中糖原含量就多,糖原在畜肉的贮藏过程中,分解成乳酸,使肉的pH值逐渐下降,肌肉中糖原不足会影响肉的成熟。

5. 含氮浸出物和无氮浸出物

肌肉中含有少量能用沸水从磨碎肌肉中提取的物质,统称为浸出物。其中含氮的有机物约占1.5%,主要是各种游离氨基酸、肌酸、磷酸肌酸、核苷酸及维生素等。它们是肉汤鲜味的主要来源。此外,还含有少量不含氮的有机物,如动物淀粉、麦芽糖、葡萄糖、肌糖等,这些物质在肉的成熟和保藏过程中起有益的作用。

6. 无机盐类

肉类含无机盐总量约占1%，主要有硫、钾、磷、钠、氯、镁、钙、铁、锌等。它们除以无机化合物状态出现外，还含于氨基酸、磷脂和血蛋白中。因此，容易被人体消化吸收。

7. 维生素

肉中脂溶性维生素很少，水溶性维生素除维生素 C 之外，B 族维生素非常丰富。猪肉中维生素 Bl 特别丰富，这是猪肉的特点。肝脏中含有大量的维生素 A、维生素 C、维生素 B_6、维生素 B_{12}。

表 4 - 1 给出了几种主要肉类的化学成分，表 4 - 2 为各种鲜肉的维生素含量。

表 4 - 1　几种主要肉类的化学成分表

项目	水分	蛋白质	脂肪	糖	灰分
猪肉(肥瘦)	29.3	9.5	59.8	0.9	0.5
猪肉(肥)	6.0	2.2	90.0	0.9	0.1
猪肉(瘦)	52.6	16.7	28.8	1.0	0.9
牛肉(肥瘦)	68.6	20.1	10.2	0	1.1
牛肉(肥)	43.3	15.1	34.5	6.4	0.7
牛肉(瘦)	70.7	20.3	6.2	1.7	1.1
羊肉(肥瘦)	58.7	11.1	28.8	0.8	0.6
羊肉(肥)	67.6	17.3	13.6	0.5	1.0
羊肉(瘦)	33.7	9.3	55.7	0.8	l0.5
马肉	75.8	19.6	0.8		

表 4 - 2　各种鲜肉的维生素含量

单位：mg

种类	维生素 A	维生素 B_1	维生素 B_2	维生素 PP	泛酸	生物素	叶酸	维生素 B_6	维生素 B_{12}	维生素 C	维生素 D
牛肉	微量	0.07	0.20	5	0.4	3	10	0.3	2	0	微量
小牛肉	微量	0.10	0.25	7	0.6	5	5	0.3	0	0	微量
猪肉	微量	1.0	0.20	5	0.6	4	3	0.5	2	0	微量
羊肉	微量	0.15	0.25	5	0.5	3	3	0.4	2	0	微量

第二节 肉制品包装的分类与发展现状

一、肉制品包装的分类

肉制品主要有香肠、火腿、腊肉、肉松、肉脯、培根、罐头等。肉制品包装种类很多,因分类角度的不同,形成了多样化的分类方法。

1. 按包装结构形式分类

包装可分为贴体包装、泡罩包装、热收缩包装、可携带包装等。

(1)贴体包装是将产品封合在用透明塑料片制成与产品形状相似的型材和盖材之间的一种包装形式。

(2)泡罩包装是将产品封合在用透明塑料片材制成的泡罩与盖材之间的一种包装形式。

(3)热收缩包装是指将肉制品装入肠衣后,在开口处直接插入真空泵的管嘴,把空气排除的方法。

(4)可携带包装是在包装容器上制有提手或类似装置,以便于携带的包装形式。

2. 按在流通过程中的作用分类

包装可分为运输包装和销售包装。运输包装又称大包装,应具有很好的保护功能以及方便贮运和装卸的功能,其外表面对贮运注意事项应有明显的文字说明或图示(详见国家标准)。瓦楞纸箱、集装箱等都属运输包装。

销售包装又称小包装,不仅具有对肉制品的保护作用,而且更注重包装的促销和增值功能,通过包装装潢设计手段来树立商品和企业形象,吸引消费者、提高竞争力。瓶、罐、盒、袋及其组合包装一般属于销售包装。

3. 按包装材料和容器分类

包装可分为塑料包装、金属包装等。

4. 按销售对象分类

包装可分成出口包装和内销包装等。

5. 按被包装产品分类

包装可分为香肠包装、肉脯包装等。

6. 按包装技术方法分类

包装可分为真空包装、充气包装、加脱氧剂包装和拉伸包装等。

包装分类方法没有统一的模式，可根据实际需要选择使用。

二、肉制品包装的发展现状

1. 肉制品企业的现状

从1990年开始，已成为世界第一产肉大国，同时，亦是世界最大的消费大国。从1994年开始肉类人均占有量已超过世界人均水平。中国食品工业协会的数据显示，2011年，我国规模以上屠宰及肉类加工企业3 277家，从业人员90.5万人，实现工业总产值9 233.56亿元，全国肉类总产量达到7 957×10^4 t，其中，猪肉产量5 053×10^4 t。据国家统计据公布数据显示，2012年我国肉类总产量8 384万吨，而这一数字在2013年为8 536×10^4 t，呈现逐年递增的趋势。肉和肉制品是人们生活中重要食品，整个肉类生产涉及育种、养殖、饲料的加工、屠宰、分割、加工冷藏、包装、运输一直到物流零售和餐饮业，每个环节对于保证肉类食品安全都非常重要。

随着我国肉类生产的发展和肉类消费水平的提高，我国肉类生产、加工、贮藏、保鲜、包装、运输等方面都有了很大发展，肉类加工科技水平和质量显著提高。我国的肉类工业虽然发展很快，但与发达国家相比，还有一定差距，中国是一个发展中国家，肉类工业也是一个发展中行业，在深加工、精加工、综合利用、产品包装、质量和技术含量等方面仍存在一些问题，需要依靠科技进步，提高企业管理水平、产品档次和质量，加快我国肉类工业的发展。

2. 肉制品的消费现状

肉制品消费的新趋势已由过去的少品种大量采购转变为多品种少量采购。随着饮食的多样化，人们对肉制品的要求也是多种多样的。为此，市场上出现了多种富于特色的肉制品，有的在包装上标注低盐分、低脂肪，有的则以不加任何添加剂的肉制品来赢得消费者，也有适合于家庭化的一次消费小包装，既经济又实惠。这些肉制品的出现，可以说是包装技术不断发展的产物。当然，随着消费水平的提高和肉制品种类的增多，包装材料和包装技术的开发与应用将会大大增加。

近年来，随着我国经济高速发展和消费结构的变化，自选超市逐年增加，购买带包装的肉制品已变成了消费主流。为了满足消费者的需要，首先，要求有各种多功能的肉制品包装机来实现肉制品包装批量机械化生产；另外，新颖的肉制品包装设计也是必不可少的。因为经过包装的肉制品不仅卫生，还能提高肉制品的保存期。同时肉制品包装还可以作为吸引顾客的广告，新颖美观的肉制品包装很容易引起顾客的注意。

3. 肉制品包装管理现状

随着流通条件的改善，肉制品包装才真正变成了肉制品质量的保护手段。通过肉制品包装后的再杀菌或对包装环节实施卫生管理，在技术上可以保证肉制品的保存效果无差异，并可以相当准确地达到肉制品保存管理的目标。以前，由于包装技术还不成熟，流通管理较难实施，肉制品保存效果只不过成了市场上保存性的理想目标。

随着肉制品需求量的增加、流通范围的扩大，市场要求的周转期也不相同。根据市场要求进行合理包装，必须综合考虑制造条件、包装方法和包装材料这三方面的情况。肉制品的包装必须考虑质量、市场要求的保质期、经济性等问题。高于市场要求标准以上的包装也是没有必要的。

第三节 肉制品包装的一般要求

肉制品包装技术是一个系统工程，它涉及食品、化学、包装以及社会人文等领域。因此，做好肉制品包装工作首先要掌握肉制品包装相关的知识、技术以及综合运用相关知识和技术进行包装操作的能力和方法，其次应该建立评价肉制品包装质量的标准体系。肉制品包装技术是一门综合性的应用技术，它涉及化学、生物学、物理学、美学等基础学科，更与食品科学、包装科学、市场营销学等人文学科密切相关。

由于肉制品种类繁多，故需采用多种包装方法和适当的包装材料。肉制品经过包装可以避免由于阳光直射、与空气接触、机械作用、微生物作用等而造成的产品变色、氧化、破损、变质等，从而可以大大延长保存期。

一、肉制品包装和保存性的一般条件

从肉制品的包装和保存性的关系考虑，基本可以分为以下几种情况。

1. 肉制品的杀菌条件

肉制品的杀菌条件通常为中心温度 63 ℃，保持 30 min 以上。在这样的杀菌条件下，引起食物中毒的细菌将被杀死，但是制品中仍存在一些杆菌及耐热乳酸菌等与变质有关的细菌，这些残存细菌遇到适当条件时，会逐渐增殖而引起肉制品变质。

杀菌之后到肉制品包装之前这段时间，少则几个小时，多则十几个小时。肉

制品都可能与操作者的手和机器等接触,或地面及空气中悬浮微生物等均可引起肉制品的二次污染。

2. 包装的环境条件

包装之后,虽然外部引起的污染被切断,但是肉制品内部的污染还会发生,而且氧是会慢慢透过薄膜进入的,所以袋内的氧分压会逐渐升高,残存菌和污染菌会开始繁殖。保存的温度越高,细菌增殖的速度会越快。

考虑以上这些情况,为了防止肉制品包装操作的二次污染,应当尽量缩短杀菌后肉制品的放置时间,杀菌后马上进行包装,而且应选择对光、水、氧气具有隔离作用的薄膜。

二、肉制品包装材料和包装方法概述

1. 肉制品包装材料概述

(1)肉制品包装材料的防湿性:就是阻挡水蒸气透过的性质。薄膜分子中不含亲水性的羟基、羧基时,就认为其防湿性好。防湿性随温度发生的变化较大,薄膜的防湿性适用于所有的肉制品包装。若产品水分以水蒸气形式从包装薄膜内侧透过来,或产品吸收从外侧透进来的水蒸气,则产品的风味、组织、内容量也会发生变化。特别是对含水分很少的干香肠类的包装和防止自然损耗的定量肉制品是极其重要的。

防湿性适用于所有肉制品的包装,因为水分对肉制品品质的影响很大,它能促使微生物繁殖,助长油脂氧化分解,促使褐变反应和色素氧化,而且还可导致一些肉制品发生某些物理变化,如某些肉制品因受潮产生结晶,使肉制品干结、硬化或结块,有的肉制品因吸湿而失去香味等。表 4-3 是几种薄膜的水蒸气透过率。

表 4-3 几种薄膜的水蒸气透过率

包装材料	厚度/um	水蒸气透过率/[g/(m^2·24h)]
聚偏二氯乙烯	40	8
无拉伸尼龙	25	800
聚乙烯醇	16	1 800
拉伸聚丙烯	20	7

注:水蒸气透过率是在 23℃,相对湿度 50% 条件下测得的。

(2)肉制品包装材料的隔氧性:就是隔绝氧气透过的性质。不仅是氧气,其他气体也一样，透过塑料薄膜的量与气体的分子大小是没有关系的。通常它是通过两个步骤进行的，最初是气体溶解在薄膜的分子里，然后再通过扩散渗透进去。薄膜的阻氧性对除生肉以外的所有肉制品的包装都适用。特别是在真空包装、充气包装的时候更重要。由于氧的作用，把血色素变成了高铁血红素，引起产品退色，促进脂肪氧化和好氧性微生物的增殖。所以阻止产品与氧的接触，对于保持产品质量、提高保存性都是极为重要的。

氧对肉制品中的营养成分有一定的破坏作用。氧除了会使肉制品中的微生物增殖以外，还会使肉制品中的油脂发生氧化。油脂氧化会产生过氧化物，不但使肉制品失去食用价值，而且能产生有毒物质，发生异臭。氧的存在使肉制品的氧化褐变反应加剧，使色素氧化退色或变成褐色。又因为氧化反应可在低温条件下进行，所以要严格限制包装薄膜的氧气透过率。

氧气与其他气体透过塑料薄膜的量与气体分子的大小没有关系，通常它分两个步骤进行，先是气体溶解在薄膜的分子里，然后再通过扩散渗透进去。溶解量越大，渗透量也就越多。因为，氧气可以溶解在水中，所以对于具有吸湿性的亲水薄膜，氧气就会以水为介质渗透到薄膜中。进行薄膜设计时应注意要以成型时薄膜空隙部分的氧气透过率为基准。某些包装材料的氧气透过率见表4－4。

表4－4　包装材料的氧气透过率

包装材料	厚度/um	氧透过率/[ml/(m^2・24h)]
聚偏二氯乙烯	40	30
聚偏二氯乙烯涂层聚酯	14	7～10
聚偏二氯乙烯涂层聚丙烯	22	10
聚乙烯醇	16	7

隔氧性是用以评价包装薄膜质量好坏的一个重要指标，特别是对于肉制品来说，这一指标尤为重要，而在真空包装、充气包装的时候更为重要。

(3)肉制品包装材料的遮光性：该性质对真空包装的切片肉制品和着色肉制品、烟熏肉制品影响很大。透明的薄膜没有遮挡紫外线的功效。高密度聚乙烯虽有些遮光性，但是薄膜是不透明的。防止紫外线透射的方法很多，其中一种是利用光的性质遮光的方法，该方法是利用印刷油墨吸收光或反射光，或是利用缎纹加工滚筒，机械地在薄膜面上挤出凹凸花纹，对光产生反射作用。

一般印刷时，有遮光作用的薄膜都是不透明的，因而看不见包装袋中的肉制品。为了弥补不透明薄膜的缺陷，可通过油墨超微粒化的方法，在薄膜内部利用波长比较短的紫外线的散射遮光，让波长较长的可见光通过，使可以看见包装袋中的肉制品。

通常使用的印刷油墨，只有黑色和白色具有吸收光线或反射光线的作用。除此以外的其他油墨，即便是有深浅色差，也达不到预期的效果。除黑色外，所有浅颜色几乎都没有吸收光的作用，深颜色按黑、蓝、绿、黄的颜色顺序，其遮光性依次变差，红色和紫色没有作用。

因为光具有很高的能量，肉制品中对光敏感的成分在光照的作用下迅速吸收光并转换成光能，从而激发肉制品内部发生变酸的化学反应。肉制品对光能吸收量越多，转移传递越深，肉制品变酸越快、越严重。光的催化作用对肉制品成分的不良效果主要有：促使肉制品中油脂的氧化反应而发生氧化性酸败；引起肉制品中蛋白质的变性；引起肉制品中色素的变色；引起光敏感性维生素如B族维生素、维生素C等的破坏。某薄膜的紫外线透射率见表4-5。

表4-5　薄膜的紫外线透射率（波长为330 μm）

薄膜名称	厚度/μm	透射率/%
聚偏二氯乙烯	30	16
聚丙烯	50	73
低密度聚乙烯	40	61
高密度聚乙烯	50	9

要减少或避免光线对肉制品品质的影响，主要的防护方法是通过包装直接将光线遮挡、吸收或反射，减少或避免光线直接照射肉制品。同时，防止某些有利于光催化反应的因素如水分和氧气透过包装材料，从而起到间接防护效果。

肉制品包装时，可根据肉制品包装材料的吸光特性，选择一种对肉制品敏感的光波且具有良好遮光效果的材料作为肉制品的包装材料，可有效地避免光对肉制品质变的影响。为了满足肉制品不同的避光要求，可对包装材料进行必要的遮光处理来改善其遮光性能。在透明的塑料包装材料中，也可加入不同的着色剂或在其表面涂敷不同颜色的涂料，同样可达到遮光。不同的材料在不同的波长范围内，有不同的透光率；同一种材料结构不同时，透光率也不同。此外，材料的厚度对其遮光性能也有影响，材料越厚，透光率越小，遮光性能越好。

（4）肉制品包装材料的耐寒性：在低温情况下，薄膜也不会变脆，仍能保持其强度和耐冲击的性质。耐寒性的包装材料有聚乙烯（低密度）、聚酯、聚酰胺树脂、聚丙烯(拉伸及无拉伸)等。在15℃条件下保存冷冻肉制品,就必须考虑薄膜的耐寒性,因为它直接影响到包装的密封强度。

有些低温肉制品必须在低温条件下贮藏、销售,有些肉制品则必须在冷冻条件下贮藏,因此就要求制品的包装膜必须能耐受低温。包装膜的耐低温性对密封强度也有影响。

(5)肉制品包装材料的耐热性:是指软化点高,即使加热后也不变形的性质(如聚酯)。由于在加热时制品发生膨胀,所以必须保证薄膜的耐热强度。这种性质,适合于进行二次杀菌的包装。聚丙烯(无拉伸及拉伸)、聚酯、聚偏二氯乙烯、聚乙烯(高密度)的耐热性较好。因为,多数肉制品包装后需要进行高温杀菌,所以包装材料好的耐热性必须得到保证。

(6)肉制品包装材料的耐冲击性:该性质适用于各种包装。特别是对重的东西,肠衣和产品之间没有空隙的紧缩包装更为重要。包装材料的耐冲击性,可以通过材料的拉伸强度、拉伸度和冲击强度三者的平衡来保证。这种薄膜有聚乙烯醇、聚氯乙烯、聚偏二氯乙烯、拉伸尼龙等。

另外,包装材料的机械性能是指包装膜的强度、硬度、刚性、韧性等特性,如抗拉性、柔韧性、撕裂强度、拉伸率、耐压性、耐冲击性等。常用薄膜的机械性能见表4-6。

表4-6　常用薄膜机械性能

包装材料	厚度/um	拉伸强度/MPa	拉伸伸度/MPa	冲击强度/MPa
聚氯乙烯	50	2~14	5~500	12~20
聚偏二氯乙烯	40	6~15	40~80	10~15
拉伸尼龙	15	15~25	60~120	8
聚乙烯醇	16	12	10~100	25

(7)肉制品包装材料的成型性:指用空气将加热后变软的薄膜吹塑成型(气压成型)或通过吸气(真空成型),使薄膜沿成型模成型(紧缩包装时沿着制品成型)的性质。成型性好是指用很小的力就能将加热后的薄膜四边均匀地拉伸开。薄膜一经加热马上就可拉伸变大,当加热温度达到某一温度后就处于平稳状态,这个平稳的温度带越宽,薄膜越容易成型,包装操作越容易进行。成型性好的薄膜,也必须考虑其阻隔性和密封性的影响,具有这些综合特性的薄膜称为复合膜。现在市场上使用的包装膜多为复合膜。成型薄膜有无拉伸尼龙、无拉伸聚丙烯、聚氯乙烯、聚偏二氯乙烯、聚乙烯、乙烯醋酸共聚物等。

成型加工性是指成型方便,不需添加增塑剂即可加工,能适应挤出、注塑、吹塑、真空等各种成型加工方法,且操作简单。

肉制品包装用薄膜,要求有很好的成型性,即用很小的力也能将加热后的薄膜四边均匀地拉开。薄膜一经加热马上就可拉伸变大,当加热温度达到某一温度后就处于平稳状态,但这个平稳的温度带越宽,薄膜就越容易成型,包装操作就越容易进行。

肉制品包装材料的热收缩性,就是指一经加热薄膜就收缩的性质。此性质适用于脱气收缩包装和真空包装,利用薄膜遇热收缩特性,达到固定袋中制品位置,提高保存效果的目的。

(8)肉制品包装薄膜具有热收缩性:是由于将塑料薄膜加热到软化点温度以上时运动着的分子之间由于拉伸作用使薄膜恢复原状的性质。收缩与拉伸呈反方向,与拉伸率成反比,拉伸后的薄膜会变薄,但是在拉伸方向上由于薄膜中分子发生了重新排列,因此其韧性、隔气性、防湿性能等也都被提高了。肉制品包装薄膜的热收缩性适合于香肠、熟禽及其肉制品的密封贴体包装。几种常用薄膜热收缩性能见表4-7。

表4-7 几种常用薄膜热收缩性能

包装材料	温度/℃	收缩率/%
聚氯乙烯	65.6~98.9	30~60
聚丙烯	104.4~176.7	70~80
聚酯	71.1~121.1	45~55
聚乙烯	82 2~148.9	20~70

热收缩这种性质适用于脱气收缩包装和真空包装。热收缩性是将热塑性薄膜加热到软化点温度以上时,运动着的分子之间由于拉伸给予薄膜的性质,即恢复原状的复原性。将薄膜拉伸时,薄膜就被拉薄,但是在拉伸方向上由于薄膜中分子发生了重新排列。因此,其韧性、隔气性、防湿性能也都被提高了。聚氯乙烯、聚丙烯、聚酯、聚乙烯的热收缩性能较好。

(9)肉制品包装材料的耐油性:就是防止从制品中析出的游离脂肪向薄膜外侧渗透的性质。耐油性对热封也有影响,要是在密封封口处薄膜被溶解,同时又出现渗透现象,就认为此薄膜不合适。所谓具有耐油性的薄膜就是指不易溶解也不易渗透的薄膜。耐油性的薄膜适合于含有脂肪的肉制品的包装。例如,聚偏二氯乙烯、聚酰胺树脂、聚酯等材料的薄膜耐油性就较好。

脂肪成分渗透到肉制品包装薄膜中有两种原因，一种是肉制品包装薄膜溶解造成的，另一种是脂肪渗透造成的。只渗透而不溶解的包装材料常用于油脂食品包装的热合面。由于这些材料不会溶解到脂肪中去，所以即使封口处附着有脂肪也不会影响包装袋的热合封口。常用薄膜的耐油脂性见表4－8。

表4－8　常用薄膜的耐油脂性

包装材料	耐油脂性	包装材料	耐油脂性
聚偏二氯乙烯	好	聚乙烯醇	好
聚酰胺树脂	好	聚丙烯	良
聚酯	好	低密度聚乙烯	差
聚氯乙烯	良	高密度聚乙烯	良

（10）肉制品包装材料的热封性：热塑性薄膜在分解温度以下加热时，就会软化而且其流动性也增大，变成熔化状态。此时将薄膜压紧，两张薄膜的分子在接触面上互相扩散，待其冷却后，就凝固黏结上了。此性质受薄膜的熔融温度和黏度、压紧力和时间的影响，根据这些影响，其黏结方法、条件也随之发生变化。根据薄膜的适温范围、收缩率、性质不同，其黏结方法也不同，一般分为热板黏结法（如聚乙烯、无拉伸聚丙烯、聚酰胺树脂、聚乙烯醇、软质聚氯乙烯等）、脉冲黏结法（如无拉伸聚丙烯、聚酯、聚酰胺树脂等）、高频黏结法。

热封性受肉制品包装薄膜的熔融温度、黏度、压紧力和时间等多个因素的影响。熔融温度高，就需要高温黏合，但高温又可能造成热分解；反之，黏度低，黏合所需温度就低。一般熔融温度和分解温度分开的薄膜容易被热黏合。热封性和薄膜的厚度也有关系，厚的薄膜需要高温，所以容易产生过热现象。薄的薄膜厚度不均匀时就会发生渗透到表面的现象，从而影响其热封性。在肉制品包装中，常用薄膜的热封性能详见表4－9。

表4－9　常用薄膜的热封性能

产品	聚乙烯	聚丙烯	聚偏二氯乙烯	聚酰胺	聚酯
热封性	好	比聚乙烯差，比其他塑料好	较差	较差	较差

热封性受薄膜的熔融温度和黏度、压紧力和时间的影响，根据这些影响，其黏结方法、条件也随之发生变化。离子型树脂、乙烯－醋酸乙烯共聚物等都是具有热黏结性的材料。

（11）肉制品包装材料的滑动性：就是膜与接触物之间的摩擦系数小，容易滑动的性质。这种性质与薄膜的开口性、机器进给薄膜的容易度有密切关系。摩擦力大时,肉制品装袋时及用压延薄膜的包装机连续包装时都会给薄膜带来障碍。

为了减少摩擦,常把肉制品包装薄膜表面做成凹凸状来减少接触面积,也有利用减少添加剂的摩擦。肉制品包装薄膜的含水率也影响其滑动性,含水率大的薄膜,其相对湿度越高,滑动性越差,所以必须注意肉制品包装薄膜的保管温度和湿度。

(12)肉制品包装材料的间距稳定性　是指复合薄膜在印刷时,当温度、湿度有变化时,薄膜的尺寸仍能保持相对稳定的性质。这种性质可保证印刷的间距一致,特别是对于拉伸包装机这样上下薄膜位置必须对准时,此性质更为重要。

(13)印刷适应性为了提高肉制品包装的展示性,需要对复合软包装薄膜外面印刷上文字及图案等,这就需要肉制品包装薄膜具有很好的印刷适应性。这里的印刷适应性主要包括:印刷油墨颜料与塑料的相容性、印刷精度、清晰度、印刷层耐磨性等。常用薄膜的印刷适应性见表4-10。

表4-10　常用薄膜的印刷适应性

包装材料	印刷适应性	包装材料	印刷适应性
尼龙	良	聚偏二氯乙烯	特种油墨
聚苯乙烯拉伸膜	特种油墨	聚酯	良
聚乙烯	处理后可印刷	聚氯乙烯	特种油墨
聚丙烯	处理后可印刷	聚乙烯醇	特种油墨
丙烯腈类聚合物	良	玻璃纸	优

(14)肉制品包装材料的带电性:薄膜带电容易吸灰尘,这样薄膜在黏结时就会出现障碍。绝缘性能好的薄膜表面几乎都带电。不容易带电的薄膜有聚氯乙烯、玻璃纸等。容易带电的薄膜有聚丙烯、聚酯等。

防止薄膜带电,可以添加防电剂或在薄膜的上面安装一个放电装置,在电极和地线之间加数千伏电压,从针头上放电,使薄膜和电极间的空气离子化,从而达到消除静电的目的。很难带电的薄膜一般是不易吸水的薄膜。

(15)肉制品包装材料的透明性:折射率越小,薄膜透明性越好。薄膜的透明性用浑浊度表示,此值越小,光越容易穿透。透明度好的薄膜有无拉伸聚丙烯、拉伸聚丙烯,低密度聚乙烯、高密度聚乙烯、聚偏二氯乙烯等。肉制品包装材料的光泽,是折射率大的薄膜,反射力强,光泽好。

（16）肉制品包装材料的抗变形性：是指包装材料硬而且有弹性，即使增加负荷量，薄膜也不伸长的性质。具有此性质的薄膜可以在制袋机、包装机上使用，因为这种薄膜可以满足包装机要求的快进快给。吸水率大的薄膜，在相对湿度较高的地方，抗变形性减弱。

肉制品包装要求所使用的材料具有各种各样的性能，但是某一种薄膜是不能满足所有包装性能要求的，所以我们把具有各种特性的薄膜复合起来，制成层压复合薄膜，这样就能满足肉制品包装的要求了。

作为肉制品的包装材料，必须满足一定的要求。肉制品所使用的包装材料大部分是塑料。塑料具有比纸和金属等包装材料更广泛的包装性能，一种包装材料可同时具有几种性能。而且塑料薄膜的层压粘贴或涂层技术还可以补充单张薄膜的不足性能，利用层压/涂层技术可开发出多种用途的薄膜。

（17）适合于保鲜包装的材料：

①保鲜膜。一般是用单层聚偏二氯乙烯制成的一种超薄透明膜。此膜具有较高的阻氧性和阻湿性，耐热温度较高，包装时容易被切断。同时，膜本身还具有较强的附着性，使用方便。现在超市冷柜中所零售的传统肉制品、生鲜肉类、半成品以及干酪、蔬菜、水果等一般多用此膜进行包装。

②冷却肉用膜。此膜是用特殊共挤出技术所生产的高收缩率多层复合薄膜。薄膜中心是以聚偏二氯乙烯作为阻隔材料，其两侧是以聚烯烃作为外层。此种薄膜具有低温高收缩性，有优良的透明度和光泽；氧气、水蒸气和其他气体的透过率非常小，使被包装物能长期在稳定状态下保存；具有优良的热水收缩性，能将肉紧密地贴住，使肉汁不易渗出，且使包装工序的作业比较容易；打卡式和热合式的包装设备都适合使用。这种膜既可用来包装分割冷却肉（如冷藏牛肉、冷藏猪肉、冷藏羊肉、冷藏火鸡肉、冷藏鸡肉等），又可用来包装熟肉制品（如叉烧肉、培根、肉馅饼、腊肠、大型火腿、香肠），还可用来包装干酪、鲜鱼及水产品。

（18）低温贮存肉制品用的薄膜：适合于这种产品的包装材料很多，有天然肠衣、胶原肠衣、纤维肠衣、纤维素肠衣、各类塑料薄膜以及铁听包装等。经过巴氏杀菌后，在低温下肉制品可保存数月。此类包装主要用于出口肉制品的加工。

（19）用于常温保存肉制品的包装材料：常温保存的肉制品是指那些用非透性材料包装，并经过了121℃以上灭菌，可以在常温下流通，保质期6个月以上的产品。适用于这种包装的材料必须是非通透性的，可耐高温灭菌。肉制品包装常用的材料有铁听、铝箔、复合袋、玻璃罐以及聚偏二氯乙烯薄膜等。

①铁听是用马口铁制成,主要用于肉罐头的包装,如午餐肉罐头、鱼肉罐头等,这类包装的产品一般在常温下可保质1年以上。

②铝箔罐用铝箔冲压成型而成,主要用于肉类罐头。

③复合袋是以尼龙(PA)和聚丙烯(PP)为基础,采用耐高温的黏合性树脂通过共挤出工艺制得的蒸煮用复合薄膜,或是采用铝箔复合而制成的可以耐受121℃灭菌,同时又能很好地防止外界氧气进入袋中,从而能够有效地防止袋内物质变质,使肉制品在室温下保存6个月的复合袋。主要用于常温保存的烧鸡、牛肉等的包装。

(4)聚偏二氯乙烯膜。此膜前面已经介绍,既可用于包装低温肉制品,也可用于高温灭菌肉制品的包装。如现在大量用于火腿肠的包装。

2. 肉制品的包装方法简介

肉制品的包装主要有以下几种方法。

(1)充气包装的优缺点。这种包装通常是使用非透气性薄膜,并充入非活性的二氧化碳或氮气。这种包装的作用是防止氧化和变色,延缓氧化还原电位上升,抑制好氧微生物的繁殖。缺点是采用这种包装形式,由于制品和薄膜不是紧贴在一起的,所以包装的内外有温度差,使包装薄膜出现结露现象,这样就看不到袋内的制品了。如果把已经污染了的制品包装起来,由于制品在袋内的移动,会使污染的范围扩大,同时袋中的露水有助于细菌的繁殖。这种包装只适合于表面容易析出脂肪和水的肉制品。充气包装适合于维也纳香肠、法兰克福香肠的包装。

肉制品常用充气包装,充气包装充人惰性气体,以隔绝氧气。采用这种方法的目的是为了减少氧对产品质量的影响。充气包装是利用不透气的薄膜,并充入惰性气体(如氮气)。充入气体时,应先将袋中的氧气排除掉再充入,此时的置换率很重要,如果置换率达不到要求,就应采用简易包装。这种包装必须在卫生条件保证下进行,其特征是产品不受压力作用,不变形。

(2)保鲜包装腌腊食品在空气中易氧化、霉化变质,故保鲜包装时用CO_2、N_2等作为保鲜气体,在常温下可保鲜60~90 d,采用高阻隔膜。腌腊制品主要还是怕因氧化而霉变,所以保鲜包装只要用CO_2和N_2即可。

包装形式可以是托盒,托盒采用环保高阻隔性的PP材质的托盒。也可以用包装膜,气调包装的塑料包装材料对透气性要求可分为两大类:一类为高阻隔性包装材料,用于腌腊制品的防腐包装,减少包装容器内的含氧量或混合气体各气体组分浓度的变化;另一类为透气性包装材料,用于生鲜肉制品。塑料单体薄膜和复合膜对各种气体都有不同的透气度,对同一种材料而言,通常 O_2 的透气度比 N_2 快约4倍,而 CO_2 比 N_2 快约25倍以上。

(3)除气收缩包装指将制品装入肠衣后,在开口处直接插入真空泵的管嘴,把空气排除。它通常是采用铝卡结扎肠衣,所以缺乏密封性。排除空气的目的在于通过排气使制品和肠衣紧紧地贴到一起,从而提高其保存性。因此,必须使用具有热收缩性的肠衣,包装后将其放在热水或热风中,使肠衣收缩并和制品紧贴在一起。所使用的薄膜是具有收缩性的聚偏二氯乙烯,使用的设备主要有打开肠衣的开口机和除气结扎机配套而成。使用这种肠衣的制品主要有粗直径的烟熏制品(通脊火腿、压缩火腿、波罗尼亚香肠、半干小肠)和叉烧肉等。

(4)真空包装的基本原理。为了使制品和肠衣紧贴到一起,在密封室内使其完全排除空气,但当其恢复到正常大气压条件下时,制品的容积就会收缩,使包装物的真空度变得比密封室内的真空度还低。真空包装方法有间歇式和连续式两种。

(5)加脱氧剂包装、脱气收缩包装、真空包装、气体置换包装都可以隔绝氧气,除此之外,还有一种把吸氧物质放入包装袋中的方法,其效果与上述其他方法相同。一般包装时,即使把氧气排除,从薄膜表面还会透进一些氧气,故想完全隔绝氧气是不可能的。脱氧剂的作用是把透人包装袋中的氧气随时吸附起来,以维持袋内氧气浓度在所希望的极限浓度之下,这样就能防止退色、氧化及抑制细菌繁殖。加脱氧剂的优点还有成本低、不需要真空和充气设施、操作方便灵活。

(6)密着包装是通过脱氧或抽真空来减少氧气对肉制品的影响。密着的效果是让肉制品和肠衣之间处于真空状态,抑制细菌的增殖和氧化现象。另外,进行二次杀菌时,这种包装形式容易导热,可以缩短杀菌时间,减少对肉制品质量的影响。该包装还可以将肉制品固定在包装袋中。

三、肉制品包装与商品条形码

1. 条形码是肉制品的身份证

当人们到超市购买肉制品时,往往在肉制品的包装上,可以见到一组粗细平行的黑色线条,下面配有数字的图形,这就是当今世界通用的条形码,肉制品的身份证。

条形码作为一种可印制的计算机语言,国际流通领域将条形码誉为商品进入国际市场的身份证。目前世界各国间的贸易,要求对方必须在肉制品的包装上使用条形码标志,如今国内外超级市场明确表示,没有条形码的肉制品不得在该市场上销售。可见,在肉制品包装上印刷条形码,已成为肉制品进入国内外超级市场和其他采用自动扫描系统商店的必备条件。然而我们也看到相当一部分有竞争能力的肉类制品,由于没有采用国际通用的条形码标志,成为未能进入国内外超级市场的一个重要制约因素。

2. 条形码的组成

条形码一般由 13 位数字条形码组成,第 1 至第 3 位数为国别代码,第 4 至第 7 位数为制造厂商代码,第 8 至第 12 位数为商品代码,第 13 位是校验码。这组宽度不同,平行相邻的黑色线条和空白,是人与计算机通话联系的一种特定语言,大量丰富的信息就藏在其中。例如,国家、制造厂家、产品名称、质量、体积、规格型号、单价等,只要用一种特制的条形码阅读器,便能迅速读出这些信息。顾客进入超市购买肉制品时,只要把每一肉制品的条形码通过阅读扫描器,计算机就可自动阅读、识别、确定肉制品代码所包含的信息内容,及时输出顾客应付的总金额,既节约时间,又方便顾客。它的运用,为企业和商家实现生产、经营、销售等自动化管理创造了有利条利,并为厂商架起了信息网络的桥梁。

为了进一步推动我国肉制品的出口,提高市场占有率,为企业创造条件到国内外市场上去争高低,积极采用条形码技术已成必然趋势。按规定凡加入国际条形码组织协会(EAN),成为会员制造商,可获得该协会颁发的唯一的制造厂商编号。我国已正式加入 EAN,并分得三组国别代码。今后买肉制品时凡看见标有字头为“690”、“691”、“692”条形码的肉制品,都是中国生产。

第四节　典型肉制品包装

一、生鲜肉类的包装

自从各种塑料薄膜先后出现以来,受到了新鲜肉类工业的欢迎,并且逐渐采用塑料薄膜代替玻璃纸包装生肉。最先采用非纤维素薄膜代替玻璃纸包装生肉的是盐酸橡胶薄膜。这种薄膜的强度比玻璃纸的高,而且具有弹性,裹包时加以拉伸,可以缚紧生肉的表面。塑料薄膜是成卷的,连续裹包操作方便,而且可以热封。玻璃纸是单张的,使用很不方便。

低密度聚乙烯薄膜也曾被用于新鲜肉类的包装。薄膜的厚度约为 0. 254 mm。这样的厚度足以提供所需的透氧率和水蒸气隔绝性能。但是,由于低密度聚乙烯的水蒸气透过率太低,致使包装的内表面凝结水分,它的伸长率较大,容易造成包装松弛，当厚度减薄时，强度不足，而且浊度大，透明度不好。因此，低密度聚乙烯薄膜包装生肉并不理想，应用不太广泛。如果采用醋酸乙烯加以改性，使低密度聚乙烯的许多性能得以改善。例如，透明度、水蒸气透过率、透氧率、柔韧性、回弹性（弹性恢复）、耐寒性和热封性能等方面，都能得到显著的改善。

对于新鲜肉类的包装，目前应用最为广泛的是增塑的聚氯乙烯透明薄膜。这种薄膜的优点很多，例如，成本低，透明度高、光泽好，并且具有自粘性。一般的厚度为0.007 78 cm。薄膜中的增塑剂含量较高，所以它的透氧率适宜，并富有弹性，裹包后薄膜能紧贴着生肉的表面，得到满意的销售外观。

由于聚氯乙烯薄膜尚存在着一些缺点，譬如，其中包含的增塑剂散失和转移问题，聚氯乙烯本身的耐寒性不足，低温下会发脆等。目前正在推广使用乙烯-醋酸乙烯共聚物（EVA）薄膜代替聚氯乙烯薄膜，用以裹包生鲜肉类。EVA薄膜的透明度和热封性优于聚氯乙烯，其耐寒性（低温脆性）更是它突出的优点，同时，EVA薄膜不包含增塑剂，也没有毒性的单体成分（聚氯乙烯薄膜包装食品存在着氯乙烯单体，即VCM的卫生指标限制问题）。从今后的发展趋势看，聚氯乙烯将有被EVA取而代之的可能。

近年来，在新鲜肉类的包装领域里又开拓了新型的包装薄膜——热收缩薄膜。常用的热收缩薄膜有聚氯乙烯、聚乙烯、聚丙烯和聚酯等品种。生鲜的分切肉类，形状都是不规则的，采用收缩薄膜裹包不规则外形的肉块，非常贴合，干净而又雅致，包装的操作工艺简便，用量也比较节省。到目前，国外的生肉包装用膜，热收缩薄膜约占10%，尚有继续发展的趋势。从包装成本角度来看，热收缩薄膜较之玻璃纸裹包大约节省25%。

当前，国外超级市场销售的新鲜肉类，多数是采用浅盘和覆盖薄膜的包装形式。将定量的生肉放入浅盘中，然后覆盖一张薄膜，四个角向盘底裹包，依靠薄膜的自粘性粘贴固定，不会松开。自粘性不足的薄膜，可用透明胶带粘贴。包装操作可以是人工的，也可以采取半机械化或机械化。自动化包装包括充填，称重、盖膜、贴标（商标和价格）和封合等工序，每分钟可包装20~35件。分切大块不规则形状的生肉采用收缩薄膜裹包，不用浅盘。裹包后由输送带送经热烘道（或浸沾热水），使薄膜收缩，缚紧肉块，即可送往展销柜销售。

生肉的另一种包装方法是真空包装。选用透气率很低的塑料薄膜，如聚偏二氯乙烯、聚酯、尼龙、玻璃纸/聚乙烯、聚酯/聚乙烯或尼龙/聚乙烯等复合薄膜，事先制成袋子，将生肉装入袋子后，抽出袋中的空气，然后将袋口热封。这种包装方法的特点是隔绝氧气和水分，避免微生物的污染，生肉的贮存期可达3周以上。但是,由于抽出了袋中的空气(包括氧气),生肉表面的肌红蛋白难以转变成为鲜红的氧合肌红球蛋白,影响生肉的销售外观。因此,分切零售的生肉,不宜采取真空包装。比较理想的真空包装用膜是聚偏二氯乙烯(PVDC)。因为它的透氧率和透水率很低,同时具有良好的热收缩性能。用它真空包装生肉,可以贮存21 d以上不会变质。所以,供应宾馆和餐厅、饭店的生肉,采取真空包装比较合适。

生鲜肉类也可以采用适当类型的玻璃纸包装。包装食品用的玻璃纸形式多样,经常采用的有如下四种:

(1)未经涂塑(或不防潮的)的玻璃纸。它只适用于非防潮产品或油性产品的裹包。这种玻璃纸很容易吸收水分。当它干燥时,不透过干燥的气体。但是能够透过潮湿的气体,其透过的程度依气体在水中的溶解度而定。

(2)中等防潮玻璃纸。它适用于包装防止脱水的产品,用以控制产品的脱水速度。其中有一种类型用于包装熏制肉食。

(3)防潮玻璃纸。这是一种不可热合的玻璃纸,其水蒸气透过率很低,可借粘合剂或适当的溶剂封合。它不能透过干燥的气体,即使是水溶性的气体,其透过率也非常低。这种玻璃纸常用作冷冻食品包装纸箱的衬里。

(4)可热合的防潮玻璃纸。这是数量最大的一类玻璃纸。它的一面涂塑硝化纤维或其他高聚物,水分不能透过,但是透氧率则比较高,因而专门用于鲜肉的裹包。未涂塑的一面接触鲜肉,直接从鲜肉中吸收了水分,从而增加了氧的透过率。这种玻璃纸包装鲜肉的防护机理由图4-1表示。

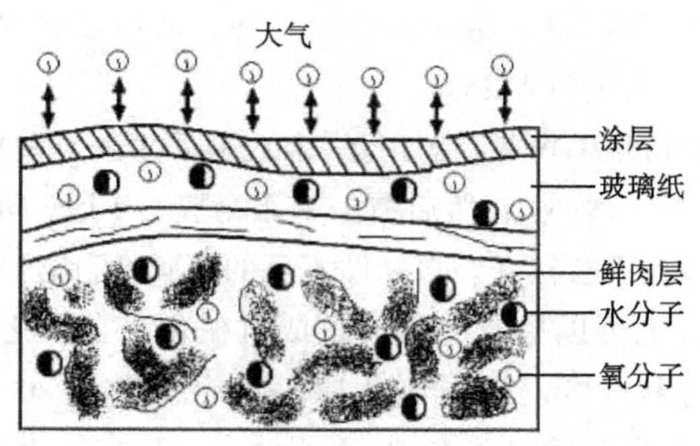

图4-1 涂塑玻璃纸裹包鲜肉的防护机理

大气中的氧分子可透过硝化纤维涂层和潮湿的玻璃纸侵入鲜肉的表层,使鲜肉保持鲜红的颜色。鲜肉中的水分子却被硝化纤维涂层阻隔,不能散失到大气中去,保证鲜肉不至于脱水干枯。

据报道,法国Bocaviande公司近年来对肉类的包装技术进行了改进。过去,鲜肉在 0 ~ 12℃的保鲜贮存期不超过 4 d。该公司的新包装技术可将鲜肉在 0 ~ 12℃下的保存期延长到 10 ~ 15 d。

消费者最厌恶那种欺骗性的鲜肉包装。肉类产品的包装必须毫无保留地将产品裸露在顾客面前,让顾客一下子就能从各个角度看清产品的全貌。另一方面,塑料浅盘内的凝固血水令人感到反感和恶心。要求陈列在冷冻展销柜里或货架上的产品必须新鲜、干净,对消费者才有强的诱惑力。

Bocaviande 公司改进的包装方法是:

(1)对屠宰后的牛、猪、羊胴体各个部位进行严格的分选。从屠宰、切割分段、剔肉、包装、展销,最后到达消费者手中,这一连串的加工工序都必须在低温下进行。

(2)把切好的肉块装入刚度较好的透明塑料浅盘中,再覆盖一层透明的塑料薄膜(自粘性封闭)。这样,在 0 ~ 12℃以下,牛肉、羊肉的保鲜期可达 15 d,猪肉可达 10 d。

冷冻的分割零售鲜红肉类一般不太受顾客的欢迎,顾客喜欢买新鲜肉回家自己冷藏,可在适当的冷藏条件下,使鲜肉仍然保持其可口的组织和滋味,而且食用也很方便。由于生鲜肉类易于脱水、表面组织发生变化,冷藏时应该采用适当的包装材料进行裹包,以防止水分的丧失和温度的变化,同时,对于脂肪应该采取隔氧和遮光措施,以免发生酸败。采用液氮冷冻鲜肉是比较理想的方法,不过,包装材料应该能适应冰冻和融化所引起的热胀冷缩的要求。

生鲜肉类采取脱水保藏也很成功,并已广泛应用于军用食品的供应。脱水肉类的重量轻,无须冷冻贮存,但必须防潮、隔氧,以及防止机械损伤。

表 4 - 11 列出不同包装的冷冻猪肉在 - 15℃冷藏条件下的贮存期比较数据。

表 4 - 11　不同方法包装猪肉的冷藏贮存期(在 - 15℃下)

包装材料	到开始酸败的贮存期/月
聚偏二氯乙烯共聚物	>14
防潮玻璃纸	3 ~ 4
氯醋共聚物和丁晴橡胶薄膜	3 ~ 4
盐酸橡胶薄膜	2 ~ 3
蜡纸	2 ~ 3

生肉采取热风干燥是不合适的,因为干燥速度太慢,而且会引起肉表面发生硬化。采取冷冻干燥是比较可行的方法,但其质量的稳定性取决于包装方法。

冷冻肉类采用镀锡铁罐或可封性复合材料(至少含有一层以上的铝箔基材)是能够得到较满意效果的。代表性的复合材料如聚酯/聚乙烯/铝箔/聚乙烯,以及玻璃纸/聚乙烯/铝箔/聚乙烯等结构的复合材料。冷冻干燥的肉类是坚硬的,所以中间夹层的基材采用聚乙烯能够改善复合材料的耐破强度。而且,冷冻肉类采取充气包装比用真空包装的方法更好一些,因为真空包装更容易造成冷冻干燥肉类被压碎。冷冻干燥的牛肉,如果采取二氧化碳充气包装,较之采用充氮包装更能保持其鲜红的颜色。

二、加工肉类的包装

(一)香肠

生鲜的香肠是由碎肉、淀粉、调料、香料和防腐添加剂掺和制成的。有时加入少量的酒,使它产生芳香气味。这类食品对包装的要求大体上与生鲜肉类一样,不过,生香肠中所包含的细菌群比生鲜肉的还要多,因而更加容易败坏。虽然加入一定数量的防腐添加剂,但是并不能完全抑制腐变的可能性。生香肠的品种很多,例如猪肉腊肠、牛肉烟熏半干香肠和加蒜和调料的牛羊肉香肠等。

生鲜的香肠很容易受氧化而改变颜色;容易受细菌和微生物的侵袭破坏,容易脱水而干枯,有时也会由于光线的照射而发生催化腐变反应。因此,生香肠应该针对上述各种防护要求来选定适当的包装材料和包装方法。在实际生产中,最早采用的透明包装薄膜是可热封的涂塑玻璃纸。这种薄膜具有适当的水蒸气透过率,以防止香肠散失水分。但是,如果包装材料的水蒸气透过率太低,反而会促进包装内部香肠的霉菌增殖和发黏变质。

其他用作生香肠预包装的透明薄膜有聚苯乙烯、聚乙烯和醋酸纤维素薄膜。聚苯乙烯薄膜的热封性能不好,而且水蒸气透过率太低,用它包装的生香肠,贮存期不会太长。聚乙烯薄膜的水蒸气透过率很低,所以经常采取打孔的薄膜包装生香肠。但由于薄膜的挺度不足,过于柔软,在高速的自动包装机上工艺操作性能不好,打孔也容易受到外界的污染,所以应用不太广泛。醋酸纤维索薄膜不容易热封,成本也太高,应用的不多。分量不大的生香肠,可用好的薄膜裹包。通常采用如下两种自动裹包机:一种是将香肠直接裹包后,将薄膜的末端折叠并热封;另一种是将香肠放在浅盘(纸盘、刚性聚苯乙烯或聚乙烯塑料浅盘)里,然后用薄膜把香肠连同浅盘一起裹包起来。这类自动包装机的生产速度约为75件/min。

生香肠多数采用天然肠衣灌装,也有采用纤维素等合成肠衣。天然肠衣一般浸泡在卤水中保存,以避免腐烂。我国出口肠衣,沿用木质琵琶桶包装,成本较高，而且容易造成卤水渗漏，使肠衣干燥变质而报废，应当加以改进。

熟香肠通常由40%～60%牛肉和猪肉、20%口条肉和猪头肉制成。另外加入淀粉、乳制品、各种香料和调味品。所有的成分经过粉碎，甚至采用胶体磨磨细，使混合物达到乳化的程度。混合料在真空混合机中搅拌混匀，同时去除气泡。然后借液压或气动柱塞式灌装机将混合料灌入肠衣中。扎节可用人工或机器操作。如果混合料中加入抗坏血酸，须于扎节后马上进行热加工；倘若不含抗坏血酸，扎节后可放置一段时间，让它熟化。

香肠一般采取真空包装。包装操作在自动的成型/充填包装机上进行。包装薄膜采用尼龙/聚乙烯、尼龙/聚酯/聚乙烯、离子型树脂/聚酯/聚乙烯或离子型树脂/尼龙等复合薄膜。真空度约为77 860.048 Pa（在热封合之前的真空度）。按照一定数量装入纸盒中，并用蜡纸或羊皮纸衬垫。

香肠及腌制肉类的一个重要质量指标是粉红的鲜艳颜色。这种颜色是由亚硝基肌红蛋白所造成的。它是由稳定剂中的亚硝酸盐与肉中的肌红蛋白反应生成的。亚硝基肌红蛋白虽然比氧合肌红球蛋白更为稳定，但却很容易受氧化而变成褐色的正铁肌红蛋白。因此，要维持加工肉类的鲜艳颜色应该借助于包装，防止亚硝基肌红蛋白受到氧化，同时要控制环境的温度不宜过高，以降低其氧化反应的速度。此外，适当地增高pH值，也能减少亚硝基肌红蛋白受氧化的倾向。

一般的香肠肉食，经常采用天然肠衣或合成肠衣灌装。由于天然肠衣强度较低，防护性能不佳，近年来，国内市场上已经出现红色的偏二氯乙烯共聚物肠衣的香肠肉食制品。由于偏二氯乙烯的透氧率很低、水蒸气透过率也不高，对于防止香肠受氧化变质和脱水枯萎等功能，尚优于天然肠衣。合成肠衣便于自动化灌装，生产效率很高。

（二）腌制和熏制肉食品的包装

1. 腌制和熏制肉食品

在腌制肉类过程中，保持其新鲜的颜色是一个很重要的问题。颜色的色调及其稳定性对于腌制的分割肉的预包装是非常重要的质量指标要求。

腌制肉的颜色会受到下列因素的影响：

（1）肉的质量；

（2）肉中的脂肪与瘦肉的比例；

（3）腌制的温度；

（4）腌制剂的成分和配方；

（5）所采取的腌制技术。

要维持腌制肉的红色或粉红色的外观，受到一系列化学变化因素的影响，主要取决于NO与肌红蛋白反应生成亚硝基肌红蛋白的程度，生成物是一种粉红色的颜料。要得到NO，须在腌制剂混合物中加入硝酸钾或硝酸钠，或者加入亚硝酸钾或亚硝酸钠。为了达到这个效果，首先必须把硝酸盐还原成为亚硝酸盐。这个反应过程由细菌性反应来完成，即：

$$\text{硝酸钠}(NaNO_3)\xrightarrow{\text{细菌性还原}}\text{亚硝酸钠}(NaNO_2)$$

为使腌制过程加快，可直接加入亚硝酸盐，而不加入硝酸盐。亚硝酸盐($NaNO_3$)转变为亚硝酸(HNO_3)，最后产生NO。在pH值较低、有抗坏血酸和还原剂的存在下，反应将会加速进行：

$$\text{亚硝酸钠}(NaNO_2)\xrightarrow[\text{抗坏血酸}]{\text{低 pH 值}}\text{亚硝酸}(HNO_2)\xrightarrow[\text{抗坏血酸}]{\text{低 pH 值}}\text{一氧化氮}(NO)$$

一氧化氮再与肌红蛋白反应生成亚硝基肌红蛋白（电称为氧化氮肌红蛋白）：

$$\text{肌红蛋白}+\text{一氧化氮}\longrightarrow\text{亚硝基肌红蛋白}$$

亚硝基肌红蛋白会被氧化成为不受欢迎的褐色颜料——正铁肌红蛋白。

如果要求腌制过程暂时停留在亚硝基肌红蛋白阶段，则需要采用隔氧包装材料，以防止生成正铁肌红蛋白（褐色的）。如果经过加热，亚硝基肌红蛋白将转化为粉红色的亚硝基血色原，也称为氧化一氮变性的肌红蛋白（见图4-2）。亚硝基肌红蛋白和亚硝基血色原若暴露在光线下，很容易发生氧化反应，这将给腌

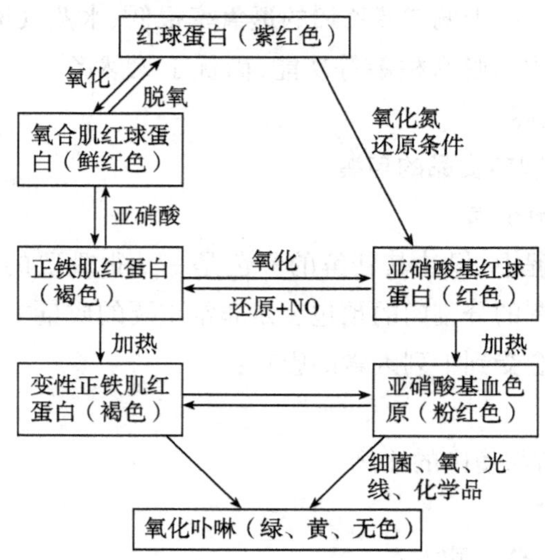

图4-2 肉类腌制过程中的颜色变化（美国肉类研究所）

制的肉食品在透明的售货柜中展销造成困难。为了排除光线促进氧化的影响，以保证肉的新鲜颜色，就需要抽出包装中的氧气。这种方法就是现代包装煮热的腌制肉类的基本根据。

腌制肉类采用硝酸盐和亚硝酸盐作为腌制剂，这类盐类会与肉中存在的胺类发生作用生成亚硝胺化合物。经过实验室动物试验证明，亚硝胺是致癌物质。因此，美国农业部（USDA）于 1977 年宣布，凡采用硝酸盐或亚硝酸盐腌制加工肉类，其中亚硝胺的含量必须严加控制。严格地说，肉食中不允许含有亚硝胺化合物。美国食品与药物管理局（FDA）证实，不仅是亚硝胺有致癌作用，亚硝酸盐化合物本身也是致癌物质。

1978 年 6 月以前，一种典型的火腿腌制剂包含 24% 氯化钠，2.5% 糖，0.1%（1 000 ppm）硝酸盐和 0.1%（1 000 ppm）亚硝酸盐。腌制后，腌肉中的成分包含 2% ~3% 食盐，0.75% ~1.25% 糖，10 ~47 ppm 亚硝酸盐，0.3% 磷酸盐和 200 ~300 ppm 抗坏血酸盐。1978 年 6 月 15 日美国农业部规定，限定腌熏五花肉只采用 120 ppm 亚硝酸盐和 550 ppm 抗坏血酸盐两种组分。其中抗坏血酸盐的作用是为了色素反应，并可抑制亚硝胺的形成。之后，又提出一项建议，并指定在一年内生效，腌熏五花肉的腌制剂改用 40 ppm 亚硝酸盐和 0.25% 山梨酸钾、550 ppm 抗坏血酸盐。这种混合腌制剂对人体健康是无害的。

如果硝酸盐和亚硝酸盐腌制剂立刻禁止使用，将会影响腌制肉类食品的一些主要质量指标。例如，香味的丧失，香肠的颜色会变成绿色，脂肪的氧化速度将会加快，而且，由于霉菌的增殖使有些香肠的贮存期缩短一半以上。此外，如果腌制肉中不含有亚硝酸盐，则肉毒梭菌也会急剧地增殖。

因此，需要寻求有效的方法，既可免用硝酸盐或亚硝酸盐型的腌制剂，同时又能维持腌制肉食的质量指标。两全其美的措施可采取冷藏、冷冻、辐射灭菌、脱水、热加工以及寻找亚硝酸盐的代用品等。

近年来，人们曾经探讨过 700 多种亚硝酸盐的代用品。例如，采用 10% 浓度的食盐代替亚硝酸盐，虽然可以防止肉毒梭菌的毒害，但是如此高浓度的食盐使腌肉变成了咸肉，难以食用；美国孟山都公司证实，真空包装的腌制五花肉，采用 0.26% 山梨酸钾作为腌制剂，不论是否加入 40 ppm 亚硝酸盐，均可抑制肉毒梭菌的增殖和毒素的产生。至于单独使用山梨酸盐，其可靠效果尚有待于进一步的探讨和评价。美国国家食品加工协会提出，对于猪肉和禽类，只采用 500 ppm 二氧化硫，不须用亚硝酸盐，其贮存期可达 3 个月以上。

所有的绿色、蓝色的可见光线和紫外光线对亚硝基肌红蛋白的氧化分解会起催化促进作用，产生正铁肌红蛋白和硝酸盐。根据研究结果表明，如果在加工肉中包含有游离的亚硝酸盐和氢硫基，肉类受光线的催化氧化褪色程度可以降低。多数肉类本身都含有游离的氧硫基，若将肉类以2%浓度的亚硝酸盐溶液浸渍，即可有效地抑制光线的催化氧化作用。选用有效的滤光遮光包装材料，以及肉类展销柜采取滤光玻璃等措施也具有一定的效果。当然，包装材料不透明以及展销柜的有色玻璃都会影响展销效果。有些肉类因受光线照射而引起褪色现象，可以将肉类移放到暗室里，其颜色能够恢复其艳红的颜色。因此，有些展销柜平时不开灯，必要时才打开电灯照明，以减少肉类产品受灯光照射面引起褪色。加工肉类和腌制肉类在展销柜里展销，柜里的灯光强度不应超过 76×10^5 lx（勒克斯），对于火腿等腌制肉来说，灯光照射强度不应超过 46×10^5 lx。

由于加工肉类和腌制肉容易受到氧化而褪色，最好采取真空脱氧包装，以延长其贮存期。肉类表面脱水，也会引起颜色恶化，逐渐变成深褐色。加工肉中若包含过量的亚硝酸盐，也会引起颜色的变化，倘若亚硝酸盐的含量太低，肉表面的颜色太浅，而且容易变成灰白色。肉类中的脂肪含有高浓度的有机过氧化物，尤其是猪肉中的脂肪，其过氧化物含量特别高。这类脂肪即使在冷藏条件下也很容易氧化而发生腐败，不仅产生的哈喇味，而且肉的表面颜色发白。

肉类经过烟熏加工，通常有三个主要目的：使食品具有特殊的香味、抑制微生物的增长以及阻止肉中脂肪的氧化反应。其他的作用还有，改善食品的颜色和外观以及使肉食品的组织嫩化可口等。烟熏加工可去除肉中的水分，烟中的酸性蒸汽能够渗入到肉中去，但必须控制烟熏的极限温度，防止肉食烧焦和脂肪过分的丧失。传统的烟熏方法，是用木片或锯屑进行烟熏的，且最好是采用山胡桃木。木材燃烧所产生的烟含有大量的挥发性化合物（木材干馏杂酚成分），具有抑菌和灭菌的效能。烟熏的温度一般控制在43～71℃，在这个温度范围内，杀死活细菌的效果比消灭细菌孢子更为有效。

腌制的肉类食品，经过包装能够显著地保持产品的质量。真空包装时，由于包装材料能够防止霉菌的侵袭和增殖，从而延长产品的贮存期。而且，包装提供了隔绝性能，防护产品在搬运和销售过程中免于继续遭受污染。如果产品放在密封不透气的包装容器中蒸煮，则蒸煮后的产品不会再受污染。腊肉采取真空包装主要为了保持它的颜色。虽然，真空包装也能抑制其中败坏性细菌的增殖，但其贮存期最后会由于乳酸细菌的增殖而受到限制，因为乳酸细菌会使腊肉变酸。

此外，腊肉还有其他的败坏形式，例如，由于变型杆菌的侵袭而造成腊肉具有甘蓝的气味,这也是经常发生的。腊肉败坏的速度主要取决于贮存温度的高低,但也受到腌制剂中含盐量的影响。

用于细菌增殖所引起肉类的败坏通常是一种表面现象。如果将肉块蒸煮了,其表面的细菌虽然全部被杀死,可是,经过灭菌处理过的肉食在切片和真空包装过程中还会受到二次污染。为此,灭菌过的肉食品且已经过真空包装后并不能认为是稳定性保藏的产品,还必须结合冷藏措施,才能防止或延缓细菌的增殖。

2. 腌制和烟熏肉食品的包装

包装方法可以采取薄膜裹包,侧如平光玻璃纸,涂塑玻璃纸、聚乙烯、聚丙烯、聚氯乙烯、聚偏二氯乙烯或铝箔复合薄膜等。包装材料的选用应根据包装成本、贮存期和机器操作性能要求而定。20 世纪 70 年代初期,曾经一度广泛采用聚丙烯腈薄膜裹包加工肉类食品。聚丙烯腈薄膜的隔绝性能(尤其是隔氧性能)较好,成本低廉,工艺操作性也好,挺度较高。后来,聚丙烯腈被开发用作饮料的包装瓶,加工肉类的包装薄膜逐渐改用其他类型的包装材料。

裹包的方法只适用于短期贮存和销售的肉类食品。采用聚氯乙烯和聚偏二氯乙烯薄膜裹包或热收缩包装更为严密一些,而且,成卷的薄膜便于机械化裹包操作。单张的玻璃纸不适应机械化连续生产的要求。铝箔复合薄膜的遮光性能很好,用它包装肉类食品可以防止光线的照射和氧化催化作用,这对于市场展销柜昼夜灯光连续照射是个有效的防护包装形式,而且铝箔耀眼夺目,美化商品。玻璃纸/聚乙烯两层复合薄膜常用作加工肉类的包装。如果结合真空—充氮包装,贮存效果更好。玻璃纸/聚乙烯复合薄膜用作真空—充气包装,其气密性不够理想,最好采用聚酯/聚偏二氯乙烯/聚乙烯(PET/PVDC/PE)或玻璃纸/聚偏二氯乙烯/聚乙烯(PT/PVDC/PE)等结构的复合薄膜,不但气密性好,同时透氧率也低。香肠、腌熏五花肉和午餐肉等加工肉类也采用聚乙烯/聚偏二氯乙烯/尼龙复合薄膜真空包装,即使采用聚乙烯/尼龙两层复合薄膜真空包装腌制肉品,也是相当可靠可行的方法。充气包装在加工肉类应用并不广泛,因为包装效率低,而且缺乏专用的设备。真空包装肉片,往往会粘连在一起,难以剥离。在这种情况下,辅以充气包装,可以防止肉片粘连,同时可降低包装内的含氧量。

旋转式活塞泵的真空包装机,可造成包装中真空度达 3 039.75 Pa。真空泵的设置应该尽量靠近包装机,避免增添额外的管道,以求获得最高的真空度。如果要充入气体,使包装内不含氧气,可以采取三种方法:一种是先将包装中的空气抽出,然后引入惰性气体;另一种是通过管子将氮气输入包装中,取代出其中的空气;第三种是充填和封合全部操作都在氮气氛中进行。

聚偏二氯乙烯共聚物热收缩薄膜常用来包装熟火腿、腌制牛肉、各种香肠以及大块的腌制肉品。事先将热收缩薄膜制成适当尺寸的袋子,将肉食装进袋子中,抽出空气,然后浸涮热水或经过热空气烘道,使薄膜收缩。包装后,还经过加热灭菌处理。大块的分割肉或腌制肉也可采用弹性薄膜拉伸裹包,薄膜紧紧贴着肉的表面,与肉块的外形轮廓相适碰,更能显出肉块的真实感。

(三)肉类罐头食品

1. 金属罐头

肉罐头的加工工艺方法根据肉产品的特性而有差异。多数的肉类,产品是呈低酸性的,这对于残存的细菌是很好的栽培介质。肉罐头所采用的包装容器,普遍是镀锡铁罐。在罐头灌装、排气和密封后,须经热加工高温杀菌。在这个过程中,热量通过铁罐、肉汤渗透到罐内的肉块中去,其热渗透速度是比较慢的。如果在肉的配料中加入不同的化学成分,会加速热量的渗透速度。通常加入的成分有:调味品、盐、硝酸盐或亚硝酸盐等。下面列举几种不同配料的热加工时间和温度。焖制牛肉罐头(重量454 g)需要在115℃加热110 min,或者在121℃加热80 min,随之用水冷却;牛肉馅含有香料、番茄酱、盐、水解蛋白、焦糖和调味品,需要在115.5℃加热90 min,随之用水冷却,牛肉排、肾脏布丁和大馅饼则须视其配方和馅饼的结构确定其加热温度,尤其是,温度渗透焙烤糕点的速度相当慢,火腿如果进行巴氏杀菌,其内部中心的温度至少应该达到66℃。但是,如果要求产品达到完全无菌,则需要在110~115℃加热杀菌2~3 h,具体根据罐头尺寸大小而定。

制造肉类罐头的一些重要问题是,在肉类加工过程中,蛋白质会放出硫,某些产品很容易变色或褪色。这就要求铁罐容器的内表面经过严格的表面处理。对于未经腌制的或部分腌制的半流体产品,例如焖牛排和肉类糊状产品,铁罐的内表面须涂敷一层专门的涂料,使之对硫的腐蚀性有相当的耐力。火腿、猪肉和午餐肉罐头,往往会由于涂料使用不当,罐身侧缝暴露出金属表面,受硫的腐蚀面生成硫化铁,直接污染罐内的食品。如果肉中包含有盐类,特别是硝酸盐和聚磷酸盐,将会加剧这种腐蚀作用。因此,铁罐的侧缝必须妥善涂敷防锈清漆,不可马虎大意,以免造成质量事故,不仅导致罐头产品报废,也可能引起误食中毒事故。含有明胶的罐头产品,切忌在罐内留有二氧化硫的残余物,因为二氧化硫会变成黑色的,虽然毒性不大,但是会使罐头产品的香味恶化,颜色很不美观,影响销售。在罐头充填工序中,应尽量减少罐中空气的残留量。

肉食罐头常见的质量问题是“胖听”，这是由于罐内食品因存在细菌而导致发酵并产生气体，使罐内的内压增大，罐身向外凸出，这也是罐头变质败坏的一种表现。因此，须经细菌检查，以防未然。

2. 软罐头(蒸煮袋)

除了铁制罐头以外，后期开发的所谓软罐头，是由两层、三层和四层不同基材复合的材料制成的，称之为蒸煮袋。它也和铁罐头一样能够承受高温杀菌的温度。蒸煮袋是近年来出现的食品包装新结构，已经在相当程度上代替了一部分铁制罐头。软罐头的材料通常采用如表 4-12 所列几种的结构。

表 4-12 几种复合材料的结构都能够控制住微生物的侵袭。不过，两层结构的材料由于没有一层铝箔，对光线、水分和气体的隔绝效果较差，而这几种外界因素则是引起食品变质败坏不可忽视的因素。

蒸煮袋与其他包装结构相比较，具有如下一些优点：首先，以同等容量的容器，它的热加工时间比金属罐或玻璃容器的短。这一点，在许多情况下还会提高包装食品的质量(免于食品蒸煮过度)。其次，蒸煮袋包装食品的贮存期与冷藏食品的相仿，而且可能在贮存、流通和销售过程中无须冷藏；产品与容器之间的负作用和影响比金属罐的少；如果蒸煮袋中的食品不含盐水、糖浆或酱油等比重较大的成分，则蒸煮袋包装食品的重量和体积将比金属罐的节省 40%，而且，对于某些难以制罐的产品，改用蒸煮袋包装则更为容易、方便。

表 4-12 常用软罐头的材料与结构

复合层	各层材料及厚度
两层	尼龙或聚酯(12 μm)/聚烯烃(70 μm)
三层	聚酯(12 μm)/铝箔(9~12 μm)/聚烯烃(70 μm)
四层	聚酯(12 μm)/铝箔(9~12 μm)/聚酯(12 μm)/聚烯烃(70 μm)

蒸煮袋包装材料可以成卷的小袋子供食品加工厂使用。这比采用刚性的金属罐子或玻璃容器更减轻重量，节省运输和仓储空间。蒸煮袋包装食品只需使用剪刀或小刀子就很容易启开，也可以在袋子顶部设计一个撕裂缺口，打开非常方便。在需快速用餐时，食品在蒸煮袋中的加热时间更短更便捷。

3. 塑料罐包装

这是瑞典开发的新型包装容器，有“Letpack”“Tetrapak”和“Purepak”等结构(图 4-3)。

“Letpack”的罐身是由聚丙烯—铝箔复合制成的。铝箔的作用是提供水蒸气和气体的隔绝性能。罐身的拐角曲率较大，比较平顺，而且可在四个侧面上设计多色美观的印刷图案。罐盖和罐底是塑料注塑件，其内表面的一层衬垫与罐身的材料相同。罐底与罐身采取高频焊接。罐底、罐盖和罐身可制成不同的颜色。罐盖的密封性良好，开启简便，不需要任何开罐工具。这种塑料罐的尺寸必须符合相关标准的，以适应流通和消费的要求。典型的尺寸为 62 mm×75 mm×114 mm，容量 400 mL。塑料罐所采用的材料需是耐热的，可蒸煮杀菌，而且要能与食品接触，没有毒性成分。这种容器在包装工厂里进行罐底封合，其速度可达 50 ~ 75 件/min。灌装肉制品后，高温杀菌工艺与金属罐的相同，最高温度可达 130℃。

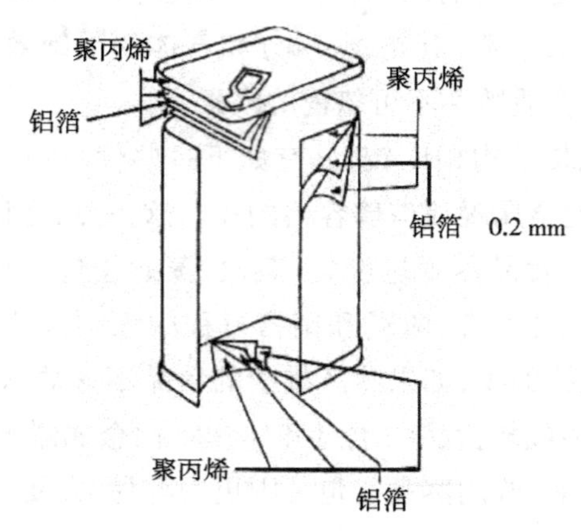

图 4.3 “Letpack”复合罐

“Letpack”聚丙烯—铝箔复合罐可以代替金属罐包装肉类、鱼类、果蔬、固体饮料、奶粉、咖啡和糖等食品。

（四）冷冻肉类和禽类的包装

冷冻是一种保持肉类的质量并延长其贮存期的手段。这种方法之所以有效，是因为几乎所有微生物在低温下都会停止繁殖，甚至，某些微生物在一定低的温度下会被冻死。当温度低于冰点，约在 -8℃，肉类的腐败速度就会减慢。在这个温度下，细菌和霉菌会停止增殖。当温度下降，肉类的物理和化学变化将会更加缓慢，但并不会完全停止，甚至当贮存温度低达 -30℃时，肉类的物理化学变化也不会完全停止。因此，肉类在低温条件下的保存期并不是无限的。肉中的脂肪随着贮存期的延长会慢慢地发生酸败，产生哈喇味；如果暴露在光线下，瘦肉中的鲜红颜色（肌红蛋白）将会褪色；肉的表面将会发生不可逆的脱水反应。因此，为了避免鲜肉的脱水，应该把鲜肉裹包在气密的、不透水蒸气的材料中。最常采用的裹包材料是热收缩薄膜。这类包装需要专门的设备,而且广泛采用的是偏二氯乙烯与其他单体的共聚物薄膜,因为它不仅有良好的防水蒸气透过性,而且其隔氧性能比其他包装材料都好。要使冷冻肉类能够长时间贮存并保持其质量的,主要措施是冷藏。但是冷藏温度一定不能高于-18℃。这也是目前通用冷冻箱的正常温度范围。更理想的冷藏温度是-25℃或者更低一些。

1. 冷冻肉类的包装

冷冻肉如果没有包装,或者包装不善,会导致肉表面脱水,造成冻伤。随着贮存时间的延长,包装不善的冷冻肉,其冻伤情况将会更加恶化。这时,瘦肉的表面显出灰白色。冷冻肉虽然遭受脱水和冻伤,但是其中的可溶性蛋白和其他营养成分却仍然保存,食用是十分安全的,只不过是颜色不好看、发干、发脆和褪色,解冻后滋味差一些而已。

肉类冷冻后,其中的水分会变成冰。冷冻的温度范围由-1℃连续降至-40℃。但是,商业上的冷冻温度一般在-7℃左右,在这个温度下,肉中的水分大约有3/4转变成冰。瘦肉中的含水量仅为10%。肉类是不良的导热体,当快速冷冻时,其外表面会结成一层硬皮,而中心部位却仍然是未凝固的。因此,冷冻时间必须延长,使其中心部位也能冻结。经验表明,肉类可以在较宽的冷冻速度范围内进行冷冻,对其质量影响不大。冷冻速度的选定主要根据经济效果考虑,而不是特殊的技术要求。

商业上冷冻肉类的方法是,把宰好的胴体放在-40℃低温气流中鼓风冷冻。大型风扇均匀地将冷空气吹过肉的表面,风速为3~6 m/s。冷冻的肉或胴体通常是悬挂着,或是平放在敞开的盘子里。平板式冷冻机的工作温度在-30℃或更低一些。如果采用多片式冷冻板夹在肉片的两面(肉面的厚度不宜过大),将可加快冷冻速度。这种板式冷冻机一般是用来冷冻正规形状的包装产品,由于冷冻板与包装表面的接触很好,可以提高冷冻效率。另一种冷冻方法叫做浸泡冷冻,即将肉类产品密封在包装中,然后连同包装一起浸入冷却液中。冷却液可采用一般的盐或丙二醇。小块肉(如排骨肉)可采用液体冷冻剂蒸发进行冷冻。但是这种方法并未广泛采用,因为冷冻的成本太高。此外,还有一种方法,将肉产品包装在聚乙烯塑料袋里,采取喷雾或浸渍于-196℃低温的液氮中进行冷冻。这种方法是短时的,用以控制馅饼、肉片等的质量。

2. 冷冻禽类的包装

过去20年中,冷冻火鸡在英国和某些国家的销售量增长很快,因而对气密性薄膜(如聚偏二氯乙烯涂塑薄膜)的需求量很大。这种包装若再结合遮光措施,则在火鸡盛产季节,其销售量更会扩大。由于采用这种冷冻包装,可能把火鸡的季节性供应改变为全年供应的产品。具体的包装方法是,把加工好的火鸡装入塑料袋驻,送到旋转式真空机上抽真空并封合。包装的速度达 32 袋/min。当抽真空时,塑料袋子收缩,紧包在火鸡的外表面上。然后放入于盐水中冷冻或采取吹风冷冻,具体根据加工方法而定。这种冷冻包装完全适用于鸡、鸭、鹅等禽类产品。

表 4-13 列出生鲜肉类、禽类和加工肉类适宜的过度温度和最长的贮存期。

表 4-13　生鲜肉类、禽类和加工肉类的适宜过渡温度

<table>
<tr><th colspan="2">肉类</th><th>海-陆冷藏适宜温度℃</th><th>平均冰点/℃</th><th>最长贮存期/d</th></tr>
<tr><td rowspan="12">生鲜肉类</td><td>牛肉胴体</td><td rowspan="12">-1.7/-1.1</td><td rowspan="12">-2.2</td><td>21~28</td></tr>
<tr><td>分割牛肉</td><td>21~28</td></tr>
<tr><td>马肉胴体</td><td>21~28</td></tr>
<tr><td>羊肉胴体</td><td>21~28</td></tr>
<tr><td>分割羊肉</td><td>14~21</td></tr>
<tr><td>猪肉胴体</td><td>21~28</td></tr>
<tr><td>分割猪肉</td><td>21~28</td></tr>
<tr><td>猪肉香肠</td><td>14~21</td></tr>
<tr><td>禽肉(整隻)</td><td>14~21</td></tr>
<tr><td>禽肉(分切)</td><td>21~28</td></tr>
<tr><td>小牛胴体</td><td>21~28</td></tr>
<tr><td>分割小牛肉</td><td>21~28</td></tr>
<tr><td rowspan="6">加工肉类</td><td>培根肉厚片</td><td rowspan="6">-1.7/-1.1</td><td rowspan="6">-2.2</td><td rowspan="6">21~28</td></tr>
<tr><td>培根肉切片</td></tr>
<tr><td>干燥牛肉</td></tr>
<tr><td>小香肠</td></tr>
<tr><td>腌制火腿</td></tr>
<tr><td>午餐肉</td></tr>
</table>

强韧的塑料袋子保护禽类产品不受盐水的侵袭污染,而且在长期贮存过程中能防止产品冻伤。包装袋的材料可以采用不同的塑料薄膜和不同颜色的薄膜,但其耐寒性(低温脆性)应该满足冷冻低温的要求,而且透氧率应适宜,以免

脂肪发生酸败。具体的包装材料可采用真空等级的聚偏二氯乙烯薄膜、复合材料、深冷级的聚乙烯、乙烯/醋酸乙烯共聚物等耐低温的塑料薄膜。

复习思考题

1. 肉具有哪些主要的物理和化学形状？在加工过程中会如何变化？
2. 简述肉制品包装的分类及特点？
3. 简述肉制品的包装材料及包装方法有哪些？
4. 简述生鲜肉的包装方法和技术？

第五章　果蔬包装

本章学习重点及要求：

1. 熟悉果蔬产品的生理特性、采后生理、采后物性分析以及防护要求，掌握果蔬的外观、质构、风味、营养等要素，呼吸类型、影响因素及防护要求，能够根据不同的果蔬提出适宜的防护要求；

2. 熟悉果蔬包装目前所采用的包装材料及技术方法，并能够进行选择合适的包装方式；

3. 熟悉各种保鲜技术在果蔬保鲜上的应用；重点掌握气调包装、减压贮藏保鲜、辐射贮藏保鲜、化学保鲜、湿冷保鲜、综合保鲜等保鲜技术；能够根据果蔬的类型来选择合适的包装技术；

4. 熟悉果蔬气调包装机械及其工作原理。

果蔬营养丰富，是人们生活中必不可少的食品，也是人们获取各种营养元素的来源之一，由于其生产存在着较强的季节性、地域性和自身的易腐性等条件的制约，导致新鲜果蔬在贮运过程中，由于缺乏相应的保鲜手段和措施而失水萎蔫、腐烂变质，损失率达40%以上，有的甚至高达60% ~70%。因此，如何来保证果蔬质量尤其是新鲜果蔬的品质就显得越来越重要。对于果蔬保鲜贮藏方面的研究多集中在冷藏和气调等方面，近年来随着研究的不断深入，利用日益发展的包装技术和包装材料来保持新鲜果蔬的质量取得了较大的进展，并已成功应用于生产实践。

果蔬被采摘后仍然是一个生命体，虽然不能再从母体上获得水分和养料，但在贮藏或运输过程中仍进行着光合作用和生命活动，其中呼吸作用是新陈代谢的主体，为果蔬提供各种生理代谢能量，但同时伴随新陈代谢、水分蒸发及乙烯生成等过程，也促使果蔬进一步成熟直至衰亡因而导致产品的寿命、品质和抗病能力都受到影响。因此要想维持果蔬的营养、卫生、安全、美味等指标，则必须降低果蔬的呼吸作用，减缓果蔬的新陈代谢，抑制微生物的繁殖等，所以在果蔬采摘后要尽可能地降低果蔬的呼吸强度，通过低温、改变或控制包装内气体成分、改变包装材料的透气性能等方法来减缓有氧呼吸或无氧呼吸对其品质的影响，尽可能地延长其保鲜期。

第一节 果蔬生理特性分析及防护要求

一、果蔬生理特性分析

地球上的水果有几百种,我们通常将水果分为浆果类、柑橘类、梨果类、核果类、瓜类等。如梨果类的食用部分为花托、子房形成的果心,包括苹果、梨等;核果类含有丰富的浆液,包括梅子、樱桃、桃、油桃、黑莓、覆盆子和草莓等;坚果类的食用部分是种子(种仁),包括核桃、榛子等;柑橘类的食用部分为若干枚内果皮发育而成的囊瓣(又称瓣囊或盆囊)、内生汁囊(或称砂囊,由单一细胞发育而成),如柑橘、柠檬、柚子等;瓜类是西瓜、香瓜、哈密瓜、白兰瓜等的总称,水分大,可食部分香甜,但不易贮藏。

蔬菜以食用器官不同分为根菜类、茎菜类、叶菜类、花菜类、果菜类、种子类六类。如根菜类是指萝卜、胡萝卜、牛蒡等;茎菜类是指马铃薯、藕、莴苣、榨菜等;叶菜类是指小白菜、甘蓝、韭菜等;花菜类是指菜花、西蓝花等;果菜类是指西瓜、番茄、豇豆等;种子类是指籽用西瓜、莲子等。

果蔬在贮藏中仍然是活的有机体,依靠果蔬所特有的对不良环境和致病微生物的抵抗性,延长贮藏期,保持品质,减少损耗,这些特性称为耐贮性和抗病性。新陈代谢是生命的特征,如生命消失,新陈代谢终止,耐贮性、抗病性也就不复存在。采收后果蔬脱离了植株,得不到来自母体的水分和养分的补充,成为独立的有机生命个体。但其生命活动必须适应这种变化的情况和外界环境条件,才能维持下去。果蔬的耐贮性、抗病性决定于它们的遗传性,不同品种具有不同的遗传性,所以要选择适于贮藏的品种,然后在贮藏期间控制贮藏条件于最适宜的水平,这样才可能延缓耐贮性、抗病性的衰变。果蔬包装贮藏的主要目的是在一定的贮运期限内最大限度地维持原有的果蔬品质。为此,首先必须对果蔬品质的涵义及其在包装贮运中的变化有充分的了解。

果蔬产品品质的好坏直接决定了其市场竞争力。人们购买时常以色泽、风味、营养、质地与安全状况等方面来进行选择。从包装、贮运以及消费的角度看,我们常常将其品质要素分为感官要素和营养要素两类。其中感官要素是指能凭人的感官进行评价的各种品质属性,其直接影响果蔬的市场品质与价值。而营养要素主要取决于果蔬的化学组成,它是果蔬的内在品质。

因此,果蔬品质的构成主要包括外观(指大小、形状、色泽、均匀性等)、风味

（指糖、酸、氨基酸、糖苷类、单宁等）、质构（指组织的老嫩程度、纤维的多少、汁液的多少等）、营养（指维生素、矿物质、蛋白质、碳水化合物等）等几个方面。下面就对以上几个方面进行简要说明。

（一）果蔬的外观要素

1. 大小、形状

大小、形状是果蔬产品的主要外观特征，而大小、形状以及均匀性是果蔬产品质量的主要标志，也是分级的主要指标之一。目前我国一般是在形状、新鲜度、颜色、品质、病虫害和机械损伤等方面已经符合要求的基础上，按大小进行分级。

2. 果蔬的色泽

色泽在一定程度上反映了果蔬的新鲜程度、成熟度和品质的变化，也是人们感官评价果蔬质量的一个重要因素。一般而言，未成熟的果蔬多呈绿色，成熟后则呈现各种类（或品种）所固有的色泽。其色泽因种类品种的不同而差异较大，同时这也是影响人们消费时一个重要的依据。如何能够保持或延长果蔬产品成熟后的色泽，也是果蔬包装一个需要深入研究的课题。

（二）果蔬的质构要素

果蔬采摘后仍然是一个生命体，是典型的鲜活易腐品，其特点是含水量很高，细胞膨压大。人们消费时希望购买新鲜饱满、脆嫩可口的果蔬。除了这些指标外，对于叶菜、花菜等组织致密、紧实也是衡量其品质的重要质量指标。由此可见，质地是构成果蔬品质的重要因素之一，也是判断果蔬成熟度、确定采收期的重要参考依据之一。

1. 果蔬的质地

果蔬质地的好坏取决于组织的结构，而组织结构又与其化学组成密切有关。化学成分是影响果蔬质地的最基本因素。果蔬的质地主要决定于3种成分，即水分、果胶物质和纤维素。其中水分是影响果蔬新鲜度、脆度和口感的重要成分，与果蔬的风味品质有密切关系。新鲜果蔬的含水量大多较大，一般在75%～95%之间。含水量高使得果蔬产品的生理代谢旺盛，极易衰老败坏；同时也给微生物的活动创造了条件，导致果蔬腐烂变质。果胶物质存在于植物的细胞壁与中胶层，其质量和数量与果蔬组织中细胞间的结合力密切相关。试验表明，在肉质果实成熟期间，果胶物质发生变化，其细胞间结合力逐渐减弱，从而导致果实软化。纤维素、半纤维素是植物细胞壁中的最主要成分，是构成细胞壁的骨架物质，具有保持细胞形状，维持组织形态的作用，并具有支持功能。它们的含量与存在状态,决定着细胞壁的弹性、伸缩强度和可塑性。因此,纤维素的含量,尤其是纤维素的性质,可直接影响果蔬产品质地的软硬程度与细嫩粗糙程度。

2. 果蔬的硬度

硬度直接影响着果蔬贮运性能,因此人们常常借助硬度来判断果蔬(如苹果、杏、番茄等)的成熟度,以此来确定它们采收期,同时也将硬度作为果蔬产品贮藏效果的重要评价指标之一。而影响果实硬度大小的因素有内因和外因,其中内因为细胞质的结合力,细胞构成物质的力学强度与细胞的膨压。其中果实细胞间的结合力受果胶物质含量的影响,随着果实成熟度增加,果胶物质形态发生变化,果实逐渐变软,硬度下降;另外果实细胞壁的构成物中纤维素的含量和细胞的大小形状也直接影响果实的硬度。外因与果实的水分、采摘时的温度、叶片的含氮量等因素有关,其中水分越高,果肉细胞体积越大,果肉硬度越低;叶片的含氮量越高,果实硬度反而越低;采摘时气温越高,采后不能及时低温冷藏,果蔬就越易腐烂。

(三)果蔬的风味要素

果蔬因其固有的独特风味而受到人们的追捧,其风味是构成果蔬品质的主要因素之一。不同果蔬之间风味的差异主要是其风味物质的种类、数量和比例的不同所造成的,较为常见的风味为酸、甜、苦、辣、涩、香、鲜等几种。这些风味物质不仅影响着人们的购买欲望,还关系到营养价值,耐贮性和加工适性等。

1. 甜味物质

糖及其衍生物糖醇类物质是构成果蔬甜味的主要物质。糖分是果蔬中可溶性固形物的主要成分,是人体获得热量的来源之一。含糖量也是贮藏加工所要求的质量指标。果蔬的含糖量差异很大,其中水果含糖量较高,大多水果的含糖量在7% ~18%之间,而蔬菜中一般在5%以下。

一般情况下,果蔬含糖量较高,品质好,贮运加工性能也好。不同的生长、发育阶段的果蔬,其含糖量也各不相同。如以淀粉为贮藏性物质的果蔬,在其成熟或完熟过程中,含糖量会因淀粉类物质的水解而大量增加;以后随着果蔬的衰老,糖的含量会因呼吸消耗而降低,进而导致果蔬品质与贮运加工性能下降。

2. 酸味物质

果蔬中的酸味主要来自一些有机酸,果蔬依种类、品种和成熟度的不同以及组织部位的不同含有各种有机酸。这些有机酸在组织中或以游离状态或以盐的形式存在,它们与糖一起决定果蔬的风味。

一般而言,果蔬中酸分含量的高峰值出现在发育的早期,而在成熟过程中趋于下降,但柠檬例外。通常幼嫩的果蔬含酸量较高,随着发育与成熟,酸的含量会因呼吸消耗而降低,使糖酸比提高,导致酸味下降。在采后贮运过程中,有机酸可直接用作呼吸底物而被消耗,使果蔬的含酸量下降。由于酸的含量降低,使糖酸比提高,果蔬风味变甜、变淡,食用品质与贮运性能也下降,故糖酸比是衡量果蔬品质的重要指标之一。另外,糖酸比也是判断某些果蔬成熟度、采收期的重要参考指标。

3. 苦味物质

苦味是最敏感的一种味觉。苦味的大小直接影响果蔬的风味。当苦味过大时,人们的购买欲望会受到影响,但是当苦味物质与甜、酸或其他味感恰当组合时,果蔬此时会被赋予特定的风味,人们的购买欲望反而更强。

果蔬中的苦味物质组成不同,性质也各异,主要有生物碱类、糖苷类、萜类等,在果蔬中主要的苦味成分是一些糖苷类物质如苦杏仁苷、柚皮苷等。

4. 涩味物质

涩味的产生是由于可溶性的丹宁使口腔黏膜蛋白质凝固,使之发生收敛性作用而产生的一种味感。果品中涩味多来自多酚物质,而蔬菜中除了茄子、蘑菇等外,一般含量较少。在多酚类物质中,涩味主要来自丹宁物质,儿茶素、无色花青素以及一些羟基酚酸也具有涩味。其中,丹宁物质普遍存在于未成熟的果品中,尤其是果皮部分。在果蔬未成熟时,其含量较高,因此酸涩难咽,随着成熟过程的进行,丹宁经过一系列的氧化或与酮、醛等进行反应,含量逐渐降低,涩味逐渐减小,口感变好。

5. 鲜味物质

鲜味是能够使人感觉愉快的一种美味感。果蔬中的鲜味物质有很多种,其中对果蔬鲜味影响比较重要的是一些氨基酸、酰胺和肽,如卜谷氨酸、卜谷氨酰胺、L-天门冬氨酯、卜天门冬酰胺等。它们广泛存在于果蔬中,如梅、桃、柿、葡萄等含量均较丰富。

6. 辣味物质

辣味能够刺激舌和口腔的触觉以及鼻腔的嗅觉而产生的综合性感觉,适度辣味具有增进食欲、促进消化、分泌之功效。果蔬中含有辣味的物质较多如葱、蒜、辣椒、生姜等,这与它们的食用品质有很大关系。

7. 芳香物质

果蔬之所以能够深受人们的喜爱,与它们具有的特有的芳香密切相关。果蔬中芳香物质大多为油状挥发性物质,故又称挥发性油或者精油,其主要成分为醇、醛、酯、酮、烃以及萜类和烯烃等。果蔬香气成分的种类多,构成复杂。研究表明,苹果含有100多种挥发性物质,香蕉含有200种以上的挥发性物质。在草莓的香气中,已分离出150多种成分,葡萄香气中已分离出78种成分。

(四)营养要素

果蔬是人体所需维生素、矿物质以及碳水化合物的重要来源之一,是人们日常生活的重要组成部分,此外部分果蔬还含有人体维持正常生命活动所必需的营养物质,如淀粉、糖、蛋白质等。

1. 维生素

果蔬是食品中维生素的重要来源之一,起着维持人体的正常生理机能的重要作用。如果人体缺乏维生素症就会引起疾病,导致人体代谢的失调,诱发生理病变,因此维生素是维持人体正常生命活动不可缺少的营养物质。果蔬中含有多种维生素,其中与人体关系最为密切的主要有维生素C和类胡萝卜素(维生素A原)。有报道称人体所需维生素C的98%、维生素A的57%左右来自于果蔬。

维生素C又称为抗坏血酸,能够参与人体内的氧化还原反应,起着重要的作用,但在人体内无累积作用,因此人们需要每天从膳食中摄取大量维生素C,而果蔬是人体所需维生素C的主要来源。

维生素C容易氧化,低温、低氧可有效防止果蔬贮藏中维生素C的损耗。维生素C在酸性条件下比较稳定,在中性或碱性介质中反应快。在果蔬加工过程中,切分、漂烫、蒸煮都会造成维生素C损耗,同时在贮藏过程中果蔬中的维生素C也会因为被氧化而逐渐减少。因此要求我们在进行果蔬贮藏时需密切关注贮藏条件以减缓维生素C的损耗速度。

维生素A和胡萝卜素比较稳定,但在果蔬加工中容易被氧化。在果蔬贮运时,冷藏、避免日光照射有利于减少胡萝卜素的损失。黄色、绿色的果蔬含有胡萝卜素量较多,如绿叶蔬菜、南瓜、胡萝卜、杏、柑橘、芒果等。

维生素B_1在酸性环境中较稳定,在中性或碱性环境中遇热易被氧化或还原。它是维持人体神经系统正常活动的重要成分,也是糖代谢的辅酶之一。豆类中维生素B_1含量较多。

维生素B_2耐热,在果蔬加工中不易被破坏,但在碱性溶液中遇热不稳定。甘蓝、番茄等果蔬中含量较多。

维生素E和维生素K这两种维生素存在于植物的绿色部分,性质稳定。如莴苣富含维生素E;菠菜、甘蓝、花椰菜、青番茄中富含维生素K。

2. 矿物质

矿物质是人体结构的重要组分，又是维持体液渗透压和 pH 不可缺少的物质，同时许多矿物离子还直接或间接地参与体内的生化反应。若人体缺乏某些矿物元素时，会产生营养缺乏症。矿物质在果蔬中分布极广，占果蔬干重的 1% ~5%，其中一些叶菜的矿物质含量可高达 10% ~15%。果蔬中矿物质 80% 是钾、钠、钙等金属成分，其中钾元素可占其总量的 50% 以上，磷酸和硫酸等非金属成分占 20%。此外，果蔬中还含多种微量矿质元素，如锰、锌、钼、硼等，对人体也具有重要的生理作用。常见果品的无机物质组成见表 5 -1。

表 5 -1　常见果品的无机物质组成

矿物元素	香蕉/%	苹果/%	柿子/%	梨/%	葡萄/%	柑橘/%
钾(K)	56	57	67	51	57	44
钠(Na)	3	5	3	8	1	3
钙(Ca)	1	10	6	8	12	23
镁(Mg)	5	6	3	6	5	5
磷(P)	5	17	1	14	16	13
铁(Fe)	0.3	1.1	0.7	—	—	1
硫(S)	3	3	9	6	6	5
锰(Mn)	0.4	2	0.1	—	—	0.4

3. 碳水化合物

果蔬中的碳水化合物主要是淀粉、糖、纤维素、果胶物质等，是干物质中的主要成分。

淀粉为多糖类，不溶于冷水，在热水中极度膨胀，成为胶态，易被人体吸收。淀粉是人类膳食的重要营养物质之一。未熟果实中含有大量的淀粉，随着成熟度的增加，其含量急剧下降，如香蕉未成熟时淀粉含量占 20% ~25%，而成熟后下降到 1% 以下。因此淀粉含量又常常用作衡量某些果蔬品质与采收成熟度的参考指标。有研究表明，以淀粉形态作为贮藏物质的蔬菜种类大多能保持休眠状态，有利于贮藏。但是采后的果蔬光合作用停止，淀粉等大分子贮藏性物质不断地消耗，最终会导致果蔬品质与贮藏、加工性能的下降。另外贮藏温度不仅能够影响果蔬贮藏时间，而且对淀粉的转化影响很大。如青豌豆采后存放在高温下，经 2 d 后糖分能合成淀粉，淀粉含量可由 5% ~6% 增到 10% ~11%，使糖量下降，甜味减少，品质变劣。淀粉含量的增加意味着品质的下降。

糖是果蔬甜味的主要来源，也是其贮藏物质之一，主要包括单糖、双糖等可溶性糖。果蔬在呼吸过程中消耗可溶性糖释放出大量热量。不同种类的果蔬，含糖量差异很大，各种糖的多少因果蔬种类和品种等而有差别，而且果蔬在成熟和衰老过程中，含糖量和含糖种类也在不断变化。

二、果蔬采后生理

果蔬采摘后仍然是一个生命体，在运输和贮藏过程中不断地进行着有氧或无氧呼吸，通过分解或消耗体内的营养物质来产生热量、CO_2 和水，同时产生少量的酯类气体如乙醇、乙醛、乙烯等。这些呼吸活动之后的产物对果蔬的贮藏有着很大的影响，其中热量和水会使果蔬发热，滋生细菌，若呼吸活动加剧，则迫使果蔬消耗更多的物质，加快腐烂变质；而 CO_2 的增加会降低果蔬的呼吸速率，但如果浓度过高则容易引起果蔬 CO_2 中毒，使果蔬产生毒素，降低果蔬品质，影响其质量与安全；少量的酯类气体对不同成熟度的果蔬起着不同的作用，如乙烯，少量的乙烯可以对低成熟度的果蔬起到催熟的作用，但是对成熟度较高的果蔬却作用很小，以上这些产物都会对果蔬的贮藏和保鲜起到制约作用，因此在保鲜过程中需要综合考虑，以免降低了果蔬的保鲜期。

（一）呼吸的类型

果蔬在有氧的环境中进行有氧呼吸时，从环境中吸收 O_2、分解能量物质，如葡萄糖的呼吸作用反应式如下：

$$C_6H_{12}O_6 + 6O_2 \longrightarrow 6CO_2 + 6H_2O + \text{热量}$$

果蔬在缺氧或供养不足的环境中进行无氧呼吸是靠分解葡萄糖来维持生命活动，其反应式如下：

$$C_6H_{12}O_6 \longrightarrow 2C_2H_5OH + 2CO_2 + \text{热量}$$

1. O_2 的效应

O_2 是果蔬进行正常的生命活动所必需的气体，当 O_2 的浓度降低时，果蔬的生理活动就会受到抑制。果蔬包装保鲜的条件是降低 O_2 含量，但是过低的 O_2 会使果蔬进行厌氧呼吸，将加速果蔬的腐烂以及品质的变坏。

2. CO_2 的效应

CO_2 是一种抑菌气体，也是呼吸的产物，同时也对果蔬的呼吸有抑制作用。大气中 CO_2 的浓度为 0.03%，低浓度时能使微生物繁殖；若浓度升高，就能够阻碍引起果蔬产品腐败的微生物生长繁殖，达到一定浓度时，可使其呈现“休眠”状态;但 CO_2 易溶于包装或产品中的水分,形成碳酸而改变果蔬的 pH 值和口味,同时 CO_2 溶解后导致包装内的气体减少而造成果蔬包装萎缩变瘪,影响外观。

3. N_2 的效应

N_2 是一种惰性气体,对细菌生长也有一定的抑制作用;同时 N_2 不与果蔬产品发生化学反应,不被吸收,不会由于气体被吸收而产生萎缩现象,能很好地保持产品包装的外观形状,因此通常在气调保鲜包装中充当平衡气体。新鲜果蔬产品劣化的主要原因有 4 个:呼吸作用、蒸腾作用、微生物作用、机械损伤。对于采后的新鲜果蔬来说,由于其是一个生命体,细胞仍在进行活动,呼吸作用依然起着重要的作用,促使果蔬的营养物质被消耗,吸收 O_2 释放 CO_2 以及乙烯等气体,同时产生热和水分,造成果蔬加速腐烂和变质。

包装贮藏与加工的根本区别是包装贮藏方法使果蔬产品保持鲜活性质,利用自身的生命活动控制变质和败坏。贮藏技术是通过控制环境条件,对产品采后的生命活动进行调节,尽可能延长产品的寿命,一方面使其保持生命活力以抵抗微生物侵染和繁殖,达到防止腐烂败坏的目的;另一方面使产品自身品质的劣变也得以推迟,达到保鲜的目的。因此,果蔬采后生理特性是包装贮藏的基础,只有掌握果蔬产品采后的各种生命活动规律及其影响因素后,才能更好地对其进行调节和控制。

(二)与呼吸有关的几个概念

1. 呼吸强度

呼吸强度指在一定的温度下,单位时间内单位质量产品进行呼吸时所吸收的 O_2 或释放 CO_2 的量。而对于无氧呼吸,由于不吸入 O_2,此时用 CO_2 生成的量来表示更确切。

呼吸强度是衡量呼吸作用强弱、表示组织新陈代谢的一个重要指标,是包装、贮藏过程中估计产品贮藏期的主要依据。产品呼吸强度越大说明呼吸作用越旺盛,消耗的呼吸底物(糖类、蛋白质、脂肪、有机酸)多而快,产品衰老加速,贮藏寿命缩短。

2. 呼吸商

呼吸商也称呼吸系数,它是植物呼吸过程中呼出的 CO_2 与吸进 O_2 之容积比,用 RQ 表示。在一定程度上可以根据呼吸商来估计呼吸的性质、底物的种类。各种呼吸底物有着不同的 RQ 值。

RQ 值越小,需要吸入的氧气量越大,氧化时释放的能量也越多;蛋白质和脂肪所提供的能量很高,有机酸能供给的能量则很少。

需要说明的是,呼吸是一个很复杂的过程,它可以同时有几种氧化程度不同的底物参与反应,并且可同时进行不同方式的氧化代谢,因而测得的呼吸强度和呼吸商只能综合反映出呼吸的总趋势,不可能准确表明呼吸的底物种类或无氧呼吸的程度。而且由于准确测定呼吸强度比较困难,试验中所测得的数据有时并不是 O_2 和 CO_2 在呼吸代谢中的真实数值。此外,O_2 和 CO_2 还可能有其他的来源,或者呼吸产生的 CO_2 又被固定在细胞内或合成为其他物质。有研究发现苹果、梨等在呼吸跃变期有一个加强的,呼吸循环以外的苹果酸、丙酮酸的脱羧作用,生成额外的二氧化碳,因而使呼吸商增大。

3. 呼吸热

呼吸热是呼吸过程中产生的,除了维持生命活动以外而散发到环境中的那部分热量。以葡萄糖为底物进行正常有氧呼吸时,每释放 1 mg CO_2 相应释放近似 10.68 J 的热量。呼吸热的存在,会使包装贮藏环境的温度增高。

当大量产品采后堆积在一起或运输中缺少通风散热装置时,由于呼吸热无法散出,产品自身温度升高,进而又刺激了呼吸,放出更多的呼吸热,加速产品腐败变质。因此,包装贮藏中通常要尽快排除呼吸热,控制贮藏温度。

4. 呼吸高峰

根据采后果蔬呼吸特征,呼吸作用又可以分为呼吸跃变型和非呼吸跃变型两种类型。

呼吸跃变型,其特征是在果蔬产品采后初期,其呼吸强度渐趋下降,而后迅速上升,并出现高峰,此时果实的风味品质最佳,然后呼吸强度下降,果实逐渐衰老死亡;伴随呼吸高峰的出现,体内的代谢发生很大的变化,这一现象即称为呼吸跃变。在呼吸跃变期间,果实体内的生理代谢发生了根本性的转变,是果实由成熟向衰老的转折点。呼吸跃变型果实主要包括:苹果、梨、杏、李、桃、猕猴桃、柿、面包果、南美番荔枝、梨、无花果、番木瓜、芒果等;呼吸跃变型蔬菜有:番茄、甜瓜、西瓜等(图 5-1)。

非呼吸跃变型,其特征是采后组织成熟衰老过程中的呼吸作用变化平缓,未出现呼吸高峰特征。非呼吸跃变型果实主要包括:草莓、葡萄、柑橘、樱桃、菠萝、荔枝、柠檬等;非呼吸跃变型蔬菜有黄瓜等(图 5-2)。

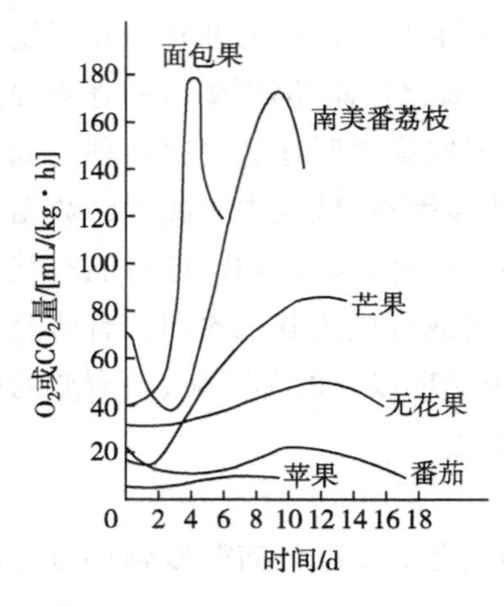

图5-1 跃变型果实呼吸强度变化

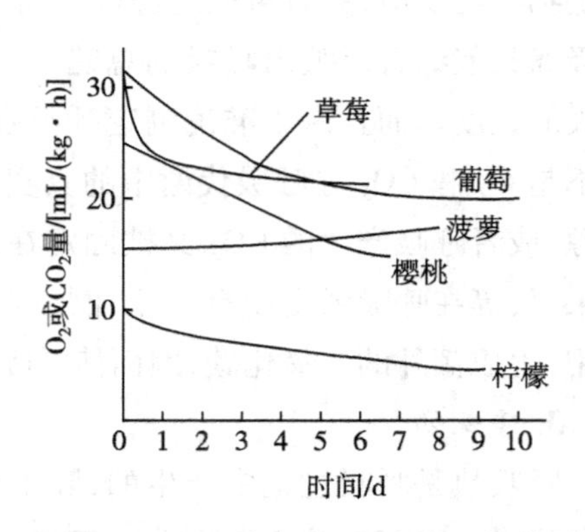

图5-2 非跃变型果实呼吸强度变化

(三)影响呼吸强度的因素

果蔬在贮藏过程中的呼吸强度与产品的消耗是密切关联的,呼吸强度越大所消耗的营养物质越多。因此,在保证果蔬必要的生理活动的前提下,尽量降低它们的呼吸强度,减少营养物质的消耗,是果蔬包装贮藏成败的关键。为此必须了解影响果蔬呼吸强度的有关因素。总体上看,影响呼吸强度的因素主要是果蔬产品的自身特性、外界包装贮运环境条件。

1. 果蔬产品的自身特性

(1)种类与品种。果蔬种类很多,不同种类与品种的果蔬组织结构和生理代谢差异很大,呼吸作用的强弱也不尽相同,这是由它们本身的特性所决定的。同时果蔬被食用部分各不相同,包括根、茎、叶、果、花等。在蔬菜的各种器官中,幼嫩的组织比成熟的组织呼吸强度大,生殖器官新陈代谢相对活跃,呼吸强度一般大于营养器官,通常以花的呼吸作用最强,叶次之。这是因为营养器官的新陈代谢比贮藏器官旺盛,且叶片薄而扁平,分布大量气孔,气体交换迅速,呼吸作用最强,如菠菜和其他叶菜呼吸强度的大小与易腐性成正比。而具有休眠特性的地下根茎菜和变态的叶菜,如根和块茎类蔬菜的萝卜、马铃薯等,呼吸强度较小;果菜类居中。除了受器官特征的影响外,还与其在系统发育中形成的对土壤或盐水环境中缺氧的适应特性有关。果品中,坚果类的呼吸强度最低,仁果类次之,核果类、浆果类活性较高(表5-2)。此外,一般来讲原产于热带、亚热带的果蔬呼吸强度高于温带产品。

表 5-2　一些果蔬产品的呼吸强度

果蔬产品	呼吸强度(5℃)/mg/(kg·h)CO_2	类型
坚果、干果	<5	非常低
苹果、猕猴桃、柑橘、柿子、菠萝、甜菜、芹菜、番木瓜、洋葱、马铃薯、甘薯	5~10	低
香蕉、蓝莓、杏、白菜、樱桃、黄瓜、无花果、醋栗、油桃、桃、芒果、梨、李、番茄、芦笋头、橄榄、胡萝卜	10~20	中等
鳄梨、黑莓、菜花、莴苣叶、利马豆、韭菜、红莓	20~40	高
豆芽、青葱、切花、莱豆、食荚菜豆、甘蓝	40~60	非常高
芦笋、蘑菇、豌豆、菠菜、甜玉米、欧芹	>60	极高

(2)发育年龄和成熟度。在果蔬的个体发育和器官发育过程中,呼吸强度在幼龄时期最大,随着年龄的增长,呼吸强度逐渐下降。一般生长期采收的蔬菜,呼吸强度很高,各种机能非常活跃,衰老变坏很快,贮藏很困难。充分成熟的老熟蔬菜,呼吸强度很低,表面又形成良好的保护结构,为贮藏创造了极为有利的条件。块茎、鳞茎类蔬菜生长期间呼吸强度一直下降,采后进入休眠期呼吸降到最低,休眠期后呼吸再次升高。有一些果实,如番茄,在成熟时细胞壁中胶层分解,组织充水,细胞间隙因被堵塞而变小,因此阻碍气体的交换,使呼吸强度下降(图 5-3)。而对于跃变型蔬菜,应设法推迟跃变高峰的到来,这样才能延长蔬菜的贮藏期。

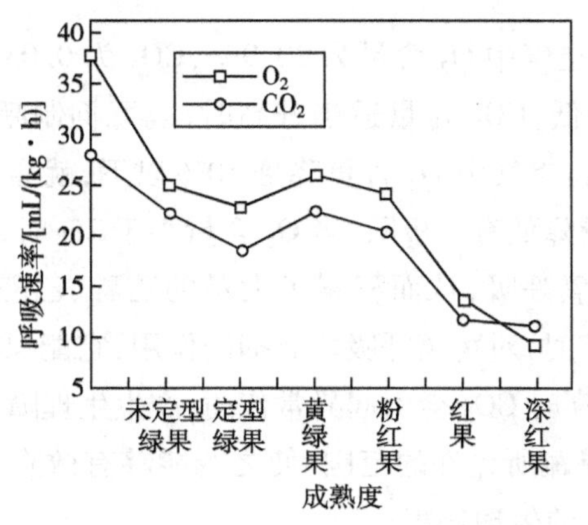

图 5-3　番茄果实发育过程的呼吸变化

由此看来,不同发育年龄的果蔬,由于细胞内原生质发育的程度、内在各细胞器的结构、酶系统及其活性和物质的积累情况都不相同,导致果蔬呼吸强度也不相同。

2. 包装储运环境条件

(1)温度。在生理温度范围内,随温度的升高,果蔬的呼吸作用涉及多种酶反应的速率也会随之增大,通常可用呼吸温度系数 Q_{10} 来表征。呼吸温度系数指当环境温度提高 10℃时,采后果蔬产品反应所增加的呼吸强度。果蔬的呼吸强度通常在 5 ~35℃之间,温度每上升 10℃,呼吸强度增大 1 ~1.5 倍,即温度系数 $Q_{10}=2\sim2.5$。Q_{10} 能反映呼吸速率随温度而变化的程度;该值越高,说明产品呼吸受温度影响越大。不同种类、品种的果蔬产品,Q_{10} 的差异较大(表 5 -3);

同一果蔬产品,低温范围内植物呼吸的温度系数要比高温范围内大。这个特点表明,果蔬贮藏时,应该严格控制贮藏温度,如温度过低则呼吸代谢反常会导致冷伤害;温度过高则导致果蔬呼吸强度较大,代谢反应加快,消耗增加,贮藏期变短。

表 5 -3 不同温度范围下几种蔬菜的温度系数 Q_{10} 值

种类	0.5 ~10℃	10 ~24℃	种类	0.5 ~10℃	10 ~24℃
石刁柏	3.5	2.5	胡萝卜	3.3	1.9
豌豆	3.9	2.0	莴苣	1.6	2.0
菜豆	5.1	2.5	番茄	2.0	2.3
菠菜	3.2	2.6	黄瓜	4.2	1.9
辣椒	2.8	3.2	马铃薯	2.1	2.2

(2)气体成分。空气中 O_2 含量为 20.9%,CO_2 为 0.03%。当果蔬周围的气体中 O_2 含量适当降低,CO_2 含量适当升高时,既可抑制呼吸,又不干扰正常代谢。实验证明,如果将空气中 O_2 含量降到 10% 以下,就会明显降低蔬菜的呼吸作用,但这种 O_2 含量降低有一极限,当 O_2 含量小于 2% 时,许多蔬菜产生生理伤害,这主要是由于无氧呼吸,从而积累了大量的乙醇、乙醛等有害物质的结果。CO_2 浓度高于 0.03% 时,对蔬菜呼吸均有抑制作用,它能保持蔬菜绿色素和维持蔬菜硬度,但浓度过高时 CO_2 会引起异常代谢,产生生理障碍。因此需要控制 O_2 浓度和 CO_2 浓度在果蔬所允许的范围,使之既能够有效降低果蔬的有氧呼吸又可避免无氧呼吸带来的生理伤害。

(3)湿度。果蔬种类不同,对湿度的要求也存在很大差别,较低的相对湿度能够适当使果蔬失水,降低呼吸强度。如大白菜、菠菜及某些果菜类,收获后稍经晾晒或风干,有利于降低呼吸强度,增强耐贮性;洋葱、大蒜头等贮藏要求低湿,低湿可抑制呼吸作用保持休眠状态,延迟发芽;但甘薯、马铃薯、芋头等薯芋类则要求高湿,低湿干燥反而会促进呼吸,产生生理病害。所以果蔬贮藏要根据其种类来确定贮藏环境的湿度。

(4)机械伤害和病虫害。果蔬受到损伤后,伤口加大了与空气的接触,导致果蔬呼吸强度急剧增加,这种呼吸称为伤呼吸。任何机械损伤,即使是轻微地挤压或摩擦,都会引起果蔬的伤呼吸。机械伤害和病虫害造成的伤口能引起微生物感染,导致果蔬腐烂变质,因此果蔬收获及收获以后,要尽可能避免损伤,以免产生伤呼吸,导致果蔬腐烂加剧。

(四)呼吸作用与果蔬包装贮藏的关系

1. 呼吸作用与生理失调

采后生理活动所需的能量都来自呼吸作用,同时体内生命大分子物质如蛋白、脂肪、核酸以及次生物质的合成原料如酚类、木素等,也都直接或间接的由呼吸代谢产生。因此果蔬贮藏期间如果贮藏不当,就会导致无氧呼吸加强或呼吸途径的某一环节出现异常情况,产生生理紊乱,这都可能会发生呼吸失调。由于呼吸失调,在某些生理环节上,酶或酶系统受到破坏,呼吸反应就会在此受挫或中断,并积累氧化不完全的中间产物。这种呼吸失调必然造成生理障碍,这是生理病害的根本原因。果蔬一旦发生了生理病害,就会影响它的商品价值和食用价值。因此,保证呼吸作用的正常进行是保障果蔬包装贮藏保鲜的前提条件。

2. 呼吸作用与耐藏性和抗病性的关系

耐藏性是指在一定贮藏期内,产品能保持其原有的品质而不发生明显不良变化的特性;抗病性是指产品抵抗致病微生物侵害的特性。呼吸作用是采后新陈代谢的主导,正常的呼吸作用能为其生理活动提供必需的能量,保证物质的代谢,使各个反应环节及能量转移之间协调平衡,维持产品的生命活动能有序进行,从而保持产品耐藏性和抗病性。

此外,正常的呼吸作用还可防止代谢过程中有害中间产物的积累,将其氧化或水解为最终产物,进行自身平衡保护,防止代谢失调造成的生理障碍,这在逆境条件下表现得更为明显。当植物处于逆境、遭到伤害或病虫感染时,会主动加强自身体内氧化系统的活性,呼吸活性升高。一般来说,离伤口越近,反应程度越剧烈,这种反应叫做植物的呼吸保卫反应。呼吸保卫反应受遗传特性影响,抗病耐贮的品种,反应迅速而强烈;抗病性弱的品种,则反应迟缓,不明显,甚至不发生反应。呼吸保卫反应具有抑制自身水解、抑制或终止病原菌侵染的作用,同时提供合成新细胞所需要的物质,恢复和修补伤口,加速愈合,进一步抵抗病原菌感染。

虽然呼吸作用有上述这些重要作用，但同时也使营养物质消耗加快从而导致果蔬品质下降。新陈代谢的加快将缩短产品寿命，造成耐藏性和抗病性下降，同时释放的大量呼吸热使产品温度升高，容易腐烂，对产品的保鲜不利。而呼吸旺盛，是包装贮藏中产品质量降低的主要原因，表现在产品组织老化，失水萎蔫，风味下降，从而导致品质劣变，甚至失去食用价值。

因此，延长果蔬产品货架期、贮藏期首先应该保持产品有正常的生命活动，不发生生理障碍，使其能够正常发挥耐藏性、抗病性的作用；在此基础上，尽可能降低呼吸作用，维持缓慢的代谢，延长产品寿命，延缓耐藏性和抗病性的衰变，最终达到延长产品保鲜寿命的目的。但一切降低呼吸强度的措施，都必须以不违背果蔬正常的生命活动为原则。

三、果蔬采后物性分析

（一）蒸腾生理

水分是生命活动必不可少的，是影响果蔬产品新鲜度的重要物质。果蔬生长时不断从地面以上部分，特别是叶子向大气中散失水分，这个过程，即蒸腾作用，便于体内营养物质的运输和防止体温异常升高。蒸腾作用对于生长中的植物是不可缺少的生理过程，是植物根系从土壤中吸收养分、水分的主要动力。采收后果蔬离开了母体，失去了水分的供应，这时水分从产品表面的丧失将使产品失水，采后失水不仅会造成失重、失鲜，还会引起果蔬品质的下降。采收果蔬减少失水也是包装贮运关注的技术环节。与采前的蒸腾过程截然不同，采后包装贮运中果蔬产品失水的过程和作用不单纯是像蒸发一样的物理过程，它还与产品本身的组织细胞结构密切相关。

1. 失水对果蔬的影响

新鲜果蔬含水量很高，一般达 65% ~96%，因而表面光泽并有弹性，组织呈现坚挺脆嫩的状态，外观新鲜；而采后失水往往会引起果蔬重量和品质的下降，在贮藏中容易因蒸腾脱水而引起组织萎焉，表面光泽消退，失去新鲜状态。

失水是导致果蔬失重的主要因素。例如，苹果在 2.7℃冷藏时，每周由水分蒸腾造成的重量损失约为果品重的 0.5%，而呼吸作用仅使苹果失重 0.05%。此外，水分蒸腾在引起失重的同时，还会引起产品失鲜，使果蔬的新鲜度下降，造成品质的劣变。一般情况下，果蔬失水大于 5% 就会引起失鲜。失水后的果蔬表面光泽消退、形态萎蔫、疲软，商品价值明显下降，尤其是含水量较大的果蔬如黄瓜、柿子椒等；而有些果蔬虽然没有达到萎蔫程度，但是失水会影响到果蔬的口感、脆度、颜色和风味。不过，果蔬轻度脱水，可以使冰点降低，提高抗寒能力，并且组织较为柔软，有利于减少运输和贮藏处理时的机械伤害，如洋葱、大蒜收获后充分晾晒，使外表的鳞片干燥成膜质，具有降低呼吸、加强休眠、减轻腐烂的作用。若严重脱水，细胞浓度增加，引起细胞中毒，一些水解酶的活力加强，加速某些物质的水解过程。

蒸腾、萎蔫会严重影响蔬菜的耐贮性、抗病性。从表5－4看出，组织脱水萎蔫程度越大，抗病性下降越剧烈，腐烂率就越高。用塑料帐或塑料袋贮存蔬菜时，蒸腾还会引起结露现象，由于结露所形成的凝结水本身是微酸性的，一旦滴落到蔬菜表面上，极有利于病原菌侵染，导致贮藏品腐烂增加。所以贮藏时要尽可能防止结露现象，其解决的办法是尽量缩小温差，保持库温恒定。

表5－4　萎蔫对甜菜染病的影响

处理	腐烂率/%
新鲜材料	—
萎蔫7%	37.2
萎蔫13%	55.2
萎蔫17%	65.8
萎蔫28%	96.0

2. 影响蒸腾作用的因素

（1）表面组织结构。蒸腾是指植物体内的水分通过植物体表面的气孔、皮孔或角质层而散失到大气中的过程，所以蒸腾与植物的表面结构有密切关系。因此水分在产品表面的蒸腾有两个途径：一是通过气孔、皮孔等自然孔道；二是通过表皮层。气孔的蒸腾速度远比表皮层快，是果蔬蒸腾的主要通道。不同果蔬表面组织结构不同，蒸腾作用差异很大，通常是叶菜类蒸腾最强，果菜类次之，根菜类最弱。另外，许多因素如水、温度、光和二氧化碳等，影响气孔开闭，从而决定蒸腾作用的强弱。

（2）细胞持水力。一般原生质内亲水性胶体和可溶性固形物含量高的细胞具有渗透压也较高，因此有利于细胞保水，阻止水分蒸腾。另外，细胞间隙的大小可影响水分移动的速度，细胞间隙大，水分移动阻力小，移动速度快，有利于细胞失水。

（3）空气相对湿度。影响果蔬采后蒸腾作用的关键性环境因素是空气相对湿度。空气相对湿度是指空气中实际所含的水蒸气量（绝对湿度）与当时温度下空气所含饱和水蒸气量(饱和湿度)之比。在一定的温度下,空气的饱和蒸汽压大于实际蒸汽压时(即存在饱和差时),水分便开始蒸发,因此空气从含水物体中吸取水分的能力决定于饱和差的大小。果蔬组织中充满水,蒸汽压一般是接近饱和的,只要组织中蒸汽压高于周围空气的蒸汽压,组织内的水分就会外溢,其快慢程度与两者之差成正比,见表5-5。

表5-5 不同温度和相对湿度下的蒸汽压差($\times 10^{-3}$Pa)

温度/℃	相对湿度/%				温度/℃	相对湿度/%			
	100	90	70	50		100	90	70	50
0.0	0	0.62	1.83	3.06	10.0	0	1.23	3.68	6.15
2.2	0	0.72	2.15	3.59	21.0	0	2.51	5.71	12.50
4.4	0	0.84	2.51	4.19					

相对湿度表示环境空气干湿的程度,是影响蔬菜蒸腾的重要因素。但它要受温度的影响,温度增高可加速水蒸气分子的运动,降低细胞胶体的黏性,从而促进蒸腾作用。此外,空气流速也会改变空气的绝对湿度,从而影响蒸腾作用。值得注意的是,贮藏中对空气湿度的控制,既要密切注意到对产品蒸腾作用的影响,又要兼顾到对微生物活动的影响,因为空气湿度也是制约微生物活动的因素之一。

(4)表面积比。表面积比是果蔬器官的表面积与其质量(或体积)之比。由于水分是从产品表面蒸发的,表面积比值越高,果蔬蒸发失水越多;叶子的表面积比大,失重要比果实快;小个的果实、根或块茎要比大的果蔬表面积比大,因此失水较快,在贮藏过程中更容易萎蔫。

(5)种类、品种和成熟度。不同种类的产品、同一种类的不同产品的成熟度,在组织结构和生理生化特性方面都不同,失水速度也不同。许多果实和贮藏器官只有皮孔而无气孔。皮孔是一些老化了的、排列紧凑的木栓化表皮细胞形成的狭长开口。皮孔不能关闭,因此水分蒸发的速度就取决于皮孔的数目、大小和蜡层的性质。在成熟的果实中,皮孔被蜡质和一些其他的物质堵塞,因此水分的蒸发和气体的交换只能通过角质层扩散。

果蔬表层蜡的类型也会影响失水,通常蜡的结构比蜡的厚度对防止失水更为重要,那些由复杂的、有重叠片层结构组成的蜡层要比那些厚但是扁平、无结构的蜡层有更好的防水透过性能。

蒸腾与成熟度有关是由于幼嫩器官正在生长,代谢旺盛,且表皮层未充分发育,透水性强,因而极易失水;随着果蔬成熟,保护组织完善,蒸腾量即下降。

(6)机械损伤。果蔬的机械损伤会加速产品失水,当产品组织的表面擦伤后,会有较多的气态物质通过伤口,而表皮上机械损伤造成的切口破坏了表面的保护层,使皮下组织暴露在空气中,因而更容易失水。虽然在组织生长和发育早期,伤口处可形成木栓化细胞,使伤口愈合,但是产品的这种愈伤能力随植物器官成熟而减小,所以收获和采后操作时要尽量避免损伤。此外,表面组织在遭到虫害和病害时也会造成伤口,因而增加水分的损失。

(二)成熟衰老生理

果蔬采收后物质积累停止,干物质不再增加,已经积累在蔬菜中的各种物质,有的逐渐消失,有的在酶的催化下经历种种转化、转移、分解和重新组合,同时果蔬在生理上经历着一个由幼嫩到成熟、衰老的过程,在组织和细胞的形态、结构、特性等方面发生一系列变化。这些变化导致了果蔬的耐贮性和抗病性也发生相应的改变,总的趋势是不断减弱。

1. 物质转变的一般现象

果蔬采后一个重要的物质转变过程是同类物质间的休整即合成和水解过程。如淀粉→双糖→单糖;原果胶→果胶→果胶酸;蛋白质→氨基酸;类脂物质的降解与合成等。但总体来讲,水解大于合成,这是细胞衰老的主要症状。物质转变的另一特点是物质在组织和器官之间的转移和再分配,如大白菜在贮藏中裂球(破肚)而外帮脱落,洋葱结束休眠后发芽而鳞茎萎蔫,蒜薹的薹梗老化糠心而苔苞发育成新生鳞茎,萝卜、胡萝卜发芽抽薹而肉质根变糠,所有这些都是物质转移的结果。蔬菜在贮藏中的物质转移,几乎都是从作为食用部分的营养器官移向非食用部分的生殖器官,这种物质的转移也是食用器官组织衰老的症状,因此,从贮藏观点来说,物质转移是不利的。

2. 成熟衰老的调节

植物激素和钙对成熟衰老起着极其重要的调节作用。植物激素是植物自身产生的一类物质,目前已知的植物激素有五类,即:生长素、赤霉素、细胞分裂素、脱落酸和乙烯。前三类属促进植物生长发育的激素,有防止衰老的作用,后两类属抑制生长发育的激素,有促进衰老和促进休眠的作用。当植物生长进入成熟期时,生长素、赤霉素和细胞分裂素的含量减少,乙烯和脱落酸的含量增高,因而植物体或器官的生长受到抑制,促进植物体或器官进入成熟衰老阶段。在蔬菜采收后,如果人为地改变植物体内的激素平衡,可以抑制或促进衰老的过程。如降低贮藏环境中乙烯的含量,可使蔬菜延迟衰老,延长贮藏期。又如用生长素、细胞分裂素等处理蔬菜,有防止衰老的作用。

近年来研究指出，钙在调节植物呼吸和推迟衰老方面，以及在防止蔬菜代谢病害方面，都有着重要的作用。一般钙含量高的呼吸强度低，含钙低的呼吸强度高。呼吸强度低可使衰老延迟，因而钙有调节成熟、延缓衰老的作用。蔬菜采前或采后用钙处理，可延迟衰老和防止生理病害。

（三）休眠生理

一些块茎、鳞茎、球茎、根茎类果蔬，在结束田间生长时，繁殖器官内积贮了大量的营养物质，原生质内部发生深刻变化，新陈代谢明显降低，生长停止而进入相对静止的状态，这就是休眠。植物在休眠期间新陈代谢、物质消耗和水分蒸发都降低到最低限度，暂停发芽生长，所以对贮藏来说是个有利的生理阶段。有些果蔬由于某一环境因素不适，如温度不适或空气中氧气浓度太低，会停止生长，但经过发送环境便能恢复生长，这种休眠称强制休眠或他发性休眠。有的果蔬虽然各种环境因素都适于生长，但仍然要休眠一段时间，暂不萌发，这就是生理休眠或称自发性休眠。马铃薯、洋葱、大蒜、姜等是具有典型生理休眠的蔬菜；大白菜、萝卜、菜花、莴苣及其他两年生蔬菜，常处于强制休眠状态。

休眠的长短，因种类、品种、栽培条件和贮藏条件不同而有变化。一般早熟和中早熟品种休眠期短，晚熟和中晚熟品种休眠期长。对很多休眠器官来说，短日照是诱导休眠的重要因素之一，但洋葱的休眠则是在长日照条件下形成的。冷藏是最有效、方便、安全的抑制发芽的措施，对强制休眠效应尤其明显。

休眠对贮藏有利，因此希望尽可能延长产品的休眠期，并且在生理休眠解除后，继续保持强制休眠状态。采用低温、低氧、低湿和适当提高 CO_2 浓度等改变环境条件抑制呼吸的措施，都能延长休眠期，抑制萌发。利用外源抑制生长的激素，来改变内源植物激素的平衡，从而延长休眠。采用辐射处理块茎、鳞茎类果蔬，防止贮藏期间发芽，已在世界范围内得到公认和推广。用60～150 Gy（戈瑞）γ 射线处理后，可以使果蔬长期不发芽，并在贮藏期中保持良好品质。

四、果蔬防护要求

果蔬营养丰富，是人们生活中必不可少的食品，也是人们获取各种营养元素的来源之一，由于其生产存在着较强的季节性、地域性和自身的易腐性等条件的制约，再加上我国长期重视前期工作（栽培、病虫害防治等），忽视了采后处理（如预冷、分级、储藏、包装、运输等），导致果蔬的腐烂率较高，每年损失率为20%～30%。不但难以满足人民对消费果蔬产品花色品种多样性、新鲜干净、营养好等方面的消费需求，而且还造成了我国果蔬产品在国际市场上缺乏竞争力，无法实现果蔬的真正价值。

目前,减少果蔬采后损耗是全世界农产品业主要关心的问题之一。研究并大力推广和普及新鲜果蔬保鲜包装与贮运技术,确保果蔬产品品质,季产年销,丰产丰收,以适应国内外日益增长的需求,已成为我国果蔬生产发展的一项重要环节,也是今后相当长时间内需要深入研究、解决的问题。

(一)包装的作用

果蔬的含水量很高,表皮保护组织却很差,在采收、贮藏和运输中容易受机械损伤和微生物侵染。果蔬采收后仍然是一个活体,有呼吸和蒸腾作用,会产生大量的呼吸热,使周围环境温度升高、产品失水,因此,果蔬容易腐烂变质、丧失商品和食用价值。包装可以缓冲过高和过低环境温度对产品的不良影响,防止产品受到尘土和微生物的污染,减少病虫害的蔓延和失水萎焉。在贮藏、运输和销售过程中,包装可减少产品间的摩擦、碰撞和挤压造成的损伤,使产品在流通中保持良好的稳定性,提高商品率。包装也是一种贸易辅助手段,可为市场交易提供标准规格单位。包装的标准化有利于仓储工作的机械化操作,减轻劳动强度,设计合理的包装还有利于充分利用仓储空间。

(二)新鲜果蔬保鲜包装的基本要求

一般地讲,新鲜果蔬产品劣化的主要原因是:呼吸作用、蒸腾作用、微生物作用和机械损伤。呼吸作用将造成果蔬产品品质劣化。当果蔬收获后,其细胞依然在不断地进行着呼吸作用,结果:

①不断消耗碳水化合物、脂肪、蛋白质等营养成分,使果蔬发生过熟、发软、风味变化,营养价值减少,商品价值降低;

②产生 CO_2 气体和乙烯气体,产生的乙烯气体即使量极少,但作为植物的生长激素,它又能促使呼吸作用加剧,加快果实的过熟速度,为了保持蔬菜和水果的鲜度,包装体内乙烯的含量应越少越好,这样可延迟过熟;

③生成水分,一方面,由于新鲜果蔬产品水分的丧失,会引起发软、枯萎;另一方面,从生鲜果蔬中出来的水分会使包装体内湿度提高,在包装材料上产生结露,促使各种细菌的繁殖;

④呼吸产生热,促进腐败。

蒸腾作用将引起农产品品质的劣化。果蔬产品的含水量很高,通常如有5%的水分丧失,果蔬产品的品质就明显劣化。微生物的生长繁殖以及碰伤都易使果蔬产品发生品质的劣化。果蔬产品采后分选、加工处理、包装、装卸、运输过程中,都会产生果品与作业件、果品与果品之间的碰撞,不可避免地对新鲜果蔬产品造成机械损伤，使果品组织受到破坏，引起呼吸加强、膜透性增加、品质下降，并可导致有关代谢物质的改变，缩短采后寿命。机械损伤也是病源微生物的入侵之门，是导致果蔬霉烂的主要原因之一。

合理的包装应着重抑制果蔬产品的呼吸作用、蒸腾作用、微生物影响，减少贮运中的机械损伤，减少病害的蔓延，避免果蔬发热和温度剧烈变化所引起的损失。此外果蔬保鲜包装是标准化、商品化、保证安全运输和贮藏的重要措施。在现代商品运输中，包装不仅起着保护果蔬品质的作用，而且是降低费用，扩大销售的重要因素之一。

因此新鲜果蔬保鲜包装的基本要求如下。

(1)保护产品。包装可减少果蔬产品贮运、销售环节中的损伤，对被包装物具有保护作用。应根据果蔬产品的品质、价值、货架期等选用相应的包装形式与包装容器，容器内根据需要可加设适当的缓冲衬垫、隔档件等。

包装能抑制新鲜果蔬产品的呼吸作用，减少水分损失，最大限度地保存产品的品质，延长货架寿命，使产品在流通中保持良好的稳定性，提高商品率。另外，减少新鲜果蔬萎蔫对延缓维生素 C 和胡萝卜素的损失和保持产品营养也非常重要。包装还应减少产品污染，减轻微生物的影响。

(2)方便贮存，降低运销成本。果蔬包装应有足够的强度承受堆叠压力。包装件结构尺寸应注重运输工具的装载率，最大限度地利用装载空间。同时，包装材料还应具有耐贮藏库高湿的特性。大包装一般为塑料箱或高强度的瓦楞纸箱。小的消费包装则以塑料薄膜袋或泡沫托盘加保鲜膜，既便于销售和贮藏在家庭冰箱的货架上，又能保护产品品质。

(3)宣传产品和方便销售。包装还具有宣传产品和方便销售的作用。包装上印刷有产品介绍等内容，以宣传产品，增加吸引力。特别是一些地方的名、特、优产品，可以通过特定的包装设计进行宣传，引导和鼓励顾客购买。装载适量的纸箱、塑料薄膜袋和托盘包装，都有利于销售及方便携带。

(三)果蔬包装新趋向

(1)小型化。目前，城乡水果消费已出现买新吃鲜、少量多次的特点，因此 10 kg 以上箱装的水果已不能适应大多数消费者的需求，取而代之的是 3 ~ 5 kg 甚至更少含量的小包装水果。

(2)精品化。精美、新颖的包装能促进人们的消费欲望。目前进口水果频频冲击国内市场，往往就是在包装上找突破口。其实，国产精品水果无论是表面色泽还是内在品质，都完全可以与进口水果抗衡，但多是由于包装跟不上而失去了部分市场。因此,对国产优质水果包装精品化将是占领国内市场,走出国门,参与国际竞争的必然选择。

(3)透明化。据抽样调查显示,95%以上的消费者在购买箱装水果时都要开箱查看。所以在包装时采用部分透明材料,设计出一些可透视的镂空,既增加了美感,又方便选购,可大大提高消费者的购买欲和信任度。

(4)组合化。鉴于当前人们口味多样化的消费需求,一些经销商开始尝试将果品按某种规格进行组合包装。如把不同形状的圆苹果、长香蕉、串葡萄包装在一起;还可按不同颜色、不同性质、不同产地进行组合;以及把同一种水果按多种品种进行组合。

(5)多样化。现在水果包装材料已突破了纸箱包装的单一格局,向木箱、塑料箱、金属箱等多种材料发展。在包装形状上突破单一的方形,向圆形、筒形、连体形等多形状发展。在制作工艺上,除去传统的机制包装物外,将采用手工艺包装物代替部分机制包装物。此外,还有一些善于应变的经销商,从用途上着眼,推出自用廉价型、馈赠祝福型、旅行方便型、产地纪念型等多种包装。

第二节　果蔬包装材料选择

新鲜的果蔬产品在采、贮、运、销期间常常会出现萎蔫、品质恶化和腐烂而失去食用价值。良好的包装不但有利于保持果蔬新鲜、减少损耗、延长货架寿命,还能吸引消费者,起到宣传产品的作用。近年来随着经济发展和技术进步,各国对果蔬保鲜方法和包装材料及其结构上加大了研究力度,取得了不少成绩。

一、包装容器

(一)包装容器的基本要求

(1)包装容器要有足够的强度,并对产品有一定的缓冲作用,以便在运输、装卸和贮藏过程中,减轻产品由于受到挤压、碰撞、振动摩擦和硬物切削等造成的机械损伤。

(2)应具有一定的防潮性,以防止吸水变形,从而避免包装机械强度降低引起的产品挤压破损。

(3)应有利于产品的保鲜,具有一定的通透性,以利于产品散热、散湿及内外气体交换,有利于保护果蔬的质量与减少损耗。

此外,包装容器还应具有内壁光滑、质量轻、成本低、清洁、无污染、无异味、无有害化学物质、便于取材、易于回收处理、适应于新的运输方式等特点。

近年来包装容器的标准化越来越受到人们的重视。容器标准化便于机械化作业,有利于运输贮藏,降低商品成本,是果蔬包装发展的方向。

世界各国都制定有本国果蔬包装容器规格标准。我国于1993年已制定出《新鲜蔬菜包装通用技术条件》(SB/T 10158—1993),目前已被SB/T 10158—2012《新鲜蔬菜包装与标识》代替。

(二)包装容器的形式与特点

最早的包装容器多用植物材料做成,尺寸由小到大,以便于人或车辆运输。随着科学的发展,包装材料和形式越来越多样化。

1. 筐类

这是我国目前内销果蔬使用的主要包装容器之一,包括竹筐、荆条筐等。筐类一般可就地取材,价格低廉,但极易使果蔬在贮运中造成伤害,且规格不一致,质地粗糙,不牢固。因此,该包装有待改进。

2. 木箱

用木板、条板、胶合板或纤维板为材料制作的各种规格的木箱。木箱强度大,但由于箱子自重大、价格高,生产上使用越来越少。纤维板质量轻而且价格低廉,但在潮湿的贮藏库内易吸水失去强度,其堆码高度受到很多限制。如果底板用质地较硬的材料,箱内分隔,箱外衬垫,箱壁用树脂或石蜡涂桩,以防吸水,则可增加箱的坚固性。

3. 纸箱、纸板盒

这是当前果蔬包装的主要容器。它具有比木箱和筐类容器更多的优越性,所以纸箱特别是瓦楞纸箱发展快,使用普遍。其优点是:纸箱更能适应机械化作业,可随时满足生产上大量需要,及时供货;纸箱使用前后可以折叠而便于保管;纸箱自重小,一般占商品总质量的6%~8%(木箱占15%~18%),有利于装卸和贮运,降低运费;纸箱规格大小一致,在包装、装卸作业中易于实现机械化,且能提高贮藏库和运输工具的装载量;纸箱体积小,箱内一般放有隔板和格板,能防止果蔬相互间直接挤压及病伤果相互感染蔓延,每格只放一果。加之箱板具有缓冲结构(瓦楞纸板),因而可在一定程度上抵抗外来的振动和冲击,减少商品损伤;纸箱表面装潢促销效果好;废旧纸箱还可回收利用;纸箱原料来源广,价格便宜。

近年来保鲜瓦楞纸板和保鲜纸箱得到了应用。保鲜瓦楞纸板是用普通瓦楞纸与涂有保鲜剂的特殊膜组合而制成的。基本类型有:

(1)夹塑层瓦楞纸,在瓦楞纸中夹入塑料薄膜层制成;

(2)生物式保鲜纸板,即在瓦楞纸板上涂覆一层抗菌剂;

(3)混合型保鲜瓦楞纸板,在聚乙烯薄膜中加入聚苯乙烯、聚乙烯醇和陶瓷微粒等制成;

(4)红外线保鲜纸板,也称陶瓷包装,把陶瓷粉覆在原纸板上制成,利用陶瓷材料辐射的红外线杀菌;

(5)白硅石保鲜纸板,纸板内衬含有自硅石,长途运送果蔬,而不需用冷藏车;

(6)用多孔大谷石也可作为保鲜剂掺和在树脂里,直接刷涂在纸箱内壁上,而在纸箱外表面利用蒸镀膜反射辐射热,以减缓箱内温度上升。

4. 塑料箱

塑料箱是果蔬贮运和周转中使用较广泛的一种容器,可以用多种合成材料制成,最常用的是用硬质的高密度聚乙烯制成的多种规格的包装箱。

高密度聚乙烯箱的强度大,箱体结实,能够承受一定的挤压、碰撞压力,便于堆码,可提高贮运空间的利用率。这类箱已专业化生产,可根据需要制成多种标准化的规格;外表光滑,易于清洗,能够重复使用。因此,塑料箱对于果蔬包装具有较好的技术特性,是传统包装容器的替代物之一。但是塑料箱成本较高,只有在有效地组织回收并重复使用的情况下,才能使费用降下来。另外,塑料箱不像纸箱那样容易进行外观包装设计,这是值得研究解决的问题之一。

5. 网袋

包装用塑料网材是以塑料为材质通过塑料丝编结成网或者直接由挤出机挤塑成网而制成有一定规格的连续网状结构的包装材料。最早的网材都是由塑料挤出纺丝、拉伸、分丝和编结而成的,这种生产方法难度小,工艺上较容易控制,质量比较稳定,但工序多、产量低、网孔变化小。使用挤出机和成网模头一次挤出成网,具有挤出速度快、工序少、网孔形式可以因模头设计的不同而多样化、生产成本低等优点。

用天然或者合成纤维编织而成的网状袋子,规格视包装产品的种类而异,多用于马铃薯、洋葱、大蒜、胡萝卜等根茎类蔬菜的包装。网袋包装与传统的麻袋包装相比费用低,轻便。它的缺点是对产品保护功能很低,只能用于抗损伤能力较强,并且经济价值较低的产品包装。

6. 塑料薄膜袋

塑料薄膜袋常用的塑料材料为聚乙烯(PE)、聚氯乙烯(PVC)、聚丙烯(PP)、聚苯乙烯(PS)、乙烯—乙酸乙烯共聚物(EVA)等。由于塑料薄膜具有不通透性和低的透湿性,所以用其包装果蔬在一定程度上可以调节包装环境内的气体成分,减少水分散失，起到降低果蔬呼吸强度、降低消耗、延长贮期和保质保鲜的作用。

(1)一般塑料袋包装。常用塑料薄膜厚度为0.03～0.08 mm，可采用两种包装方式，一种是通气包装法，另一种是密封包装法。通气包装法适合于果蔬常温保温贮藏和流通，常用方法包括小包装法(薄膜开孔)、塑料袋装不封法和箱中袋装不封法。密封包装法适合于果蔬冷藏贮运，常用方法包括袋装密封法和箱中袋装密封法。

(2)硅橡胶窗塑料袋包装。利用硅橡胶材料的独特的透气性，把它按一定的面积镶嵌在塑料袋上就成为一个硅橡胶窗气调袋。用其包装果蔬，包装内过多的CO_2和芳香气体通过气窗可以透出，O_2可以进入。由于O_2的透过率较低，故可以较好地控制包装内果蔬的呼吸强度，实现气调包装保鲜。硅窗面积的大小取决于果蔬的呼吸强度、包装重量、贮藏气调条件、贮藏温度及硅橡胶本身的透气性等多种因素，可通过试验来确定。一般1 kg果蔬需采用2～10 cm^2。

7. 浅盘、模制品

各种材料(纸浆、纸板、塑料)压制成的浅盘、模制品。PVC硬塑盘包装，在欧美及日本的超级市场上，果蔬采用PVC二轴定向薄膜和醋酸乙烯酯热收缩包装较普遍。这种薄膜在包装后，经热处理，可以收缩而紧贴在产品表面，使产品强度增加，并更为美观漂亮。

纸浆模制品是近年来使用广泛的包装容器。它是用纤维素纤维的含水纸浆在加网的成型模中形成的立体包装纸制品。纸浆模制品的形状取决于成型模的形状，故而其形状灵活多变，可满足特殊形态物品的包装。纸浆模制品很适合于商品流通贮运应用场合，目前已实现机械化生产。制造纸浆模制品有两种基本方法，即普通模制法和精密模制法。普通模制法制品密度较低，而且可用一些较便宜的原料制造(回收废纸浆等)，成本低，具有一定的减振缓冲性能。图5－4为部分纸浆模制品示例。

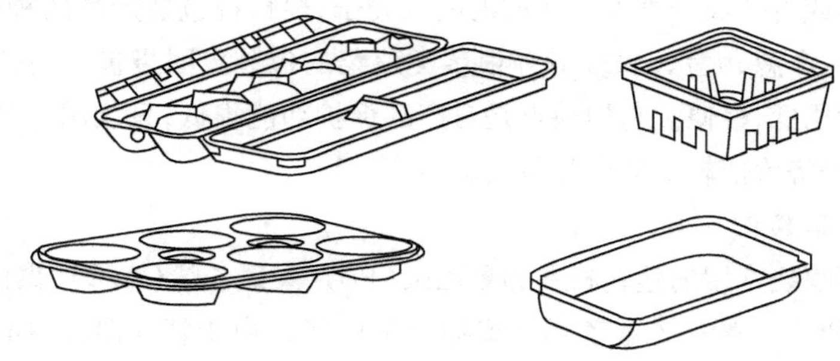

图5－4　纸浆模制品示例

二、包装材料

(一)水果复合保鲜纸袋

纸制成的保鲜纸袋,对水果具有良好的保鲜防腐作用。其制造方法简便,与传统的保鲜方法相比,成本低,特别适用于水果的长途运输。

复合保鲜纸袋制造的基本原理就是在牛皮纸袋和聚乙烯塑料薄膜之间夹有一定量的保鲜剂,当水果装进纸袋,该保鲜剂在密闭的纸容器中,能均匀放出一定量的二氧化硫或山梨酸气体,保持水果的新鲜口味。

纸袋基材的作用:纸袋是最简便、最有效率的普通包装,广泛应用于运输包装和销售包装两个方面,能有效地防止害虫、灰尘等有害物质对水果的侵害。同时,纸袋作为保鲜剂的载体,防止了保鲜剂直接与水果接触。高的透气度保证了保鲜剂释放的 SO_2 和山梨酸气体能透过纸张的孔隙,扩散到水果表面。为了提高纸袋的抗湿性,防止保鲜剂溶解,应采用 AKD 对纸袋进行内部施胶。

塑料薄膜的作用:由于塑料薄膜的通透性,如低密度的聚乙烯水蒸气透过率比较小,气体的透过率比较大,使得纸袋外部的 O_2 向袋内渗透,而二氧化碳和乙烯向薄膜外渗透,保证了水果的正常呼吸。水分和 SO_2 分子具有极性,透过性差,不能向薄膜外渗透,在纸袋内停留时间长,保鲜剂能持久发挥作用。

塑料薄膜与纸袋纸复合时,胶黏剂的选用非常重要。在试验中,还可采用水溶性型胶黏剂,如氧化淀粉、聚乙烯醇、羧甲基纤维素等,按照一定的配比混合。利用 SO_2 和山梨酸作为保鲜剂制作的水果保鲜纸袋,对水果的保鲜作用明显,特别适用于水果的长途运输,与传统的保鲜技术相比,投资少,简捷方便。

(二)高密度微孔的薄膜袋

在国外,高密度微孔的薄膜袋广泛用于新鲜水果的保鲜。它根据果品生理特性,以及对 O_2 和 CO_2 浓度的忍耐力,在薄膜袋上加做一定数量的微孔(40 μm),以加强气体的交换,减少袋内湿度和挥发性代谢产物,保持袋内相对较高的 O_2 浓度($<1\%$),防止 O_2 浓度过低导致无氧呼吸而产生大量的乙醇和乙醛等挥发性物质影响果实风味。这种薄膜袋内的 O_2 浓度一般能保持在 10% ~15%,这对于 CO_2 浓度忍耐力强的果蔬产品,特别是热带水果,非常适用。国外采用这种包装袋贮藏“Bmg”甜樱桃(“Bing”为甜樱桃的一个品种),在普通冷库中可贮藏 80 d,并能保持果实的风味品质。

这类保鲜膜的代表产品有以下几种:

1. 新型微孔保鲜膜

该膜的特点是可以在包装后的 36 h 内使包装袋中氧的浓度降低，二氧化碳浓度提高，直至达到均衡的气调环境。

2. 高透明带微孔的 PP 复合保鲜膜

该膜的特点是在里层再复合一层抗潮湿薄膜，减少由于冷凝作用形成的水雾乃至微小水滴，提高保鲜效果。

3. PE 和 PKT 复合的可呼吸薄膜

该膜的特点是利用两种不同膨胀系数的材料，腰上的小孔边缘在温度升高时开启进行呼吸，温度降低时关闭，使一些不能经受长期冷藏的果蔬，如香蕉、西红柿等，可在临界温度上保存。

4. 无纺布和 PE 薄膜复合的微孔吸液保鲜膜

该膜的特点是无纺布采用具保鲜功能的纤维并加入了防腐烂的酶，提高保鲜效果。

5. 不(或防)结露的保鲜膜

该膜是采用表面活性剂在 OPP 薄膜内面进行亲水性处理制得，既具有使包装内容物不结露的外观效果，又能防止易在水滴中繁殖的腐败菌类繁殖，防止果蔬腐烂。

(三)高氧自发性气调包装

高氧自发性气调包装方法可使包装袋内的 O_2 保持在 70% ~100%，这种包装具有以下优点：抑制酶活性，防止由此引进的果蔬产品褐变；防止无氧呼吸引进的发酵，保持果蔬产品的品质；有效地抑制好氧和厌氧微生物生长、防止腐烂。它特别适用于对在高 CO_2 和低 O_2 浓度下易出现无氧呼吸发酵的果蔬产品，以及鲜切果蔬产品的保鲜。同时，还可以根据不同果蔬产品的特性，确定袋内的气体组合。如对易腐的果蔬产品可采用(80% ~90%)O_2 +(10% ~20%)CO_2；对和 CO_2 不和谐的果蔬产品可采用(80% ~90%)O_2 +(10% ~20%)N_2。在欧洲市场上采用高氧气调包装蘑菇，在 8℃下货架期可达到 8 d。

(四)可降解的新型生物杀菌包装材料

由于对长期使用化学杀菌剂会危害人体健康和污染环境，以及塑料薄膜包装需求量急剧增加导致“白色污染”加重等问题的担忧，人们对包装材料的要求开始转向安全无毒和绿色环保。可降解的新型生物杀菌包装是当前国际食品包装的新热点。它是利用在一些可降解的高分子材料中加入生物杀菌剂，以起到了防腐保鲜和可降解不污染环境等多种作用。这种包装材料使用方便，特别适用于鲜切果蔬产品和熟食品的包装，在今后的新鲜食品包装中具有广泛的应用前景。

(五)功能性保鲜材料

这类保鲜膜代表性的产品有以下几种。

1. 带阻隔性保鲜膜

该膜以PP、PE、PET为原料，添加多种无机物粉末，生产出能阻隔紫外线和红外线的保鲜膜，用于贮运果蔬瓦楞纸箱的内衬，可防止果蔬腐烂，鲜花枯萎。

2. 双向拉伸HDPE保鲜膜

该膜防潮性好，无异臭，可用γ射线杀菌，特别是其纵横强度及刚性均匀，直接切割性能好，不易破，保鲜时间长。

3. 无纺布保鲜袋

该产品是在合成纸浆的芯材中，加入吸水性高分子化合物，以作为吸湿添加剂，以制成能保持一定温度的无纺布。用其制造的包装袋包装果蔬时，可吸收周围的水分，蓄存于芯材中，当袋内干燥，与外部产生湿差时，又能释放湿气，保持适当湿度，防止果蔬干枯，达到保鲜的目的。

4. 蛋白质保鲜膜

该膜以农副产品的蛋白质为原料，加入少量维生素C，制成几乎透明的蛋白质保鲜膜，用于新鲜果蔬包装，不仅能保鲜，而且能有效防止果蔬色泽变褐。

第三节 果蔬包装技术

我国地域辽阔，南北气候差异明显，果蔬资源丰富，但我国80%以上的果蔬以常温物流或自然状态物流为主，缺乏高效、实用、节能、安全的果蔬保鲜技术和装置，使得果蔬采后损失达生产总量的20% ~30%；再加上采后商品化处理技术落后，果蔬商品化处置率不足30%，造成农副产品资源的极大浪费；另外，果蔬物流配送体系发展滞后等因素也都制约着我国果蔬的发展。因此，为了更好的维持果蔬的品质和特性，降低季节性、地域性等外界环境条件的限制，提高产品经济效益，延长产品的货架期，人们采用了各种技术方法，如低温冷藏技术、涂膜保鲜技术、气调包装、化学保鲜技术等方法，来尽可能地延长果蔬货架期的保鲜技术以满足消费者对果蔬营养、美味、安全等方面的需要。

一、气调包装

(一)概述

气调贮藏被称为农产品保鲜领域的第二次革命,其最早在农业方面应用的记载是罗马时代采用地窖贮存玉米,他们利用地窖能够形成低氧环境来抵制害虫的生存;而现代气调科学始于1819年,法国人J. E. Berdard发现低O_2高CO_2可延缓果品的后熟,此研究虽引起来科学界的注意但未获得商业上的应用;此后1916年和1918年,英国人F. Kidd和C. West分别研究了气体成分对白芥种子和苹果的影响并于1927年发表了称为气体贮藏的经典研究;20世纪40年代之后各国迅速发展气调贮藏果蔬。20世纪40年代,加拿大人Phinip首先将气体贮藏改为气调贮藏,简称CA贮藏(Controlled Atmosphere Storage)。后来又出现了利用包装、薄膜等材料通过呼吸降低O_2升高CO_2的方法即自发性气调包装贮藏,简称为MAP。目前已在世界范围内使用,如英国的MAP保鲜鱼已占MAP保鲜食品零售的10%;西欧和北欧在超市就可以买到各种MAP保鲜的新鲜鱼;美国采用气调贮藏苹果的量占整个贮藏量的44%,而英国则达到80%。我国的气调贮藏应用历史记载最早于公元11世纪用于荔枝、苹果、葡萄等竹节、坛、窖贮藏。新中国成立后,我国分别于1956年、1960年、1973年对荔枝、香蕉、苹果等方面进行了气调研究,于1978年先后在北京、大连、青岛等地建立了机械气调库,并于1988年由国家农产品保鲜工程技术中心开发了果蔬专用PVC保鲜膜,实际应用于苹果、葡萄、黄瓜、蒜薹等产品的保鲜包装。

气调保鲜包含如下两种形式。

一是气调贮藏(CA):适合果蔬大批量长期贮藏保鲜。工程表现形式是大容量的定点气调库或气调集装箱。气调贮藏是指通过对调库或气调集装箱内气体进行恒定的控制,并通过机械装置和仪器来控制混合气体的成分来实现的。经过多年的研究,目前其主要技术机理与工程应用已比较成熟。

二是气调包装(Modified Atmosphere Packaging),简称为MAP,适合长途运输或作小包装销售,其定义为“在能阻止气体进出的材料中调节食品气体环境的包装技术”。对于果蔬来说则是指根据果蔬产品的生理特性不同,采用透气和透湿率不同的塑料膜或者容器来包装果蔬,通过自发调节包装内气体的比例来达到控制果蔬的呼吸速率,延长保鲜期和货架期的目的。气调包装技术为果蔬保鲜销售开辟了新的途径。它不仅解决了高温高压、真空包装食品的品质劣化问题,而且也克服了冷藏、冷冻食品的货架期短、流通成本高等缺点,同时包装外观好,对运输保存、货架展示以及产品销售的增值能力等方面都有帮助。气调包装作为果蔬的流通包装，具有结构简单、成本低、保鲜效果良好的特点，是一般包装及其他保鲜包装无法比拟的。越来越多的产品可以使用气调包装处理。

（二）气调包装的机理和特点

目前，气调保鲜被认为是国际上最有效最先进的果蔬保鲜方法之一，其主要机理是：在维持果蔬生理状态的情况下，控制环境中气体成分。通常降低氧气浓度和提高二氧化碳浓度，来抑制果蔬的呼吸强度，减少果蔬体内物质消耗，从而达到延缓果蔬衰老，延长货架、贮藏期，使其更持久的保持新鲜和可食状态。它的主要特点如下。

（1）能够保持果蔬的稳定性。在气调贮藏环境中，通过调节各组成气体的浓度，来降低果蔬产品的呼吸强度和乙烯的生成率，达到推迟果蔬后熟和衰老的目的，从而保持了果蔬产品的稳定性。

（2）提高产品品质，延长货架期。在贮藏环境中，气调包装可以降低果蔬的生理代谢程度，减少营养物质和能量的消耗，增强果蔬抵抗微生物作用的能力，从而使被包装的果蔬能够减少营养物质的损耗，最大限度地保留原有的营养价值，提高产品质量，延长其贮藏期。

（3）可以使果蔬包装美观，便于流通，且果蔬包装方法更灵活，结构简单，成本低，从而提高经济效益。

（4）有利于无污染绿色食品的开发。产品在气调贮藏过程中，无需采用任何化学药物处理，且贮藏环境中的气体成分组成与空气相近，果蔬不会产生有害的物质，从而更适应现代人们要求的绿色食品，避免在包装过程中对产品产生的污染。

因此，近年来气调保鲜技术越来越受到人们的重视，已成为世界各国所公认的一种果蔬保鲜方法。

（三）果蔬气调包装的建立方式

果蔬气调包装内气调的建立有主动气调和被动气调两种方式。

1. 主动气调

主动气调是人为地建立果蔬气调包装所需的最佳气调环境。其又分为2种：一种是将果蔬放入包装内，抽出其内部空气后再充入适合此种果蔬气调保鲜的低 O_2 和高 CO_2 的混合气体或充入 N_2 稀释包装内的残余 O_2，得到低 O_2 的气调环境，然后密封；另一种是在包装内充入 O_2、CO_2、乙烯的吸附剂或含有吸收剂的功能性塑料薄膜，快速建立低 O_2 与高 CO_2 的气调环境，并消除乙烯气体。主动气调包装建立气调平衡是通过塑料薄膜与大气之间的气体交换来完成的。主动气调包装的优点是可根据果蔬呼吸特性,充入合适的低 O_2 和高 CO_2 混合气体,立即建立所需的气调环境;缺点是需要增加配气装置而使包装成本有了一定的增加。

2. 被动气调

被动气调和主动气调不一样,其主要是利用果蔬呼吸作用消耗 O_2,产生 CO_2,逐渐构成低 O_2 与高 CO_2 的气调环境,并通过包装容器与大气之间气体交换维持包装内的气调环境。如果果蔬的呼吸速度与薄膜的透气率相匹配,包装内将会被动地建立一个有利于果蔬储藏的气调环境。如果所选择薄膜的透气率不足,包装内将能被动地建立一个有害于果蔬储藏的厌 O_2 气调或有害的高 CO_2 浓度。被动气调包装的优点是包装成本较低且操作简单,技术要求低,但对果蔬呼吸与塑料薄膜透气性间的配合要求高,建立最佳气调的时间较为缓慢,需在果蔬不产生厌氧呼吸或形成过高的 CO_2 之前建立气调,才能起到相应的保护作用。

(四)影响气调包装质量的因素

气调包装的效果和质量取决于包装容器内气体成分、温湿度的调节。它受多种因素的影响,主要包括果蔬产品的物理和生理特性、外界气调包装环境、贮运环境等因素的影响。

1. 果蔬产品的物理和生理特性

(1)果蔬呼吸所允许的气体浓度。气调包装目的之一是降低果蔬呼吸速率。当 O_2 浓度降到8%以下和 CO_2 升高到1%时果蔬呼吸速度会有敏感的变化。如果 O_2 浓度降低或 CO_2 浓度升高超过某种果蔬所允许的范围,将会产生厌氧呼吸或因 CO_2 浓度升高而引起的生理损伤。无氧呼吸是果蔬在不良条件下的自救方式,呼吸产物是酒精,再进一步氧化成乙醛、乳酸等产物,若组织中这些产物积累过多,则将导致细胞中毒死亡。无氧呼吸产生的热量为有氧呼吸的2.5%,果蔬为了获得维持生命活动的足够热量就必须分解更多的有机物质,积累更多的毒副产物,从而加速组织衰老、死亡。果蔬出现无氧呼吸有两种情况,一种是贮藏环境如塑料袋内 O_2 的浓度低于临界指标;另一种是环境不缺氧,但由于组织结构原因,也能产生无氧伤害。如薯类,内层组织处在气体交换比较困难的位置,经常缺氧。故果蔬气调包装应始终保证包装内的气体浓度不超出果蔬呼吸所允许的极限范围。表5-6为常见果蔬允许的最低 O_2 和最高 CO_2 浓度。

表 5-6　常见果蔬允许的最低 O_2 和最高 CO_2 浓度

允许的气体浓度限值/%	果蔬品种
最低 O_2 浓度	
0.5	木本坚果、干燥的果蔬
1.0	苹果、梨、西蓝花、蘑菇、大蒜、洋葱
2.0	猕猴桃、杏、李、桃、油桃、草莓、木瓜、菠萝、罗马甜瓜、甜玉米、芹菜、莴苣、菜花、卷心菜、樱桃
3.0	油梨、柿、番茄、黄瓜
5.0	柑橘类、芦笋、马铃薯、青豌豆
最高 CO_2 浓度	
2.0	苹果、亚洲梨、杏、葡萄、橄榄、番茄、胡椒、莴苣、芹菜、卷心菜
5.0	桃、油桃、李、柑橘、油梨、香蕉、芒果、木瓜、猕猴桃、红莓、豌豆、红辣椒、茄子、莱花、萝卜、胡萝卜
10.0	葡萄柚、柠檬、酸橙、柿子、菠萝、黄瓜、羊豆角、芦笋、西蓝花、香芹、韭菜、洋葱、大蒜
15.0	草莓、树莓、黑莓、蓝莓、樱桃、无花果、甜玉米、蘑菇、菠菜

果蔬气调包装另一目的是通过降低呼吸速度使植物的基质消耗，减少 O_2 消耗，CO_2、C_2H_4、水的产生以及热量的释放，其结果是果蔬的新陈代谢活动缓慢，从而延长贮藏期。果蔬的呼吸速度和呼吸的新陈代谢通道受到内部和外部因素影响。呼吸速度是随着果蔬的成熟、熟化和衰老的自然过程而变化。

一般来说叶菜类和软性水果，如水蜜桃、葡萄、番茄等呼吸速度快，脱水速度也快，极易萎蔫和腐烂，对缺氧很敏感。而硬质水果和块根蔬菜，如苹果、香蕉、梨、柑橘和萝卜、马铃薯、洋葱等呼吸速度慢，不易腐烂。

(2)存在呼吸峰期的果蔬呼吸活动会产生乙烯，促使呼吸速率产生一个不可逆转的增速和快速成熟。气调的作用可减少乙烯产生，从而使此类果蔬的呼吸峰期延缓，从而延长贮藏期。对于无呼吸峰值期的果蔬，气调也可降低其乙烯敏感和呼吸速度。

(3)果蔬的机械损伤。果蔬在采收及采后处理过程中受到机械损伤会提高呼吸强度。由于伤口加大了与空气的接触，促进果蔬的呼吸。同时果蔬为了产生愈伤组织或抵抗微生物的侵入而加快合成一些物质，也需要提高呼吸强度，这样就会大大加快了果蔬内含物的损耗。

2. 外界气调环境

(1)包装材料对气体的选择性透气率。由于要在包装内营造一个低 O_2 高

CO_2 的气体环境，包装材料的气体透过性必须适当。透气性太强，CO_2 很快逸出，O_2 比率相对增加，使呼吸作用增强，起不到保鲜作用；透气性太低，CO_2 很快消耗又容易产生无氧呼吸导致腐烂。

不同的薄膜材料其透气率不同，同一种材料因厚度不同，透气率也不尽相同，因此都必须根据果蔬品种的呼吸强度与生理特性来选择单膜或复合薄膜进行包装。

由塑料薄膜进行气调贮存和包装的方法，之所以能够延缓水果的熟化过程，就是因为新陈代谢的速度在很大程度上被系统内部的 CO_2 和 O_2 的含量所控制。经研究表明，在常温常压下，多数果蔬较适宜的气体指标为 2% ~5% O_2，3% ~6% CO_2，CO_2 与 O_2 的透过率(3 ~4)∶1 为宜，让 CO_2 气体能较多地逸出不致造成生理性破坏。几种果蔬气调包装用的塑料薄膜透气性能见表 5 -7。

表 5 -7　几种果蔬气调包装用的塑料薄膜透气性能(10℃)

品种	透气系数/[mL·mil/(m²·h·0.1 MPa)]	
	O_2	CO_2
LDPE	110	366
LLDPE	257	1 002
HDPE	2.1	9.8
PP	53	151
OPP	34	105
尼龙复合薄膜	1.7	6.0
乙烯 -醋酸乙烯	166	985
充填陶瓷聚苯乙烯	116	630
硅橡胶	11 170	71 300
穿孔薄膜	2.44×10^9	1.89×10^9
微孔薄膜	3.81×10^7	3.81×10^7

注：1 mil =25.4 μm。

目前大多数的商用薄膜不能足够地提供大气的流动和选择度以使包装内达到最佳的 CO_2 和 O_2 浓度。对通过设计来保持最佳 O_2 的 MAP 来说，大多数渗透薄膜仅能满足低、中等呼吸率产品 MAP 所期望的性能。仅有复合薄膜和微孔薄膜可能能够满足那些比较高的呼吸率的产品的流动和选择度的要求。

(2)气调包装最佳平衡浓度在选用合适的包装材料的同时，还必须选择合适的气调包装的气体组成，以控制果蔬的呼吸作用。如果袋内 O_2 含量过高会催熟，而 CO_2 气体过高则会抑制其呼吸，造成产品腐败。确定适合某一果蔬产品气调包装的平衡气体组分需要通过对多组气体组分气调包装试验后，对其包装后的果蔬质量进行综合评价后才能确定。一般地失重率、V_C、纤维素、叶绿素及评定感官值是果蔬质量综合评价的基本特性参数。从表 5－8 中可以看出，当气体组成中 O_2 为 2.5%～5%、CO_2 为 5% 时，在 4℃ 的温度下，苹果的保质期可达 46 w。表 5－9 为国外各种果蔬气调贮运的气调条件。

表 5－8　苹果贮藏保质期与气体组成、温度的关系

贮藏气体条件/%		贮藏期/w		贮藏气体条件/%		贮藏期/w	
O_2	CO_2	4℃	10℃	O_2	CO_2	4℃	10℃
2.5	5	46	24	10	10	24	24
5	5	46	17	2.5	15	7	14
10	5	35	17	5	15	4	17
2.5	10	30	4	10	15	4	13
5	10	30	20	空气		24	14

表 5－9　国外各种果蔬气调贮运的气调条件

品种	温度/℃	O_2/%	CO_2/%	品种	温度/℃	O_2/%	CO_2/%
芦笋	0～2	1～3	5～15	番茄	13	3～5	4
西蓝花	0	2～5	10	蓝莓	0	10	11
蘑菇	0	1～2	10～15	李	0	1～2	2～3
卷心菜	0	1～2	5～10	葡萄柚	7	2～5	2～5
甜玉米	0	2～4	0～10	油桃	0	1～3	5
莴苣	0	2～5	0	桃	0	1～2	5
菜花	0	2～4	2	柠檬	15	3～5	0～5
芹菜	0	1～4	—	柑橘	1	15	0
胡椒	13	3～5	2～8	芒果	13	5	5
洋葱	0	2～5	5～10	葡萄	0	5	2～5
青豌豆	0	5～10	5～7	油梨	7	1	9
苹果	0	3	5				

（3）包装内湿度。如果包装薄膜透湿性差，包装内部逐渐变为高湿状态，很容易在包装内侧产生水雾。当外部湿度低于包装内部空气露点湿度时，就会在

包装薄膜内壁产生结露。这些露水在包装内多形成碳酸水,易导致产品表面湿浊,使外观变差,商品价值降低,严重的则导致微生物侵染而腐败变质。采用功能性保鲜膜,由于添加了防雾、防结露物质,用于包装可有效地防止水雾和结露现象。

研究发现目前大量单独使用的塑料薄膜包装,其包装内相对湿度不能低于100%。因此,使用水分吸收剂来控制相对湿度是一种简单有效的方法。

3. 贮运环境

(1)贮藏温度。贮藏温度直接决定果蔬产品温度,对气调包装质量至关重要。通常温度升高,果蔬呼吸速率增大,而每升高10℃,会导致产品呼吸速率增强2~3倍。低温可降低呼吸速率,但每种果蔬都有允许的最低温度。低于其允许的最低温度,会发生冷伤或冻伤、呼吸速率增加、衰老加快和果蔬的价值降低。需要说明的是最完善的气调包装,也只能让某些水果和蔬菜在20℃贮存数周以上。但大环境的高温仍会导致果实的呼吸和生理代谢加快、消耗果蔬营养、降低风味品质、增加腐烂变质、降低MAP包装的保鲜效果,因此包装不能代替冷藏,好的包装只有在冷藏条件下,才能长期甚至数月保持最好的果蔬品质。

同时,贮藏温度变化对薄膜透气性有较大影响。通常塑料薄膜的透气率随着温度升高而增加,而CO_2透气率比O_2透气率增加幅度大。这意味适合在某种温度时的气调包装的薄膜并不一定适合另一种温度时的气调包装,因此,气调包装产品贮藏与销售时的温度控制很重要。

(2)贮藏相对湿度。目前相对湿度对果蔬呼吸强度影响的研究尚不系统,规律也不明显。对于有些果蔬品种而言,较低的相对湿度能够适当使果蔬失水,降低呼吸强度,如洋葱、大白菜、柑橘等。对这些果蔬而言,贮藏过程中的高湿度会引起呼吸强度增大、品质劣变。而对于另外一些果蔬,如甘薯、马铃薯、芋头等,干燥反而会促进呼吸,产生生理伤害。另外,据报道,香蕉在相对湿度小于80%时,不能产生呼吸跃变与正常后熟,只有90%以上的相对湿度条件才会有正常的呼吸跃变产生。

贮藏相对湿度一般情况下对包装薄膜透气性能影响不大,而若使薄膜表面有水蒸气冷凝则对包装薄膜透气性能有影响。

影响气调包装保鲜的因素较多,包括果蔬的呼吸速率、重量、体积;包装膜的性质、面积、厚度、体积;外界环境温度、压力、湿度等。目前存在的问题有膜对每种气体的渗透系数不同,且差别较大,无法同时满足气体渗透的要求,只能满足单一要求。另外,长期贮存包装内的气体会发生变化而气调包装无法实现与果蔬呼吸代谢要求的动态平衡。

二、减压贮藏保鲜

减压保鲜是通过降低环境大气压力的方法来保鲜水果、蔬菜等易腐产品。它是贮藏保鲜技术的又一新发展。减压贮藏的原理是降低气压,使空气中的各种气体组分的分压都相应降低。例如,气压降为原来的1/10时,空气中的O_2、CO_2、乙烯等的分压也都降为原来的1/10,也就是使O_2的浓度虽仍为21%,但CO_2分压已降到2.1%。因此,减压也能造成所需的气调条件,起到气调贮藏相同的作用。

减压保鲜技术的特点主要如下。

(1)迅速冷却。普通恒温库和CA气调库都没有快速冷却的功能,需要配备预冷设施;否则,进库的蔬菜、“热果”需要几十个小时甚至几天才能达到适宜的低温。减压贮藏库因能够创造较低的气压环境,降低了水分气化的条件,所以整库的产品只需20 min就能冷却到预定温度,从一开始就奠定了良好的保鲜基础。

(2)快速降氧,随时净化。降氧速度快,且只要压力不变,低氧的浓度就能保持稳定。由于减压保鲜能够将有害气体随时净化,最大限度地保障了产品的生理健康,所以贮藏的产品不衰老、不发黄、不失重、不变质,商品率高达98%以上。

(3)能耗低,制冷效果好,兼有冷藏冷冻双重功能。

(4)高效杀菌,消除残留。工业化减压舱贮藏中,应用臭氧进行常压和减压两次杀菌,消除公害残留,被认为是当今较为理想的措施。臭氧是广谱、高效杀菌剂,对食品无害,不产生残留污染,在减压状态下使用臭氧,可对潜入皮层内的微生物和内吸农药残留起作用,达到彻底消毒的目的,其方法简单、成本低廉、效果良好。

采用减压保鲜技术贮藏可将食物失重、腐烂、老化程度减到最小范围。但是,减压贮藏有一个明显的缺陷,就是在减压条件下组织水分的蒸腾损失也很快。因此,必须使贮藏保持很高的空气湿度,一般需在95%以上。另一个缺点是从减压中取出的果品香味很弱,但放置一段时间后即可恢复。

减压处理基本上有两种方式:定期抽气式(静止式)和连续抽气式(气流式)。前者是将贮藏室抽气到要求的真空度后,便停止抽气,以后适时补充O_2及抽气以维持稳定的低压。这种方式虽可使果蔬内乙烯扩散,但环境中的乙烯浓度仍比较高。另一种方式是在减压室的一端用抽气泵连续抽气,另一端则不断输入高湿度的新鲜空气,控制抽气和进气的流量使整个系统保持规定的真空度

（图5－5）。减压贮藏系统的减压范围一般为0.533～53.329 kPa，增湿程度为80%～100%，温度范围为2～15℃。

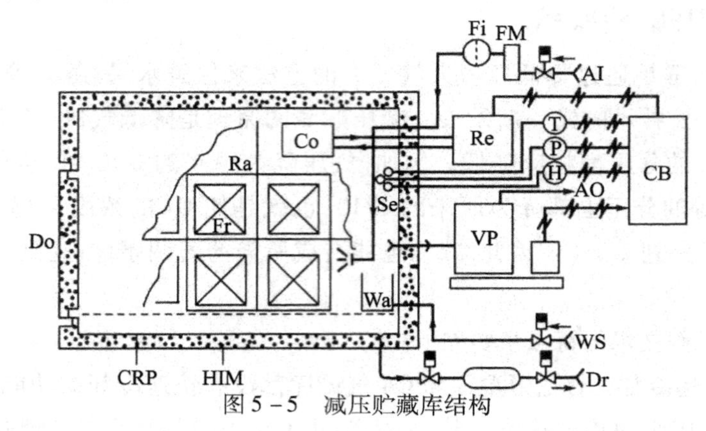

图5－5　减压贮藏库结构

Do—库门　Co—冷却机　P—压力计　VP—真空泵　Dr—排水沟　Fr—果实　FM—流量计
AI—气体取样器　CB—控制板　HIM—隔热材料　Ra—货架　H—湿度计　T—温度计
WS—加湿器　Wa—水　Fi—过滤器　Re—冷冻机　AO—气窗　CRP—耐压库　Se—探头

减压贮藏气调装置具有价廉、质轻、耐高压、耐腐蚀和装卸方便等特点，从根本上解决了限制减压技术推广应用的难题。该设备可自动进行加湿，保持贮藏环境的相对湿度，防止果蔬产品因减压而失水过多，能实现自动控制和自动检测。

由于减压贮藏保鲜理论和技术上的先进性，特别是在易腐难贮的果蔬保鲜方面，比普通冷藏和气调贮藏有了明显的进步，因而被称为21世纪保鲜技术、保鲜史上的第三次革命。目前，该技术国内外尚未推广应用，市场前景大。表5－10是果蔬冷藏与减压贮藏贮藏期的比较。

表5－10　果蔬冷藏与减压贮藏贮藏期的比较

果蔬种类	冷藏/d	减压贮藏/d	果蔬种类	冷藏/d	减压贮藏/d
莴苣	14	40～50	黄瓜	10～14	41
番茄	14～21	60～100	草莓	5～7	21～28
菠萝	9～12	40	香蕉	10～14	90～150
苹果	60～90	300	葱	2～3	15
桃	45～60	300			

三、辐射贮藏保鲜

辐射保鲜技术是用X射线、γ射线、β射线和电子束照射农产品。X射线、γ射线、电子射线中以γ射线应用最广,β射线和电子束应用较少,X射线的应用国内尚未报道。当农产品和食品上的微生物、昆虫等接受照射之后,获得了射线的能量与电荷,这种射线的能量和电荷能引起微生物、昆虫体内产生一系列的化学反应,使新陈代谢、生长发育受到抑制和破坏,而使微生物、昆虫等被杀死,同时也能使产品本身的生理活动受到抑制,以达到贮藏保鲜的目的。

(一)辐射贮藏保鲜的特点

辐射保藏属于冷加工,是利用射线的穿透力进行杀虫杀菌。它不会引起食物内部温度的明显变化,所以可以保持食品原有的风味,不破坏原有的包装、外形。尤其对于不宜加热的果蔬产品,辐照贮藏更有其独到之处。

利用射线处理食品,对其营养成分没有明显的破坏。经多年的研究证明,射线对食物的主要营养成分,如碳水化合物、脂肪、蛋白质、氨基酸等都没有明显的影响。

利用射线可处理各种不同类型的食品,如包装好的马铃薯、洋葱、大蒜等蔬菜及各种水果,还可以处理各种方便食品及熟食品。消费者购买后稍加处理即可食用。

众所周知,昆虫对农产品和食品的破坏是非常严重的。在储过程中,对农产品和食品做辐照处理,是对付害虫的有效手段。经过一定剂量的辐照,可以使昆虫死亡、缩短寿命、不育、发育迟缓等。辐照杀虫有两种方法:直接杀死法和通过辐照使害虫不育达到消灭害虫的目的。微生物尤其是致病微生物是导致食品腐败变质、引发食源性疾病、影响食品安全的主要来源。控制微生物的方法有物理法和化学法。化学法主要是在食品中加入各种防腐剂,这种方法存在的缺陷是往往会造成化学残留物而危害人体健康。而物理法中的辐照杀菌法则是一种杀菌彻底而无任何残留的方法。

利用射线辐照保藏果蔬产品还可以大幅度降低能源的消耗。据研究报道,意大利曾作过计算,马铃薯冷藏300 d,每吨消耗能量为103 MJ。利用辐照常温贮藏300 d,每吨消耗67.4 MJ,约为冷库所需能量的60%。

辐照杀菌分为选择性杀菌、针对性杀菌、辐射灭菌等几类。选择性杀菌是通过辐照减少现存细菌的数量而达到减少腐败的目的;针对性杀菌指利用电离辐射杀死除病毒以外的各种致病菌,如沙门氏菌、李斯特菌等;辐射灭菌可以消灭食品中所有的微生物，达到细菌总数和致病菌为零的目的。这种过程要求辐照的剂量很高。

研究发现，利用一定的辐照剂量，可以使植物发芽的生长点细胞在休眠期受到抑制而不发芽。辐照处理的结果，可以使诸如大蒜、马铃薯等块茎植物不致因发芽而损耗养分。另外，果蔬通过一定剂量的辐照后，新陈代谢和呼吸代谢就会受到抑制，或者推迟成熟、延长贮藏周期乃至货架期。

（二）辐射保鲜作用

适宜剂量和剂量率的辐射能不同程度地抑制果蔬的呼吸强度和内源乙烯的发生，调节果蔬生理活动，减缓衰老进程，增强抗逆能力，从而达到保鲜的目的。

较完整地保持果蔬固有品质是果蔬辐射保鲜的基础和前提。通常，只要剂量和计量率合理，辐射不会对果蔬的主要营养成分造成不良影响。不仅如此，有时辐射还能改善果蔬品质。氢氰酸是银杏胚里的一种有害物质，多食会引起不适，甚至中毒。但经1.55 C/kg 和3.10 C/kg 的^{60}Co γ 射线辐射后，氢氰酸含量显现极为显著的减少。梁山柚是四川省的优质水果，但略有苦味。研究发现，0.15 关 kGy 的^{60}Co γ 射线辐射处理具有脱苦作用，果实中的主要苦味物质柚苷的含量明显下降。^{60}Co γ 射线辐射处理能够增加荔枝和柑橘的还原糖含量。这是由于 γ 射线降低了多糖和寡聚糖的键合力，使其逐步降解为单糖和蔗糖。

（三）影响辐射保鲜效果的主要因素

1. 品种

品种不同，辐射剂量要求不同；目的不同，辐照剂量的大小也不同。同时不同的水果对射线的忍受力不同，根据水果对 γ 射线忍受力的差异，可把水果分为忍受力强、忍受力中和忍受力差三类（表5－11）。

表5－11　水果对 γ 射线的忍受力

忍受力	可忍受剂量	果品
强	>1.0 kGy	草莓、芒果、龙眼、番木瓜
中	0.3～1.0 kGy	荔枝、香蕉、柑橘、无花果、石榴、菠萝、杨梅、苹果
差	<0.3 kGy	葡萄、梨、柠檬、桃、梅、油桃、枇杷、油橄榄

2. 辐射剂量

根据联合国粮农组织/国际原子能机构/世界卫生组织（FAO/IAEA/WHO）联合专家委员会的结论。总体平均吸收剂量10 kGy 辐射的食品没有毒理学上的危险，用此剂量处理的食品不必做毒理学试验，在营养学和微生物学上也是安全的。我国水果辐射保鲜研究中所用剂量均低于10 kGy，因此一般不做毒理试验。

果蔬的辐射保鲜必须选用适宜剂量，否则达不到理想的保鲜效果。据研究报道，用于果蔬保鲜的剂量较低，一般在0.03～1.0 kGy之间；用于杀虫防虫的剂量一般在0.2～4 kGy之间即可；用于针对性和选择性杀菌的剂量在1～10 kGy之间；用于完全灭菌的辐照剂量最低要在20 kGy以上。但剂量不宜过高，否则会使水果受到辐射损伤，引起果实生理活动紊乱，出现内部组织和色泽变化、异味严重，果实软化、果肉细胞的细胞质和核质聚集成粒、细胞膜断裂、组织透性增加等不良反应。此外，值得特别一提的是，水果辐射的保鲜效果与辐射剂量率也有关系，相同射线、不同剂量的辐射也能得到不同的保鲜效果，为此许多文献都对辐射剂量率加以说明。

3. 温度

辐照以后的贮藏温度对效果有明显的影响，如果果蔬在辐照后，能配合适当的低温贮藏，效果会很明显。对苹果进行试验表明，辐照后放在－2℃的低温下保存8个月，品质无不良影响，如放在室温下(一般0～25℃范围内变化)贮存6个月后，品质就会明显下降。

4. 综合措施

综合措施处理比单一处理效果要好得多，当前进行的辐射食品研究和应用中，绝大多数都是综合措施处理，如低温、保鲜剂、保鲜膜、添加剂、适当高温、真空或充氨等。柑橘辐照保鲜，增加保鲜袋之后，明显提高了贮藏效果。

5. 包装材料的选择

目前各国都把高分子材料作为食品的主要包装材料。由于高分子材料受辐照会引起辐照交换、辐射降解等化学变化，辐照食品包装材料以选用聚乙烯薄膜、聚对苯二甲酸乙二酯薄膜、聚苯乙烯薄膜、聚乙烯醇薄膜和尼龙复合薄膜等较好。在应用中，10 kGy剂量以下的辐照食品对包装材料的材质和包装技术，一般无特殊要求；在25 kGy剂量时，聚丙烯有辐射损伤；再高的剂量，包装材料需谨慎选择。

(四)辐照对营养成分的影响

1. 对碳水化合物的影响

射线对糖类有影响，单糖水溶液经辐照后能分解，寡多糖和多糖经辐照后能分解成单糖及类似单糖的辐解产物，果胶等经辐照也能发生解聚作用。碳水化合物经大剂量辐照后能引起氧化和分解，从而增加单糖的含量。如淀粉纤维素经大剂量辐照后可分解成葡萄糖、麦芽糖、糊精等。但在一般情况下，它还是很稳定的。当前食品辐照使用的剂量都不高,这种低剂量的辐照对食品中碳水化合物不会产生质量变化,对其营养价值也不会发生改变。

2. 对维生素的影响

维生素是食品中重要的微量营养物质,许多食品保藏方法都对维生素有一定的破坏,辐照处理也是如此。维生素有水溶性和脂溶性两种。由于不同维生素的化学结构有差异,所以各种维生素对电离辐射的反映不同,存在的条件不同,对射线的敏感性也不同。

3. 对氨基酸和蛋白质产生影响

氨基酸和蛋白质经辐射能发生变化,这种变化一般表现为分解,或结构、性质的改变等,这些变化都是对它的纯品或溶液辐照后测定获得的。蛋白质经辐照后的这种变化,对食品的色、香、味,甚至物理性质都会有影响。但在食品中,辐照后测定,氨基酸和蛋白质的变化很不明显,甚至可以说没有影响,特别是低剂量辐照。

四、湿冷保鲜技术

湿冷系统是在机械制冰和蓄冷技术基础上发展起来的一项新型技术。它通过机械制冰蓄积冷量的方法,获取低温的冰水经过混合换热器,让冰水与库内空气进行传热传质,得到接近冰点温度的高湿空气来冷却果蔬。通常控制在物料冷害点温度以上(0.5~1℃),在相对湿度为90%~98%的环境中贮藏水果。临界点低温高湿贮藏的保鲜作用体现在两个方面:第一,水果在不发生冷害的前提下,采用尽量低的温度可以有效地控制果蔬在保鲜期内的呼吸强度,使某些易腐烂的水果品种达到休眠状态;第二,采用相对高湿的环境可以有效地降低水果水分蒸发,减少失重。从原理上说,低温高湿贮藏既可以防止水果在保鲜期内的腐烂变质,又可抑制水果衰老,是一种较为理想的保鲜手段。临界低温高湿环境下,结合其他保鲜方式进行基础研究,是水果中期保鲜的一个方向。

湿冷保鲜技术的主要技术特征为:

(1)压缩机配套动力比常规冷库减小30%~50%,制冷剂用量节省20%~30%;

(2)利用低谷廉价电力蓄冷,贮藏保鲜成本可下降20%~30%;

(3)免去加湿、除霜作业,库内温度、湿度稳定;

(4)采用高湿冷气流压差预冷,使其冷却果蔬的速度比一般风冷快4~6倍,并且水分损失少;

(5)产品可以随时进出库,方便连续流通。

五、化学保鲜技术

化学保鲜技术在果蔬保鲜包装上的保鲜作用主要体现在对果蔬产生的气体(如乙烯、乙醇等)进行抑制,降低果蔬的呼吸强度,对果蔬滋生的细菌进行限制,从而达到控制采后腐烂,延长贮藏期的目的。

(一)化学药剂分类

化学药剂按照功能不同分为化学防腐保鲜剂、天然防腐保鲜剂、生物防腐保鲜剂。

1. 化学防腐保鲜剂

化学防腐保鲜剂又可以分为吸附型、浸泡型、熏蒸型、涂膜保鲜剂等。

(1)吸附型保鲜剂。主要用于清除贮藏环境中的乙烯,降低 O_2 含量,控制 CO_2 浓度,来达到抑制果蔬呼吸的作用,其主要有乙烯吸附剂、吸氧剂、CO_2 吸附剂,其中乙烯吸附剂利用最广泛,原因是果蔬在成熟时会产生乙烯,产生的乙烯会反过来促进果蔬加快成熟,从而导致果蔬的贮藏性能降低,因此在果蔬贮藏保鲜中需除去乙烯,而目前比较多的应用活性炭、蛭石等多孔状物质作为吸附剂;$KMnO_4$、$CaCl_2$ 等作为吸收剂;1 - MCP(1 - 甲基环丙烯)等作为乙烯受体抑制剂来限制乙烯的产生和增加,减缓果蔬后熟。

(2)浸泡型保鲜剂。主要是通过将果蔬浸泡于保鲜剂制成水溶液中来达到防腐保鲜的目的。通过保鲜剂水溶液的浸泡能够抑制或杀死果蔬表面或内部的微生物,部分药剂还具有调节果蔬的新陈代谢过程的作用。这类保鲜剂主要有防护型杀菌剂、苯并咪唑及其衍生物、植物生产调节剂等。由于其操作简便、保鲜效果较为明显,曾得到了广泛应用,如托布津、多菌灵等,但这种保鲜剂容易出现抗药性和毒性残留,再加上人们生活水平的提高,对果蔬质量和卫生安全要求越来越高,因此这种保鲜剂越来越不符合现代饮食质量的要求。目前国内外正在研究安全性较高的防腐保鲜剂如中草药保鲜剂、肉桂精油等。

(3)熏蒸型保鲜剂。主要是通过保鲜剂的挥发,以气体形式抑制或杀死果蔬表面的病原微生物。此种类型的保鲜剂应用时需要空间密闭,将果蔬置于其中密封一段时间后再进行重新通风,因此对果蔬毒害作用较少。目前用于果蔬的熏蒸剂有仲丁胺、二氧化硫释放剂、二氧化氯等。其中应用较多的为二氧化硫、二氧化氯。二氧化硫多用于葡萄等水果的保鲜,但是二氧化硫浓度过高时易造成果蔬表面色彩消退,影响外观,同时残留量过高;二氧化氯是近年来国内外普遍关注的一种新型高效、安全无毒的消毒剂,目前广泛应用于葡萄、瓜果、蟠桃等果蔬保鲜。

(4)涂膜保鲜剂。涂膜剂保鲜法是采用涂膜技术进行保鲜的一种方法,目前广泛应用于水分较大的果蔬贮藏。涂膜技术是将蜡、脂类等成膜物质制成一定浓度的水溶液或乳液,采用浸渍、喷涂等方法将果蔬表面覆盖,干燥后形成一层无色透明的半透膜。其特点是这层膜能够将水果表面气孔和皮孔封闭,在果蔬周围形成具有严密渗透性的密闭环境,可减少病原菌对果蔬的直接侵染;阻止蒸腾引起的水分损失;保持果蔬新鲜度和硬度;推迟果蔬的后熟衰老;延长其贮藏期。采用涂膜保鲜技术可以使果蔬表面形成一个半封闭的环境,降低果蔬与外界环境的联系;提高果蔬外观效果,同时起到一定的保护作用。常用的果蔬涂膜保鲜剂的种类主要有:

①多糖类涂膜保鲜剂。其中研究较多的是植物多糖和微生物多糖,而包装上最常用的是壳聚糖、淀粉、纤维素等多糖涂膜剂。

②果腊或蜂蜡。

③蛋白质涂膜保鲜剂。蛋白质类涂膜剂主要是指植物蛋白。

④复合涂膜保鲜剂。复合膜是由脂肪、糖、蛋白质等物质经过一定的处理而形成复合性膜,能够具有更好的特性和保鲜效果。目前国内外掀起可食性膜研究热潮,其具有较好的选择透气性、阻气性,又具有无色、无味、无毒的优点。目前常用的可食用膜有:甲壳素膜,纤维素膜,淀粉膜,魔芋可食用膜,海藻酸钠膜,小麦、玉米、大豆等蛋白质膜,复合型膜及其他一些动物蛋白膜。当然,如何寻找天然抑菌剂,提高可食用膜的抑菌作用,将是涂膜保鲜剂的一个重要发展方向。

2. 天然防腐保鲜剂

天然防腐保鲜剂主要来自于某些物质提取物,其毒性远低于人工合成的保鲜剂,因此受到人们的普遍欢迎。目前应用较多的有茶多酚类、香辛料提取物、植酸、壳聚糖、复合维生素 C 衍生物等。

3. 生物防腐保鲜剂

生物防腐保鲜剂主要是利用病原菌的非致病菌株制成,使用时将其喷布到果蔬上,达到降低病害所引起的果蔬腐烂的目的。其主要特点是不污染、不残留、不产生抗药性,费用低,所需环境小等优点,如草莓采前喷布木霉菌,能明显降低草莓灰霉病的发病率等。

(二)化学保鲜技术在果蔬保鲜上的应用

在满足食品添加剂卫生标准的条件下,化学保鲜具有方法简单、易操作、成本较低等特点。在果蔬贮藏保鲜方式中，防腐保鲜剂作为一种非常有效的辅助技术可起到减缓果蔬后熟，降低呼吸强度等作用，如钙、水杨酸、聚乙烯吡咯烷酮等。其中，钙处理可推迟果蔬衰老、防止果实软化；桃经钙处理后可减少腐烂率、降低呼吸强度。近年来，随着科学技术的发展，二氧化硫、植酸、钙和 1 - MCP（1 - 甲基环丙烯）等用于果蔬采后贮藏保鲜方面的研究报道越来越多。

1. 钙处理

钙是关系到植物生长发育的营养元素之一，对果蔬生理过程有着重要作用。它不仅能够延缓果蔬的后熟过程，抑制果蔬衰老相关酶活性，降低果蔬的呼吸速率和乙烯的产生，保持细胞膜的结构和功能，降低膜对水的渗透性，而且采前采后用钙处理加强了钙离子对细胞壁和细胞膜的保护作用，增强果实的强度。另外，钙离子还能够参与调节细胞内生理生化过程，抑制生理病害的发生，防止果蔬衰老，能够明显的改善果蔬贮藏品质。

2. 植酸

植酸（Phytic Acid），化学名为肌醇六磷酸，是从植物中提取的一种有机磷酸类化合物。由于其具有独特的结构和化学性质，是良好的天然无毒果蔬被膜剂材料，因此植酸常被应用于果蔬包装上。植酸能够抑制果蔬的气体交换，降低呼吸强度和外界的氧化作用，减少水分的蒸发，限制微生物的生长繁殖，且生产成本低，原料丰富，使用方便，设备简单，保鲜效果好，受气候和场所的限制较小，因而得到广泛应用。按卫生部颁发《食品安全国家标准　食品添加剂使用标准》（GB 2760—2011）中规定植酸可作为加工水果、加工蔬菜和果蔬汁饮料的抗氧剂，且最大使用量为 0.2 g/kg。

3. 1 - MCP（1 - 甲基环丙烯）

1 - MCP 是一种结构简单、无毒、无难闻气味、高效、易合成、稳定且使用浓度极低的乙烯抑制剂. 果蔬成熟后产生促进成熟和衰老的植物激素——乙烯，从而加快果蔬的衰老和死亡，但 1 - MCP 可以抢先与乙烯受体结合，从而阻止乙烯与其受体的结合，且这种结合不会引起成熟的生化反应，因此经过 1 - MCP 处理后可保持果实贮藏期的硬度，减缓果实可滴定酸含量的损失和 V_C 含量的降低，延缓果实色泽的转化以及抑制果实的呼吸强度、乙烯生成量，以及成熟衰老相关酶的活性，从而延缓果实的后熟衰老。目前 1 - MCP 广泛应用于水果、蔬菜、花卉等产品处理。

此外，果蔬化学保鲜时，应考虑化学药剂的浓度，尽量采用无毒、无残留等环保卫生健康型药剂，因此一些天然无毒的植物保鲜剂、天然微生物拮抗剂等结合其他方式被用于果蔬保鲜，如 1 - MCP 加气调包装、$CaCl_2$ + 低温冷藏等综合保鲜。

六、其他保鲜技术

1. 静电场果蔬保鲜

这是一种新颖的保鲜方法，可利用诸如电磁波、电磁场和压力场等对加工对象进行节能、高效及高品质处理。

2. 臭氧及负氧离子气体保鲜法

臭氧是一种强氧化剂、消毒剂和杀菌剂，既可杀灭消除蔬果上的微生物及其分泌毒素，又能抑制并延缓蔬果有机物的水解，从而延长蔬果贮藏期。负氧离子可以使蔬果进行代谢的酶钝化，从而降低蔬果的呼吸强度，减弱果实催熟剂（乙烯）的生成。

3. 生物技术保鲜

（1）生物防治在果蔬保鲜上的应用。生物防治是利用生物方法降低或防治果蔬采后腐烂损失，通常有以下 4 种策略，即降低病原微生物、预防或消除田间侵染、钝化伤害侵染以及抑制病害的发生和传播。

（2）利用遗传基因进行保鲜。通过遗传基因的操作从内部控制果蔬后熟；利用 DNA 的重组和操作技术，来修饰遗传信息；或用反 DNA 技术革新来抑制成熟基因的表达，进行基因改良，从而达到推迟果蔬成熟衰败，延长贮藏期的目的。

4. 高温贮藏技术

英国发明了一种鳞茎类蔬菜高温贮藏技术。该技术利用高温对鳞茎类蔬菜发芽的抑制作用，把贮藏室温度控制在 23℃，相对湿度维持在 75%，这样就可达到长期贮藏保鲜的目的。但是在这样的温度条件下，蔬菜易产生腐生性真菌，造成病斑。目前，英国正在研究如何控制这种腐生性真菌。据报道，洋葱在这样的条件下可贮藏 8 个月。

5. 综合保鲜技术

在果蔬保鲜技术上对于气调保鲜、低温保鲜、化学保鲜等单一保鲜技术的研究已经比较深入且取得了一定的成果，但仍不能满足果蔬产品长距离输送以及反季节销售的需要，而且单一的保鲜技术不可避免地存在着这样或那样的缺点。因此国内外很多学者开始研究综合保鲜包装技术来解决这方面的难题。

第四节　果蔬气调包装机械

气调包装系统由两部分组成：第一部分气体混合，由气体混合装置实现，它可作为单独部件与气调包装机、真空包装机配套使用。气体混合装置的作用是根据不同需要，准确地将 CO_2、O_2、N_2 混合成各种不同比例的混合气体，供包装所用。第二部分为气调包装，由气调包装机实现，其作用是将装有产品的袋（盒）中的空气置换出，然后充入所需的混合气体，将袋（盒）封口。目前，我国大多数是使用真空包装机代替，一是避免气体浪费；二是包装袋内气压一般小于一个大气压，所以可防止包装袋变瘪。

一、气体混合

（一）气体比例混合原理

根据理想气体状态方程可得：

$$n_1:n_2:n_3:\cdots:n_m=P_1V_1:P_2V_2:P_3V_3:\cdots:P_mV_m$$

式中：n_i 为气体 i 摩尔数；P_i 为气体 i 的分压；V_i 为气体 i 的分体积，$i=1,2,\cdots,m$。

可见，气体比例混合可采用有两种方法：一种是在气体分压力一定时，控制混合气体流量，采用流量阀对气体作节流比例混合；另一种在一定容积的容器内，气体混合物的总压力一定时，控制混合气体中各气体成分的分压进行混合。

（二）气体比例混合装置

如图 5－6 所示，为 HQ 型气体比例混合装置。该装置可对两种以上气体进行混合。其中，对三种气体采用三只容积完全相同的定量缸 3，在每只缸的进口均设置调压阀 1，以控制进气压力 $P_i(i=1,2,3)$。另外，在气缸两侧设置 4 只电磁阀 2，以保证来自气源的气体能顺利地通过定量缸进入混合筒，并使气源与混合筒不直接串通。设置混合会有助于混合气体的混合和贮存，为充气包装做好准备。每次工作前，先用真空泵将混合筒和定量缸中的空气抽成近真空状态，然后各单一气体通过定量缸有序地进入混合筒，成为混合气。在充气过程中，当筒内压力 P 大于设定的压力时，定量缸即停止工作，待工作一段时间后，混合筒内混合气体的压力低于设定气压时，则定量缸便自动对混合筒充气，就这样，定量缸会自动地工作、停止、工作……不间断地向包装机械提供按比例的混合气。这里应强调指出，位于定量缸同一侧的电磁阀不能同时打开，否则该气缸将失去作用,致使混合气体比例失调。

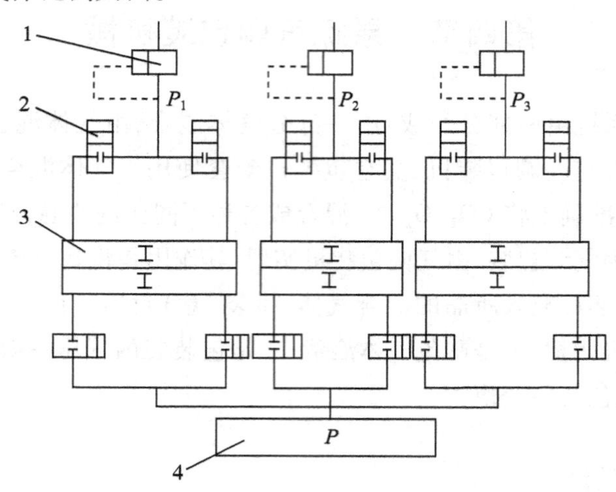

图 5 -6　HQ 型气体比例混合装置

1—调压阀　2—电磁阀　3—定量缸　4—混合筒

图 5 -7 是 GM 型气体比例混合器的结构。混合器由电磁阀组、控制器 2、压力传感器 3、气体混合筒 4 和贮气筒 6 等组成。混合器操作时,先在微机控制器上预设定两种或三种气体混合的比例值,按下自动操作按钮即开始自动气体混合操作。气体高压钢瓶的气体经过减压阀减压后由各充气电磁阀 1 分别向气体混合筒 4 充气进行比例混合,筒内压力达到预定的总压值后,放气电磁阀 5 将混合气体充入贮气筒 6,贮气筒通过压力调节阀 7 和流量调节阀 8 将混合气体送至真空充气包装机的供气管。GM 型气体比例混合器的气体混合操作是连续间断进行的,当混合气体向贮气筒充气时,气体混合筒的总压下降到预定的下限值,放气阀自动关闭,各充气电磁阀再次向气体混合筒充入气体与筒内剩余的混合气体进行叠加混合,其混合比例值保持不变,待气体混合筒达到预定的总压值后,放气电磁阀再次向贮气筒充气。气体的混合与贮气如此循环进行,保持贮气筒有足够压力与体积的混合气体,向真空充气包装机连续供给混合气体。GM 型气体比例混合器在改变气体混合比例时,可通过控制器控制真空泵排除筒内剩余的混合气体,达到预定真空值再进行气体混合操作,也可以在气体混合时用混合气体将剩余的混合气体或空气通过排气阀驱出,然后关闭排气阀,气体混合达到一定的精度。

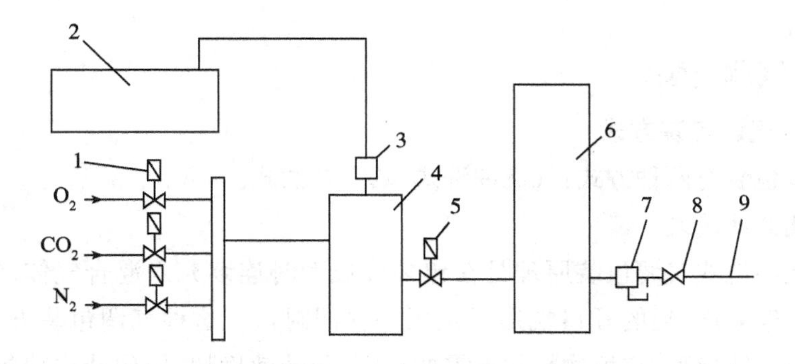

图5-7　GM型气体比例混合装置

1—充气电磁阀　2—控制器　3—压力传感器　4—气体混台筒　5—放气电磁阀
6—贮气筒　7—压力调节阀　8—气体流量阀　9—混合气体供气管

图5-8是丹麦PBI Dansensor公司的MIX9000型两种气体比例混合装置。该装置用二或三只膜片式压力比例调节阀,使膜片两侧的气体构成一定的压力比例,然后在气体混合室内混合送出。CO_2和N_2经过过滤器1、减压阀2进入膜片式压力比例调节阀4的两侧,使CO_2与N_2构成一定的气体分压比,然后进入混合室6混合,再通过气体流量调节阀7和压力调节阀8送至充气包装机。该产品的气体比例混合精度受输出混合气体的流量和压力影响。

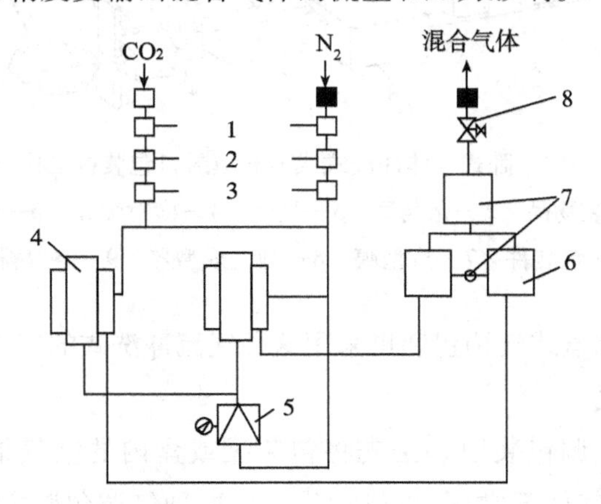

图5-8　MIX9000型两种气体比例混合器的结构

1—过滤器　2—减压阀　3—止回阀　4—压力比例调节阀
5—压力比例设定器　6—混合室　7—气体流量调节阀　8—压力调节阀

二、气调包装

(一)气调包装方式

气调包装有两种方式:气流冲洗式、真空补偿式。

1. 气流冲洗式

气流冲洗式气调包装原理是在包装袋成型时连续充入混合气体,气流将包装内的空气驱出,袋的开口端形成正压并立即封口。这种气调包装方式通常采用包装袋连续成型,充填物料并不需抽真空,包装速度快,但包装内残氧率较高,一般将达2%。气流冲洗式用于各种立式或卧式自动制袋充填包装机。卧式自动制袋充填包装机气流冲洗式的工作原理如图5-9所示。混合气体从充气管2,经喷管3喷出,此时包装袋的纵向和前端横向已被封口,气流将包装内的空气从薄膜制袋成型模前端9处驱出并保持一定的正压,隔断环境的空气,随即横封装置4和切断装置5将袋口热封并切断为单件包装品。

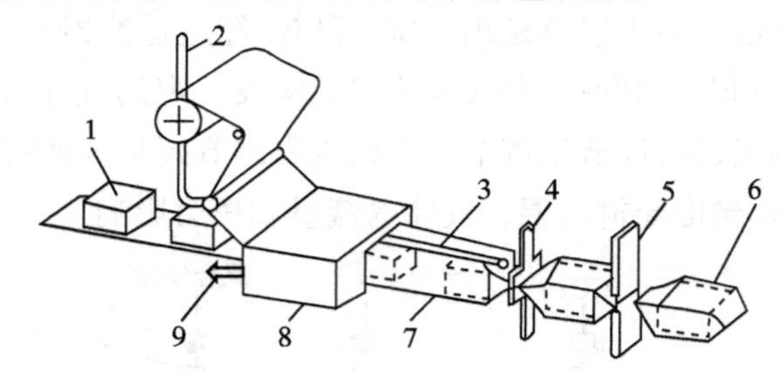

图5-9 卧式气体冲洗式成型充填封口包装机工作原理

1—被包装物品 2—充气管 3—喷管 4—横封装置 5—切断装置

6—包装件 7—成型膜 8—制袋成型器 9—空气排出

目前国内预制盒式气调包装也采用这种气流冲洗式的气调形式。

2. 真空补偿式

真空补偿式气调包装原理是先将包装袋或盒内的空气抽出构成一定真空度,然后充入混合气体至常压,再热封袋口。这种气调包装方式,包装内残氧率较低,应用范围广,各种真空充气包装机均可实施。由于须首先完成抽真空才能进行充气作业,故包装速度比气流冲洗式慢。图5-10是热成型真空充气包装机真空补偿式气调包装原理图。其基本工艺过程为:底膜1经热吸塑成型,2为浅盘,在置入包装产品后盖膜卷材4,进入真空—充气—热封室9依次进行抽真空、充气、热封,最后经切断成单个包装输出。

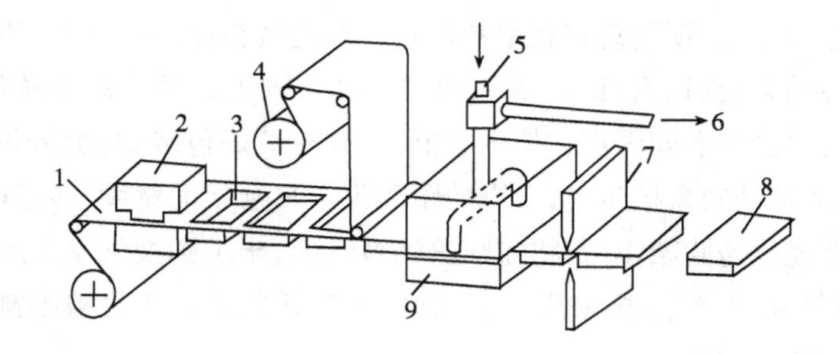

图 5－10　真空补偿式热成型真空充气包装工作原理

1—底膜　2—热成型装置　3—成型盒　4—盖膜卷材　5—充气管
6—抽真空管　7—切割刀具　8—包装件　9—真空—充气—热封室

图 5－11 为澳大利亚 Garwood 公司生产的热成型真空补偿式气调包装原理图。已热成型的塑料盒 8 与盖膜 1 同时进入真空室,真空室的上模 3 与下模 9 关闭,通过上、下模的抽气孔 5、10 将真空室的空气抽出,气调混合气体从中间模板 6 的充气孔 2、7 分别充入到待封塑料盒内、盖膜上腔内,最后热封模 4 下降将盖膜与盒热封。

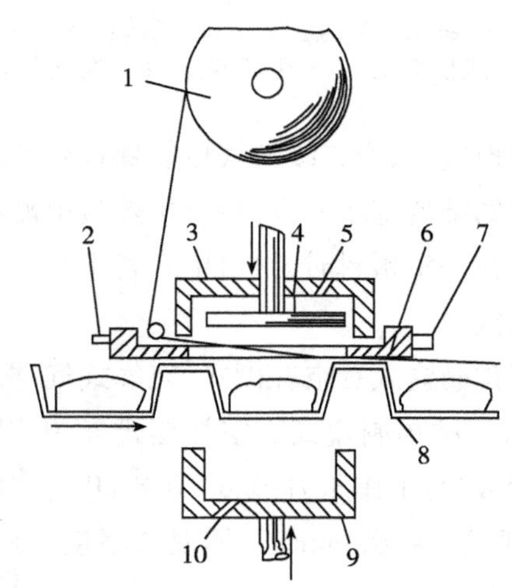

图 5－11　热成型真空充气包装机真空补偿式气调包装原理

1—盖膜　2,7—充气孔　3—真空室上模　4—热封模　5,10—抽气孔
6—中间模板　8—塑料盒　9—真空室下模

(二)气调包装机

1. 国内气调包装机

目前国内生产的气调包装机主要有盒式真空补偿式与冲洗式包装机、袋式

真空补偿式包装机。预制盒式真空补偿式气调包装机原理如图 5－12 所示。该机由机架、传动系统、送盒部件、盖膜架、换气室、割刀以及控制系统组成。其工作原理如下：将预制盒安固在盒架 3 的槽中，并充填好包装物；由齿轮气缸，通过输送装置 1、2 带动装盒板步进，步进的距离为一只盒架的宽度，步进的距离可任意调节；盒架经过盖膜架 4 后，将盖膜盖到料盒上；步进到换气室 5、6 位置时，在换气室中换气和密封，本机采用二次换气；最后切割装置 7 将盖膜割断，包装盒输出，完成包装全过程。

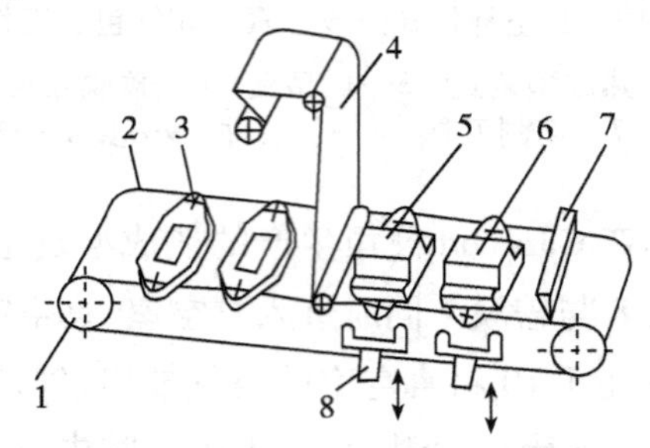

图 5－12　预制盒式真空补偿式气调包装机原理

1—链轮　2—链条　3—盒架　4—盖膜架　5——级换气室
6—二级换气室　7—切割装置　8—换气室下腔

相对于常用的一级换气，采用二级换气更能保证包装质量。图 5－12 中，第一换气室与第二换气室的结构基本一致，只是加热板上略有区别：为在二级换气室中能继续抽气、换气，在一室预封时，封口留有若干开口，进入二级换气室进行第二次抽气、换气及封合。

近年来国内开发了预制盒式真空补偿式、充气式气调包装机。图 5－13 为一种预制盒式真空补偿式气调包装机。其基本技术参数为：工作压力：0. 6 ~ 0. 8 MPa；功率：1. 5 kW；包装速度：3 ~ 4 次/min；气体混合精度：<2%；外形尺寸：1 400 mm ×1 100 mm ×1 750 mm。

图 5－13　预制盒式真空补偿式气调包装机

图 5－14 为袋式气调包装机真空补偿式气调包装原理图。其工作过程：将装有物品的塑料袋口套在抽、充气嘴上，按动启动按钮，压嘴缸下压，压嘴块将抽、充嘴及袋口的上部压紧，在 2 只二位二通电磁阀的作用下，先后与真空泵、混合筒接通，对包装袋抽气与充气。抽气、充气的时间均可调节。等充气到预定的时间，压

紧缸上压,压紧块将袋口下部压紧,以防抽、充气嘴抽出时,袋口泄气。压紧块压紧后,抽、充气嘴从袋口中抽出,接着安装在压嘴块上的电热带通电发热,将包装袋口热合,电热带的通电时间与电压均可调节。等袋口封合后,各执行机构复位,取下封好口的包装袋,完成一个包装作业循环。

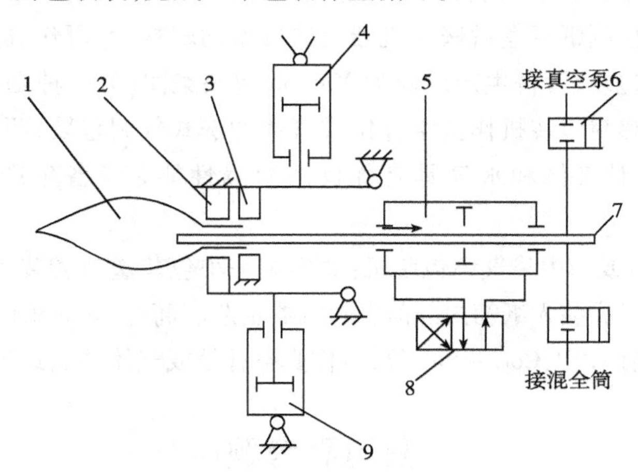

图 5－14　袋式气调包装机真空补偿式气调包装原理

1—包装袋　2—压紧块　3—压嘴块　4—压嘴缸　5—抽嘴缸　6—二位二通电磁阀　7—抽、充气嘴　8—二位四通电磁阀　9—压紧缸

2. 国外气调包装机

国外气调包装机械大都是热成型自动真空包装机和立式、卧式自动制袋充填包装机的改型,在原机上配置气体自动混合控制器和充气附件,使机型具有多功能。机器可自动化生产,生产效率高。食品、果蔬气调包装在欧洲应用较广泛,德、英等国家的气调包装机械有多种机型。包装型式有枕式、大袋包装和袋装盒式、硬质塑料盒、纸塑复合盒等。国外气调包装机基本机型如下。

(1)FFS 卧式热成型气调包装机:这种机型是热成型真空包装机的改型,可采用真空补偿式或气体冲洗式进行气调包装。采用半刚性塑料盒,包装盒的材料通常用 PVC/PE。制造这种机型的主要厂商有 Dixie union、Kramer&Grebe、Multivac 等。

(2)预制袋或盒气调包装机:预制袋气调包装机是袋式真空包装机的改型,完成真空补偿式气调包装。预制盒式气调包装机可作真空补偿式或气体冲洗式气调包装。这两种气调包装机都是半自动的,生产能力较小,机器生产厂商是 Dyno、Multivac 等。

(3)立式或卧式制袋充填气调包装机:这种机型是自动制袋充填包装机的改型,生产枕式软包装,只能作气体冲洗式气调包装。这种气调包装机的生产厂商有 Rose Forgrove、Auloturier 等。

(4)纸塑复合盒气调包装机:纸塑复合盒类型有两种,一种是在热成型真空包装机上放入预制纸板盒后嵌入机器上热成型的塑料盒,可作真空补偿式或气体冲洗式气调包装,设备生产厂商为 Mardon 包装集团;另一种是预制涂塑纸盒放人自动充填热封包装机作真空补偿式气体冲洗式气调包装,两种包装材料制的纸塑复合盒对气体和水气具有优良的阻隔性能。设备生产厂商为 Keyes Fibre/Msidstone。

(5)盒中袋或箱中袋气调包装机:盒中袋是小包装塑料袋装入纸盒内,箱中袋是大包装塑料袋装入纸箱内。前者的机器制造厂商有 Hermetet、Bosch,后者的机器制造厂商有 CVP、Corr – Vac 等,可作真空补偿或气体冲洗式气调包装。

复习思考题

1. 简要说明果蔬的品质构成。
2. 具体说明果蔬的质构要素有哪些内容以及对果蔬品质的影响。
3. 具体说明果蔬的风味要素有哪些内容以及对果蔬品质的影响。
4. 具体说明果蔬的营养要素有哪些内容以及对人体的影响。
5. 果蔬采后的呼吸类型有哪些,都与哪些因素有关?
6. 具体说明影响果蔬呼吸强度的因素。
7. 简要说明果蔬采后生理有哪些?
8. 概述果蔬的防护要求。
9. 简述常用于果蔬包装的容器和材料及其优缺点。
10. 具体说明气调保鲜的形式、机理和特点。
11. 具体说明影响气调包装质量的因素。
12. 减压保鲜技术的特点有哪些?
13. 具体说明辐射贮藏保鲜的特点及影响辐射保鲜效果的主要因素。
14. 湿冷保鲜技术体现在哪些方面,其主要技术特征有哪些?
15. 化学保鲜按照功能不同可分为哪些类型,并加以说明。

第六章　水产品包装

本章学习重点及要求：

1. 了解水产品加工原料的种类和特点，熟悉水产品原料的一般化学组成和特点，熟悉水产动物的死后变化情况及原因，掌握水产品的防护要求；

2. 熟悉鱼类包装材料，掌握常用的几种包装材料；

3. 熟悉常见的水产品包装技术，掌握冰藏保鲜、冷海水保鲜、冰温保鲜、微冻保鲜、超冷保鲜技术等保鲜技术，并掌握其原理和加工装置。

第一节　水产品特性分析及防护要求

一、概述

水产品是人类最重要的动物蛋白来源之一。水产品除了具有高蛋白、丰富的高度不饱和脂肪酸、维生素和微量元素等营养和保健成分外，还含有大量的呈味物质，如肌肽、鹅肌肽、氧化三甲胺、甜菜碱、游离氨基酸、肌苷酸、牛磺酸、琥珀酸等，从而构成了水产品特有的风味，深受消费者喜爱。

随着科技的进步和运输工具的发展，人民对水产品的认识越来越深，需求也越来越大。这需要渔业进行快速的发展，这样才能满足人民日益增长的饮食需要。

我国水产品的种类繁多，其中鱼类有 3 000 多种、虾类 300 多种、蟹类 600 多种、贝类 700 多种、头足类 90 多种、藻类 1 000 多种，此外还包括腔肠动物、棘皮动物、两栖动物和爬行动物中的一些种类。随着我国渔业产量的不断增长，经济鱼类等资源也在发生着变化。比较而言，海产经济鱼类资源的变化大于淡水鱼类，加上水产品种类的多样性、生产的季节性和原料的易腐性等因素而给水产品加工提出了很高的要求。

二、水产品物性分析

（一）水产品加工原料的种类和特点

水产品加工原料主要是指具有一定经济价值和可供利用的生活于海洋和内

陆水域的生物种类，包括鱼类、软体动物、甲壳动物、棘皮动物、腔肠动物、两栖动物、爬行动物和藻类等。其特点如下。首先，水产品加工原料覆盖的范围非常广，既有动物，又有植物，且在体积和形状上都千差万别，这就是水产品加工原料的多样性；其次，由于原料种类多，其化学组成和理化性质常受到栖息环境、性别、大小、季节和产卵等因素的影响而发生变化，这就是原料成分的易变性；再次，水产动物的生长、栖息和活动都有一定的规律性，受到气候、食物和生理活动等因素的影响，即在其生长过程中，在不同的季节都有一定的洄游规律，因此对水产品原料的捕捞具有一定的季节性；最后，水产品原料一般含有较高的水分和较少的结缔组织，极易因外伤而导致细菌的侵入，而水产品原料所含与死后变化有关的组织蛋白酶类的活性要高于陆产品，因此水产品原料一旦死亡后就极易腐败变质。

水产品加工原料的这些特点决定了其加工产品的多样性、加工过程的复杂性和保鲜手段的重要性。对水产品而言，没有有效的保鲜措施，就加工不出优质的产品。因此，原料保鲜是水产品加工中最重要的一个环节。

中国重要的水生生物资源主要分布于渤海、黄海、东海和南海四大海区及内陆的江河、湖泊和水库。

（二）水产品原料的一般化学组成和特点

鱼虾贝类肌肉的化学组成是水产品加工中必须考虑的重要工艺性质之一，它不仅关系到其食用价值和利用价值，而且还涉及加工贮藏的工艺条件和成品的产量和质量等问题。

鱼虾贝类肌肉的一般化学组成大致是水分占70% ~80%，粗蛋白质占16% ~22%，脂肪占6.5% ~20%，灰分占1% ~2%，糖类在1%以下。表6-1所列的是一些常见鱼虾贝类肌肉的化学组成，但其具体组成常随着种类、个体大小、部位、性别、年龄、渔场、季节和鲜度等因素影响而发生变化。

表6-1 常见鱼虾贝类肌肉的化学组成（质量分数，%）

种类	水分	蛋白质	脂肪	灰分	碳水化合物
大黄鱼	81.5	16.7	0.8	1.0	+
小黄花鱼	79.0	17.2	2.1	1.4	+
带鱼	70.3	20.7	8.7	1.1	+
鲳鱼	76.1	16.6	5.6	1.2	0.5
海鳗	76.4	18.7	2.5	1.2	0.1

续表

种类	水分	蛋白质	脂肪	灰分	碳水化合物
鲐鱼	68.1	19.3	10.9	1.1	0.1
真鲷	76.4	19.0	3.4	1.2	+
大马哈鱼	76.0	14.9	8.7	1.0	+
鲣鱼	70.4	25.8	2.0	1.4	0.4
鳕鱼	82.3	15.7	0.4	1.2	+
金枪鱼	68.7	28.3	1.4	1.5	0.1
比目鱼	78.0	19.1	1.2	1.6	0.1
竹荚鱼	75.0	20.0	3.0	1.3	0.7
鳗鲡	61.1	16.4	21.3	1.1	0.1
鲅鱼	72.6	19.7	6.6	1.1	—
鲶鱼	77.3	18.3	2.3	1.4	—
青鱼	74.5	19.5	5.2	1.0	+
草鱼	77.3	17.9	4.3	1.0	+
白鲢	76.2	18.6	4.8	1.2	+
鳙鱼	83.3	15.3	1.0	1.0	+
鲤鱼	79.0	13.0	1.6	1.1	+
鳊鱼	74.0	18.5	6.6	1.0	+
蛤仔	85.4	10.0	1.3	1.2	2.1
鲍鱼	73.4	23.5	0.4	2.0	0.7
牡蛎	79.6	10.0	3.6	1.7	5.1
蛤蜊	84.4	11.0	0.6	2.2	1.8
文蛤	84.8	10.0	1.2	1.5	2.5
乌贼	80.3	17.0	1.0	1.2	0.5
对虾	77.0	20.6	0.7	1.5	0.2
海参	91.6	2.5	0.1	4.3	1.5

注：+表示微量；—表示未检。

各种鱼虾贝肉中粗蛋白质的含量在各种因素影响下变化幅度较小，灰分含量的变化亦很小，变化幅度较大的是水分和脂肪含量。一般地说，洄游游性红身鱼类的含脂量多于底栖性的白身鱼，例如，鲑、鲔、鲱、鲐、沙丁鱼等鱼类的脂肪含量多，而石首鱼、鳕鱼、狗目鱼类等则含量少，这两类鱼种中水分含量情况正好与之相反，前者少于后者。当然，也有很少数例外。此外，肉中含脂量多的种类如鲐、鲔、河豚等，其肝脏中的脂肪少；反之，肉中含脂量少的种类如大头鳕、鲨鱼、乌贼等，其肝脏较大且含脂量较高。

含脂量多的鱼类，其含脂量与含水量受季节和产卵期的影响很大。越冬前的季节，鱼体内积蓄脂肪量多，水分含量相应减少；而越冬后，脂肪含量大大减少，而水分含量则增加。鲱鱼在产卵前，体内脂肪含量高达13%；产卵后则脂肪含量消耗殆尽，只有1%左右。

糖类在鱼体中的含量很低，几乎都在1%以下，红身鱼类比白身鱼类高，而贝肉和软体动物中糖原含量较高，某些种类可达4%。其含量变化与脂肪相似，即糖原含量高时，脂肪含量也多，水分则减少；反之，糖原减少时，脂肪亦趋于减少，而水分含量则增多。

藻类属植物类，根据其形态结构和组成特点，分为褐藻类（如海带、昆布、裙带菜、马尾藻等），红藻类（如紫菜、石花菜、龙须菜等），绿藻类（如小球藻、浒苔、石莼等）和蓝藻（螺旋藻、微囊藻等）。其化学组成因种类不同而有较大的差异，一般而言水分占82%～85%，粗蛋白质2%～8%，脂肪0.15%～0.5%，灰分1.5%～5.2%，碳水化合物8%～9%，粗纤维0.3%～2.1%。表6－2为一些常见藻类的化学组成。同样，其化学组成往往随着海藻的种类、生长环境、季节变化、个体大小和部位以及环境因子（如生长基质、温度、光照、盐度、海流、潮汐等条件）不同而有显著的变化。

表6－2　一些常见藻类的化学组成（干重）（质量分数，%）

种类	粗蛋白	粗脂肪	碳水化合物	粗纤维	灰分
海带（日本）	10.20	0.80	53.90	6.10	29.00
裙带菜（青岛）	20.91	1.70	38.73	1.55	37.76
羊栖菜（日本）	10.10	0.77	32.64	17.16	39.33
石花菜（青岛）	19.85	0.49	56.57	8.90	16.17
紫菜（市场）	24.50	0.90	31.00	3.40	30.30
江篱（广东）	19.50	0.12	60.92	6.44	12.99
石莼（福冈）	24.76	0.06	51.46	7.62	16.10

藻类化学组成的特点是脂肪含量极低，一般只占干物质质量的0.5%～3.7%。而碳水化合物的含量较高，占干物质质量的40%～60%。其主要成分是多糖类，根据种类不同主要包括琼胶、卡拉胶、褐藻胶、淀粉类和糖胶以及纤维素等。无机盐成分占干重的15%～30%，并以水溶性无机盐成分居多，故藻有“微

量元素宝库”之称。尤其值得一提的是，藻类含碘量特别高，在海带和昆布的个别品种中高达0.4%～0.5%。

1. 水分

水是生物体一切生理活动过程所不可缺少的，亦是水产食品加工中涉及加工工艺和食品保存性的重要因素之一。

关于水分在原料或食品中存在的状态，通常有两种表示方法：一种是用自由水和结合水的方法，另一种则是以水分活度（A_w）表示。自由水是指以游离状态存在的水分，在机体内能与其他物质一起形成组织液，其中溶解着许多水溶性的低分子有机物和无机物，由于起到了一种溶剂的作用，因此必须在0℃以下才能形成冰晶，这部分水能被微生物所利用。结合水则是以氢键和离子键与蛋白质和其他物质结合的水，不具溶媒性质，根据其结合性质和强度，又可将其分为化学结合水、吸附结合水和渗透结合水三种类型。在加工中，可被除去的水分主要是自由水、渗透结合水和部分吸附结合水，而化学结合水一般不易通过脱水干制方法除去，水产品原料中这部分水分占全部水分的4%～6%。水分活度是指溶液中水的逸度与纯水逸度之比，一般用食品原料中水分的蒸汽压对同一温度下纯水蒸气压之比来表示，通俗地讲，就是指这些物质中可以被微生物所利用的那部分有效水分。新鲜水产品原料的 A_w 一般在0.98～0.99，腌制品在0.80～0.95，干制品在0.60～0.75。A_w 低于0.9时，细菌不能生长；低于0.8时，大多数霉菌不能生长；低于0.75，大多数嗜盐菌生长受抑制；而低于0.6时，霉菌的生长完全受抑制。这两种水分的表示方法各有特点，两者之间的关系则可通过等温吸湿曲线来表示，见图6－1。

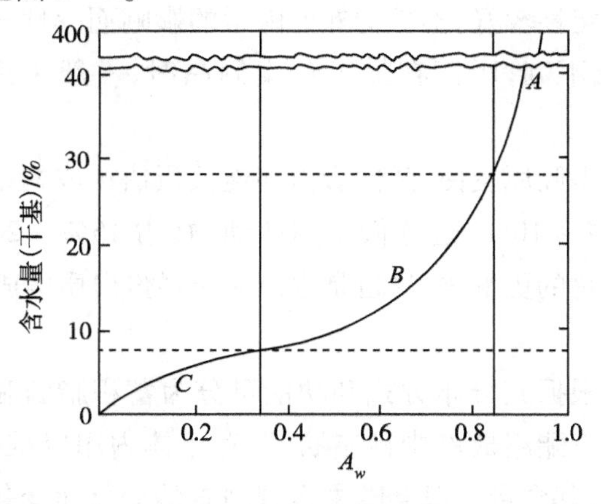

图6－1 食品的等温等湿曲线

水产品原料中鱼类的水分含量一般在75% ~80%,虾类76% ~78%,贝类75% ~85%,海蜇类95%以上,软体动物78% ~82%,藻类82% ~85%,通常比畜禽类动物的含水量(65% ~75%)要高。

2. 蛋白质

鱼虾贝类肌肉中的蛋白质根据其溶解度性质可分为三类:可溶于中性盐溶液($I \geq 0.5$)中的肌原纤维蛋白(也称盐溶性蛋白),可溶于水和稀盐溶液($I \leq 0.1$)的肌浆蛋白(也称水溶性蛋白)以及不溶于水和盐溶液的肌基质蛋白(也称不溶性蛋白)。通常所说的粗蛋白除了上述这些蛋白质外,还包括存在于肌肉浸出物中的低分子肽类、游离氨基酸、核苷酸及其相关物质,氧化三甲胺、尿素等非蛋白态含氮化合物。

鱼肉的肌原纤维蛋白质占其全蛋白质量的60% ~70%,是以肌球蛋白和肌动蛋白为主体所组成的,是支撑肌肉运动的结构蛋白质,其中,由肌球蛋白为主构成肌原纤维的粗丝,由肌动蛋白为主构成肌原纤维的细丝。与陆产动物相比较,鱼肉肌球蛋白的最大特征是非常不稳定,易于受外界因素的影响而发生变性,并导致加工产品品质的下降。鱼种之间肌原纤维的热稳定性有很大差异,热水性鱼类较稳定,冷水性鱼类稳定性较差,这是水产品加工中必须予以考虑的一个重要因素,即如何提高肌原纤维蛋白的稳定性,防止其蛋白质发生变性。

肌浆蛋白由肌纤维细胞质中存在的白蛋白和代谢中的各种蛋白酶以及色素蛋白等构成,有一百多种,相对分子质量在1万~10万,其含量为全蛋白含量的20% ~35%。红身鱼类的肌浆蛋白含量多于白身鱼类,由于肌浆蛋白中含有较多的组织蛋白酶,所以,红身鱼类死亡后组织的分解和腐败变质的速度大于白身鱼类。肌浆蛋白稳定性较好,不易受外界因素的影响而变性,但其存在对鱼糜制品凝胶强度的形成不利,因而在加工鱼糜制品时,一般采用漂洗的方法予以除去。

肌基质蛋白是由胶原蛋白、弹性蛋白和连接蛋白构成的结缔组织蛋白,占全部蛋白质含量的2% ~10%,远远低于陆产动物(占15% ~20%),所以,鱼肉的肉质一般比畜产动物的更酥软,这也是水产品原料蛋白质构成的一个特点之一。

3. 脂肪

鱼体中的脂肪根据其分布方式和功能可分为蓄积脂肪和组织脂肪两大类。前者主要是由甘油三酯组成的中性脂肪,贮存于体内用以维持生物体正常生理活动所需要的能量,其含量一般会随主客观因素的变化而变化;后者主要由磷脂和胆固醇组成,分布于细胞膜和颗粒体中,是维持生命不可缺少的成分,其含量稳定,几乎不随鱼种、季节等因素的变化而变化。

鱼贝类脂肪中,除含有畜禽类中所含的饱和脂肪酸及油酸(18∶1)、亚油酸(18∶2)、亚麻酸(18∶3)等不饱和脂肪酸外,还含有20~24碳,具有4~6个双键的高度不饱和脂肪酸。值得一提的是,鱼油中不饱和脂肪酸和高度不饱和脂肪酸的含量高达70%~80%,远远高于畜禽类动物。研究证明,这与水产类动物生长的环境温度有一定的关系,环境温度越低,脂肪中不饱和脂肪酸的含量就越高。二十碳五烯酸(EPA)和二十二碳六烯酸(DHA)在海水鱼中含量最高,淡水鱼次之,畜禽类中最少。海豹油脂中还含有丰富的二十二碳五烯酸(DPA),在磷脂中也含有高度不饱和脂肪酸。

鱼虾类中磷脂含量较低,软体动物特别是贝类中略高。鱼类中所含的甾醇几乎都是胆固醇,而胆固醇的含量在头足类的章鱼、墨鱼和鱿鱼中最高,虾类和贝类中次之,鱼类中含量较少。

根据含脂量的多少可把鱼类分为四种:含脂量少于1%的鱼类称为少脂鱼,主要是一些底栖性鱼类,如鳕鱼、鳐鱼、马面鱼、银鱼等;含脂量在1%~5%范围内的鱼类称为中脂鱼,主要是中上层洄游性鱼类,如大黄鱼、鲣鱼、鲐鱼、白鲢等;含脂量在5%~15%之间的为多脂鱼,也是以中上层洄游性鱼类为主,如带鱼、大马哈鱼、蓝圆鲹、鲳鱼等;而含脂量大于15%的鱼类被称为特多脂鱼,如鲥鱼、鳗鲡、金枪鱼等。必须指出的是,由于鱼类含脂量变化较大,因此鱼类按这一标准的划分不是一成不变的。

4. 无机物

将食品加热至550℃,除去其有机物后,剩下的就是灰分,这可以看作是食品中的无机物总量,占全部质量的1%~2%,包括钾、钠、钙、镁、磷、铁等成分。铁在鱼类褐色肉中含量较多,是肌肉色素肌红蛋白的由来。海参和鱼贝类肉中的钙含量,大多数高于畜产动物肉,如银鱼、远东拟沙丁鱼、黄姑鱼、大头鳕、带鱼、牡蛎可食部中的含钙量分别为每100 g含258 mg、70 mg、67 mg、42 mg、24 mg、55 mg,而猪、牛肉仅为每100 g肌肉含5 mg和3 mg。

此外,锌、铜、锰、镁、碘等营养元素在鱼贝类肉和藻类中的含量都高于畜禽类动物的肉,尤其是藻类、海带和紫菜中碘的含量要比畜禽类动物高出50倍左右。但,由于某些鱼类和贝类的富集作用,一些重金属如汞、镉、铅等也常会经过食物链在鱼贝类肉中进行浓缩积蓄,而且其浓度有随着成长或年龄增长而呈增多的趋势。鲨鱼、金枪鱼和鲣鱼肌肉中的重金属含量略高于其他鱼种,但其含量仍在食用安全范围之内。

5. 浸出物

肌肉浸出物从广义上讲是指在鱼贝类肌肉成分中,除了蛋白质、脂肪、高分子糖类之外的那些水溶性的低分子成分,而从狭义上讲,这些水溶性的低分子成分主要是指有机成分。这些成分除了参与机体的代谢外,也是水产品特有的呈味物质的重要组成成分。一般鱼肉中浸出物的含量为1% ~5%,软体动物7% ~10%,甲壳类肌肉10% ~12%。此外,红身鱼肉中的浸出物含量多于白身鱼类。相对而言,浸出物含量高的水产品比浸出物低的风味要好。

水产品原料肌肉浸出物包括非蛋白态氮化合物和无氮化合物。非蛋白态氮化合物主要是游离氨基酸、低分子肽、核酸及其相关物质、氧化三甲胺(TMAO)、尿素等,其中,肌肽、鹅肌肽、氨基酸、甜菜碱、氧化三甲胺、牛磺酸、肌苷酸等物质都是水产品中重要的呈味成分。海产的虾、蟹、贝、墨鱼、章鱼肌肉中含有较多的牛磺酸,鳗鲡含较多的肌肽,鲨、鳐类含鹅肌肽多,板鳃类鱼、墨鱼、鱿鱼含氧化三甲胺多,章鱼、墨鱼、鱿鱼则含较多的甜菜碱,而红身鱼类含组氨酸含量较高。但是,组氨酸很易被分解为组胺,氧化三甲胺很易被还原为三甲胺而产生异臭味。无氮化合物主要是有机酸类和糖类。前者包括乳酸、琥珀酸、醋酸和丙酮酸等,贝类含有较多的琥珀酸,含糖原量较高的洄游性鱼类的肌肉中相应乳酸的含量也较高,这与这类鱼在长距离洄游中糖原的分解有关;后者主要指代谢中产生的各种糖,包括果糖、核糖等,这在红身鱼和白身鱼中无明显差异。

6. 其他成分

(1)维生素类。鱼贝类的维生素含量不仅随种类而异,而且还随其年龄、渔场、营养状况、季节和部位而变化。无论是脂溶性维生素,还是水溶性维生素,其在水产动物中的分布都有一定的规律。即按部位来分,肝脏中最多,皮肤中次之,肌肉中最少;按种类来分,则红身鱼类中多于白身鱼类,多脂鱼类中多于少脂鱼类。鳗鲡、八目鳗、银鳕的肌肉中含有较多的维生素A,南极磷虾也含有丰富的维生素A,而沙丁鱼、鲣鱼和鲐鱼肌肉中则含较多的维生素D。

(2)色素。水产品原料的体表、肌肉、血液和内脏等的颜色不同,都是由各种不同的色素所构成的,这些色素包括血红素、类胡萝卜素、后胆色素、黑色素、眼色素和虾青素等。有些色素常与蛋白质结合在一起而发挥作用,如虾青素与蛋白质结合将由于蛋白质是否变性而导致虾蟹壳的颜色发生变化。

(三)水产动物死后的变化

从上述水产品原料化学组成的特点可以发现,水产动物在死后比陆产动物更容易腐败变质。为了防止水产品原料鲜度的下降,生产出优质的水产品,就必须了解鱼贝类死后变化的规律，以创造条件延缓其死后变化的速度。

1. 死后僵硬

鱼体死后肌肉发生僵直的现象称之为死后僵硬，导致这一现象的主要原因是，糖原在无氧条件下酵解产生乳酸，使三磷酸腺苷（ATP）的生成量急剧下降，而 ATP 又不断分解产生磷酸并释放一定的能量，这样由于乳酸和磷酸的生成，导致鱼肌 pH 值下降，而当 ATP 下降到一定程度时，肌原纤维发生收缩而导致肌肉僵硬，当 ATP 消耗完，能量释放完后，肌肉僵硬也就结束。在肌肉僵硬期间，原料的鲜度基本不变，只有在僵硬期结束后，才进入自溶和腐败变化阶段。由于鱼肌僵硬出现的时间和持续的时间均比畜禽类动物要快和短，因此，如果渔获后能推迟鱼开始僵硬的时间，并能延长其持续僵硬的时间，便可使原料的鲜度保持较长时间。

影响僵硬的因素包括以下几个方面。

（1）鱼种。僵硬的开始和持续时间与机体内糖原含量的多少有一定的关系，不同鱼种糖原的含量不一样，一般地，中上层洄游性鱼类比定着性鱼类开始进入僵硬的时间早，并且持续的时间较短。牙鳕在冰藏条件下 1 h 就开始僵硬，大头鳕 2 ~ 8 h，鲈鲉经过 22 h 才开始僵硬，这三种鱼在相同条件下僵硬持续的时间分别为 19 h、18 ~ 57 h、98 h。同样，如鲐鱼等生命力很强、活动旺盛的鱼类，会在死后更短的时间内进入僵硬期。另外，在同种鱼中，个体小者死后僵硬较快。

（2）鱼类生理条件。渔获之前营养状况不良的鱼或在产卵之后的鱼，从死后到开始僵硬之间的时间较短，持续的时间也短。此外，渔获前能量消耗较大者，由于糖原分解较多，死后会较快地进入僵硬期，如先捕获入网者或死前挣扎疲劳程度较强者，死后进入僵硬较快，僵硬期也较短。同样，对渔获物处理不当，如强烈的翻弄或使鱼体损伤，都会加快其僵硬，因此，鱼体捕获后应予以立即击毙或低温冷藏处理，以降低挣扎和能量消耗而带来的不利因素，延长僵硬期的到来。

（3）温度。鱼体死后的贮藏温度是决定其开始僵硬时间及持续僵硬时间的重要因素。一般而言，温度越低，僵硬开始和持续的时间也就越长。表 6 – 3 为鲽鱼在不同温度下的僵硬情况。

表 6 – 3　鲽鱼在不同温度下的僵硬情况

鱼体温度/℃	开始僵硬时间/h	僵硬持续时间/h
35	0.1 ~ 0 2	0.5 ~ 0.7
15	2	16
10	4	36
–1	35	84

鱼体在僵硬前先进行速冻比僵硬后再速冻更能使僵硬持续的时间延长,有利于保鲜期的延长。假如在僵硬之前将鱼煮熟,其组织质地会非常软且口感呈糊状;而在僵硬中煮熟时,则组织坚韧;如在僵硬结束之后煮熟的话,则肉质变得紧密,多汁而富弹性。

2. 鱼体的自溶作用

鱼体经过一定时间的僵硬期后就会解僵变软,在鱼体内组织蛋白酶的作用下,鱼肌中成分逐渐发生变化,蛋白质分解成肽,肽又分解成氨基酸,所以,非蛋白氮含量明显增加,游离氨基酸可增加 8 倍之多。此时,肌肉组织变软,失去弹性,pH 值比僵硬期有所上升。这些特点,为细菌的生长繁殖提供了良好的条件,鱼体的鲜度也就随之开始下降,因此,必须采取有效的保鲜措施,否则将很快进入腐败阶段。

影响自溶作用速度的因素有鱼种、pH 值、盐类和温度等。

(1)鱼种。不同鱼种由于生活栖息的环境不一样以及自溶酶的最适温度存在一定的差异,因而其自溶的速度也不同。一般来说,红身鱼类的自溶作用比白身鱼类快一些,洄游性的中上层鱼类比底栖性的鱼类快一些。

(2)pH 值。一般地说,活体肌肉的 pH 值为 6.8 ~7.2,底栖性白身鱼类由于糖原含量较低(0.2% ~0.4%),死后鱼肉的最低 pH 值往往在 6.0 ~6.4 之间;而洄游性的红身鱼由于糖原含量较高(0.4% ~1.0%),其死后最低 pH 值可降至 5.6 ~6.0,如大头鳕 pH 值从 6.8 降到 6.1 ~6.5,科竹荚鱼降至 5.8 ~6.0,金枪鱼则可降到 5.4 ~5.6。鱼类在开始僵硬时 pH 值最低,至僵硬后期,pH 值已有所提高,使自溶酶的活性被激活,随着自溶过程的进行,会产生大量的碱性物质,导致 pH 值进一步上升,此时,进入细菌生长繁殖的最适 pH 值,从而进一步加速自溶作用。

(3)盐类。当肌肉中有一定量的 K^+、Na^+、Mg^{2+} 离子存在时,能激活酶的活性,但达到一定数量时,就抑制了酶的活性,从而抑制了自溶作用。如向鱼肉悬浊液中加入 2% 的食盐,自溶作用速度可减少到原来的 1/2;添加 10% 者,可减少到 1/3;添加 20% 者,可减少到 1/4;在饱和盐溶液中,自溶作用只能缓慢进行,但食盐并不能使得自溶作用完全停止。

(4)温度。温度对自溶作用的影响很大,其反应速度与温度的关系可用温度系数 Q_{10} 表示,见表 6 - 4。

Q_{10} 为温度相差 10℃ 时反应速度增减的倍数。如表 6 - 4 所示,鲐鱼在 28.4℃ 以下时,每差 10℃,则自溶速度相差 7 ~8 倍;在此温度以上时,每差 10℃

则速度只相差 2～3 倍。Q_{10}值变化的环境温度如在常温及其以下温度范围内，则自溶作用速度在很大程度上受温度左右。由此可见，鱼贝类用低温保存不仅仅是为了抑制细菌的生长，而且对推迟自溶作用的进程也是极其重要的，但必须指出，自溶酶在冻结状态下仍未完全失活。据报道，鱼类在高于 20℃ 的温度时保持冻结状态，鱼肉中酶引起的自溶作用仍不会停止，且在解冻后自溶作用仍很快进行。

表 6－4　鱼肉自溶作用的温度与温度系数的关系

鱼种	温度/℃	温度系数(Q_{10})
鲐鱼	19.1～28.4 28.4～45.3	7.8 2.8
牙鲆	18.2～28.5 28.5～44.5	8.4 3.0
鲤鱼	9.7～14.5 14.5～26.1	5.4 3.1
鲫鱼	9.7～14.4 14.4～21.6	7.0 4.2
白斑星鲨	11.3～24.7 24.7～41.7	1.6 1.3

3. *腐败*

随着自溶作用的进行，黏着在鱼体上的细菌已开始利用体表的黏液和肌肉组织内的含氮化合物等营养物质而生长繁殖，至自溶作用的后期，pH 值进一步上升，达到 6.5～7.5，细菌在最适 pH 值条件下生长繁殖加快，并进一步使蛋白质、脂肪等成分分解，使鱼肉腐败变质。所以，腐败与自溶作用之间并无十分明确的分界线。

腐败阶段的主要特征是鱼体的肌肉与骨骼之间易于分离，并且产生腐败臭等异味和有毒物质。具有代表性的腐败产物主要是氨和胺类。氨的产生，一是来源于尿素的分解，二是来自于氨基酸的脱氨反应。而胺类则主要是氨基酸在细菌脱羧酶作用下产生的相应产物，如：组氨酸产生组胺；赖氨酸产生尸胺；色氨酸产生色胺；精氨酸产生腐胺；蛋氨酸、胱氨酸和半胱氨酸分解后能产生硫化氢、甲硫醇、乙硫醇等物质；酪氨酸产生苯酚和甲苯酚；色氨酸还能分解产生吲哚和甲基吲哚；此外，含有较多氧化三甲胺(TMAO)的海产鱼贝类在死后，经组织还原酶和细菌还原酶的作用，形成三甲胺(TMA)。以上这些物质都有恶臭味，有些还有毒性，食用后会引起体质过敏甚至中毒，因而在食品卫生上必须予以特别重视。

影响鱼贝类腐败速率的主要因素是温度和鱼种。

(1)温度。温度对腐败阶段中酶的活性和微生物的生长都有明显的影响,在0~25℃的温度范围内,温度对微生物生长繁殖的影响大于对酶活性的影响。随着温度的下降,对微生物的抑制能力明显大于酶活性的失活,许多细菌在低于10℃的温度下是不能繁殖的,当温度下降至0℃时,甚至嗜冷菌的繁殖也很缓慢,因此,采用低温贮存是延长鱼贝类货架期的最有效方式,而不同温度 T 下的货架寿命可用腐败的相对速率(RRS)来表示:

$$RRS = \frac{\text{在0℃保持的时间}}{\text{在温度}\,T\,\text{保持的时间}}$$

不同海产品的 RRS 如表6－5所示,一般情况下温度对 RRS 的影响在新鲜鱼类方面是相似的。

表6－5 海产品贮存在不同温度下的货架期和腐败相对速率(*RRS*)

种类	0℃		5℃		10℃	
	货架寿命/天	*RRS*	货架寿命/天	*RRS*	货架寿命/天	*RRS*
蟹腿	10.1	1	5.6	1.8	2.6	3.9
鲑鱼	11.8	1	8.0	1.5	3.0	3.9
乌魴	32.0	1	–	–	8.0	4.0
包装大头鳕	14.0	1	6.0	2.3	3.0	4.7

(2)鱼种。不同鱼种其腐败的速率不一样。一般地说,个体小的鱼比个体大的鱼易腐败;含脂量高的鱼种比含脂量低的鱼种易腐败;圆筒形鱼种比扁平形鱼种易腐败;鱼体死后肌肉pH值高者比低者易腐败;洄游性鱼类比底栖性鱼类易腐败。此外,还发现一些栖息在热带的鱼在同样条件下冰藏其货架寿命比温带鱼要长,这些特点可能与细菌菌落的组成和生理学上的差异、组织蛋白酶的最适pH值的不同以及鱼肌化学成分上的差别有着密切的关系。

三、水产品防护要求

(一)水产品低温保鲜的基本原理

引起水产品腐烂变质的主要原因是微生物的作用和酶的作用,以及氧化、水解等化学反应的结果。而作用的强弱均与温度紧密相关。一般来讲,温度降低均使作用减弱,从而阻止或延缓食品腐烂变质的速率。

1. 温度对微生物的作用

水产品冷冻冷藏中主要涉及的微生物有细菌(*Bacteria*)、霉菌(*Moulds*)和酵母菌(*Yeasts*)。它们是能够生长繁殖的活体,因此需要营养和适宜的生长环境。由于微生物能分泌出各种酶类物质,使水产品中的蛋白质、脂肪等营养成分迅速分解,并产生三甲胺、四氢化吡咯、硫化氢、氨等难闻的气味和有毒物质,使其失去食用价值。

根据微生物对温度的耐受程度,将其划分为4类,即嗜冷菌、适冷菌、嗜温菌和嗜热菌。温度对微生物的生长繁殖影响很大。温度越低,它们的生长与繁殖速率也越慢。当处在它们的最低生长温度时,其新陈代谢活动已减弱到极低的程度,并出现部分休眠状态。

2. 温度对酶活性的影响

酶是有生命机体组织内的一种特殊蛋白质,负有生物催化剂的使命,食品中的许多反应都是在酶的催化下进行的,这些酶中有些是食品中固有的,有些是微生物生长繁殖中分泌出来的。

温度对酶活性(Enzyme Activity,即催化能力)影响最大,40~50℃时,酶的催化作用最强。随着温度的升高或降低,酶的活性均下降。在一定温度范围内(0~40℃),酶的活性随温度的升高而增大(大多数酶活性化学反应的Q_{10}值为2~3)。一般最大反应速率所对应的温度均不超过60℃。当温度高于60℃时,绝大多数酶的活性急剧下降。过热后酶失活是由于酶蛋白发生变性的结果。而温度降低时,酶的活性也逐渐减弱。但低温并不能破坏酶的活性,只能降低酶活性化学反应的速率,酶仍然会继续进行着缓慢活动,在长期冷藏中,酶的作用仍可使食品变质。当食品解冻后,随着温度的升高,仍保持活性的酶将重新活跃起来,加速食品的变质。

基质浓度和酶浓度对催化反应速率影响也很大。例如,在食品冻结时,当温度降至-5~-1℃时,有时会呈现其催化反应速率比高温时快的现象,其原因是在这个温度区间,食品中的水分有80%变成了冰,而未冻结溶液的基质浓度和酶浓度都相应增加。因此,快速通过这个冰晶带不但能减少冰晶对食品的机械损伤,同时也能减少酶对食品的催化作用。另外,在低温的条件下,油脂氧化等非酶变化也随温度下降而减慢。因此水产品在低温下保藏,可使水产品较长期贮藏。

(二)生鲜鱼类的包装要求

1. 生鲜鱼类的包装原则

生鲜鱼类的包装,应该遵循以下几项原则:尽量减少鱼脂肪的氧化倾向;防止鱼产品在流通过程中脱水;避免产品的细菌败坏和化学腐变;防止鱼产品滴汁;防止气味污染。

(1)关于鱼类油脂的氧化问题。鱼类油脂的高度不饱和特性决定它对酸败的敏感性。其他的腐败因素有化学反应、酶或细菌的作用。在室温下,由于氧的存在,使鱼类油脂成分的酸败加快。采用良好的隔氧包装材料并结合冷藏在很大程度上可以减少这些因素的影响。

(2)脱水。新鲜鱼本来是湿的,如果过分地干燥脱水,会导致鱼类组织、香味和颜色的变化。造成鱼类脱水的原因主要是贮存条件不佳和包装材料的水蒸气透过率太大所造成的。

(3)细菌败坏和化学腐变。鱼体中若存在酶和细菌,将会加快其腐败速度。隐藏在鱼体消化道中的蛋白酶,其破坏作用很大。鱼死以后,蛋白酶会穿透肠壁而侵袭鱼的肌肉,造成腐变反应。这就是鱼在冷藏之前必须去除内脏并加以清洗的原因。臭鱼味的三甲胺并不是在新鲜鱼体中产生的,而是由于细菌的增殖促使酶的变化所形成的。新鲜鱼体中肌肉也是没有细菌的,只是在黏液和消化道中有一些菌丛存在。鱼死后,这些细菌开始增长,并腐败鱼的肌体,进一步引起鱼香味、气味和肌肉组织的变化。对于酶来说,及时清洗是防止败坏的有效办法。单独依靠冷冻来防止鱼类的败坏,其效果不会太大,因为有些细菌(例如假单胞菌类、无色细菌和黄杆菌等)是嗜冷性的,它们在0℃或更低的温度下能生长,有的甚至在-7.2℃时仍能生活。因此,冷冻温度应该低于细菌生长的温度才能达到抑制败坏的目的。

(4)滴汁问题。鱼在包装中,经常会滴汁,尤其是分切的鱼块,更容易渗出肉汁,流淌在包装中,影响包装的外观和透明度。如果在包装中放入吸水垫片,可以将鱼汁吸收,减少对包装内部的污染。防止鱼汁渗出的另一种办法是将鱼浸渍于聚磷酸盐溶液中,使鱼表层的细胞膨胀,进而破坏了细胞壁,鱼汁就不容易从肉中渗出。

(5)气味的扩散。鱼类在透气性包装容器中,贮存在1.6℃环境温度下,仅经过几小时,就会散发出强烈的鱼腥味。鱼腥气味的散发过程,也是鱼本身挥发性香味的丧失过程。另一方面,外界的异味也很容易透过包装污染鱼肉。因此,应该选用透气率低的、气味隔绝性能好的包装材料,以解决包装内、外气体的扩散和渗透问题。

没有一种单一的基材能够满足鱼类包装的多种防护要求。近年来,逐渐开发和生产具有综合防护性能的涂塑材料和复合材料,用以包装各种鱼类产品,使鱼类产品的包装日趋于合理和完善。

2. 生鲜鱼类包装的基本要求

(1)包装必须美化产品,富有销售吸引力。

(2)包装应能保护鱼类产品的质量,成本低廉。

(3)包装材料不得对鱼类有任何污染,哪怕是气味的污染。

(4)包装材料应具有足够的物理机械性能,低温时不发脆。复合材料在潮湿、蒸煮条件下不应发生分层现象。

(5)具有良好的水蒸气和挥发物质的隔绝性能,能保护产品在低温冷藏条件下不脱水。

(6)包装材料的透氧率要低,以防止鱼脂肪受氧化而产生酸败。采用复合材料(蒸煮袋)包装生鲜鱼,应解决蒸煮时发胀,漂浮在水上,使蒸煮增加困难。

(7)包装材料不透油,包装内部鱼类脂肪不应渗透到外表面,以免影响包装外观。

(8)包装材料气密性好,包装内的芳香成分和鱼腥味不易散出去,外界的气味也不会透过包装污染产品。

(9)包装的封合简便,最好便于采取热封工艺。

(10)包装材料中的其他成分,倒如粘合剂和印刷油墨,都应该是无味无毒,不污染鱼类产品。

(11)包装材料的性能以及包装结构设计应该适应高速自动化包装生产的要求。

(12)包装的形状和尺寸的设计应该满足快速冷冻的要求。冷冻速度越慢,冷冻成本越高。包装内部的余留空间太大也会减缓冷冻速度。

鱼类产品的包装有助于排除许多有害的因素。鱼产品的包装,应用最普遍的是聚乙烯塑料薄膜和涂蜡或涂以热熔胶的纸箱(盒)。涂蜡纸盒的应用最早,它的缺点是蜡层脱落和纸盒压痕透气而引起产品脱水。纸板涂塑聚乙烯后制成的纸盒,性能坚韧,防潮性能也好,其包装效果优于涂蜡纸盒。不过,聚乙烯涂塑的纸盒,也还存在着热封不好,印刷油墨与聚乙烯涂层表面的结合牢度差,以及由于鱼的滴汁而引起纸板的分层等缺点。近年来,包装鱼的纸盒,多数涂塑蜡—树脂的掺和物(热熔胶)。纸盒内表面涂以热熔胶,会改善产品表面的光泽度,使鱼产品的表面更加美观。此外,热熔粘合剂涂层改善了纸盒的热封强度并提高了热封效率。也有采用未经任何涂塑的纸盒包装鱼产品的,纸盒外面裹包一层蜡纸或聚乙烯涂塑的复合纸。这种包装方式由于纸盒内表面吸收鱼汁水分而丧失其原有的强度，包装容易破损，不耐用。

冷冻鱼产品在冷冻展销柜里展销，可以将鱼放在塑料浅盘中，然后裹包一层透明的塑料薄膜。塑料浅盘可采用聚氯乙烯、定向聚苯乙烯或发泡聚苯乙烯等材质制造。浅盘中衬垫一层纸板，以吸收鱼汁和水分。生鲜的鱼块或鱼片也可直接用聚氯乙烯薄膜、玻璃纸（最好是经过涂塑的防潮玻璃纸）裹包展销。鱼的真空包装由于操作和搬运的费用较大，所以一般不大采用，有时，冷冻鱼也采取真空包装。鱼的最好包装材料应具有高度的隔氧性能。较理想的材料是复合结构的，如玻璃纸/铝箔/聚乙烯，或者是聚酯/聚偏二氯乙烯/聚乙烯类型。透氧率很低的包装材料，能减少氧化和酸败。这类包装的贮存期可延长1倍。真空包装不能抽出鱼肉中全部的氧气，因而油脂的氧化反应仍然进行，只是反应速度大为减缓而已。因此，对于任何形式的鱼产品包装，都应该结合冷藏贮存，更为安全。

熏制的大麻哈鱼多数采用镀锌铁罐包装，或者是易开式铝罐包装。有的用羊皮纸将罐中的每层鱼片隔离开来。

（三）生鲜鱼类的运输包装

1. 生鲜鱼类对装运容器的要求

到目前为止，鲜鱼的装运容器，尚未能满足鲜鱼的全部防护要求和标准化规定的要求。更理想的装运容器尚处于改进和开发之中。

新鲜鱼类回收使用的装运容器，必须满足下列各项要求：

（1）容器的尺寸、重量和容量应符合国家或外贸有关标准的要求。

（2）强度高，重量轻，当装满鲜鱼和冰块后，能承受规定的重量，搬运方便。

（3）容器的成本低。

（4）比重小，重量轻，运输费用低。

（5）具有良好的隔热性能，以减轻被包装物受温度突变的影响。

（6）空的容器便于套叠，以节省空间，节约运费。

（7）便于堆码，而且堆叠后稳固不倒。

（8）容器顶盖应开有排水槽，以便及时排除箱中流出的融化水、鱼血和黏液等液体。

（9）便于叉车搬运和托盘装运。

（10）容器表面卫生，干净平整，不得有大的缝隙和凸边，以免集聚灰尘和污垢，而且便于清洗和消除污染。

（11）容器本身的重量稳定，不论是湿的或是干的，重量应该相同。

(12)容器的造型美观。

(13)搬运时尽量不引起噪声。

(14)如果损伤,便于修复。

(15)平均使用寿命应达到8～10年。

(16)具有适当的容量。

(17)容器的底部应有底脚,避免容器直接接触地面,受到高温和地面的污染。

(18)容器侧面的表面结构应能防止在冷冻温度下相邻容器互相粘连,难以分开。

虽然,容器的材料、尺寸和卫生条件尚未达到标准化,但根据实际应用经验,对于装运鲜鱼的容器,除上述要求外,还提出以下具体建议:

(1)鱼箱的深度不宜大于30.5 cm,以免将底层鲜鱼压坏。

(2)鲜鱼和冰的容量比例不应大于3∶1。

(3)鱼箱和鱼的总重量不应超过68 kg,便于两人搬运连续作业。

(4)鱼箱的外形最好是长方形的,而且侧面尽量减少凸出的法兰和翻边。堆码时稳固牢靠,当渔船激烈摇晃时也不会倒垛。

(5)鱼箱的材料强度应能承受16层鱼箱的堆码压力,虽受强烈振动也不损坏。

早期,散装的冰镇鲜鱼是采用木箱由铁路运输的。近年来,逐渐采用较轻便的包装容器。

防潮纸箱,比木箱还轻,便于印刷,成本也低,具有足够的湿强度,而且隔热性能好,已广泛用作鲜鱼的运输包装。多数的防潮纸箱都经过涂蜡和防漏处理。为了进一步改善其防护性能,箱内可衬垫一层隔热材料,如聚苯乙烯泡沫塑料板。根据季节和运输距离的远近不同,可采用不同结构的防潮纸箱。例如,在严寒的冬天,可以不用衬垫聚苯乙烯泡沫塑料板;采用防潮纸箱和泡沫塑料衬里的包装,只需要少量的冰块冷却就够了。

另一种鲜鱼的包装形式是采用发泡聚苯乙烯的容器。这种容器的重量非常轻,且具有优异的隔热性能。容器的盖子是滑动式的,既安全而又便于堆码。

为了将新鲜鱼产品尽快地运往市场,也采取了空运,因而更加要求包装的轻量化和较完善的包装容器。看来,空运是新鲜鱼产品为达到快速周转所采取的必要措施。

2. 生鲜鱼类的装运容器

目前,用作鱼箱的材料主要有木材、铝合金,塑料和纤维板。这四类容器是多次性使用的。

(1)木箱。当前采用的木箱是由软木板钉制而成的。板材厚度一般在12. 7 ~ 15. 8 mm。木箱侧面有横档,箱底有二三根垫木,以增强木箱的强度并防止木箱底部直接接触地板。木板表面一般不经过精刨加工,比较粗糙。为了加固,有的在箱端用铁丝或 U 形钉锁住。箱的两头端板开孔或钉上木块,以便手提搬运。自 20 世纪 50 年代以后,由于木箱作为鱼类产品周转装运容器存在着一些缺点,已逐渐被其他材料所代替。

木箱的优点如下。

①成本较低,便于修复。

②可在港口附近加工制造,节省运费。

③临时急需,随时可以大量供应。

木箱的缺点如下。

①清洗困难。

②气味不好。

③使用寿命短,需要经常性的维修。

④容易吸水,寄生细菌。

⑤由于吸水,增加木箱重量,浪费人力搬运,并容易造成重量误差。

⑥容易刮伤人体。

⑦水箱装满鱼并堆码以后,上层木箱的鱼汁、鱼血和黏液流淌到下层木箱中去,使下层木箱中的产品受到污染。

⑧空箱不便套叠,周转使用浪费运费。

(2)铝合金鱼箱。通常采用耐盐水腐蚀的铝合金制造。有的是冲压加工,有的是由单片组合的。组合式鱼箱有用焊接工艺的,也有的是铆接组合的。铆接结构由于缝隙较多而容易积蓄灰尘污物。箱板有凸肋,以提高刚度和抗弯强度。顶部边缘采取翻边结构,以提高强度,且便于堆叠。箱底可以是平板或是瓦楞结构,并设有排水槽。这种铝合金鱼箱,空箱可以套叠,节省空间。一般的使用寿命可达 8 ~ 10 年。

铝箱的优点如下。

①从使用寿命核算,成本并不算高。

②便于焊接修复。

③便于清洗,没有异味。

④作为食品包装容器,美观干净。

⑤铝箱装满鱼后,堆码稳当。

⑥轻巧,搬运方便。

⑦重量稳定不变。

铝箱的缺点如下。

①如果清洗不当,容易腐蚀并隐藏细菌。

②搬动时噪声太大,特别是空箱互相碰撞,噪声大。

③隔热性能差,容易将外界的高温导给鱼产品,加速其腐变速度。

④如果搬运不细心,猛烈冲击时,易从边角处开裂。

(3)塑料鱼箱。当前应用的塑料鱼箱,多数是由高密度聚乙烯塑料注塑成型制成的。因为高密度聚乙烯塑料的低温冲击韧性比聚丙烯的好,也具有足够的刚度。塑料鱼箱的生产主要受到注塑模具成本的限制,除非产量很大,否则因模具投资太大而不好轻易改型。

塑料鱼箱的优点如下。

①如果生产批量很大,成本并不太高,而且使用寿命一般可达 6 ~7 年。

②便于清洗,无异味。

③外观整洁美观。

④重量轻,便于搬运,搬动时噪声很小。

⑤不吸水,重量稳定。

⑥装满产品时堆叠稳当,空箱可以套叠,节省空间。

⑦隔热性能优于铝箱。

⑧便于设置排水槽。

⑨底部可直接同时制出底脚或横条,便于叉车搬运和安装托盘运输。

⑩能适应 -40℃低温冷藏而不脆裂。

塑料鱼箱的缺点如下。

①如果清洗不当,白色塑料鱼箱会逐渐变黄,影响外观,需加入适当的颜料。

②装卸时,边角容易开裂,而且表面容易刮伤。

③如果少量生产,塑料箱的成本较高。

(4)纤维板箱。纤维板箱由硬质纤维板制成。板的两面复合以牛皮纸。牛皮纸是与聚乙烯薄膜复合的,以改善其防水性能。纤维板心部也含有憎水剂(或疏水剂),因此吸水率很低。板的厚度依箱的大小而异,小箱的板厚约为 2 mm,

大箱的板厚为2.16 mm左右。箱底开有排水孔。装满产品后,箱子的腰部用捆扎带或腰子捆扎。多数的纤维板箱的外面和内表面衬垫一层涂塑的牛皮纸。为提高纤维板箱的防水性能,纤维板事先经过聚乙烯涂塑或涂蜡处理。印刷应在涂塑之前进行。

纤维板箱有时采用瓦楞纤维板制成,同样也是防水的。不论何种类型的纤维板箱,都应严格控制质量,通常是按照纸制品的检测方法进行控制。例如,纤维板浸水一昼夜以后进行强度等指标的测定。

包装熏制鱼产品用的纤维板箱,可无须达到很高的防水性能。产品事先用羊皮纸或聚乙烯薄膜裹包,然后装箱,足以达到防潮和防油效果。有的纤维板箱,既可用以包装冷冻鱼类,也可用来包装熏制鱼产品。聚乙烯涂塑的纤维板箱,在国外应用比较广泛。

上述鲜鱼装运容器多数属于多次性使用的,其使用寿命达5~10年不等。这类容器适用于铁路运输和公路运输。有的为了避免鱼汁和冰水的污染而采用一次性包装容器,不再回收使用。德国采用一种外包装可反复使用而内包装是一次性的鲜鱼包装结构。内包装不漏水,可以包含融化的冰水和鱼汁,或者在内包装容器底部衬垫吸水衬片材料(纤维质或泡沫塑料,以吸收冰水和鱼汁)。

目前,有些国家正在试验并开发新型的一次性包装容器,主要有以下几种类型。

(1)聚苯乙烯泡沫塑料箱,箱内用木架增强。鲜鱼和冰块放在木架上,融化的冰水和鱼汁顺木架四边的缺口流到箱底(贮存在箱底),不至于污染鲜鱼。箱的外部尺寸为600 mm×400 mm×480 mm,容积为52 L,底部能容纳12.5 L融化的冰水。泡沫塑料板的厚度为25 mm。

(2)聚苯乙烯泡沫塑料箱,外面套一层纸箱,用以保护泡沫塑料箱在运输中免于破损。箱中不带木架。有时为了增强纸箱,可在纸箱与塑料箱之间衬垫木架。

(3)防水可折叠纸箱,箱板中夹一层聚氨酯泡沫塑料或纤维质材料。箱内底部有一木格架,既可提高纸箱的强度,又可增加箱子的承载能力。同时,木格架还能透过冰水和鱼汁。这种箱的外部尺寸为600 mm×400 mm×350 mm。箱板的厚度为2.5 mm和4 mm两种。

(4)外层是轻型的塑料箱,里面套一层聚苯乙烯泡沫塑料箱。泡沫塑料箱底有漏水孔,使融化的冰水和鱼汁流到箱底。而且,漏水孔设有活门,防止在搬运时塑料箱倾斜,底部的血水倒流到上部,造成污染。箱子外面用两道腰子捆扎。

箱子外部尺寸为640 mm×350 mm×390 mm。容积为43 L,底部可容纳14 L冰水。泡沫塑料板厚度为20～25 mm。这种箱子的成本较高,适用于名贵鱼类的空运包装。

(5)底、盖结构相同的聚苯乙烯泡沫塑料箱,用于装运预包装的新鲜鱼类,从鱼类加工厂运往超级市场。鲜鱼采用聚苯乙烯小盘包装,再用热收缩薄膜裹包,或连同鲜鱼和小盘一起装入小塑料袋。每件小包装重量为226～340 g。每箱可容纳40件。箱盖和底的内部分别固定安放两袋(聚乙烯塑料袋)冰块。冰块重量与鱼的重量相当。这种塑料箱已在英国普遍应用。

在丹麦,运往超级市场的预包装鲜鱼,是采用纸箱装运的。每件小包装(聚苯乙烯小盘)包装鲜鱼400 g,每只纸箱容纳25件。箱中安放200 g干冰,以保证冷却的需要。

美国渔业研究机构开发了涂蜡的和聚乙烯涂塑的瓦楞纸箱,既防水,又防漏,用于陆运(公路运输和铁路运输)和空运新鲜鱼类的包装。每箱可包装45 kg左右的鲜鱼。箱底衬垫纤维质吸水材料。箱外用铁腰子或塑料腰子捆扎。如果运输距离较长,可在箱内衬垫一层泡沫聚苯乙烯或聚氨酯泡沫塑料板作为隔热层,同时在箱内上、下部安放冰块或干冰。

上述几种纸箱从成本上虽然比木板条箱高一倍,但是它对生鲜鱼类的保护更为完善,能适应各种运输形式的要求,保证产品质量,也意味着最大的节约。木板箱的成本虽然是低,但是木箱笨重,吸水量大,容易寄存和生长霉菌,漏水,生鲜鱼类易受污染,这些缺点是不容易解决的。因此,各种新型的泡沫塑料箱和纸箱仍有很大的发展潜力。

(四)生鲜鱼类的预包装

由于超级市场和自选商场的迅速发展,导致商品销售方式和经营管理方法的变革,商品的包装要求也将随之变化。超级市场和自选商场销售的商品,都希望采取小单元包装。以便于顾客挑选和携带,而且不会互相污染。生鱼类的预包装,较之肉类和禽类等食品,尚不够普及,但是鱼类比其他食品更需要避免污染,也更容易变质败坏,因此,生鲜鱼类的预包装仍是十分必要的。

1. 生鲜鱼类预包装的优缺点

(1)生鲜鱼类预包装的优点如下。

①鱼的重量、价格和包装日期可以在预包装上标明。

②预包装可防止外界的污染。

③预包装的鱼类不会污染别的商品。

④鱼类经过预包装,多数能延长其贮存期。

⑤预包装可改善销售外观。

⑥预包装的生鲜鱼类可增强竞争能力。

(2)生鲜鱼类预包装的缺点如下。

①包装内积蓄水滴和鱼汁。

②包装内气味太大。

③包装内的鱼的变质程度不容易觉察出来。

④过分依赖包装,容易忽视其他质量指标。

⑤真空包装容易促进毒性细菌的增殖。

⑥预包装工序耽误发货期,甚至会缩短鱼类的贮存期。

如果包装材料选用得当,而且,包装者、零售人员和顾客都能注意正确的搬运和携带方式,爱护包装,以上的缺点大部分是可以克服的。如果将包装食品存放于5℃以下冷藏,则最好煮熟以后食用,不要吃生的,以避免真空包装所造成毒性细菌增殖的危害的发生。在包装上面应标明商标品名,同时提醒顾客保护好包装,并经煮熟后食用等。

2. 冷冻鱼类预包装的优缺点

(1)冷冻鱼类预包装的优点如下。

①防止鲜鱼在低温冷藏过程中脱水干燥。

②经过预包装,鲜鱼的脂肪免受空气中氧气的氧化而造成酸败。

③保护鲜鱼免受物理损伤和搬运时的外来污染。

④包装后便于搬运和携带。

⑤增加产品的销售外观,促进销售。

⑥保护鲜鱼在冷藏过程中不变色,并维持其鲜艳的光泽。

⑦必要时,可以连同包装一起烹煮,既方便,又减少鱼腥气味。

⑧便于将个体包装分开,而且无须等待解冻融化就可以直接烹煮。

⑨包装的鲜鱼连同包装浸在水中很快就能解冻,无须经过沥滤和水泡。

(2)冷冻鱼类预包装的缺点如下。

①预包装增加了鱼的成本。

②鲜鱼冷冻之前经过预包装,会延长冻透的时间。

③运输和贮存时比较零星分散。

④包装内鱼腥气味的浓度很大,一旦打开包装,使人感到厌恶。

尽管冷冻鲜鱼的预包装存在着上述一些缺点,但是优点更为突出。新的包装技术方法和新型包装材料正在不断地开发和发展之中，冷冻鲜鱼的预包装，仍有很大的发展前途。

3. 生鲜鱼类的预包装方法

目前，鲜鱼类的预包装方法多种多样，但是主要有以下三种形式。

(1)真空包装袋。将生鲜鱼放入塑料袋中，抽出袋中的空气，然后热封。塑料袋材料的透氧率和水蒸气透过率应选用适当。

(2)裹包法。将鱼平放在塑料浅盘中，上面蒙一张透明的塑料薄膜，薄膜的四边粘贴在盘底(采用自粘性薄膜，或采取热封方法)。

(3)浅盘装袋法。与裹包法相似，但是将塑料浅盘和鱼一起装入塑料袋中，然后将袋口热封。这种包装比裹包法更为严密，不透气，也不泄漏。

4. 生鲜鱼类包装的贮存期

试验研究结果表明，采用低密度和中密度聚乙烯塑料袋真空包装生鲜鱼类，尽管结合冷藏贮存，但其贮存期并不长，因为聚乙烯的透气率较大。如果采用聚酰胺(尼龙)或复合薄膜包装，则可以适当地延长其贮存期。由此可见，生鲜鱼包装的贮存期长短，与包装材料的气体透过率(主要是透氧率和二氧化碳透过率)有直接关系。现在，塑料工业已经为包装工业提供各种不同隔绝性能的复合薄膜，可以满足不同食品特性对包装的要求。在选用包装材料时，应适当考虑包装材料的成本。

丹麦有关部门规定，在港口包装生鲜鱼类，超级市场销售，其贮存期必须达到2 d以上，或者说，必须在2 d之内售出。英国“Torry”研究所和“白鱼”主管部门提出标准规定，生鲜鱼类的包装货架寿命应达3～4 d。

5. 生鲜鱼类预包装的质量问题

鲜鱼包装的一个突出问题是滴汁问题。在冷藏温度(-2～2℃)下，鲜鱼往往会流出鱼汁和血水，积存在真空包装袋里和浅盘里，使包装外观严重恶化，甚至会影响销售。如果鲜鱼或鱼片事先经过10%聚磷酸盐溶液处理1 min以后，即可以显著地减少滴汁的程度。

鲜鱼预包装的最重要问题是控制鲜鱼在包装前的质量，以及控制包装鲜鱼在流通过程中所有环节的冷却温度。鱼类加工厂、包装厂和门市部门对于商品的有效贮存期和质量应负有高度的责任感。包装前，鱼片不应有褪色、淤伤、蠕虫蛆、发软和破碎。在生产过程中，任何时候都必须保证在1～3℃温度范围(包括在包装、装载、运输和展销各个环节)，不允许超过3℃。因此，包装的鲜鱼在流通过程的每一个环节，直至展销柜，都必须设有制冷装置，以保证冷藏温度的要求。展销柜的温度应使鲜鱼的温度保持在2℃左右,既不高于3℃,也不应低于1℃。在规定货架寿命期内未能售出的鱼产品,应该撤出展销柜,不得继续出售。

(五)冷冻鱼类的销售包装

冷冻鲜鱼最通用的零售包装,是采用浅盘(由塑料薄片或泡沫塑料制成)和透明塑料薄膜裹包的形式。如果鱼产品的体积较大,且是不规则形状的,则直接采用塑料薄膜裹包,放在冷冻展销柜中出售。裹包的薄膜一般采用聚氯乙烯薄膜。如果浅盘的刚度不足,可在浅盘内部衬托一片塑料薄片或涂蜡纸板。倘若将浅盘和鱼产品一起放入气密性很好(透气率很低)的塑料袋中,并采取真空包装,将可延长产品的货架寿命。

冷冻鲜鱼的销售包装必须解决好"滴汁"问题。滴汁发生在冷冻鱼类解冻的过程中,会使鱼本身的营养成分流失。经过试验表明,如果鱼的新鲜度高,则解冻后的滴汁也较少;同时也表明,不新鲜的冷冻鱼产品,其解冻速度要么非常快,要么就非常慢。

影响包装冷冻鱼类的质量通常有如下几种因素:水分的散失;氧化反应;脂肪的酸败;香味的散失和异味污染;酶的活性;维生素的丧失。

冷冻鱼类的保鲜可采取包冰衣和添加抗氧剂等办法加以改善。所谓包冰衣,是指将冷冻的鲜鱼浸渍冷水中,使鱼的表面挂上一层冰衣,然后存放在冷库里。以包冰衣的方法保鲜冷冻鱼类并不十分理想,因为冰衣容易脆裂和脱落,而且,冰衣并不持久,在干燥的气氛中,冰层容易升华而逐渐减薄;包冰衣的冷冻鱼,由于增加了鱼的重量而耗费运输成本;冰衣融化时,会带出大量鱼汁,同时鱼肉吸收了水分,包含过量水分的鱼肉,使油炸加工增加困难。如果采用抗坏血酸溶液和棓酸乙酯溶液包挂冰衣,其保鲜效果优于水的冰衣。但是这类化学溶液的冰衣在商业上并未得到广泛应用。

对冷冻鱼类包装的要求,是防止氧对鱼质量的不良影响,以及防止空气进入包装造成鱼的脱水。最普遍采用的包装材料是聚乙烯薄膜,涂蜡或涂以热熔胶的纸箱(盒)。有时再裹包一层蜡纸。涂蜡的纸箱(盒)虽然得到了广泛的应用,但是蜡层容易脱落污染产品,并造成鱼产品脱水干燥。聚乙烯涂塑纸板的出现,代替了涂蜡纸板,它的柔韧性好,防潮性能也好。但是也存在着一些缺点,例如,要求热封合的温度较高,印刷油墨附着力差,以及接触鱼汁后产生分层等问题。

目前,多数冷冻鱼包装盒采取热熔胶涂塑(即蜡与树脂的掺和物)。纸盒的内表面涂敷热熔胶,使产品的外表具有高度的光泽,增加了美观。热熔胶更容易热封,而且便于设计成为易开结构。

冷冻鱼包装盒外面还可裹包一层涂塑纸加以防护，例如涂以蜡、热熔胶或聚乙烯。

应用最为广泛的是将定量的鲜鱼放在浅盘中，再套上一层聚氯乙烯或玻璃纸袋子，于冷冻展销柜中销售。根据鲜鱼滴汁的程度，浅盘中可衬垫纸板等吸水材料。

对于冷冻鱼，采用真空包装的不多，因为增加包装成本。在特殊情况下，冷冻鱼的真空包装是在较低温度下进行的，并加以冷冻贮藏。真空包装对材料的主要要求是隔绝氧气。通常采用玻璃纸/铝箔/聚乙烯或聚酯/聚偏二氯乙烯/聚乙烯等复合材料，其透氧率很低，因而能够延缓酸败反应，抑制过氧化值的增高。妥善地控制真空包装的透氧率，冷冻鱼的贮存期可以延长一倍，但是，尽管采取抽真空的方法，也不可能将鱼体中的氧排除干净，脂肪氧化反应仍在进行，只不过有所减缓而已。因此，不论是采取真空包装，或者是套袋裹包包装，都应该结合冷冻的流通措施。

包装生鱼块或生鱼片，可采用聚乙烯塑料薄膜包装。不论采用预制袋或是在成型—充填—封合包装机上包装均可。只是冷冻鱼的包装由于含有食盐，在包装过程中接触到金属，容易造成腐蚀。因此，采用不锈钢的包装设备最为适宜，特别是自动称量机采用不锈钢，不会受到锈蚀，免得影响称重的准确性和污染鱼肉。

近年来，改进冷冻鱼类的包装是采用聚偏二氯乙烯包装材料，以真空包装工艺包装整条冷冻的大麻哈鱼。这种包装方法能减少起始冷冻和开始冷藏六个月时水分的损失，而且减少劳力和时间的耗费。轻度的真空包装能够保持大麻哈鱼的新鲜度。

(六)生鲜鱼类产品的包装

1. 鱼类产品的包装

鱼产品的加工方法有烟熏、盐渍、醋渍和制罐等。鲑、金枪鱼和沙丁鱼等鱼类普遍制成鱼罐头出售。

鱼罐头的质量取决于生鲜鱼的新鲜度、制罐方法以及罐头的贮藏条件等因素。

金枪鱼罐头一般选用长鳍金枪鱼，包括蓝鳍金枪鱼和黄鳍金枪鱼等品种。鱼捕获后，随即放血并去除内脏，喷水洗净，马上冷藏，供加工用。在加工之前，将鱼悬挂沥干，然后放在盘中，送入100～102.2℃的蒸汽室里，蒸煮2.5～4 h。较大的鱼可相应延长蒸煮时间。在蒸煮过程中，鱼体中的大部分天然油脂排除出去，并将鱼肉蒸透。放置1 d后，去除鱼皮、鱼头和鱼骨，并将深色的鱼肉挑选出去，留下洁白的鱼肉。将鱼肉切成适当的长度，定量灌装到罐里，加入所需调味料及油、盐、水。罐头抽真空10～12 min，然后封合。经过弱碱水洗净表面油腻，进行加热灭菌处理。冷却后贴标签装箱。热处理温度和时间长短视罐头尺寸大小而定。典型的1号金枪鱼罐头的加热规范是，起始温度为21.1℃，在115.5℃维持95 min，在121.1℃维持80 min。一般采用镀锡铁罐，罐内涂以"水产品涂料"（属于酚醛树脂型涂料）。铝罐包装金枪鱼，比起镀锡铁罐，其保香、保色的效果更好。

鱼罐头成品应经过正规的卫生部检验，符合卫生要求方可出售。罐的接缝和内涂料质量往往是造成食品变质和败坏的重要原因，切不可以忽视。例如，由于罐身接缝的缺陷，容易侵入肉毒梭菌，造成食用者生命危险；内涂料质量低劣，抑或涂敷工艺不当，铁皮表面暴露，并与食品直接接触而产生硫化物等有毒成分，导致罐头报废。

熏制的大麻哈鱼片采用透明的塑料袋真空包装。最近，市场上开始采用铝箔袋真空包装熏制鱼片。包装后仍须经过加热处理，以稳定其贮存期。凡是真空包装的鱼产品，都必须彻底去除鱼骨，以免刺破包装袋。典型的铝箔袋尺寸为18.4 cm×45.7 cm，表面印刷装潢，夺目美观。腌制的鱼产品，如开背冷熏鱼和黑线鳕等，水分含量较低，比生鲜鱼容易保存，甚至在没有包装情况下也可以存放数天。但是，腌制工艺不仅直接影响鱼的质量，也直接关系到肉毒梭菌的形成，应该严格控制。熏制的鱼产品，由于经过烟熏，脂肪在冷冻条件下也很容易酸败。因此，熏制的鱼产品应随时控制好冷藏条件，发货前检验质量，以防造成食用中毒事件（可能引起E型肉毒梭菌中毒）。过去，曾经由于烟熏鱼产品在夏天没有冷藏运输，而且运达市场后经过数天没有销售出去，造成熏鱼产生E型肉毒梭菌而发生过食物中毒致死事故。近年来，腌制和熏制鱼产品多数采用尼龙/聚乙烯或聚酯/聚乙烯等复合薄膜包装。奶油调汁的开背鱼或熏制的大麻哈鱼采用蒸煮袋包装，并抽真空和冷藏。抽真空可避免蒸煮袋在水中加热时漂浮于水面。有时，也采用高密度聚乙薄膜和聚酯/聚乙烯复合薄膜。熏制的白大麻哈鱼可直接采用聚酯/聚乙烯袋子包装销售。

2. 贝类、虾类、蟹类等海产品的包装

从肉的组织、味道、加工方法、包装和销售各方面来看，贝类产品和鱼类产品很相似。贝类产品可以分为两大类：一类是软体动物，例如牡蛎、蛤、扇贝属、淡菜和鲍属等；另一类是甲壳属，例如小虾、对虾、龙虾和小龙虾等，还包括一些蟹类。

多数软体动物在食用前是鲜活的，也即临食用前随时从其外壳中取出。扇贝属从壳中取出后尚可冷藏保鲜。

（1）小虾。小虾捕获后，在船上去头、去皮、分等级和去肠线，装入涂蜡的纸盒中冷藏。有的纸盒有内衬材料，可防止小虾受氧化和丧失水分；有的纸盒底部有孔，待小虾冷冻后，连同纸盒一起浸入冷水中，使小虾包上一层冰衣，或者，将纸盒盖打开，用喷水的方法包冰衣。包冰衣的方法增加了包装的重量，一盒小虾重量2. 27 kg，冰衣重量可达0. 68 kg，因而增加运输费用。如果包装容器便于灌装，耐戳穿并具有高度的水蒸气隔绝性能，不至于散失水分，这就不需要包冰衣。

实验证明，不包冰衣的小虾，如果包装在涂蜡的纸盒中，盒外再裹包一层薄膜，冷藏在 -17. 7℃可以保存12个月。一盒2. 27 kg的冷冻小虾，在流水解冻条件下，可缩短解冻时间36% ~55%。包冰衣的包装小虾，如果没有外层裹包，则重量损失较大，甚至虾的表面会脱水干燥，从而引起肌肉组织的变化。

采用聚乙烯塑料袋包装小虾，并经速冻冷藏。这种方法已成为流行的销售包装方式。另外有一种采用线型聚乙烯塑料容器包装虾类，容器上面覆盖一层可热封的盖子。顶盖上印刷商标和商品说明。为了防护外来机械损伤，外层采用纸盒包装。这种包装也已得到了广泛采用。

大的虾一般成对出售。批发是桶装的，每桶90 kg左右。有时制成罐头。制罐时先将虾冰冻，剥去头、尾和皮，只剩下虾仁部分，洗净后，用盐水预煮4 min。这时虾肉洁白，表面呈鲜艳的粉红色。如果是湿包装，可加入1%盐水进行灌装。倘若是干包装，则须将水沥干。罐头经过抽真空后封合，然后高温灭菌。加热温度为115. 5 ~121. 1℃，时间为12 ~30 min。温度和时间仍视罐头尺寸大小及起始温度的高低而定。干包装的灭菌时间为50 ~80 min。罐的内涂料选用C－型涂料，属于油基树脂并含有氧化锌颜料。这种颜料能够抑制食品中硫的作用并防止发黑。

（2）扇贝属。扇贝捕获后在海上去壳，贝肉洗净后冰冻，可保存7 ~8 d之久。但是，及早加工是非常重要的。如果过度的脱水不但会缩短其贮存期，而且香味和营养成分也会流失。

因此，鲜贝肉必须采用防湿包装。不论是2. 27 kg的规格或零售小包装，都采用涂塑热熔胶或聚乙烯的纸盒包装，这也是应用最普遍的包装形式。当然，鲜贝肉也有冰冻零售的，但容易受环境的感染而变质。

（3）蟹类。蟹类的捕获是有季节性的。不同季节所捕获的蟹类，其质量和大小都不同。盛产季节,蟹体肥大,必须采取有效方法保存和保鲜。新鲜蟹肉的特性是,受到冷冻后,它原有的鲜美味道会遭受损失。因而,鲜蟹肉的冷冻贮存只是短期的。尤其对于蓝蟹,不论受冻时间长短,都不能维持其原来的肌肉组织、颜色和香味。

采用 MSAT(防潮、可热封、可印刷、透明)型玻璃纸裹包新鲜蟹肉,在 -17.7℃冷冻温度条件下只能保存 9 个月。超过 9 个月,将会逐渐失去鲜美的香味,而且肌肉愈加坚韧。煮熟的蟹腿冷冻并包冰衣,用纸盒包装,在 -17.7℃冷冻条件下也只能保鲜 9 个月。如果新鲜的蟹肉采用锡罐密封包装,并冷藏于 -17.7℃低温条件下,只能保鲜 12 个月。倘若在鲜蟹中加入 1% 或 3% 盐水溶液,虽然可以延缓其变韧期限,但是由于香味的丧失,其贮存期仍然不能长于 12 个月。采取冷冻的方法对新鲜蟹肉质量的影响主要是引起蟹肉颜色和肌肉组织的恶化。尽管把蓝蟹包装在密闭的容器里,但如果余留空间太大,其中的空气也足以使其颜色转变成为黄色。为了保证新鲜蟹肉不会变韧,而且不会变色,必须采用水蒸气透过率很低的包装容器。生鲜蟹腿不宜采取冷冻保藏,因为它们只经 3 个月就会变色并失去香味。

蓝蟹肉(包括大龙虾)制造罐头比较困难,因为硫化氢易与镀锡铁皮发生化学反应产生黑色的硫化铁,使蟹肉受到污染。近年来随着罐头用的内涂料的开发和发展,已经解决了铁皮受硫化氢腐蚀的问题。蟹肉在充填入罐之前经过酸浸处理,对于抑制硫化氢的产生也有显著的效果。鲜蟹捕获后,及时加工处理,即在蒸汽中蒸煮 20 ~ 25 min,剥出蟹肉,经稀盐水洗涤后装罐。如果蟹肉浸渍 1% 柠檬酸溶液,并包装在酸化的盐水中,对于防止蟹肉变色,效果较好。铁罐的内表面涂以 C - 型涂料,日本采用双层涂料。有时罐内衬垫一层羊皮纸。装罐后,抽真空 10 ~ 15 min,然后封合。封合的罐头在 110 ~ 121.1℃高温灭菌处理 20 ~ 95 min。温度和时间依罐的大小而异。

(4)牡蛎。牡蛎是软体动物,盛产于凉爽季节。一旦脱离壳体,就应该马上加工食用,否则极容易变质败坏。脱了壳的牡蛎,很少冷冻贮藏。其液体呈浅红色,含有“红酵母”等微生物,是嗜冷性的,在 -17.7℃甚至更低的温度下仍能生长。因此,在加工时应充分洗净并采取必要的卫生措施。生鲜的牡蛎,可采用玻璃纸、氯化橡胶、尼龙和聚乙烯等薄膜包装,涂塑的纸张也能满足要求。凡是可热封的防潮包装材料,都适用于牡蛎的包装。涂蜡纸盒再加以外层裹包(防泄漏),是较理想的销售小包装。

牡蛎可以制成罐头。将带壳的牡蛎冲洗干净,并经过挑选,去除死的(外壳开口的)和损坏的。然后将牡蛎装上轮式蒸汽小车子。每台小车可承装225 kg。再次用水冲洗。小车送进蒸汽室,在0.7 kg/cm^2 蒸汽压下蒸煮5~10 min。稍冷后,脱壳取出牡蛎肉,经检查去除变色的牡蛎。用水冲洗,去掉壳屑和砂砾,沥干15~30 min,称重装罐,顶部浇一层盐水,封合后蒸煮灭菌。温度和时间视罐头尺寸大小而定。罐子是双卷边接缝,内表面涂以C-型内涂料。有的牡蛎肉经过熏制加工,加入调味汁后制成罐头,或用玻璃瓶包装。这多数作为美餐食品而特殊加工的。

(5)龙虾。讲究吃新鲜龙虾的,都愿意买活的龙虾。所以,有的销售商把龙虾养活在冷藏桶的海水里,出售活的龙虾。为了便于贮存和销售,可将龙虾浸于开水中15 s~5 min(视龙虾外皮厚薄而定),一般只需1.5~2 min,剥去虾皮,取出龙虾肉,用涂蜡纸盒包装热封,并冷冻保藏。去皮的熟龙虾肉,其保鲜效果不如整条龙虾煮熟后冷冻贮藏的好。据试验结果表明,不去皮的龙虾,煮熟后于-28.8℃冷冻条件下,其贮存期可达3.5月。小的龙虾可制成罐头。龙虾在盐水中煮沸20~30 min,冷却后去皮,将虾肉装入镀锡铁罐,并加入盐水。罐内表面涂以防腐涂料,并衬垫羊皮纸。封罐之前抽真空。封合后在118.3℃温度下蒸煮35~60 min(具体时间长短取决于罐的大小)。罐子的标准尺寸有三种:85~113.4 g、170~226.8 g和340.2~453.6 g。

龙虾的一种空运包装方法,是用手工将龙虾钳绑住,放在有冰块的冷冻容器中。这种容器同时也用作蒸煮器皿。容器包装在双层壁的外包装中,中间有一层保温夹层。这种包装方式可保鲜48 h,足够满足空运的时间要求。

为了方便销售,龙虾可用聚酰胺(尼龙)/聚乙烯复合材料进行真空包装。

(6)蛤类。蛤类的加工处理方法与牡蛎基本相同,多数加工成为罐头。其销售量相当大。

蛤类罐头的内涂料只能选用C-型涂料,才能防止黑色反应。蛤类在蒸煮过程中会逸出大量蛤汁,可供制成蛤汁罐头。蛤汁有纯净的,也有和番茄汁混合的。

(7)鱼卵。鱼卵可加工成鱼子酱。将鱼卵浸于热的饱和盐水中2 min,然后用麻袋将水沥干,并经压榨成块。成块的鱼子酱用橡木桶包装,桶底衬垫白布或蜡纸。有时也包装成为16 kg的罐头。

(8)鲸鱼肉。鲸鱼、海豚和白鲸属于哺乳动物。多数的鲸鱼供提取鲸鱼油,作为工业原料。但是鲸鱼肉的销售量也不小,特别是日本等国家,鲸鱼肉的消费更为普遍。鲸鱼肉与其他红色肉类很相似,只是包含少量的氧化三甲胺和甲胺类化合物,更显得有鱼腥味。鲸鱼肉中的脂肪是高度不饱和的,因而更容易发生酸败。鲸鱼肉可以冷藏,制成罐头或冷冻。凡是鱼类的包装方法,都适用于鲸鱼肉的包装。鲸鱼肉中包含70%水分和4%脂肪,其余的是碳水化合物和蛋白质。鲸鱼肉采用聚偏二氯乙烯薄膜包装,其防护效果优于聚乙烯和铝箔/牛皮纸复合材料。但是,虽然采用聚偏二氯乙烯薄膜裹包,经过6个月,鲸鱼肉也是会发生酸败的。

3. 加工鱼食品的包装

鱼产品的加工过程包括鱼的分切、鱼片浸挂糖浆或拖面浆等。将鱼块(或鱼片)冷冻成为扁平块,然后锯成条条,拖面浆并复以面包屑,最后油炸1min左右。油炸只能使鱼肉的外表变色,但中心部分的冰并没有融化。将多余的油脂排除,鱼肉加以包装并重新冷冻。这种经过加工鱼产品的包装,可采用厚度为12 μm的聚酯薄膜在卧式的成型—充填—封合机上包装成枕式形状。塑料薄膜的反面经过电火花表面处理和印刷,然后与50 μm厚的聚乙烯薄膜复合。这种复合结构美化了印刷效果,并保护印刷油墨不受摩擦而脱落。而且,两种单膜基材在广泛的温度范围内各具有不同的隔绝性能和耐戳穿性能,在运输、堆码和自选市场展销柜中起着有效的防护作用。

纸盒也可用于鱼类产品的包装,纸盒外面用热收缩薄膜裹包,可以弥补和改善包装的防护性能。纸盒经收缩薄膜包装成打后,再用拉伸薄膜将每4打捆包成1件,每48件装入1个纸箱。把纸箱(10箱左右)装在托盘上,用拉伸薄膜裹紧,以便搬运发货。

品种众多的鱼类和贝壳类都经过蒸煮加工,而且是冷冻保藏销售的。例如滚面包屑的鱼条、扇贝类、蛤、牡蛎、对虾、龙虾、蟹类、鳕鱼糕、金枪鱼馅等。滚面包屑的鱼加工品通常采用蜡纸裹包并用纸盒包装,纸盒里面衬垫羊皮纸。含有调味汁的鱼制品采用聚乙烯涂塑的聚酯薄膜制成的蒸煮袋包装,这种袋子可以在开水中蒸煮。外包装采用印刷的纸盒。金枪鱼馅常用铝箔制成的浅盘子或浅碟包装,然后装入印刷好的纸盒里。金属软管用于包装鳀鱼和大麻哈鱼等的鱼酱。苏式鱼品的冷盘菜则采用玻璃瓶和金属罐包装。这类鱼食品有时是二三种鱼混合,并调入葱末、胡萝卜、不发酵的面包和各种调味料。混合的鱼类通常是黑线鳕、白鳕和拟庸鲽等品种。

第二节　鱼类的包装材料选择

鲜鱼类和鱼产品常用的包装材料有如下几种。

一、铝箔

铝箔由纯铝冷轧制成，厚度 7 ~ 20 μm 不等，适应不同包装要求。铝箔的特性是不透气、隔氧、遮光、导热（冷却）快、无毒无味、柔软、表面光泽度高等。它可与纸张或塑料薄膜制成复合材料，改善纸和塑料薄膜的隔绝性能。用它包装鲜鱼产品，可直接与鱼接触，没有毒性污染；不透氧、不散失水分和鱼腥味，在冷冻和蒸煮温度下都具有柔软性。

二、纤维素

主要是玻璃纸，是由再生纤维制成的。它的特性是透气率低，细菌不穿透，可隔绝外来搬运的污染，耐油性好、能隔绝外界气味对食品的污染，低温时仍具有足够的强度、透明美观、包装工艺操作性能良好、成本低廉等。为了改善玻璃纸的耐湿性，通常加以涂塑（涂塑硝化纤维素和聚偏二氯乙烯等塑料涂层）。

三、聚乙烯（PE）

聚乙烯是广泛应用的塑料，成本低廉，柔韧，低温下也具有柔软性。通常采用三种不同密度的聚乙烯，即低密度（LDPE）、中密度（MDPE）和高密度（HDPE）。随着密度的增高，聚乙烯的挺度也相应增加，透明度降低，透水率和透气率降低，耐热性增高。聚乙烯的热封性能较好，对多数溶剂和化学药品比较稳定，但受某些品种的油脂的侵蚀。低密度聚乙烯的软化点和熔点较低，不适用于蒸煮袋。不论是高密度还是低密度聚乙烯，透氧率都比较高，不能抵制氧气对鱼脂肪的氧化和酸败，因而不能单独用作真空包装的材料。单独使用高密度聚乙烯作为蒸煮袋，长久贮存后会发生“胀听”。

四、聚酰胺（PA，尼龙）

各种不同尼龙的通性很相似，但是其化学结构不同，性能也有差异。包装用的尼龙，主要是尼龙 - 11 和尼龙 - 6。其特性是强韧、耐油脂，透气率低于聚乙烯，但水蒸气透过率则较高。使用的温度范围较广，适用于蒸煮袋，但成本较高。

尼龙薄膜只能采用脉冲方法封合,速度较慢。

五、聚丙烯(PP)

聚丙烯的透明度、耐热性、光泽、挺度等性能优于聚乙烯,但其耐寒性较差。因此,聚丙烯薄膜适用于蒸煮袋,而不适用于鱼类产品的冷冻包装袋。

六、聚氯乙烯(PVC)

纯的聚氯乙烯是很好的耐油脂材料。它可制成刚性的(硬质的)、半刚性的(软片材)和柔软性的(薄膜)包装材料。含有增塑剂的聚氯乙烯,性质比较柔软,但会降低其隔绝性能。聚氯乙烯中含有不同程度的氯乙烯单体(VCM),因此,包装食品用的聚氯乙烯,必须采用食品等级的,保证 VCM 含量低于 0.5 ppm (1ppm $=10^{-6}$),才不会有毒性污染。当然,软性聚氯乙烯所采用的助剂(增塑剂、稳定剂和抗氧剂等),也应该严格选用。这方面在食品包装法规和标准已有明确的规定。聚氯乙烯薄膜可以制成热收缩性的,供收缩包装需用。

七、聚偏二氯乙烯(PVDC)

聚偏二氯乙烯的突出性能是透氧率极低。凡是对氧敏感的食品,都必须采用它的薄膜包装,或者用它来涂塑其他材料,以达到隔氧和防湿的效果。它可制成热收缩性薄膜,耐寒性很好,适用于低温冷冻鱼类的包装。它的表面与油墨的结合牢度较差,直接印刷比较困难,而且在高速自动化生产时工艺操作性能较差,成本也较高。通常采取复合结构和涂塑方法,可以解决上述几方面缺点。

八、聚酯(PET,涤纶)

聚酯的特性是光泽度很高,透气、透水率很低,强度高,透明度好,耐热和耐寒性好,既可用作蒸煮袋,也可作为冷冻食品包装材料。它可制成热收缩薄膜,表面喷镀金属,效果很好,但是成本较高。

九、纸板

包装鱼类的纸板,通常采用的有下列几种:

(1)白色硬纸板:由纯纸浆制成,并经过漂白。表面的印刷性能良好,挺度很大,物理机械性能很好。

(2)双层纸板:广泛应用于冷冻食品的包装,由一层漂白牛皮纸和一层未漂白的纯纸浆制成。

(3)三层纸板:由一层漂白牛皮纸、一层再生纤维中间夹层和一层未漂白的纯纸浆制成。

(4)粗纸板:由废纸再生的纸浆制成。其质量取决于废纸浆材质的好坏。

(5)马尼拉纸板:一种纯纸浆的未经漂白的纸板。

十、复合材料

难以找到一种单一的基材能够满足生鲜鱼类包装的多功能要求。目前的包装工业已经开发并采用品种众多的复合材料,以满足各类食品包装的需要。通常用于生鲜鱼类和冷冻鱼类包装的复合材料都是以一层聚乙烯薄膜为基本材料,再与另一层材料复合,因为聚乙烯薄膜的水蒸气透过率低,适用的温度范围较广,热封性能好,而且成本低廉。其不足之处是透气率较高,因而需要有另一种气密性好的基材互相弥补。应用最为广泛的复合材料有如下几种:聚乙烯/聚偏二氯乙烯、聚乙烯/聚酯、聚乙烯/玻璃纸和聚乙烯/铝箔、聚乙烯/尼龙－11/玻璃纸、聚乙烯/聚氯乙烯/玻璃纸和聚酯/聚乙烯等。上述各种复合材料有的适用于冷冻包装,有的适用于真空包装或充气包装。

有时,新鲜鱼或鱼片的销售,采用收缩包装,或者,几件单个包装集合裹包成为一个单元包装(例如将12个纸盒裹包成为一大件),也采用收缩包装。常用的热收缩薄膜有聚乙烯、聚酯、聚氯乙烯和聚偏二氯乙烯等。

多数包装的封合过程是采取热封合工艺的。鱼类产品对温度比较敏感,况且热封合需要热合周期,这对于高速自动化包装作业的生产效率有很大影响。近年来,人们开发了冷封合工艺,即在包装材料上事先涂好了不干胶(即在常温下具有黏性的热熔黏合剂),封合时只需施加接触压力,无须加热。一种典型的冷封合包装材料是漂白牛皮纸与聚偏二氯乙烯复合材料。制成包装袋,袋口预先涂好不干胶,放入鱼产品后,只需轻轻按压就能封合,然后装入纸盒中,供零售需要。这种冷封合工艺既不会影响鱼产品因受热而降低质量,也不影响包装生产效率,特别适合于海上渔船的包装生产。

鱼类包装常用的塑料薄膜和复合材料的性能列于表6－6～表6－9。表6－10给出生鲜鱼类包装材料的选用参考数据。

表 6-6　各种薄膜的水蒸气透过率（$mL/cm^2 \cdot mm \cdot s \times 10^{-8}$，25℃，RH 90%～100%）*

材料	水蒸气透过率
聚偏二氯乙烯	0.14
聚乙烯（密度 0.954）	0.6
聚乙烯（密度 0.938）	8
聚乙烯（密度 0.922）	10.6
聚丙烯	4
盐酸橡胶	11（38℃）
聚酯	13
聚氯乙烯	16
尼龙-11	58（RH50%）
尼龙-6	70
聚苯乙烯	120
再生玻璃纸	2 400（20℃）

* 在同等气压条件下

表 6-7　各种薄膜的透气率（$mL/cm^2 \cdot mm \cdot s \times 10^{-8}$，25℃，RH 90%～100%）*

材料	透气率		
	CO_2	O_2	N_2
聚偏二氯乙烯	0.003 1	0.000 24	0.000 056
聚乙烯（密度 0.954）	0.33	0.08	0.025
聚乙烯（密度 0.938）	0.59	0.15	0.045
聚乙烯（密度 0.922）	1.4	0.39	0.12
聚丙烯	0.3	0.1	0.02
盐酸橡胶	0.026	0.004 3	—
聚酯	0.012	0.002 4	0.000 41
聚氯乙烯（30℃）	0.01	0.012	0.004
尼龙-11（21℃）	0.088	0.02	0.002
尼龙-6	0.012	0.003	0.000 84
聚苯乙烯	0.88	0.11	0.029
再生玻璃纸	0.097	0.042	—

* 在同等气压条件下

表6-8 各种塑料薄膜的工艺性能和使用性能

材料	味道	异味	耐油脂性	热封性	印刷性	光泽	透明度
聚偏二氯乙烯	A~B	A~B	A	B	A~B	A	A~B
聚乙烯(高密度)	A~B	A~B	A	A	B	A	A~B
聚乙烯(中密度)	A~B	A~B	A	A	B	A	A~B
聚乙烯(低密度)	A~B	A~B	A	A	B	A	A~B
聚丙烯	A~B	A~B	A	B	B	A	A~B
盐酸橡胶	A	B~C	A	A	A	B~C	A~D
聚氯乙烯(未增塑)	C~D	A~C	A	B	A	A	A
尼龙	A	A~B	A	B	B	B~C	A~B
聚苯乙烯	A	A	A~C	B	A	A~B	A
再生玻璃纸	A	A	A	C	A	A	A

注:性能优劣程度按A、B、C……顺序排列。

表6-9 鱼类包装材料的物理机械性能

材料	拉伸率/%	冲击强度/(N/cm)	撕裂强度/(N/25.4 μm)	最高使用温度/℃	最低使用温度/℃	热收缩性	抗张强度/(N/cm^2)
聚偏二氯乙烯	40~80	117.6	0.098~0.196	143	-18	某些型号	5 488~13 720
聚乙烯(高密度)	5~400	9.8~29.4	0.147~2.94	110	-51	无	2 058~6 860
聚乙烯(中密度)	225~500	39.2~58.8	0.49~2.94	82~104	-51	某些型号	1 372~3 430
聚乙烯(低密度)	225~500	68.6~107.8	0.98~3.92	65	-51	某些型号	686~2 450
聚丙烯	200~500	9.8~29.4	0.392~3.23	121	差	某些型号	2 058~4 116
盐酸橡胶	350~500	58.8~147	0.588~15.68	93	—	某些型号	3 920~5 194
聚酯	70~130	245~294	0.128~0.784	121	-62	某些型号	11 760
聚氯乙烯(30℃)	5~500	117.6~196	—	93	*	某些型号	1 372~13 230
尼龙	250~500	39.2~58.8	0.49~1.47	149~243	-45	无	6 860~12 250
聚苯乙烯	10~60	9.8~49	0.039~0.196	85	<-18	有	6 272~8 330
再生玻璃纸	15~25	78.4~147	0.0196~980	190	*	无	4 900~12 250

*取决于增塑剂,通常在低于0℃下变脆。

表 6-10　生鲜鱼类包装材料的选用依据

包装材料	隔气性能		透视率	气味穿透性	适宜的包装形式
	O_2	CO_2			
PE(高密度),厚度 0.038～0.050 mm	5	5	低	0	预包装袋*
PE(中密度),厚度 0.038～0.050 mm	5	4	低	0	同上
PE(高密度),厚度 0.038～0.050 mm	4	3	非常低	0	材料不透明
PE(低密度),0.04 mm/聚丙烯,0.13 mm	3	3	非常低	微	预包装袋
PE(低密度),0.04 mm/涂 PVDC 的 PP,0.13 ～0.2 mm	1	1	非常低	强	真空包装袋
PE(中密度),0.04 mm/PP,0.13 ～0.2 mm	3	3	非常低	微	预包装袋
PE(中密度),0.04 mm/涂 PVDC 的 PP,0.13～0.2 mm	1	1	非常低	强	真空包装袋
PE(中密度),0.04 mm/玻璃纸	2	2	非常低	0	预包装袋
PE(中密度),0.04 mm/单面涂 PVDC 的玻璃纸	1	1	非常低	微	真空包装袋
PE(中密度),0.04 mm/聚酯,0.2 mm	2	2	非常低	0	真空包装袋
尼龙	2	2	非常低	0	真空包装袋
PP,0.2 mm	4	4	非常低	0	外裹包
PP,0.2 mm/单面涂 PVDC 的玻璃纸	2	2	非常低	0	真空包装袋
玻璃纸	5	5	高	0	真空包装袋
玻璃纸/单面涂 PVDC	3	3	低	0	真空包装袋
玻璃纸/双面涂 PVDC	2	2	非常低	0	真空包装袋

注:1—优　2—很好　3—良好　4—中等　5—劣。* 包装浅盘的袋子。

鱼产品包装材料的形式和选用,须根据产品的特性、流通和销售方式而定。除了以上所述的运输包装、各种塑料单膜和纸盒包装外,也常采用各种软包装材料作为冷冻鱼类的预包装。

鱼产品的销售包装主要有两种类型,即纸盒包装和软包装(或袋包装)。纸盒包装的应用最为普遍,但软包装的应用比例也正在不断地增长,特别是蒸煮袋包装形式日益普及。在欧洲国家,鱼产品的销售包装形式及它们的应用比例列于表 6-11。

表 6-11　不同包装形式的鱼产品及其应用比例

包装形式	比例%
纸盒包装	75
蒸煮袋	5
软包装	20

纸盒包装的生产速度快，搬动方便，保护性好，而且外观好看，所以用量比软包装多。纸盒包装可采用上述几种纸板制成不同结构的纸盒。

复合材料主要以聚乙烯为基材，与其他材料复合使用。通用的鱼产品包装复合材料有如下几种：聚乙烯/聚偏二氯乙烯；聚乙烯/聚酯；聚乙烯/玻璃纸；聚乙烯/铝箔。

常用的玻璃纸有如下几种类型：

(1)PT 透明玻璃纸，无涂层，不可热合的。

(2)MSADT，M(防潮)，S(可热合的)，A(可印刷的)，D(单面涂敷硝化纤维)，T(透明的)。

(3)MXDT，单面涂敷 PVDC(代号 X 表示单面涂 PVDC)。

(4)MXXD，双面涂敷 PVDC(代号 XX 表示双面涂 PVDC)。

(5)QSAT，透湿率可控制的(Q)。

国外生产功能性薄膜，是按照单位重量所展开的面积计算的，以此来区分规格。例如，250 MSAT 表示每磅重量薄膜的展开面积为 16.13 m^2，其厚度为 0.2 mm 左右的防潮、可热封、可印刷的透明玻璃纸。

蒸煮袋包装可直接将包装和鱼产品一起放入锅中蒸煮，不必经过融化冰层，而且蒸煮时不会散发出鱼腥味，这对于腥味较浓的鱼产品尤其适宜。包装时抽真空，不仅防止在贮存过程中鱼产品受氧化变质，而且蒸煮时不会漂浮。作为蒸煮袋的包装材料必须具有既耐高温，又耐冷冻低温，同时，为了适应真空包装的要求，材料的透气率很低。

能够满足上述要求的包装材料，常用的有如下几种：高密度聚乙烯、尼龙－11、中密度聚乙烯/尼龙、中密度聚乙烯/聚酯。其中，高密度聚乙烯由于成本较低而受到欢迎，但是它的透明度低，而且透氧率高，不适用于长期贮存的包装。

常用的真空包装材料有：聚乙烯、玻璃纸、聚乙烯/尼龙－11、玻璃纸、尼龙－11、聚乙烯/聚氯乙烯/玻璃纸和聚酯/聚乙烯等复合材料。

鱼产品冷冻时，往往是成块的，出售时须将冰块融化，或者用木槌将整块砸开，破坏了鱼的完整性和销售外观。为此，在冷冻时，最好每一层鱼产品上面铺放一张聚乙烯薄膜。这一层分离层便于冷冻鱼出库时将鱼分离开来，无须等待冰块融化，也不用砸碎。

收缩薄膜裹包在冷冻鱼包装的应用也很普遍。主要用于鱼片或整条鱼的裹包，或将 3 盒、6 盒或 12 盒集合裹包为一件。这种裹包既提高了隔绝防护性能，同时也便于搬运和销售。

常用的鱼产品收缩包装材料有聚乙烯、聚酯、聚氯乙烯和聚偏二氯乙烯等品种热收缩薄膜,可根据防护性能要求和经济核算合理选用。

第三节　水产品包装技术

一、冰藏保鲜

冰藏保鲜是广泛应用于水产品的保鲜。它是以冰为介质,将鱼贝类的温度降低至接近冰的融点,并在该温度下进行保藏。用冰降温,冷却容量大,对人体无毒害,价格便宜,便于携带,且融化的水可洗去鱼体表面的污物,使鱼体表面湿润、有光泽,避免了使用其他方法常会发生的干燥现象。

用来冷却鱼类等水产品的冰有淡水冰和海水冰两种,淡水冰又有透明冰和不透明冰之分。透明冰轧碎后,接触空气面小,不透明冰则反之。海水冰的特点是没有固定的融点,在贮藏过程中会很快地析出盐水而变成淡水冰,用来贮藏虾时降温快,可防止变质。但不准使用被污染的海水及港湾内的海水制冰。

天然冰是一种自然资源,在人工制冷不发达的年代里,人们建造天然冰库来贮存采集天然冰。20 世纪 70 年代末期,中国制冷业获得了比较大的进展,沿海建立起了占全国冷冻能力 90% 的制冰冷库用于渔船的出海作业。

人造冰又叫机冰,根据制造的方式、形状等又可分为块冰、板冰、管冰、片冰和雪冰等。中国目前的制冰厂,大多采用桶式制冰装置,生产不透明的块冰。用块冰来冷却鱼贝类前,必须先将它轧成碎冰,碎冰装到渔船上以后,很容易凝结成块,使用时还需重新敲碎,操作麻烦,并且碎冰棱角锐利,易损伤鱼体,与鱼体接触不良。因此渔业发达的国家都趋向于用片冰、管冰、板冰、粒冰等。

冰藏保鲜的鱼类应是死后僵硬前或僵硬中的新鲜品,必须在低温、清洁的环境中,迅速、细心地操作,即 3C(Chilling,Clean,Care)原则。具体做法是:先在容器的底部撒上碎冰,称为垫冰;在容器壁上垒起冰,称为堆冰;把小型鱼整条放入,紧密地排列在冰层上,鱼背向下或向上,并略倾斜;在鱼层上均匀地撒上一层冰,称为添冰;然后一层鱼一层冰,在最上部撒一层较厚的碎冰,称为盖冰。容器的底部要开孔,让融水流出。金枪鱼之类的大型鱼类冰藏时,要除去鳃和内脏,并在该处装碎冰,称为抱冰。冰粒要细小,冰量要充足,一层冰一层鱼、薄冰薄鱼。因为鱼体是靠与冰接触,冰融解吸热而得到冷却的,如果加冰装箱时鱼层很厚,就会大大延长鱼体冷却所需的时间。从实验数据可知,当冰只加在鱼箱最上部的鱼体上面时，7.5 cm 厚的鱼层从 10℃冷却到 1℃所需的时间是 2.5 cm 厚鱼层的 9 倍，冷却时间相差很大。

冰藏保鲜的用冰量通常包括两个方面：一是鱼体冷却到接近 0℃所需的耗冷量；二是冰藏过程中维持低温所需的耗冷量。冰藏过程中维持鱼体低温所需的用冰量，取决于外界气温的高低、车船有无降温设备、装载容器的隔热程度、贮藏运输时间的长短等各种因素。

冰藏保鲜是世界上历史最长的传统保鲜方法，因冰藏鱼最接近于鲜活水产品的生物特性，故至今仍是世界范围广泛采用的一种保鲜方法。保鲜期因鱼种而异，通常 3～5 d，一般不超过 1 w。

二、冷海水保鲜

冷海水保鲜是将渔获物浸渍在温度为 -1～0℃的冷却海水中，从而达到贮藏保鲜的目的。冷海水因获得冷源的不同，可分为冰制冷海水（CSW）和机制冷海水（RSW）两种。

渔船上的冷海水保鲜装置通常由制冷机组、海水冷却器、鱼舱、海水循环管路、水泵等组成。冷海水鱼舱要求隔热、水密封以及耐腐蚀、不沾污、易清洗等。为了防止外界热量的传入，鱼舱的四周、上下均需隔热。

渔船用冷海水保鲜装置采用制冷机和碎冰相结合的供冷方式较为适宜。因为冰有较大的融解潜热，借助它可快速冷却刚入舱的渔获物；而在鱼舱的保冷阶段，每天用较小量的冷量即可补偿外界传入鱼舱的热量，因而可选用小型制冷机组，减小了渔船动力和安装面积。

具体的操作方法是将渔获物装入隔热舱内，同时加冰和盐。加冰是为了降低温度到 0℃左右，所用量与冰藏保鲜时一样。同时还要加冰重 3% 的食盐以使冰点下降。待满舱时，注入海水，这时还要启动制冷装置进一步降温和保温，最终使温度保持在 -1～0℃。生产时，渔获物与海水的比例为 7∶3。

这种方法特别适合于品种单一、渔获量高度集中的围网捕获的中上层鱼类，这些鱼大多数是红色肉鱼，活动能力强，入舱后剧烈挣扎，很难做到一层冰一层鱼，加之中上层洄游性鱼类血液多，组织酶活性强，胃容物充满易腐败的饵料，如果不立即将其冷却降温，会造成鲜度迅速下降。

冷海水保鲜的最大优点是冷却速率快，操作简单迅速，如再配以吸鱼泵操作，则可大大降低装卸劳动强度，渔获物新鲜度好。冷却海水保鲜的保鲜期因鱼种而异，一般为 10～14 d，比冰藏保鲜约延长 5 d。冷海水保鲜的缺点是鱼体在冷海水中浸泡,因渗盐吸水使鱼体膨胀,鱼肉略带咸味,表面稍有变色,以及由于船身的摇晃会使鱼体损伤或脱鳞;血水多时海水产生泡沫造成污染,鱼体鲜度下降速率比同温度的冰藏鱼快;加上冷海水保鲜装置需要一定的设备,船舱的制作要求高等原因,在一定程度上影响了冷海水保鲜技术的推广和应用。

为了克服上述缺点,在国外一般有两种方法:一种是把鱼体温度冷却至0℃左右,取出后改为撒冰保藏;另一种是在冷海水中冷却保藏,但保藏时间为3~5 d,或者更短。

美国研究了在冷海水中通入 CO_2 来保藏渔获物,已取得一定的成效。当冷海水中通入 CO_2 后,海水的pH降低到4.2,可抑制细菌的生长,延长渔获物的保鲜期。据报道,用通入 CO_2 的冷海水保藏虾类,6 d无黑变,保持了原有的色泽和风味。

三、冰温保鲜

冰温保鲜是将鱼贝类放置在0℃以下至冻结点之间的温度带进行保藏的方法。现代冰温技术的发展始于20世纪70年代初期,日本的山根博士发现0℃以下、冰点以上这一温度区域贮藏的梨,能完全保持原有的状态、色泽和味道。山根博士通过实验研究证实,冰温贮藏松叶蟹150 d全部存活,且贮藏效果优于冷藏和冷冻。

在冰温带内贮藏水产品,使其处于活体状态(即未死亡的休眠状态),降低其新陈代谢速率,可以长时间保存其原有的色、香、味和口感。同时冰温贮藏可有效抑制微生物的生长繁殖,抑制食品内部的脂质氧化、非酶褐变等化学反应。冰温贮藏与冷藏相比,冰温的贮藏性是冷藏的1.4倍。长期贮藏则与冻藏保持同等水平。

由于冰温保鲜的食品其水分是不冻结的,因此能利用的温度区间很小,且温度管理的要求极其严格,因而使其应用受到限制。为了扩大鱼贝类冰温保鲜的区域,可采用降低冻结点的方法。降低食品的冻结点通常可采用脱水或添加可与水结合的盐类、糖、蛋白质、酒精等物质,来减少可冻结的自由水。曾有人测定过腌制的大麻哈鱼子的冻结点为-26℃,这是因为加盐脱水,并因含有较多脂肪而引起冻结点下降的缘故。表6-12所示是几种主要冻结点下降剂的共晶点及浓度。以远东拟沙丁鱼为例,添加5%食盐后,冻结点下降,-3℃可保持冰温保鲜。在5℃、-3℃(冰温)、-20℃(冻结)3个温度下贮藏的结果如图6-2所示。冰温(-3℃)贮藏比5℃贮藏保鲜时间明显延长,贮藏期接近60 d的远东拟沙丁鱼鲜度仍保持良好。但是人为的降低冻结点的操作,往往使鱼贝类不再是生鲜品而成为加工品,所以冻结点下降法是一种面向加工品的保鲜方法。

表6-12　主要冻结点下降剂的共晶点及浓度

品名	共晶点/℃	浓度/%	品名	共晶点/℃	浓度/%
食盐	-21.2	23.1	甘油	44	67
氯化镁	-33.6	20.6	丙二醇	-60	60
氯化钙	-55	29.9	蔗糖	-13.9	62.4

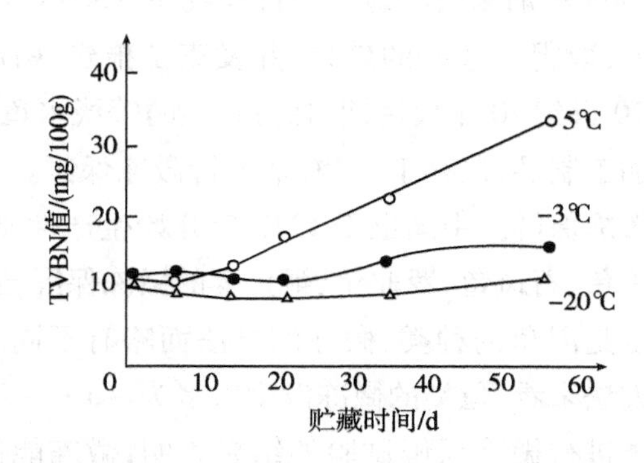

图6-2　添加5%食盐的远东沙丁鱼在不同温度贮藏时TVBN值的变化

冰点调节剂的使用,可降低食品的冰点,从而拓宽冰温区域,便于冰温的控制。一般鱼肉的冰点在-2～-0.6℃之间。在其中添加适量的食盐、蔗糖、多聚磷酸盐等冰点调节剂,可使冰点适当降低。

沈月新等曾在双鹿BC-145D单门冰箱的玻璃盘中做过鳊鱼的冰温保鲜试验。鳊鱼的冻结点为-0.7～-0.6℃,玻璃盘中空气温度为-0.35℃,可达到冰温贮藏,鳊鱼保持一级鲜度期限为3～4 d,二级鲜度期限为6～8 d。同样的原料鱼,放在双鹿BC-145双门冰箱中,冷藏室温度为3.4℃,鳊鱼保持一级鲜度期限为2 d,二级鲜度期限为4～5 d。因此冰温贮藏使鳊鱼的保鲜期明显延长。

冰温作为水产品保鲜的最适温度带,在国外已得到较普遍的应用,中国对于冰温技术的研究刚刚起步。因此,学习和借鉴国外成功的经验和研究成果,尽快研究冰温保鲜技术工艺,研制开发相应的设备并积极推广应用,对中国水产鲜品品质的提高,具有十分重要的意义。

四、微冻保鲜

微冻保鲜是将水产品的温度降至略低于其细胞质液的冻结点,并在该温度下(3℃左右)进行保藏的一种保鲜方法。微冻(Partial Freezing)又名超冷却(Super Chilling)或轻度冷冻(Light Freezing)。

长期以来,人们普遍认为食品包括水产品在进行冻结时应快速通过-5~-1℃这个最大冰晶生成带,否则会因缓慢冻结而影响水产品的质量,所以将微冻作为保鲜方法的研究与应用受到了限制。由微冻引起的蛋白质变性问题,各国观点不同,至今尚有争议。

自20世纪60年代以来,特别是70年代以后,世界各国纷纷研究和使用微冻技术保鲜渔获物。1965年加拿大汤姆里逊将鲑放在-3.8℃和-1.7℃的冷海水中进行保鲜期的研究,取得了较好的效果,并发表了报告,引起了各国保鲜专家的重视。日本已于20世纪70年代后期对鲤鱼、虹鳟等淡水鱼,沙丁鱼、秋刀鱼等海水鱼以及海胆等加工制品,贮存于-3℃来进行微冻保鲜。日本水产品保鲜专家内山均极力提倡微冻保鲜。中国也于1978年开始生产性试验,并取得了良好的效果;对鲈鱼、沙丁鱼、石斑鱼、罗非鱼、鲫鱼等的微冻保鲜已有一些研究。

鱼类的微冻温度是因鱼的种类、微冻的方法而略有不同。从各国对不同鱼种采用不同的微冻方法来看,鱼类的微冻温度大多为-3~-2℃。

根据对不同鱼类进行微冻保鲜试验的结果表明,微冻能使鱼类的保鲜期得到显著延长20~27 d,比冰藏保鲜延长1.5~2倍。据内山均研究报道,虹鳟鱼是一种鲜度极易下降的淡水鱼,用冰藏保鲜仅1 d,鱼肉鲜度指标K值就超过生鱼片的鲜度界限值20%。

鱼类微冻保鲜方法归纳起来大致有三种类型。

(一)加冰或冰盐微冻

冰盐混合物是一种最常见的简易制冷剂,它们在短时间内能吸收大量的热量,从而使渔获物降温。冰和盐都是对水产品无毒无害的物品,价格低,使用安全方便。冰盐混合在一起时,在同一时间内会发生两种吸热现象,一种是冰的融化吸收融化热,另一种是盐的溶解吸收溶解热,因此在短时间内能吸收大量的热,从而使冰盐混合物的温度迅速下降,它比单纯冰的温度要低得多。冰盐混合物的温度取决于加入盐多少。要使渔获物达到-3℃的微冻温度,可以在冰中加入3%的食盐。

东海水产研究所利用冰盐混合物微冻梭子蟹效果良好,保藏期可达12 d左右,比一般冰藏保鲜时间延长了1倍。具体方法是底层铺一层10 cm厚的冰,上面一层梭子蟹加一层碎冰(5 cm),再均匀加入冰重2%~3%的盐,最上层多加些冰和盐。根据实际情况每日补充适当的冰和盐。

（二）吹风冷却微冻

用制冷机冷却的风吹向渔获物，使鱼体表面的温度达到 -3℃，此时鱼体内部一般在 -2 ~ -1℃，然后在 -3℃的舱温中保藏，保藏时间最长的可达 20 d。其缺点是鱼体表面容易干燥，另外还需制冷机。

具体微冻方法是：将鱼放入吹风式速冻装置中，吹风冷却的时间与空气温度、鱼体大小和品种有关，当鱼体表面微冻层达 5 ~ 10 mm 厚时即可停止冷却。此时，表层微冻层温度为 -5 ~ -3℃，鱼体深厚处的温度为 ~1 ~0℃，尚未形成冰晶。然后将微冻鱼装箱，置于室温为 -3 ~ -2℃的冷藏室中微冻保藏。根据鱼的种类不同：保藏期为 20 ~27 d。微冻鱼在陆上运输时，也同样装箱不加冰，用温度为 -3 ~ -2℃的机械冷藏车运输。

（三）低温盐水微动

低温盐水微冻与空气微冻相比具有冷却速率快的优点，这样不仅有利于鱼体的鲜度保持，而且鱼体内形成的冰结晶小且分布均匀，对肌肉组织的机械损伤很小，对蛋白质空间结构的破坏也小。通常使用的温度为 -5 ~ -3℃。盐的浓度控制在10%左右。其方法是：在船舱内预制浓度为10% ~12%的盐水，用制冷装置降温至 -5℃。渔获物经冲洗后装入放在盐水舱内的网袋中进行微冻，当盐水温度回升后又降至 -5℃时，鱼体中心温度为 -3 ~ -2℃，此时微冻完毕。将微冻鱼移入 -3℃保温鱼舱中保藏。舱温保持 -3℃ ±1℃，微冻鱼的保藏期达20 d以上。

盐水浓度是此技术的关键所在，浸泡时间、盐水温度也应有所考虑。盐水浓度大，则 -5℃不会结成冰，利于传热冷却。但是如果盐水浓度太大就会增大盐对鱼体的渗透压，使鱼偏咸，并且一些盐溶性肌球蛋白质也会析出。所以从水产品加工角度来看，盐的浓度越低越好，而且浸泡冷却时间也不能过长。从经验得知，三者的较佳条件为盐水浓度 10%、盐水冷却温度 -5℃、浸泡时间 3 ~4 h。

五、水产品冷冻保鲜技术

鱼虾贝藻等新鲜水产品是易腐食品，在常温下放置很容易腐败变质。采用冷藏保鲜技术，能使其体内酶和微生物的作用受到一定程度的抑制，但只能进行短期贮藏。为了达到长期保藏，必须经过冻结处理，把水产品的温度降低至 -18℃以下，并在 -18℃以下的低温进行贮藏。一般来说，冻结水产品的温度越低，其品质保持越好，贮藏期也越长。以鳕鱼为例，15℃可贮藏 1 d，6℃可贮藏 5 ~6 d，8℃可贮藏 15 d，-18℃可贮藏 4 ~6 个月，-23℃可贮藏 9 ~10 个月，

-30～-25℃可贮藏1年。

(一)水产品的冻结点与冻结率

冻结是运用现代冷冻技术将水产品的温度降低到其冻结点以下的温度,使水产品中的绝大部分水分转变为冰。

大家都知道,水的结冰点为0℃,当水产品冻结时,温度降至0℃,体内的水分并不冻结,这是因为这些水分不是纯水,而是含有有机物和无机物的溶液。其中有盐类、糖类、酸类和水溶性蛋白质,还有微量气体,所以发生冰点下降。水产品的温度要降至0℃以下才产生冰晶。水产品体内组织中的水分开始冻结的温度称为冻结点。

水产品的温度降至冻结点,体内开始出现冰晶,此时残存的溶液浓度增加,其冻结点继续下降,要使水产品中的水分全部冻结,温度要降到-60℃,这个温度称为共晶点。要获得这样低的温度,在技术上和经济上都有困难,因此目前一般只要求水产品中的大部分水分冻结,品温在-18℃以下,即可达到贮藏的要求。

鱼类的冻结率是表示冻结点与共晶点之间的任意温度下,鱼体中水分冻结的比例。它的近似值可用下式计算:

$$\omega = (1 - T_{冰}/T_{水}) \times 100\%$$

式中:ω——冻结率;

$T_{冰}$——水产品的冻结点,℃;

$T_{水}$——水产品的温度,℃。

(二)水产品的冻结曲线与最大冰晶生成带

在冻结过程中,水产品温度随时间下降的关系的曲线称为冻结曲线(图6-3)。

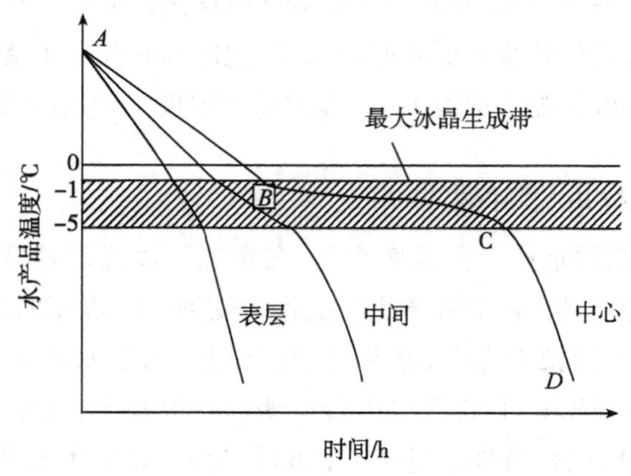

图6-3 水产品的冻结曲线

它大致可分为三个阶段。第一阶段，即 *AB* 段，水产品温度从初温 *A* 降至冻结点 *B*，属于冷却阶段，放出的热量是显热。此热量与全部放出的热量相比其值较小，故降温快，曲线较陡。第二阶段，即 *BC* 段，是最大冰晶生成带，在这个温度范围内，水产品中大部分水分冻结成冰，放出相应的潜热，其数值为显热的 50 ~ 60 倍。整个冻结过程中绝大部分热量在此阶段放出，故降温慢，曲线平坦。为保证速冻水产品具有较高品质，应尽快通过最大冰晶生成带。第三阶段，当水产品内部绝大多数水分冻结后，在冻结过程中，所消耗的冷量一部分是冰的继续降温，另一部分是残留水分的冻结。水变成冰后，比热显著减小，但因为还有残留水分冻结，其放出热量较大，所以曲线 *CD* 的斜率大于 *BC* 而小于 *AB*，即不及第一阶段陡峭。

图 6 - 3 是新鲜水产品冻结曲线的一般模式，曲线中未将水产品内水分的过冷现象表示出来，原因是实际生产中因水产品表面微度潮湿，表面常落上霜点或有振动等现象，都使水产品表面具有形成晶核的条件，故无显著过冷现象。之后表面冻结层向内推进时，内层也很少会有过冷现象产生。所以在水产品的冻结曲线上，通常无过冷的波折存在。

水产品在冻结过程中，体内大部分水分冻结成冰，其体积约增大 9%，并产生内压，这必然给冻品的肉质、风味带来变化。特别是厚度大、含水率高的水产品，当表面温度下降极快时易产生龟裂。

冻结水产品刚从冻结装置中取出时，其温度分布是不均匀的，通常是中心部位最高，其次依中间部、表面部之序而降低，接近介质温度。待整个水产品的温度趋于均一，其平均或平衡品温大致等于中间部的温度。冻结水产品的平均或平衡品温要求在 - 18℃ 以下，则水产品的中心温度必须达到 - 15℃ 以下才能从冻结装置中取出，并继续在 - 18℃ 以下的低温进行保藏。

（三）冻结速率

水产品的冻结速率是受各方面的条件影响而变化的，关于冻结速率对水产品质量的影响，过去和现在食品冷冻科学家都进行了较多的研究。

冻结速率快慢的划分，现通用的方法有以时间来划分和以距离来划分两种。

（1）以时间划分。以水产品中心温度从 - 1℃ 降到 - 5℃ 所需的时间长短衡量冻结快慢，并称此温度范围为最大冰晶生成带。若通过此冰晶生成带的时间在 30 min 之内为快速；若超过即为慢速。一般来说，快速冻结下冰晶对肉质影响最小。然而，水产品种类繁多，肉质的耐结冰性依种类、鲜度、预处理而不同，加上人们对冻结水产品质量要求的提高，这种方法并不完全适用于所有水产品。

(2)以距离划分。这种表示法最早是德国学者普朗克提出的,他以 -5℃ 作为结冰表面的温度,测量食品内冻结冰表面每小时向内部移动的距离。并按此将冻结分成 3 类:快速冻结,冻结速率大于或等于 5 ~ 20 cm/h;中速冻结,冻结速率大于或等于 1 ~ 5 cm/h;慢速冻结,冻结速率为 0.1 ~ 1 cm/h。

1972 年国际冷冻协会 C_2 委员会对冻结速率做了如下定义:所谓某个食品的冻结速率是食品表面到中心的最短距离(cm)与食品表面温度到达 0℃ 后食品中心温度降到比食品冻结点低 10℃ 所需时间(h)之比,该比值就是冻结速率 V(cm/h)。

为了生产优质的冻结水产品,减少冰结晶带来的不良影响,必须采用快速、准确的冻结方式。这是因为当水产品温度降低时,冰结晶首先在细胞间隙中产生。如果快速冻结,细胞内外几乎同时达到形成冰晶的温度条件,组织内冰层推进的速率也大于水分移动的速率,食品中冰晶的分布接近冻前食品中液态水分布的状态,冰晶呈针状结晶体,数量多,分布均匀,故对水产品的组织结构无明显损伤。如果缓慢冻结,冰晶首先在细胞外的间隙中产生,而此时细胞内的水分仍以液相形式存在。由于同温度下水的蒸气压大于冰的蒸气压,在蒸气压差的作用下,细胞内的水分透过细胞膜向细胞外的冰结晶移动,使大部分水冻结于细胞间隙内,形成大冰晶,并且数量少,分布不均匀。图 6-4 显示了不同冻结速率冻结的鳕鱼肉中冰结晶的情况。

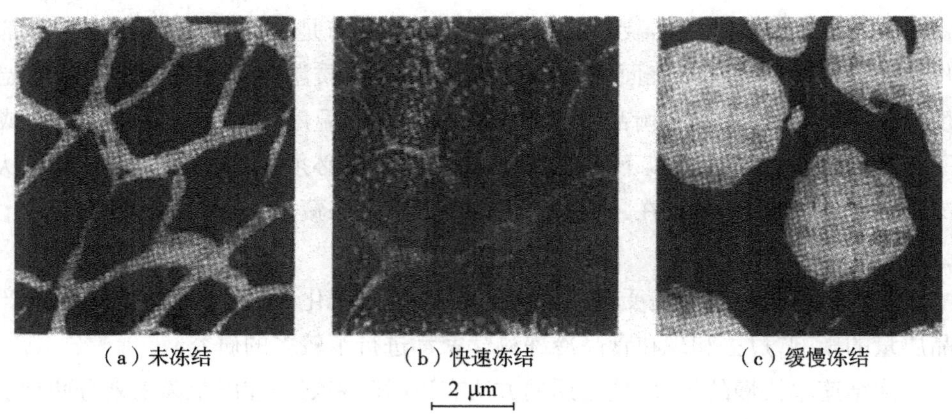

图 6-4 不同冻结速率冻结的鳕鱼肉中冰结晶的情况

(四)水产品的冻结方法和冻结装置

鱼类的冻结方法很多,一般有空气冻结、盐水浸渍、平板冻结和单体冻结 4 种。我国以前大多数采用空气冻结法,但随着经济的发展,目前越来越多地使用单体冻结法。

1. 空气冻结法

在冻结过程中，冷空气以自然对流或强制对流的方式与水产品换热。由于空气的导热性差，与食品间的换热系数小，故所需的冻结时间较长。但是，空气资源丰富，无任何毒副作用，其热力性质早已为人们熟知，机械化较容易，因此，用空气作介质进行冻结仍是目前应用较广泛的一种冻结方法。

(1)隧道式吹风冻结装置。它是中国目前陆上水产品冻结使用最多的冻结装置(参见图6－5)。由蒸发器和风机组成的冷风机安装在冻结室的一侧，鱼盘放在鱼笼上，并装有轨道送入冻结室。冻结时，冷风机强制空气流动，使冷风流经鱼盘，吸收水产品冻结时放出的热量，吸热后的空气由风机吸入蒸发器冷却降温，如此反复不断进行。

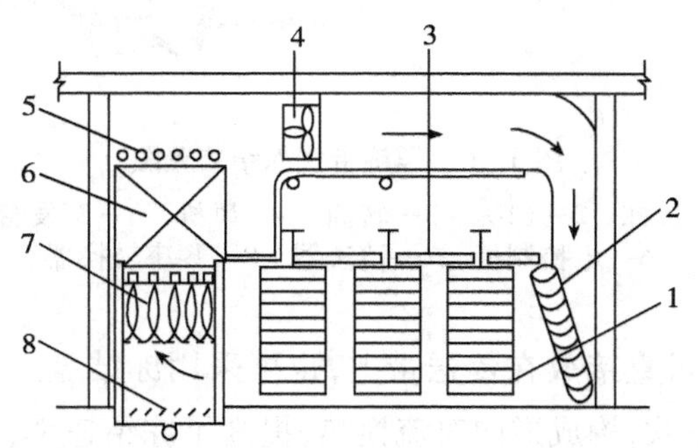

图6－5　隧道式冻鱼装置示意图

1—鱼笼　2—导风板　3—吊栅　4—风机鱼盘　5—冲霜水管

6—蒸发器　7—大型鱼类　8—消导板

在隧道式吹风冻结装置中，提高风速、增大水产品表面放热系数，可缩短冻结时间，提高冻结水产品的质量。但是，当风速达到一定值时，继续增大风速，冻结时间的变化却甚微；风速的选择应适当，一般宜控制在3～5 m/s之间。

此法的优点是劳动强度小，冻结速率较快；缺点是耗电量较大，冻结不够均匀。近年来有的采用鱼车小半径机械传动的调向装置，有的将鱼盘四边挖了小孔，相对克服冻结不够均匀的缺点，从而进一步提高了冻结速率。

(2)螺旋带式冻结装置。此种冻结装置是20世纪70年代初发展起来的冻结设备。螺旋带式冻结装置如图6－6所示。

这种装置由转筒、蒸发器、风机、传送带及一些附属设备等组成。其主体部分为转筒。传送带由不锈钢扣环组成，按宽度方向成对的接合，在横、竖方向上都具有挠性，能够缩短和伸长，以改变连接的间距。当运行时，拉伸带子的一端就压缩另一边，从而形成一个围绕着转筒的曲面。借助摩擦力及传动机构的动力，传送带随着转筒一起运动，由于传送带上的张力很小，故驱动功率不大，传送带的寿命也很长。传送带的螺旋升角约2°，由于转筒的直径较大，所以传送带近于水平，水产品不会下滑。传送带缠绕的圈数由冻结时间和产量确定。

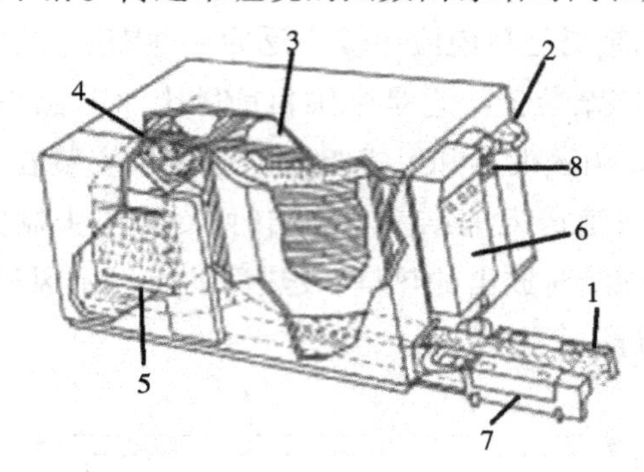

图6-6　螺旋带式冻结装置图

1—进冻　2—出冻　3—转筒　4—风机　5—蒸发管组
6—电控制板　7—清洗器　8—频率转换器

被冻结的产品可直接放在传送带上，也可采用冻结盘。传送带由下盘旋而上，冷风则由上向下吹，构成逆向对流换热，提高了冻结速率，与空气横向流动相比，冻结时间可缩短30%左右。

螺旋带式冻结装置也有多种形式。近几年来，人们对传送带的结构、吹风方式等进行了许多改进。如1994年，美国约克公司改进吹风方式，并取得专利（图6-7）。冷气流分为两股，其中的一股从传送带下面向上吹，另一股则从转筒中心到达上部后，由上向下吹。最后，两股气流在转筒中间汇合，并回到风机。这样，最冷的气流分别在转筒上下两端与最热和最冷的物料直接接触，使刚进入的

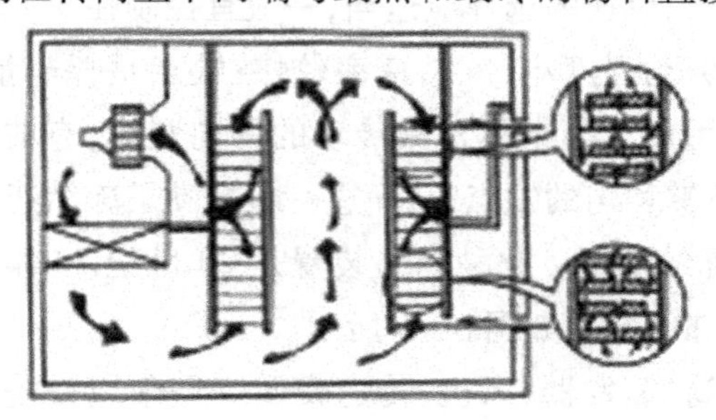

图6-7　气流分布示意图

水产食品尽快达到表面冻结,减少干耗,也减少了装置的结霜量。两股冷气流同时吹到食品上,大大提高了冻结速率,比常规气流快 15% ~30% 。

螺旋带式冻结装置适用于冻结单体不大的食品,如油炸水产品、鱼饼、鱼丸、鱼排、对虾等。

螺旋带式冻结装置的优点是可连续冻结;进料、冻结等在一条生产线上连续作业,自动化程度高;并且冻结速率快,冻品质量好,干耗小;占地面积小。

(3)流态化冻结装置。流态化冻结装置(图 6 -8)是小颗粒产品以流化作用方式被温度甚低的冷风自下往上强烈吹成在悬浮搅动中进行冻结的机械设备。流化作用是固态颗粒在上升气流(或液流)中保持浮动的一种方法。流态化冻结装置通常由一个冻结隧道和一个多孔网带组成。当物料从进料口到冻结器网带后,就会被自下往上的冷风吹起,在冷气流的包围下互不黏结地进行单体快速冻结(IQF),产品不会成堆,而是自动地向前移动,从装置另一端的出口处流出,实现连续化生产。

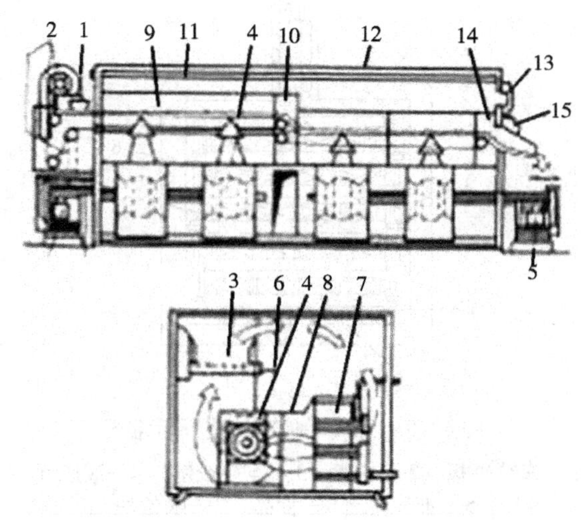

图 6 -8　流态化冻结装置

1—进料斗　2—自动装置　3—传送带网孔　4—风机　5—电机　6—窗口
7—导风板　8—检查口　9—被冻品　10—转换台　11—融霜管　12—隔热

水产品在带式流态冻结装置内的冻结过程分为两个阶段进行。第一阶段为外壳冻结阶段,要求在很短时间内,使食品的外壳先冻结,这样不会使颗粒间相互黏结。在这个阶段的风速大、压头高,一般采用离心风机。第二阶段为最终冻结阶段,要求食品的中心温度冻结到 -18℃。

流态化冻结装置可用来冻结小虾、熟虾仁、熟碎蟹肉、牡蛎等,冻结速率快,冻品质量好。蒸发温度为-40℃以下,垂直向上风速为6~8 m/s,冻品间风速为1.5~5 m/s,5~10 min之内被冻品即可达到-18℃,十分方便。

2. 接触式冻结装置

(1)平板冻结装置。平板冻结装置是国内外广泛应用于船上和陆上的水产品冻结装置。该装置的主体是一组作为蒸发器的内部具有管形隔栅的空心平板,平板与制冷剂管道相连。它的工作原理是将水产品放在两相邻的平板间,并借助油压系统使平板与水产品紧密接触。由于直接与平板紧密接触,且金属平板具有良好的导热性能,故其传热系数高,冻结速率快。

平板冻结装置有两种形式:一种是将平板水平安装,构成一层层的搁架,称为卧式平板冻结装置,参见图6-9;另一种是将平板以垂直方向安装,形成一系列箱状空格,称为立式平板冻结装置。

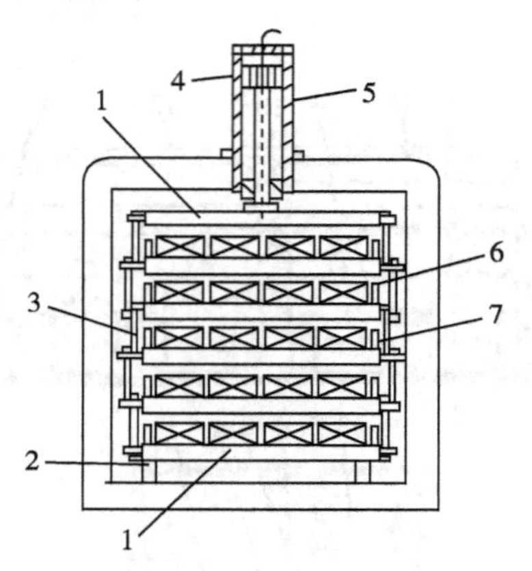

图6-9　卧式平板冻结装置示意图

1—冻结平板　2—支架　3—连接铰链　4—液压元件
5—液压缸　6—食品　7—限位块

卧式平板冻结装置主要用来冻结鱼片、对虾、鱼丸等小型水产食品,也可冻结形状规则的水产食品的包装品,但冻品的厚度有一定的限制。卧式平板冻结装置在使用时,被冻的包装品或托盘上下两面必须与平板很好接触,若有空隙,则冻结速率明显下降。空气层厚度对冻结时间的影响参见表6-13。

表6－13　空气层厚度对冻结时间的影响

空气层厚度/mm	冻结速率比	空气层厚度/mm	冻结速率比
0	1	5.0	0.405
1.0	0.6	7.5	0.385
2.5	0.485	10	0.360

为了使被冻品能与平板保持良好的接触，必须控制好液压。考虑到水产品在冻结过程中因冻结膨胀压的产生，其压力将增大1倍，故液压也不可过高，通常控制在50 kPa左右。对于不同的产品，还需做适当调整。

立式平板冻结装置的优点是被冻产品可以散装冻结，不需要事前加以包装或装盘，它被广泛应用于海上冻结整条小鱼，但对于水产冷冻食品则不太适用。

（2）回转式冻结装置。回转式冻结装置如图6－10所示。它是一种新型的连续接触式冻结装置。其主体为一个由不锈钢制成的回转筒。它有两层壁，外壁即为转筒的冷表面，它与内壁之间的空间供制冷剂直接蒸发或供制冷剂流过换热，制冷剂或载冷剂由空心轴一端输入，在两层壁的空间内做螺旋状运动，蒸发后的气体从另一端排出。需要冻结的水产食品，一个个呈分开状态由入口被送到回转筒的表面，由于水产食品一般是湿的，与转筒的冷表面一经接触，立即粘在转筒表面，进料传送带再给水产食品稍施以压力，使它与转筒冷表面接触得更好，并在转筒冷表面上快速冻结。转筒回转一次，完成水产食品的冻结过程。

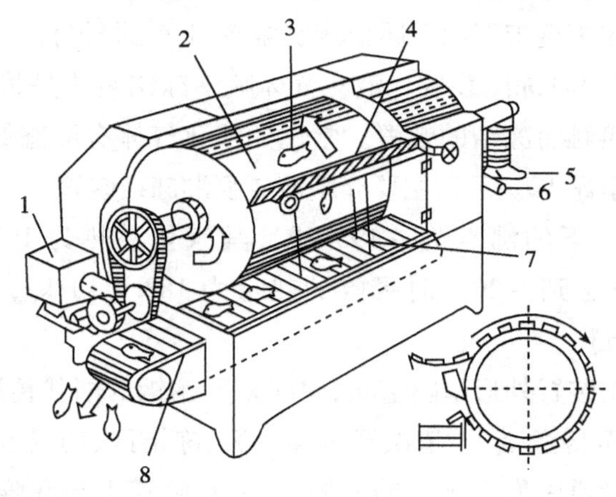

图6－10　回转式冻结装置

1—电动机　2—冷却器　3—进料口　4—刮刀　5—盐水入口
6—盐水出口　7—刮刀　8—出料传送带

它适宜于虾仁、鱼片等生鲜或调理水产冷冻食品的单体快速冻结(IQF)。由于这种冻结装置占地面积小,结构紧凑,冻结速率快,干耗小,连续冻结生产效率高,在一些水产冷冻食品加工厂中被得到应用。

(3)钢带连续冻结装置。钢带连续冻结装置最早由日本研制生产,适用于冻结对虾、鱼片及鱼肉汉堡饼等能与钢带良好接触的扁平状产品的单体快速冻结。

钢带连续冻结装置的主体是钢带传输机(参见图6-11)。传送带采用不锈钢材质制成,在带下喷盐水,或使钢带滑过固定的冷却面(蒸发器)使产品降温;被冻品上部装有风机,用冷风补充冷量。

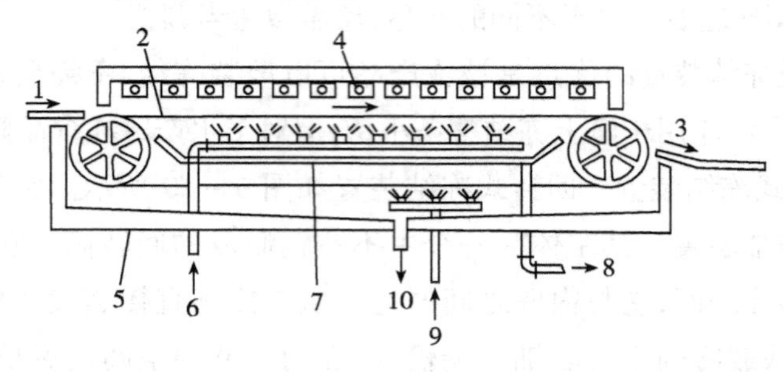

图6-11 钢带连续冻结装置示意图

1—进料口 2—传送带 3—出料口 4—冷却器 5—隔热外壳 6—盐水入口 7—盐水收集器 8—盐水出口 9—洗涤水入口 10—洗涤水出口

由于盐水喷射对设备的腐蚀性很大,喷嘴也易堵塞,目前国内生产厂已将盐水喷射冷却系统改为钢带下用金属板蒸发器冷却,效果较好。

(4)液化气体喷淋冻结装置。液化气体喷淋冻结装置是将水产食品直接与喷淋的液化气体接触而冻结的装置。常用的液化气体有液态氮(液氮)、液态二氧化碳和液态氟里昂12。下面主要介绍液氮喷淋冻结装置。

液氮在大气压下的沸点为-195.8℃,其汽化潜热为198.9 kJ/kg。从-195.8℃的氮气升温到-20℃时吸收的热量为183.9 kJ/kg,二者合计可吸收382.8 kJ/kg的热量。

液氮喷淋冻结装置外形呈隧道状,中间是不锈钢的网状传送带(图6-12)。产品从入口处送至传送带上,依次经过预冷区、冻结区、均温区,由另一端送出。液氮喷嘴安装在隧道中靠近出口的一侧,产品在喷嘴下与沸腾的液氮接触而冻结。蒸发后的氮气温度仍很低,在隧道内被强制向入口方向排出,并由鼓风机搅拌,使其与被冻产品进行充分的热交换,用做预冷。液氮喷淋的水产食品因瞬间冻结,表面与中心的温差很大,在近出口处一侧的隧道内(即均温区),让产品内部的温度达到平衡,然后连续地从出口处出料。

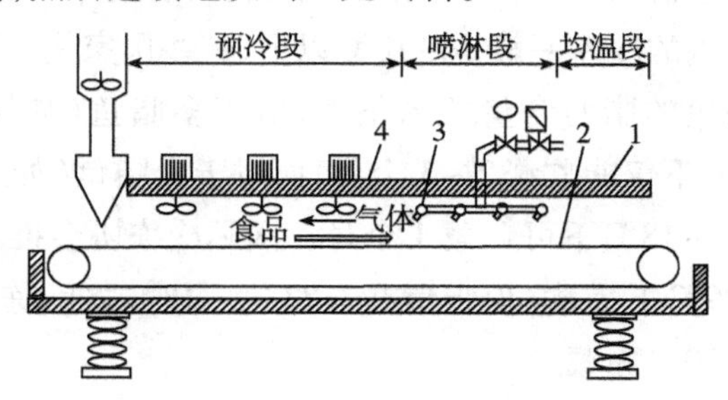

图6-12　液氮喷淋冻结装置示意图

1—壳体　2—传送带　3—喷嘴　4—风扇

用液氮喷淋冻结装置冻结水产食品有以下优点。

①冻结速率快。将195.8℃的液氮喷淋到水产食品上,冻结速率极快,比平板冻结装置提高5~6倍,比空气冻结装置提高20~30倍。

②冻品质量好。因冻结速率快,结冰速率大于水分移动速率,细胞内外同时产生冰晶,细小并分布均匀,对细胞几乎无损伤,故解冻时液滴损失少,能恢复冻前新鲜状态。

③干耗小。用一般冻结装置冻结,食品的干耗率在3%~6%,而用液氮冻结装置冻结,干耗率仅为0.6%~1%。

④抗氧化。氮是惰性气体,一般不与任何物质发生反应。用液氮做制冷剂直接与水产品接触,对于含有多不饱和脂肪酸的鱼来说,冻结过程中不会因氧化而发生油烧。

⑤装置效率高,占地面积小,设备投资省。

由于上述优点,液氮冻结在工业发达的国家中被广泛使用。但其也存在一些问题:由于这种方法冻结速率极快,水产食品表面与中心产生极大的瞬时温差,因而产品易造成龟裂。所以,应控制冻品厚度,一般以60 mm为限。另外,液氮冻结成本较高。

(五)水产品的冻藏及在冻藏时的变化

水产品冻结后要想长期保持其鲜度,还要在较低的温度下贮藏,即冻藏。在冻藏过程中受温度、氧气、冰晶、湿度等的影响,冻结的品质还会发生氧化干耗等变化。所以,目前占水产品保鲜40%左右的冻藏保鲜应受到较大的重视。

1. 冻藏温度

冻藏温度对冻品品质影响极大,温度越低品质越好,贮藏期限越长。但考虑到设备的耐受性及经济效益以及冻品所要求的保鲜期限，一般冻藏温度设置在 -30 ~ -18℃。中国的冷库一般是 -18℃以下，有些国家是 -30℃。

鱼的冻藏期与鱼的脂肪含量关系很大，对于多脂鱼（如鲭鱼、大麻哈鱼、鲱鱼、鳟鱼），在 -18℃下仅能贮藏 2 ~3 个月；而对于少脂鱼（如鳕鱼、比目鱼、黑线鳕、鲈鱼、绿鳕），在 -18℃下可贮藏 4 个月。国际冷冻协会推荐水产品冻藏温度如下：多脂鱼在 -29℃下冻藏；少脂鱼在 -23 ~ -18℃之间冻藏；而部分肌肉呈红色的鱼应低于 -30℃冻藏。

2. 冻藏过程中的变化

冻藏温度的高低是影响品质变化的主要因素之一，除此之外还有冻藏温度的波动、堆垛方式和湿度等因素都对冻品的品质造成很大的危害。

六、超级快速冷却

超级快速冷却（Super Quick Chilling, SC）是一种新型保鲜技术，也称超冷保鲜技术。具体的做法是把捕获后的鱼立即用 -10℃的盐水做吊水处理，根据鱼体大小的不同，在 10 ~30 min 之内使鱼体表面冻结而急速冷却，这样缓慢致死后的鱼处于鱼舱或集装箱内的冷水中，其体表解冻时要吸收热量，从而使得鱼体内部初步冷却。然后再根据不同保藏目的及用途确定贮藏温度。

现在，渔船捕捞渔获物后，大多数都是靠冰藏来保鲜的。冰藏可使保藏中的鲜鱼处于 0℃附近，如冰量不足，或与冰的接触不均衡，可使鲜鱼冷却不充分，造成憋闷死亡，肉质氧化，K 值上升等鲜度指标下降的现象。日本学者发现超级快速冷却技术对上述不良现象的出现有显著的抑制效果。

这种技术与非冷冻和部分冻结有着本质上的不同。鲜鱼的普通冷却冰藏保鲜、微冻保鲜等技术的目的是保持水产品的品质，而超级快速冷却是将鱼立即杀死和初期的急速冷却同时实现，它可以最大限度地保持鱼体原本的鲜度和鱼肉品质，抑制鱼体死后的生物化学变化。

（一）超级快速冷却的特点

以鲣鱼为例，将刚捕获的鲣鱼分成两组，一组用普通的冰藏法保鲜，另一组用超级快速冷却法处理，平均每尾鱼体重 2 300g。冰藏法的操作同前文所述。超级快速冷却法以下（简称超冷）的操作是，用 -10℃的冷却盐水做 30 min 吊水处理，然后逐条放入 - 0.5℃的鱼仓冷水中（海水与淡水比 1∶1）存放。保藏中分别就鱼的体温、pH、K 值、甲氨基化合物的含量、盐浓度等进行测定，另外进行组织观察和感官检验。

1. 鲣鱼体温及冷却介质温度的变化

在冰藏与超冷保鲜时生鲜鲣鱼的体温及其冷却介质温度的变化情况。要完成从初温22℃降至保藏温度-0.5℃，这个初期冷却过程，冰藏需要10 h以上，而超冷只需要40 min即可完成，是前者的1/15。

把活的竹荚鱼、鲐、鲤、鲻放入-15℃的冷盐水中，使鱼体冻结1/2以上，取出再放入常温(20℃)水中，其中有一半以上能复苏，恢复正常。然而若放回冷水中(0℃以下)，则几乎不能生还。由此可认为鱼体表的急冷造成部分休克，多半处于假死状态，而后若再使鱼体内部急冷，则整个鱼体就平稳死去。因而冰藏过程中，因鱼仓内水温上升等原因造成初期冷却得不够充分，大部分鱼都是闷死的。在超冷保鲜中，由于鱼体大部分冻结并平稳致死，在此期间既均匀又迅速地完成了初期冷却，所以认为在用这两种方法处理之后的保藏过程中，其鲜度与质量有相当大的差异。

对保鲜中的鲣鱼分别从其外观、眼球、气味、肉色、弹性以及味道等方面来评价鲜度。可以看出冰藏的鱼自捕获后第4天起鲜度就显著下降，而超冷处理的鱼直到第6天还保持了较好的鲜度。从感官结果来分析，可以认为超冷保鲜要比冰藏的鲜度保持延长2~3 d。

2. pH的变化

鲣鱼的pH在保鲜中，冰藏的1 d以后，超冷的3 d以后，分别降到最低值而后又上升；背部的pH，冰藏的3 d后，超冷的6 d后分别达到相近的值。从pH这个角度来看，超冷保鲜与冰藏相比，可延长3 d的保鲜时间。

3. K值的变化

在冰藏保鲜过程的第2天，K值即已达到20%。而超冷保鲜在第4天才达到相同的K值。因此根据K值实验分析得出，超冷保鲜比冰藏可延长保鲜期2~3 d。

4. 甲氨基化合物的变化

在冰藏保鲜过程的第3天，其甲氨基化合物的转化率就已超过了35%，而超冷保鲜则需要6 d时间才达到相同的甲氨基化合物转化率。因此可说明超冷保鲜比冰藏能延长约3 d的保鲜时间。

5. 生鲜鲣鱼体表盐浓度的变化

在冰藏和超冷保鲜的鲣鱼体内，盐浓度都是在捕获后的第8天从0.2%增至0.4%，尽管超冷保鲜使用的是冷冻盐水，但3 d后即达到了与冰藏的相近值。另外，超冷保鲜时吊水处理后2 d，鱼体表面的盐浓度仍较高，但到第4天后就降低了。附着在鱼体表层的冷冻盐水向混合比为1:1的冷水(盐浓度1% ~1.5%)中溶出,使鱼体表面盐分被稀释,所以保藏中的鲣鱼的盐浓度会受到冷冻盐水浓度及其浸泡时间和保藏冷盐水浓度及其保藏时间的影响。

经过超冷处理,保藏的鲣鱼肌肉组织用显微镜来观察,发现鱼体表肉组织没有冻过的痕迹。也没有发现组织被破坏或损伤的情况。活鱼经吊水处理,即使体表被冻结,若是在短时间内马上解冻也是有复苏游动自如的可能,这也说明了肌肉组织细胞几乎没有受到损伤。

(二)超冷技术应用存在的问题及发展前景

通过上面的介绍已经清楚看出,超冷技术保鲜渔获物是切实可行的。但是在什么条件下应用、其技术操作究竟适合哪些鱼类、最终对渔获物的质量要求是什么等问题还需要做大量深入细致的工作。

如果对渔获物的质量要求是首要的,则要采用非冻结的方法。非冻结只有冰藏、冷却海水、超冷技术。而其中超冷技术除质量保持得好以外,比冰藏的保鲜期还要延长1倍。如果对渔获物的保鲜期要求是首位的,那么最好采用冻结的方法来保鲜。

超冷保鲜是一个技术性很强的保鲜方法。冷盐水的温度、盐水的浓度、吊水处理的时间长短都是很关键的技术参数,其中任何一个因素掌握不好都会给渔获物质量带来严重损伤。

所以对鱼种及其大小、鱼体初温、环境温度、盐水浓度、处理时间、贮藏过程中的质量变化等还需要做很多基础工作,需要细化处理过程的每一个环节,规范整个操作程序及操作参数,以求有更强的实用性。

复习思考题

1. 简述水产品原料的一般化学组成。
2. 详细说明影响鱼类僵硬的因素。
3. 详细说明影响鱼体自溶作用速度的因素。
4. 简述生鲜鱼类的包装原则。
5. 简述生鲜鱼类包装的基本要求。
6. 简述生鲜鱼类对装运容器的要求。
7. 常用于生鲜鱼类的装运容器的材料有哪些,并简要说明其优缺点。
8. 简述生鲜鱼类预包装的优缺点。

9. 简述冷冻鱼类预包装的优缺点。

10. 生鲜鱼类的预包装方法有哪些并加以说明。

11. 简要说明影响包装冷冻鱼类的质量因素有哪些？

12. 鲜鱼类和鱼产品常用的包装材料有哪些？

13. 常用于水产品包装的包装技术有哪些，并简要说明其原理。

14. 简要说明鱼类的冻结方法有哪些？

第七章　其他食品包装

本章学习重点及要求：

1. 熟悉乳制品的性质及其分类，熟悉乳制品的包装要求及常用包装材料；

2. 熟悉饮料的性质及其分类，熟悉不同饮料的包装要求及常用包装材料；

3. 熟悉粮谷类的包装要求及常用包装材料；

4. 熟悉包装在糖果及巧克力中的作用以及常用的包装方式；

5. 熟悉油脂类产品特性以及影响油脂氧化的因素，熟悉抗氧化包装形式及典型油脂类食品的包装材料和方式。

第一节　乳制品包装

一、乳及乳制品分类

1. 乳粉类

乳粉类是以乳为原料，经过巴氏杀菌、真空浓缩、喷雾干燥而制成的粉末状产品，一般水分含量在4%以下。乳粉类产品常见的品种有全脂乳粉、全脂加糖乳粉、脱脂乳粉、婴儿配方乳粉。

2. 炼乳

炼乳分为淡炼乳和甜炼乳。将原料牛乳标准化，经真空浓缩蒸发，使乳固体浓缩2.5倍，装入铁罐密封并用高温杀菌为淡炼乳。以盐糖为防腐剂，装罐密封后不进行杀菌的叫做甜炼乳。

3. 奶油

奶油牛乳含脂肪3%以上，通过离心机，可以分离成脱脂乳与稀奶油。稀奶油含脂肪35%～40%，稀奶油是液态的，可以直接食用或制作甜点，最主要的用途是做冰激凌。将稀奶油进一步搅烂、压炼，可获得固态的奶油。其脂肪含量为80%，有加盐和不加盐之分，用做涂抹面包和食品工业原料。

4. 液态乳

液态乳是以牛乳为原料，经标准化、均质、杀菌工艺，基本保持了牛乳原有风味和营养物质。液态乳根据杀菌工艺和包装特点分为消毒牛乳、超高温灭菌乳。

5. 酸奶

酸奶是以新鲜牛乳为原料,经巴氏杀菌后,接入乳酸菌种,保温发酵而成。根据原料及工艺,酸奶可按脂肪高低分为全脂、低脂、脱脂;按组织状态分为凝固型、搅拌型。

二、乳制品的性质

乳是哺乳动物出生后赖以生存发育的唯一食物,它含有适合其幼子发育所必需的全部营养素。卫生部颁发的《中国居民膳食指南》中明确指出"每天要吃奶类,豆类及其制品"。营养学家认为,把牛奶当作辅助食品的观点是错误的。世界营养学界有个共识:在人类食物中,牛奶是"最接近完善"的食品,它含有丰富的动物蛋白质和人体需要的氨基酸、维生素、矿物质、钙质等多种营养成分。每100 g牛奶所含的营养成分:脂肪3.9 g、乳糖4.6 g、矿物质0.7 g、生理盐水88 g。牛奶脂肪球颗粒小,呈高度乳化状态,易消化吸收。牛奶蛋白质含有人体生长发育的一切必需的氨基酸,消化率可达98%~100%,为完全蛋白质。牛奶中的碳水化合物为乳糖,对幼儿智力发育非常重要。它能促进人类肠道内有益乳酸菌的生长,抑制肠内异常发酵造成的中毒现象,有利于肠道健康。乳糖还有利于钙的吸收。牛奶中胆固醇含量少,对中老年人尤为适宜。牛奶中富含钙、磷、铁、锌等多种矿物质,特别是含钙多,且钙、磷比例合理,吸收率高。牛奶中含有所有已知的各种维生素,尤其是维生素A和维生素B_2含量较高。一个成年人如果每日喝两杯牛奶,能获得15~17 g优质蛋白,可满足每天所需的必需氨基酸;能获得600 mg钙,相当日需要量的80%;可满足每日热量需要量的11%。

乳挤出后,在贮存和运输中,由于用具、环境的污染,温度适宜,其中的微生物很快繁殖。乳一般由于细菌繁殖导致酸化(因产生乳酸)产生凝结,或由于蛋白质分解发酵而败坏。多数细菌在环境温度为10~37℃时最活泼,乳中微生物活性的下限为0~1℃,上限约为70℃。因此在挤奶或加工后,应立即降至10℃以下,但是对于直接销售用的液体鲜乳,由于乳冷冻后会引起滋味和物理结构的变化,因此乳不能进行冷冻贮存和运输。

氧化以及光辐射对乳的维生素、营养成分及味道的影响。在光线的作用下乳会产生光照效应。日光能破坏其中的维生素C、维生素A、胡萝卜素及维生素B_1和维生素B_2等成分。与蛋白质相比,乳中的脂肪性物质不容易败解,但在一定条件下也会败坏产生异味和气体。因此,乳是一种复杂而不稳定的液态食物,不仅在室温下,即使处于冷藏下也会发生多种自发变化。

三、乳制品的包装要求

根据乳制品的特性，结合现代营销观念，乳制品包装的要求可归纳如下。

1. 防污染、保安全

这是食品包装最基本的要求。乳制品营养丰富而且平衡，是微生物理想的培养基，极易受微生物侵染而变质。合适的加工方法，结合有效的包装可以防止微生物的侵染，同时杜绝有毒、有害物质的污染，保证产品的卫生安全。

2. 保护制品的营养成分及组织状态

通过合理的包装可保证制品营养成分及组织状态的相对稳定。乳中的脂肪是乳制品独特的风味来源，很容易发生氧化反应而变味，多种因素可促进这一变化，比如热、光、金属离子等，合理的包装可有效延缓这一反应；乳中的维生素和生物活性成分很容易受光、热和氧的影响而失去活性，通过避光保存，可保护乳制品的营养价值。此外，密封包装可防止奶粉吸潮或内容物的水分蒸发，还可隔断外来物的污染。凝固型酸奶的包装要具备防震功能。冰激凌的包装要防止组织变形。

3. 方便消费者

从产品的开启到食用说明，从营养成分到贮藏期限，所有包装上的说明及标示都是为了使消费者食用更方便、更放心。比如易拉罐的拉扣、利乐包上的吸管插孔、适合远足的超高温灭菌乳，任何一种包装上的更新都显示着这一发展趋势。

4. 方便批发、零售

制品从生产者到消费者手中必须经过这一途径，所有的包装，包括包装材料、包装规格等，必须适合批发、零售的要求。

5. 具有一定商业价值

现代包装从包装设计初始即将其产品定位、市场估测列为调查的一项重要内容。首先，产品的包装可展示其内容物的档次，高档的制品其包装也精美，给人卫生可靠的感觉，但价格也高；其次，产品的包装要赢得消费者的好感，从颜色、图案等方面吸引消费者注意，增强其市场竞争能力，起到一个很好的广告效应。

6. 满足环保要求

越来越严重的环境污染使得现代包装开始考虑环保问题。使用后的包装材料应能重新利用，或能采用适当的方法销毁，或能自然降解（包括微生物降解和光降解等),不会对环境带来污染。比如爱克林手提包装袋,可在阳光照射下降解。

四、乳制品包装

(一)消毒牛奶的包装

我国大多数乳品厂都有消毒牛奶出售,近几十年消毒牛奶包装发展很快,目前市场上有以下几种形式。

1. 巴氏消毒乳

(1)玻璃瓶。玻璃瓶装消毒牛乳是一种传统的包装形式。过去,瓶装消毒牛乳在我国许多城市广为采用。它的优点是成本低,可循环使用;光洁,便于清洗;性能稳定,无毒。缺点是质量大,运输费用高;易破损,破损率为 0.5% ~0.8%;回收带来大量污染;须投资建洗瓶车间。规格为 227 g 和 250 g 两种。

双层封口,内纸盖用厚 1 mm 的黄板纸或白板纸,表面涂食用蜡,其上印有标示,注明制造日期、产品种类、商标、厂名等。外纸盖用铝箔、玻璃纸或聚乙烯等。纸盖事先杀菌,并在无菌环境封入一特制的厚纸筒中。每个纸筒装 500 ~ 1000 枚内纸盖,每 10 支纸筒扎成一捆,放在干燥卫生的环境中待用。环境温度要低一些,防止蜡软化。

玻璃瓶在罐装前用酸、碱、水交叉洗涤,最后用次氯酸水消毒,直接进入罐装室。罐装完成后,贮于 2 ~ 10℃冷库中,保质期 24 h。运送用冷藏车。

新建的消毒牛乳生产车间不再用这种包装,可节省建洗瓶间的费用,但在上海、南京、广州等南方城市仍然受欢迎,人们认为这种产品“鲜”。

(2)塑料瓶。用于罐装消毒牛乳的塑料瓶使用的包装材料为聚乙烯和聚丙烯,对这种包装材料成型容器的质量要求,我国在 1988 年制定了国家标准。

塑料瓶包装的优点是质量轻、破损率低、可循环使用,传热系数较玻璃瓶低,可缓冲环境温度的波动。缺点是使用一段时间后,由于反复洗刷,瓶壁起毛,不易洗净。另外,瓶口易变形漏奶。包装规格和贮运同玻璃瓶。

(3)塑料袋。为单层聚乙烯或聚丙烯塑料袋或双层的聚乙烯袋。双层袋内层为黑色,可防止紫外线破坏牛乳,外层为白色,上面印有标示,目前在我国使用很普遍。这种包装袋成本低(每个 250 mL 包装袋单层 0.03 ~0.05 元、双层 0.07 ~0.10 元),包装简单,运输销售方便。但其保质期短(仅为 48 h),废袋污染环境,在一定时期内会逐渐被淘汰。

规格:250 mL/袋、200 mL/袋。

(4)屋顶型纸盒。包装材料为纸板内层涂食用蜡,外层可印刷各种标示。该种包装美观大方,冷冻存放可保质 7 ~ 10 d。但纸盒成本高,售价也高。此外,若蜡层质量不好,会向乳中溶解,影响产品质量。

(5)手提环保立式袋。瑞典生产的一种新型包装材料,称爱克林手提包装袋。它是以碳酸钙为主要原料的新型环保包装材料,可在阳光照射下自动降解。这种袋价格适中,包装巴氏杀菌奶在冷藏条件下保质期可达 7 ~ 10 d,很有应用前途。

2. 超高温灭菌乳的包装

无菌包装是超高温灭菌乳能在常温下长期存放的保障,高温短时间灭菌是它的前道工序。无菌包装需要高韧性、高弹力、高密封性及高耐磨能力的包装材料及与之配套的包装机械,保证罐装前包装材料的预灭菌及包装后内容物无二次污染。产品不需冷藏,不需二次蒸煮即可有较长的贮存期。目前,超高温灭菌乳的包装容器主要有复层塑料袋和复层纸盒两种形式。

(1)复层塑料袋。三层复合袋包装的超高温灭菌乳常温下可保质 1 个月,五层复合袋能在常温下保质 3 ~6 个月。目前,这种形式的包装销量在增长。

(2)复层纸盒。复合纸盒包装容器使用的包装材料有纸板、塑料和铝箔。在纸的两面复合塑料或用塑料、铝箔覆盖。形状有四角柱形、圆筒形、四面体形、砖形和金字塔形等。代表性的产品有美国的 Purepack、西德的 Zupack 和瑞典的 Tetrapack(利乐包)。Purepack 是历史上最早的纸容器,由美国 Excell 公司 1935 年开发,形状为直立方体,上部呈屋顶形,容量在 236 ~ 400 mL 之间。Zupack 为直立的长方体,上部两端呈耳状伸出,容量在 200 ~ 1 000 mL 之间。Tetrapack 有不同类型,三层包装膜中间为牛皮纸,两面覆盖一层聚乙烯膜;五层包装膜有两种,一种为从外向内依次为:蜡层—牛皮纸—聚乙烯—铝箔—聚乙烯,另一种为:蜡层—牛皮纸—聚乙烯—牛皮纸—聚乙烯。现在的利乐包多为七层材料。五层和七层包装均可用于超高温灭菌乳。

(二)酸牛乳的包装

酸牛乳分为两大类,一类为传统的凝固型,另一类为搅拌型。凝固型酸牛乳的灌装在发酵前进行,搅拌型在发酵后。

凝固型酸牛乳最早采用瓷罐,之后采用玻璃瓶,现在塑杯装酸牛乳已占据了很大市场。瓷罐是一种传统的酸奶容器,笨重而且卫生不易控制,但有些消费者尚对其情有独钟,比如北京的一些老消费者,因此尚未淘汰。玻璃瓶因透明度较高,在生产线上可控制其清洁度,但因洗瓶间投资较大,且难以与现代化灌装设备配套，新上的酸奶生产车间，也不再采用这种包装。塑杯包装是目前酸奶包装的主流，考虑到环保要求，也有采用纸盒包装形式。凝固型酸奶的包装规格有227 g和250 g两种。

搅拌型酸奶多用塑杯和纸盒，它适合生产规模大、自动化程度高的厂家使用。容器的造型有圆锥形、倒圆锥形、圆柱形和口大底小的方杯等多种形式。圆锥形适合用调羹食用，消费者看到的产品表面积大，但宣传印刷不易看到；倒圆锥形适合维持酸奶的硬度，印刷明显，小盖封口卫生较安全，对振荡有保护作用，尤其适合凝固型酸奶。搅拌型酸奶包装规格有160 mL和200 mL两种。

制造塑杯的材料有聚氯乙烯树脂（PVC）、PVC/聚偏二氯乙烯（PVDC）、聚苯乙烯树脂（PS）、高密度聚乙烯（HDPE）或萨伦（Sanlon）等。塑料容器包装有一主要问题，即有害低分子混合物（主要是成型时的加工助剂）从塑料容器中向产品中转移，产品与包装材料接触时间越长，这种现象越严重。

酸牛乳出售前应低温条件下贮存于2～8℃，贮存时间不应超过72 h。运输时应采用冷藏车。若无冷藏车，须采用保温隔热措施。

（三）奶粉的包装

奶粉及其他乳性固体饮料的包装可分为两种：密封包装和非密封包装。

1. 密封包装

密封包装指用马口铁罐或其他不使空气渗入的材料制成各种形式的包装容器。马口铁罐应用封口机密封。如用可开启盖，盖内应有使容器内外隔绝的铝箔、薄马口铁皮或其他无害、无味材料等密封。

密封包装分为充氮包装、非充氮包装和抽真空包装三种。充氮包装适于灌装。若采用真空包装，一是要求空罐有较高的坚固性，二是奶粉在真空状态下可能分散出来，所以，灌装奶粉一般采用充氮包装，氮气的纯度要求在99%以上。抽真空包装适于复层膜包装。由于奶粉的水分含量低，极易吸潮而引起微生物繁殖，同时，在较低的水分含量条件下，脂肪也很容易氧化，因此，要求包装材料的密封性好，最好隔绝氧气。软包装的复层袋采用两层聚乙烯中间夹一层铝箔或夹一层纸再夹一层铝箔，有的在装袋后再装入硬纸盒内。这种包装基本上可避光、隔断水分和气体的渗入。一般用高密度聚乙烯，聚偏二氯乙烯更佳，它的透气性更小。

不充氮的奶粉在24℃贮存4个月，风味显著下降，而充氮的奶粉9个月时风味无变化。

小容器密封包装的规格有454 g、500 g、1 135 g、2 270 g四种。

马口铁罐密封充氮包装保存期为2年;马口铁罐密封非充氮包装保存期为1年;抽真空复层袋软包装保存期也为1年。

2. 非密封包装

非密封包装的容器为无毒、无味塑料袋、塑料瓶、玻璃瓶或具有防水措施的纸盒等。瓶装时,瓶口应有封口盖或封口纸。采用封口纸者,外盖内应衬1 mm厚纸板;采用单层塑料袋包装时,袋厚必须大于60 μm。也可采用双层或多层复合膜包装,要求封口处不得渗漏。

非密封包装规格有454 g、500 g和250 g三种。

瓶装保存期9个月,袋装为4个月。

3. 大包装

用作加工原料的奶粉采用大包装。包装容器为马口铁箱、硬纸板箱和塑料袋。马口铁箱和硬纸板箱内应衬以无毒、无味塑料袋、硫酸纸或蜡纸。规格一般为12.5 kg。袋装可用聚乙烯膜作内袋,外面用三层牛皮纸套起,每袋12.5 kg或25 kg。

第二节　饮料包装

一、饮料的物性分析与包装要求

饮料是指以液体状态供人们饮用的一类食品。根据液体饮料中乙醇的含量,饮料可以分为软饮料和含醇饮料两大类。

(一)软饮料

软饮料是指不含乙醇或乙醇含量不超过0.5%的饮料,我国的软饮料共分为:碳酸饮料、果汁饮料、蔬菜汁饮料、乳饮料、植物蛋白饮料、天然矿泉水饮料、固体饮料及其他饮料等八大类,其中后七种饮料不含二氧化碳,通称非碳酸饮料。

1. 碳酸饮料

碳酸饮料是指产品中充有CO_2气体的饮料。饮碳酸饮料时,碳酸受热分解,发生吸热反应,吸收人体的热量,并且当CO_2经口腔排出体外时,人体内有一部分热量也随之排出体外,所以饮用碳酸饮料能给人以清凉感。CO_2从汽水中溢出时,还能带出香味,并能衬托香气,产生一种特殊的风味。饮用汽水能促进消化,刺激胃液分泌,兴奋神经,消除疲劳。另外,CO_2溶于水生成碳酸,使饮料的

pH 值降低并可抑制微生物的生长。

碳酸饮料通常可以分为以下几类。

(1)普通型饮料:不使用天然香料和人工合成香精,主要利用饮用水加工压入 CO_2 制作而成。如各种苏打水及矿泉水碳酸饮料。

(2)果味型饮料:以酸味料、甜味料、食用香精、食用色素、食用防腐剂等为原料,用充有 CO_2 的原料水调配而成。如柠檬汽水、橘子汽水、荔枝汽水、汤力水、干姜水等。

(3)果汁型饮料:与果味型的汽水相比,果汁型的汽水在制作中添加了超过 2.5% 的果汁或蔬菜汁,使该类汽水具有果蔬特有的色、香、味,不但清凉解渴,还可以补充营养,增进健康。如鲜橙汽水、苹果汁汽水、冬瓜饮料等。

(4)可乐型饮料:是在制作时利用某些植物的种子、根茎所含有的特有成分的提取物加上某些定型香料及天然色素制成的碳酸饮料。如美国的可口可乐、百事可乐,中国上海的幸福可乐、山东的崂山可乐、四川的天府可乐、浙江的非常可乐等。

(5)乳蛋白型饮料:是以乳及乳制品为原料制成的。常见的有冰激凌汽水及各种乳清饮料。

(6)植物蛋白型饮料:是将含蛋白质较高且不含胆固醇的植物种子提取蛋白质,经过一系列加工工艺制成的,如豆奶果蔬碳酸饮料等。

由于常温下 CO_2 气体的溶解度很低,因此要求包装首先能够承受一定压力,阻隔 CO_2 气体的渗漏,保证成品的理化质量稳定。另外,碳酸饮料大多含有浓郁的香气,在包装中要求能尽量避免香气成分散失。

2. 非碳酸饮料

非碳酸饮料种类很多,这类饮料的特点是不含 CO_2 气体,由一定量的糖、各种果汁果酸及少量的香精色素与处理过的水配制而成。

果蔬饮料是选用成熟的果蔬原料制作而成的,不同品种的水果与蔬菜,在成熟后都会呈现出不同的鲜艳色泽,使成品果蔬汁饮料具有各自不同的艳丽、悦目的感官特征,惹人喜爱。形成果蔬饮料口味的主要成分是糖分和酸分,糖分赋予饮料甜味,酸分可改善风味。果蔬饮料中近似于天然果蔬的最佳糖酸比会产生怡人的口感。果蔬饮料营养丰富,含有人体必须的多种维生素、微量元素、各种糖类和各种有机酸等,对于防治疾病、改善人体的营养结构、增进人体健康具有十分重要的意义。

乳饮料通常是指以牛奶或奶制品为主要原料,经过加工处理制成的液状或糊状的不透明饮料,可以将其分为鲜乳饮料和发酵乳饮料两大类。乳饮料中营养物质丰富,并且容易被人体消化吸收。其中蛋白质、脂肪、糖类无机盐和维生素等营养物质的结构十分合理,特别是酸奶饮料。

矿泉水是指从地下深处自然涌出的或经人工开掘的、未受污染的水,其含有一定量的矿物盐、微量元素或二氧化碳气体。在通常情况下,其化学成分、流量、水温等参数在一定范围内相对稳定。对饮用的天然矿泉水的要求是:每1 L矿泉水中含无机盐1 g以上或含游离的二氧化碳25 mg以上,微生物特征符合卫生标准。矿泉水的产量日益增加,这是因为矿泉水中含有人体所需却常缺乏的微量元素,且本身不含任何热量,从营养学的角度看,对人体非常有益,并且矿泉水多是深层的地下水,从细菌学的角度来讲是安全卫生的。

软饮料的主要成分是水和糖,而且一般都要经过超高温瞬时杀菌处理或高温加热处理,以达到延长保质期的要求。所以这类饮料的包装要求主要是防止饮料内部未被杀死的细菌等微生物继续生长繁殖,因此应选择具有一定阻隔性要求,特别是有一定隔氧性要求的包装材料,阻止氧气的渗入,造成包装内一定的缺氧环境,从而抑制微生物的生长繁殖,延长保质期。

(二)含醇饮料

凡是含有乙醇成分的饮料,不论其含量大小,统称为含醇饮料,其种类甚多,若依制造方法可分为下列三种。

1. 酿造酒

酿造酒又称发酵酒、原汁酒,是借着酵母的作用,把含淀粉和糖质原料的物质进行发酵,产生酒精成分而形成的酒。其生产过程包括糖化、发酵、过滤、杀菌等。

酿造酒是最自然的造酒方式,主要酿酒原料是谷物和水果,其最大特点是原汁原味,酒精含量低,属于低度酒,对人体的刺激性小。例如用谷物酿造的啤酒一般酒精含量为3%~8%,果类的葡萄酒酒精含量为8%~14%。酿造酒中含有丰富的营养成分,适量饮用有益于身体健康。酿造酒主要包括葡萄酒、啤酒、黄酒、日本清酒及果酒等。

2. 蒸馏酒

凡以糖质或淀粉质为原料,经糖化、发酵、蒸馏而成的酒,统称为蒸馏酒。这类酒酒精含量较高,常在40%以上,所以又称为烈酒。世界上蒸馏酒品种很多,较著名的有六种,即白兰地、威士忌、金酒、朗姆酒、伏特加和中国白酒,被称为“世界六大著名蒸馏酒”。

3. 配制酒

配制酒又称浸制酒、再制酒。凡是以蒸馏酒、发酵酒或食用酒精为酒基,加入香草、香料、果实、药材等,进行勾兑、浸制、混合等特定的工艺手法调制的各种酒类,统称为配制酒。配制酒的诞生比其他酒类要晚,但由于它更接近消费者的口味和爱好,因而发展较快。

配制酒的种类繁多,风格迥异,因而很难将之分门别类。根据其特点和功能,目前世界上较为流行的方法是将配制酒分为三大类,即开胃酒类、甜食酒类和利口酒类。著名的配制酒主要集中在欧洲。

酿造酒营养价值高,含有蛋白质、糖类、微量元素等多种营养成分。这类酒在生产过程中,往往加入亚硫酸钠或二氧化硫蒸气熏蒸,以净化果汁和控制杂菌的生长,但规定二氧化硫的残留量不得超过0.05 g/kg。因此,发酵酒的包装除了防止乙醇蒸气的散失外,还要防止残留的二氧化硫被氧化而降低对酒中细菌的抑制作用。蒸馏酒由于乙醇含量极高而使微生物难以生存,所以包装的目的重要是防止乙醇、香气的散失挥发,同时为贮运销售提供方便。

二、饮料的包装

(一)碳酸饮料的包装

传统的碳酸饮料包装是玻璃瓶及金属听罐,但目前塑料容器包装已经占到碳酸饮料包装的半数以上。

玻璃瓶的容量一般在1 000 mL以下,设备投资少,材料具有造型灵活、透明、美观、多彩晶莹的装饰效果,其化学稳定性高而且可以多次周转使用,但亦存在着机械强度低、易碎、盛装单位物品质量大、费用高、运输不便、温差大时容易爆裂的缺点,因此近年来已经被各种塑料包装取代。

马口铁易拉罐分为三片罐及类似于铝质易拉罐的冲拔拉伸型二片罐。由于二片罐对马口铁材质的冲压、拉伸性能以及制罐设备都有特殊的要求,目前应用不太广泛。三片罐重要规格有206#、209#的三缩颈罐及5133#罐。马口铁易拉罐三片罐的优点是:灌装、杀菌设备投资费用相对较低;饮料加工技术要求不高;相溶性好,节省了设备投资费用;产品货架期长。

铝质易拉罐主要规格为常见的350 mL罐,其灌装、杀菌设备费用稍高于三片罐,但包装材料的价格略低,而且材料的回收再造性好,产品保质期可达一年以上。

现在,具有阻隔性较好的透明性、强度均优良的塑料包装,已越来越多地为碳酸饮料业界所接受，逐步取代玻璃瓶和金属罐。

最早使用塑料瓶包装饮料的是美国的 DuPont 公司。早在 20 世纪 50 年代初期，该公司就预见到双向拉伸技术由薄膜向容器生产的扩大应用，将使 PET 容器成为碳酸饮料的首选包装材料。PET 即用聚对苯二甲酸乙二醇酯制成的饱和线性热塑性塑料瓶，材质轻，强度高，无色透明，表面光泽度高，呈玻璃状外观，可塑性和力学性能好，无毒无味，而且材料费用适中。如今，不仅碳酸饮料使用了双向拉伸 PET 瓶包装，而且还扩大到油类及其他饮料，如在酒类的包装上都有良好的包装效果。但 PET 瓶在耐酸碱和耐温方面还有许多缺陷，如瓶子在 60℃以上，发生颈部软化和体积收缩。

双轴定向的 HDPE 瓶是又一种包装碳酸饮料的材料，HDPE 原料价格比 PET 便宜，而且质量轻，密度比 PET 小，因而在保质期低于 2 个月的碳酸饮料包装中可使用双轴定向 HDPE 瓶代替 PET 原料瓶。

为了进一步提高阻隔性，最近又开发了以下生产方法：

(1)共挤出复合瓶的生产，使用高阻隔性树脂 EVAL、PVDC 或 PAN，再加上适当的相容剂，使用共挤出或共注射吹制拉伸技术，生产出多层次含高阻隔性材料的容器，使这种容器在包装碳酸饮料时有三个月以上的使用期；

(2)使用高阻隔性 PVDC 或 EVAL 树脂，做成溶液胶进行塑料瓶的内或外或内外涂布的方法来提高塑料瓶的阻隔性；

(3)使用真空蒸镀氧化硅的方法提高塑料瓶的阻隔性。可以用化学蒸镀法、物理蒸镀法进行，在塑料瓶上镀一层氧化硅，是目前最新的技术；

(4)使用芳香族聚酰胺 MXD6 材料以及液晶聚合物材料生产包装用容器。虽然有良好的阻隔性，但是，目前由于原料树脂的价格很贵，还不能在工业生产上大规模采用，即使能用高温水蒸气消毒后重新使用多次，也仍很贵。

碳酸饮料包装由于要求有良好的耐压力强度，因而不适于使用软塑包装材料包装。

(二)非碳酸饮料的包装

由于非碳酸饮料不需要耐压力，因而除了塑料瓶装外，还可大量使用软塑包装材料包装，一般使用热充灌杀菌包装，热充灌温度为 87.7℃。使用的热包装材料可以是各种聚乙烯、聚丙烯、聚苯乙烯和 PVC，也可以是价格较高的 PET 材料。无论是瓶状塑料容器还是纸/塑复合软包装材料，都应注意到内层材料的无嗅无味性，尽量采用低嗅的 PE 材料，防止在果汁中产生异味。橘子汁中含有大量维生素 C，而维生素 C 对氧比较敏感，因而要选择透氧性小的包材包装果汁饮料，以期有更好的保护功能。

为了降低包装成本,可以充分使用再生塑料粒子。可以在塑料瓶或软塑包装袋的外层或中间层材料中使用再生塑料,而在内层同内容物接触层使用新料生产,例如:使用共挤出吹塑、挤拉吹或注拉吹法生产废 HDPE/新 HDPE、废 PET/新 PET,还可生产 HDPE/黏结性树脂/再生料 PE 或 PP/EVAL 的高阻隔性共挤吹塑瓶。使用共挤出片材经热成型或真空成型杯、盘、碟状后用于各种高酸性果汁饮料包装也已十分盛行,例如:PP/黏结性树脂/EVAL/黏结性树脂/PP 共挤出片材经热成型后可以热充灌杀菌后的高酸性果汁饮料,可达 3 个月的常温保存期。使用含铝箔的铝/塑/纸多层高阻隔软包装,也可无菌包装果汁饮料,有一年以上的常温保质期。

非碳酸类饮料也可以用无菌复合铝纸包。目前主要有瑞典利乐拉伐公司的利乐包装及 PKL 包装系统公司的康美包。利乐包主要规格有利乐传统(无菌)包、利乐砖型(无菌)包、利乐屋型包、利乐王及利乐罐五种,容量从 125 ~ 2 000 mL 不等。康美包主要规格有 Cb5、Cb6、cb7 三种系列,容量 150 ~ 1 100 mL 共 20 种常用规格。无菌复合铝纸包装的设备一次性投资费用很高,但包装材料费用便宜,只相当于马口铁罐的 50% 左右,而且包装材料质轻,成品贮存占用空间小,运输费用低。

(三)酒类饮料的包装

酒的包装主要是玻璃瓶和陶瓷器皿。玻璃和陶瓷器皿阻隔性好,能保持酒类特有的芳香而能长期存放。名贵的酒,除了玻璃瓶装外,还有讲究的纸盒外包装。

小包装蒸馏酒可以选用塑料共挤复合瓶包装,也可用聚酯瓶包装。蒸馏酒还可用 PET/PE 复合薄膜制作的小袋包装,每袋盛装 100 g 左右的小袋,携带、饮用方便,价格低廉,耐压耐冲击,十分适合旅行和野外工作者饮用。

国外生产厂家开发的内涂聚乙烯基涂料的铝罐包装含醇饮料,罐盖有易拉环,使用、携带方便,密封性好,保存期能达 1 年以上。另外,在国外,醇类饮料也普遍采用纸/塑料/铝复合软包装的四面体或砖型包装结构包装,外面使用瓦楞纸箱作运输包装。大容量的供零售用的酒类包装,使用 20 L 的带有泵和加压设备的 PET 球罐包装。烈酒(白酒)由于价格便宜,通常均采用塑料瓶包装。

发酵酒的包装除了防止乙醇蒸汽的散失外,还要防止残留的二氧化硫被氧化而降低了对酒中细菌的抑制作用,所以发酵酒一般采用玻璃瓶和陶瓷瓶包装。啤酒除用玻璃瓶包装外,还可用铝质二片罐、塑料瓶或衬袋盒包装。

衬袋盒以硬纸板为骨架,单层塑料薄膜或多层复合薄膜为内衬材料。衬袋盒包装质量轻、体积小,与玻璃相比运输破损率大大降低,便于冰箱贮存。取酒时只需拧开连在袋上的龙头即可方便地放出酒液,空气不会进入包装,使剩余的酒不会走味。

第三节　粮谷类食品包装

粮谷作物类主要是指是大米、小麦、玉米、大麦、荞麦、高粱等,尤以前两者为重要。以粮谷类为主要原料制成的食品形式多样,统称粮谷食品,常见的粮谷食品有饼干、面包、糕点、方便面(米)、方便粥以及一些谷物膨化食品。

一、粮谷类包装

粮谷类包装应考虑的主要问题是防潮、防虫和防陈化。在储运过程中,除了专用的散装粮仓和散装车箱、船舱外,对粮谷都要进行包装。过去一般使用的都是麻袋、塑料编织袋和草袋,但其防潮性能很差。有条件的可以使用防潮包装。目前大多是在袋中衬一层聚乙烯薄膜袋,既能有效地防潮,又有轻微的透气性,使微量的氧气渗入。国内,谷物胚胎能继续进行呼吸,又不会产生过多的呼吸热,从而可保持谷物新鲜状态。

对于精米、面粉、小米等粮食加工品,过去一般采用棉布袋。随着粮食生产经营的改革,粮食小包装已是大势所趋,可用聚乙烯、聚丙烯等单层薄膜包装。对于较高档的品种,也有采用多层复合材料等来包装的。包装方法也由普通充填包装改用真空或真空充气包装。

防虫措施包括:

(1)采取防虫措施,加强环境卫生,采取烟熏或杀虫剂、驱虫剂处理,加强贮藏环境条件控制等。

(2)改善包装设计,包装应严密无缝,防止褶皱或尖角,防止包装破损。

(3)选用适宜包装材料,如在复合薄膜材料中加入驱虫剂(除虫菊酯,胡椒基丁醚等),则具有良好的驱虫效果。一种典型的复合材料为防油纸/黏合剂 + 除虫剂/铝箔/聚乙烯。

二、面包包装

面包通常采用软包装材料裹包。主要包装材料有如下几种。

1. 蜡纸

蜡纸是最经济的包装材料,在自动裹包机上也有足够的挺度,封合容易,能有效防止水分的散失。其缺点是透明度不好,而且折痕容易造成漏气,引起面包水分散失和发干。目前我国仍有相当数量采用蜡纸裹包。

2. 玻璃纸

涂塑玻璃纸的应用解决了半防潮性和热封问题。玻璃纸的包装成本比蜡纸高得多,比较适合用作高档面包的包装。

3. 塑料薄膜

用于包装面包的塑料薄膜有多种。聚乙烯薄膜包装成本比玻璃纸低30%左右,但是,厚度较薄的薄膜机械操作工艺性较差。聚丙烯薄膜透明度优于聚乙烯,而且挺度较理想,机械操作工艺性能也好。不过,单纯的聚丙烯在-35℃时就脆裂,且热封困难。聚乙烯、聚丙烯、聚乙烯三层共挤材料的出现满足了面包包装的需要。

目前,大约90%的面包采用聚乙烯塑料袋包装的,这种包装可反复使用,非常方便。面包的货架期较短,可采用热封或塑料涂膜的金属丝扎住袋口,也有采用聚丙烯塑料袋扭结袋口。讲究一些的是采用铝箔/纸复合材料或铝箔/聚乙烯复合材料。这类包装材料不透明,但可以保护面包中维生素 B_1 免受损失。

面包还可采用收缩薄膜和泡罩包装,收缩包装用聚氯乙烯收缩薄膜将面包裹紧,但泡罩包装成本较高。

三、面条、方便面(米)包装

1. 面条

现制现卖的面条称为潮面(切面),不易保存,一般也不加包装。需要加以包装的是干面条,即挂面、通心粉等。

干面条包装的目的首先是防潮、防霉,其次是防污染。用纸包装不能防潮,面条易霉变,可采用聚乙烯、聚丙烯和双向拉伸聚丙烯薄膜涂覆聚乙烯制作的包装袋。这种包装袋透明性好,防潮性能优良,印刷色泽鲜艳,包装效果好,但价格较高。

2. 方便面(米)

速食的方便面、方便米,近年来在我国发展很快。这种制品一般是先将波纹面干制后油炸,或大米熟制后干制而成,食用时用温水(沸水)浸泡复原即可。

方便面(米)的包装主要是防潮、防油脂酸败,应采用与干面条同样的薄膜包装,或用多层复合材料包装。采用发泡聚苯乙烯或聚乙烯钙塑片材制成的广口塑料碗盛装方便面,再以铝箔复合材料封口的包装,应用已很普遍。

3. 快餐盒饭

以大米饭为主体的快餐盒饭近年来发展很快,这种食品原来都是用纸盒盛装的。因塑料饭盒强度高,保温性好,外观漂亮,使用方便,很快成为主要包装容器。由于发泡聚苯乙烯饭盒引起的白色污染已引起人们的关注。1999 年 3 月中旬,国家正式发布,截止 2000 年底我国将全面废止一次性发泡塑料餐具。一种环保型的纸质快餐饭盒已取而代之。

四、饼干包装

饼干的包装主要是防潮、防油脂氧化、防碎裂,所有类型的饼干,其含水量很低,必须防止它们从大气中吸收水分,故需选用高度防潮的包装材料;多数饼干含有脂肪,包装材料应耐油脂且遮光,防止光线照射而使饼干退色和油脂的氧化;此外,饼干包装材料应能适应自动包装机械操作的要求,并能保护酥脆的饼干不至于压碎。包含果浆的饼干容易长霉,包含果仁的饼干容易酸败,都应采取措施加以防护。

饼干食品的包装除金属罐盒和纸盒外,通常采用防潮玻璃纸、K 涂 BOPP/PE、铝箔/PE 等复合薄膜,具有优异的防潮和隔氧性能,且可以热封,表面光泽好,耐戳穿性能好,是理想的饼干食品包装材料。此外,聚偏二氯乙烯涂塑纸张也是很好的包装材料。一般的饼干货架寿命约为 6 个月,如果采用铝箔复合材料包装,则其货架寿命更长。密封的金属罐盒包装饼干,一般为礼品包装。

五、糕点包装

糕点根据原料特点和成品特性不同可分为许多种类,有的糕点含水量极高,如蛋糕、年糕;有的含水量极低,如桃酥等;有的含油脂很高,如油酥饼、开口笑等;有的包馅,如月饼等。因此,糕点的包装应适应这些不同特点。

1. 含水分较低的糕点

酥饼、香糕、酥糖、蛋卷等食品包装时首先要防潮,其次是阻气、耐压、耐油和耐撕裂。主要包装形式是选用 PE、PT/PE、BOPP/PE 等薄膜充填包装;纸盒、浅盘包装外裹包 PT 或 BOPP 薄膜;纸盒内衬塑料薄膜袋等。另外,根据糕点外形,用塑料片材吸塑成型制成各种大小包装盒,装入物品后用盖材覆盖热封或套装透明塑料袋封口,用这种硬盒包装糕点,不仅具有很好的防护性,而且其防潮、阻气性能也较理想，故货架寿命长，陈列效果也较好。

2. 含水分较高的糕点

蛋糕、奶油点心等，很容易发生霉变；同时其内部组织呈多孔性结构，表面积较大，很容易散失水分而变干、变硬；另外，由于糕点成分复杂，氧化串味也是品质劣变的主要原因，因此，这类糕点包装主要是防止生霉和水分散失，其次是防氧化串味等。包装时应选用具有较好阻湿、阻气性能的包装材料进行包装，如PT/PE、BOPP/PE等薄膜，既可裹包又可装袋封合；也可采用塑料片材热成型盒盛装此类食品，再用盖材覆盖或套装塑料袋；档次较高的糕点包装可选用高性能复合薄膜配以真空或充气包装技术，可有效地防止氧化、酸败、霉变和水分的散失，显著延长货架寿命。另外，在包装中还可以同时封入脱氧剂或抗菌、抑菌剂。

3. 油炸糕点

开口笑、麻花等食品油脂含量极高，极易引起氧化酸败而导致色香味劣变，甚至产生哈喇味。这类食品包装的关键是防止氧化酸败，其次是防止油脂渗出包装材料造成污染而影响外面。因此，其内包装常采用PE、PP、PT等防潮、耐油的薄膜材料裹包或袋装。要求较高的油炸风味食品可采用隔氧性较好的高性能复合膜如KBOPP/PE、KPT/PE、BOPP/Al/PE等，也可同时采用真空或充气包装或在包装中封入脱氧剂等方法。

油炸膨化小食品和油炸土豆片等风味独特的食品，油脂含量较高，水分很低，极易氧化而导致风味劣变。所以，要求选用防潮又能阻氧保鲜，同时也能阻隔紫外线的包装材料如BOPP/Al/PE等。这类食品也常采用真空或充氮包装，以保持其独特的风味，延长货架寿命。

第四节　糖果及巧克力包装

一、包装在糖果、巧克力中的作用

1. 保护产品应有的光泽、香味、形态，延长货架寿命

糖果和巧克力在一定时间内保持应有的外观是非常重要的，比如水果硬糖应具有较好的透明度和相应水果香味，巧克力表面应有好的光亮度和可可的香味，这些品质的保持很大程度上取决于包装形式、包装材质及包装的有效程度。

在各种糖果中都含有不同量的还原糖，这种还原性质的糖类具有容易吸收空气中水气的性质，因此糖果在潮湿的环境下，会不同程度的吸收水气，糖果一且吸潮后会变黏(专业术语叫发烊),并失去应有的透明。

巧克力产品是一种热敏性食品,同时也是高脂肪含量的产品。因此,当室内温度超过25℃达到30℃时,产品开始变软,这种现象是巧克力中含有的一些低熔点的脂肪开始熔化,熔化的脂肪会向巧克力表面迁移,迁移的脂肪不仅使巧克力变软而且会使表面失去光泽,严重的会使产品表面发花变白;另外在潮湿的环境下,巧克力中含有的糖分也会吸湿潮解,潮解的糖分会引起产品发黏。

因此,包装首要的作用就是有利于糖果、巧克力产品隔湿、隔热。采用适合产品的包装材料和形式,有助于产品在湿热的环境下,保持应有的风味和形态,防止油脂氧化,从而延长产品货架寿命。

2. 防止微生物和灰尘污染,提高产品卫生安全性

巧克力产品属于高蛋白质食品,对果仁酱夹心类或果仁巧克力类产品防止微生物污染尤为重要,因为蛋白质和巧克力中的营养物质是极好的微生物培养基,这些产品若被细菌污染,在储存过程中会加快产品生虫、变质的速度以致失去商品价值。因此,严密的包装可以避免微生物污染,保证产品卫生安全。

3. 精美的产品包装可以提高消费者购买欲望和商品价值

商品质量、价格、包装是市场商品竞争中的三个主要因素。而商品在通往市场道路中,包装设计又是重要的一条。因为包装设计与众不同的产品,在货架上会给人强烈的视觉效果增加消费者的购买欲望。因此好的食品一定要具备商品质量、价格、包装三个主要因素,从而提高商品价值。从以上几点可以看出,包装对糖果、巧克力产品的品质、卫生、货价寿命都起到重要的作用,好的产品须有精致美观的包装。

二、糖果包装

传统的糖果包装采用蜡纸裹包,以后逐渐改用玻璃纸裹包,现在多用塑料薄膜包装。塑料薄膜防潮性能好、抗拉强度高、价格低廉、来源充足、品种多样、机械适应性好,适合于高速自动化包装。常用的薄膜有 HDPE、OPP、BOPP 和铝箔/PE 等。

糖果包装的形式有扭结式、折叠式和接缝式等多种裹包形式。接缝式裹包又称枕式裹包,是近几年发展起来的一种先进的糖果包装技术,其特点是采用热封合,包装的气密性好,能较长时间地防潮、防湿、保香,其货架寿命大大提高,且包装形式新颖,能节省包装材料。

一般的糖果包装均需印刷装潢,辅之以精美的图案,以增强糖果的商品价值和吸引力。传统的糖果印刷均在包装纸的反面，当糖块上无内包装纸或包装纸歪斜松脱时，印刷油墨会直接接触糖果而使油墨和残留溶剂污染糖果，因此，这种印刷方式是不可取的。根据食品的卫生要求，包装材料在印刷后，再在印刷面涂敷一层聚乙烯，保证糖果包装的无毒、卫生和印刷装潢的精美鲜艳。用这种方法制作的包装膜可以在自动包装机上使用，可热封、防潮、阻气，故能延长糖果的货架寿命。

糖果的组合包装可采用筒装、袋装、盒装、金属罐、塑料罐和纸塑组合罐等包装。

三、巧克力包装

1. 巧克力的基本特性

巧克力是由可可制品（可可液块、可可粉、可可脂）、砂糖、乳制品、香料和表面活性剂等为基本原料，经过混合、精磨、精炼、调温、浇模成型等的科学加工，具有独特的色泽、香气、滋味和精细质感的，精美的、耐保藏的、高热值的香甜固体食品。

巧克力具有以下主要特性。

(1)物态体系和质构。从胶体化学的观点看，巧克力的物理状态属于一种粗粒分散系统。在此系统中，脂肪是分散介质，而糖、可可和乳固体成分则作为分散相，分布在可可脂相中。大部分分散相的质粒直径在 20 ~ 30 μm 之间，小部分在 40 ~ 60 μm 之间，极小一部分则在 15 μm 以下。同时，少量水分和空气在此体系内也是一种分散体，因此，巧克力是一个非常复杂的多相分散体系。

当巧克力被熔化时，细小的固体质粒以悬浮体分散在液体脂肪相中。巧克力凝固时，脂肪重结晶形成有规律的晶格，各种质粒被固定在晶格之间。因此精制的巧克力，在高于 40℃时，可看作是一种液态混合物，在常温下则又是一种固态混合物。

制作精良的巧克力，给人的口感非常细腻润滑，在品尝和吞咽过程中给人以舒适愉快的感受。这种固态混合物的所有固相已被分散为非常细小和光滑的质粒，并和脂肪形成一种高度分散的乳浊体，从而成功地超越舌感可以辨认的极限程度。

巧克力在较低温度下，具有坚硬而带有脆性的质感，而外界温度接近 35℃时巧克力就不同程度变软而熔化，所以巧克力入口后较易软化融溶。因此巧克力是一种热敏性食品。

巧克力热敏性主要取决于脂肪类型和性质，不同的化学组成和性质的脂肪形成不同的巧克力品质特性。巧克力所含脂肪比例远远高出其他糖果，因此，被称为多脂糖果。虽然多脂，但巧克力的口感并不肥腴油腻。

(2)颜色和光泽。巧克力的颜色和光泽构成了巧克力制品的外观品质。

不同类型的巧克力其颜色有浅有深，如牛奶巧克力为浅棕色，苦巧克力为褐棕色，而甜或半甜型巧克力颜色则介于其中。巧克力的颜色来源于可可原料中的天然色素，即可可棕色和可可红色。它与一般食品通过添加着色剂来呈色是不相同的。可以通过碱化使颜色变得更红，同时，可可以外其他成分变化也影响巧克力颜色。因此，颜色可反映出巧克力的基本成分比例和数量的变化。但巧克力基调为浅棕色、棕色、褐棕色。可可成分含量很高的巧克力被称为深色巧克力。

巧克力的光泽是指产品表面光亮度。巧克力的光泽是可可脂形成细小的稳定晶体带来的光学特性。巧克力成分中的蔗糖晶体也被分散得异常细小，细小晶体混合物产生的散射现象，反映为巧克力制品的光泽。因此，巧克力外表的光亮度反映了巧克力生产工艺技术达到的水平。

由于这种巧克力脂肪晶体，受环境温度和时间影响，所以，巧克力制品的光亮度往往随时间推移和不良的贮藏条件而降低，甚至消失。所以，巧克力制品的光亮度，一定程度上也反映了巧克力制品的新鲜度。

(3)香气和滋味。巧克力的香味是香气和滋味的感官综合感应结果。

巧克力的基本香味来源于可可。经过发酵和干燥的生可可豆，并没有明显的香气，味极苦涩。通过焙炒才产生浓郁而优美的香气，味觉效果也有明显的改进。

巧克力香味类型及其强度，主要取决于可可豆品种和加工条件。据研究，可可的呈香物质和呈味物质，是由数以百计的芳香化合物组成的。最新研究表明，香味物质的形成与可可物料中游离氨基酸的类型和含量变化有关。其次，可可中的可可碱、咖啡因、多元酚和有机酸也影响巧克力的风味。

乳固体是牛奶巧克力的另一香味源。乳固体的存在赋予牛奶型巧克力以乳和可可混合的优美香味，浓苦的香味虽不如苦巧克力，但香味柔和。在牛奶巧克力的加工过程中，乳蛋白和糖，不同程度地形成焦糖而产生焦香味，因此，这类巧克力受到越来越多的消费者的关注，其产量为世界巧克力生产量的85%左右。

在巧克力生产过程中，为显示、改善和丰富巧克力的香气效果，往往还添加不同种香料，常用的有香兰素、乙基香兰素和麦芽酚等。

为改善口味,不同巧克力在生产过程中还添加不同的香味辅料,如杏仁、榛子、腰果、花生仁、葡萄干、椰丝、麦芽、咖啡和多种酒类等。从而构成一系列具有不同香气口味特色的花式巧克力和巧克力制品。

(4)黏度。巧克力的黏度是巧克力生产工艺中碰到的一项重要物理指标,处于熔融态的巧克力应有良好的流动性,才能使物料酱体输送和操作顺利。物料的黏度对巧克力的精磨、精炼、调温、结晶和凝固成型,都有极为重要的影响。因此,在巧克力加工过程中,测定和控制巧克力黏度很重要。在不同温度下,巧克力酱体有不同的黏度(表7-1)。提高温度可有效地降低物料黏度,但由于巧克力生产工艺在不同阶段温度是严格控制的,因此必须控制物料的黏度。

表7-1　巧克力酱(含脂40.6%)温度与黏度关系

温度/℃	黏度/(Pa·s)	温度/℃	黏度/(Pa·s)
32	4.85	50	2.96
40	2.75	60	2.55

巧克力黏度在一定温度条件下,还取决于物料中含可可脂的多少。可可脂增加可有效地降低物料黏度,但由于可可脂价格昂贵,在生产成本上难以接受。研究表明,物料中添加磷脂可降低物料黏度,所以,大豆磷脂是巧克力工业生产的一种稀释剂。

2. 巧克力对包装的要求

巧克力是由可可液、可可粉、可可脂、白糖、乳品和食品添加剂等原料,经混合、精磨、精练、调温、浇模、冷冻成型等工序加工而成。巧克力的分散体系是以油脂作为分散介质的,所有固体成分分散在油脂之间,油脂的连续相成为体质的骨架。巧克力的主要成分可可脂的熔点在33℃左右,因此,巧克力在温度达到28℃以上渐渐软化,超过35℃以上渐渐熔化成浆体。巧克力表面质量受环境温度和湿度的影响也很大,当温度由25℃逐步上升到30℃以上时,巧克力表面的光泽开始暗淡并消失,或相对湿度相当高时,巧克力表面的光泽也会暗淡并消失。同时,如果巧克力包装或者储藏不当的时候,还会出现发花、发白、渗油和出虫等现象。另外,巧克力还具有易于吸收其他物品气味的特性,部分巧克力制品还会出现哈喇味,保质期不同步等现象。因此,巧克力对包装的要求比较高,不但要求包装具备良好的阻水阻气、耐温耐融、避光、防酸败、防渗析、防霉防虫和防污染等基本性能,而且还能长时间保持巧克力糖果的色、香、味和型。另外,随着市场竞争的需要,包装要求具备独特的表现形式(包括材料、造型和设计等)、丰富多彩的表现内容(展示产品形态、特点和内涵等)和为产品增值的功能,促进产品销售,提升产品附加值。

3. 常用巧克力包装材料

(1)纸制品。纸制品包装是世界公认的无污染环保材料,但受本身特性的限制,一般用来做外包装、陈列包装、展示包装和运输包装。巧克力纸包装涉及铜版纸、白卡纸、灰板纸、箱板纸和瓦楞纸等,一些耐水、耐油、耐酸、除臭、威化纸等高附加值的功能性纸使用比例也正逐渐上升。

(2)锡箔包装。这是一类传统的包装材料,因为其良好的阻隔性和延展性,在目前的巧克力包装中一直占有一席之地,但受生产工艺、生产效率、应用局限性和价格等因素影响,受到塑料等包装的极大冲击。

(3)塑料软包装。塑料包装以丰富的功能、形式多样的展示力等特点,逐渐成为巧克力最主要的包装物之一。随着技术的成熟,冷封软包因其较高的包装速度、低异味、无污染、易撕开性等优点,并能满足巧克力包装过程中避免高温的影响,逐渐成为巧克力最主要的内包装材料。

(4)复合材料。复合材料因具有多种材料复合特性和明显的防护展示能力,取材容易,加工简便,复合层牢固,耗用量低,逐渐成为巧克力和糖果中常用的一种包装材料。大部分的复合材料是以软包装为基材的,目前常用的材料有纸塑复合、铝塑复合和纸铝复合等。

(5)容器包装。容器包装也是巧克力包装中最常见的包装方式之一,其主要有防护性能优良、制作精良、陈列效果独特和可二次利用的优点。目前市场上常见的容器包装不外乎塑料(注塑、吹塑、吸塑成型)、金属(马口铁罐、铝罐)、玻璃与纸(裱盒)四大类,为追求产品陈列的差异化,皮盒、木盒和复合材料等不常装食品的容器也出现在市面上。另外,陶瓷材料能把文化和艺术表现得淋漓尽致,市面上也曾出现过用陶瓷做高档巧克力的包装容器。

4. 未来的巧克力包装

(1)安全性。随着消费者自我保护意识的不断提高和强化,巧克力生产企业对产品的安全性的控制力度不断增强,特别是三聚氰胺事件以来,各个企业除对原料安全要求严格控制外,对包装材料本身的安全性要求也越来越严格,防护范围越来越大,对供应商的控制已经由过去的工厂环境和质量体系控制,向上延伸到对供应商的上游企业的资质、能力、安全和环境等的认证和审查控制,以加大其自身的供应安全和质量安全保障。另外,随着国内法律法规的逐步健全,包装材料行业的安全性的入门门槛将有一定的提升,如国家实施的食品质量安全市场准入制度(QS)就逐步把和食品生产相关的产品(食品的塑料包装和容器、纸包装和容器)纳入其中了。

(2)材料成本削减和生产效率挖掘常态化。包装材料作为辅助性的材料,在市场竞争白热化的环境下,往往是企业控制成本的先锋。包装成本经常被压缩在想象不到的水平。这对包装企业提出新的考验,为保证生存,必须要熟悉巧克力产品包装对各个方面的要求,在包装材料选择和功能设计上下工夫,在满足防护要求的指标基础上,把包装材料使用量降低至极限(即包装轻量化),同时,要求不断研发轻薄材料,这样既在成本战中抢得先机,又符合低碳经济的发展要求。另外,2010年实施《限制商品过度包装要求——食品和化妆品》也对包装材料减量化提出了明确的要求。巧克力包装机械的发展正在向高速自动化和多用途方向发展,要求包装效率不断提高,包装材料生产企业必须跟上形势发展,努力提高包装材料的适应性、提出更合理的解决方案,不断帮助客户提高效率,和客户共赢。例如,近几年来,在巧克力包装中正大量使用冷封包装材料,由于减少了热传递的时间,封合速度大大提高(通常情况下速度是热压封合材料速度的8~10倍),同时还消除了由于加热材料可能带来的异味,并减少了巧克力的损耗,逐渐代替了传统的热压封合包装材料,如果企业不能跟上发展,那结果只有被淘汰了。

(3)包装理念新、奇、异。目前,巧克力市场呈现竞争剧烈化和产品同质化的现象,企业越来越重视在终端激发消费者的购买欲和陈列的推动作用,这对包装的展示功能提出了更高的要求。为尽量体现产品和对手的差异化,企业在包装上下足了工夫,新材料、新工艺和新结构的包装不断面市,这对包装企业的开发能力提出极大的要求。如果包装企业在自己的包装产品上多花心思,研发出独特产品,一定可以取得巨大回报。例如,市场上出现了一款塑料盒包装,外观没有太大区别,但设计了两个开口,一大一小,个人吃的时候开启小的开口,大家一起分享的时候开启大开口,设计充分体现了高度的人性化。另外,还有一种铁盒,开启的时候在表面轻按就自动弹开,盖的时候在侧面轻捏就自动盖上了,开启和封盖方式非常有新意。

巧克力行业是一个非常有前景的行业,巧克力市场正处于高速壮大的时期,对包装的需求越来越大,包装企业将迎来一个巨大的发展机遇,但巧克力的特性决定了对包装的要求越来越高,这就要求包装企业不断提升自己的综合能力,把握行业发展新动态,争取在各项竞争中把握先机,跟上市场节奏,这样才能不断扩大市场份额,在竞定位于高端消费的礼盒包装争中一直处于领先地位。

四、国内外糖果、巧克力包装现状与发展趋势

1. 国内现状

我国糖果和巧克力行业的生产历史不过半个世纪。其产品包装经历了从手工包装、半机械化包装、连续化机械包装阶段，到目前已有部分大企业引进国外先进的自动化包装机，实现了包装自动化。在发展的过程中也仍有部分小企业还在沿用手工包装，但随着包装技术的发展，手工包装会越来越少。

近年来，国内糖果技术专家在引进合作、自主独创方面取得了可喜成绩，在糖果设备方面先后推出充气奶糖生产线、胶体软糖自动线、超薄膜真空瞬时熬煮机组、棉花糖生产线等；包装机械有单扭结包装机、折叠式包装机、高速枕包机等。巧克力设备方面有多功能花色巧克力浇注线、巧克力复合制品自动线、巧克力挤出成型线、巧克力快速精磨机等。

多功能是新设备开发的一个重要趋势，因为糖果品种花样多、更新快，生产厂家对设备的要求是多功能、适应性强。如新开发的巧克力复合制品自动线就具有生产糖果、复合巧克力及涂层产品的多功能。此外，现在新推出的设备大都采用伺服电机、光电跟踪等新技术，使其自动控制能力大大提高。

目前我国糖果、巧克力产品的包装水平与发达国家相比还存在较大差距。主要问题是包装装备水平低、包装材料种类少、质量差。要提高装备水平，一方面是生产企业要加大资金投入力度，不断更新和改造设备；另一方面是设备制造商在研究国外先进同类设备性能基础上，提高国产包装设备的功能和精度。

2. 国外糖果、巧克力包装的发展趋势

目前发达国家糖果、巧克力工业已步入现代化的进程，新的材料、新的设备和新的技术促使糖果巧克力生产工艺和包装技术不断推陈出新，精益求精。

(1)标准化的产品包装机向高速自动化发展。糖果、巧克力制造商在对标准化的产品包装时，一般需要高速、自动化的包装机，以追求规模经济的包装成本优化。因此，近年来包装机制造商研制开发出适合不同类型产品的高速、自动化的糖果、巧克力包装机，例如针对传统的枕式包装和一些适合双扭结类产品用的扭结包装机等。在这类包装机上，制造商采用了当今最新的技术，如全伺服电机、光电跟踪、高速摄像等，以提高包装机效能。目前已有每分钟 1 500 ~ 2 000 粒的高速枕式硬糖包装机。高速巧克力枕式包装机则更多地从设备与冷风包装膜相匹配等方面研制，以达到高速而又不影响内在巧克力产品的质量。另外，与巧克力包装机连接的传送带的自动转向、整理、急停、加速也被广泛应用。

（2）个性化产品包装机向一机多能化发展。对于非标准化或季节性的产品，包装机应是灵活的，特点应是轻便和小巧。该类型包装机不追求速度，而是寻求个性化的包装和灵活适应性。目前 ChocotechGmbh（德国巧克泰）公司生产的系列 PRALIPACK 包装机，适合于包装各种形状平底的巧克力，如心形、小熊形状、兔子形状的巧克力，也可以包装成刷包的形式。如果设备经细微的元件改装，还可以用于需要贴脚的产品。另外，该系列的包装机还可以包装如信封折叠式的巧克力。设备制造商为满足用户的需要正努力使一台设备向多能化方向发展。

第五节　油脂类食品包装

油脂是日常消费和食品加工中的重要原料，广泛用在各种食品加工上，用于改善产品性质，赋予食品良好的风味和质地。食用油脂包括动物脂肪和植物油。作为人类三大营养素之一，油脂具有极高的热能，在人体内具有重要的生理功能。但是含油脂食品在贮运加工中极易发生氧化，油脂氧化所产生的产物会对含油脂食品的风味、色泽以及组织产生不良的影响，以至于缩短货架期，降低这类食品的营养品质。同时，油脂的过氧化还会对膜、酶、蛋白质造成破坏，严重危害人体健康。油脂的包装主要是防止氧化酸败，因此包装要做到密闭、隔绝空气、避光，其中首要的是隔绝空气。

一、影响油脂氧化的主要因素

影响油脂氧化的因素较多，总体上可分为内部因素和外部因素两大类。

1. 内部因素

（1）脂肪中脂肪酸组成。油脂中的脂肪酸分为饱和脂肪酸（SFA）、单不饱和脂肪酸（MUFA）和多不饱和脂肪酸（SUFA）。常见的饱和脂肪酸有：软脂酸（C16∶0）、硬脂酸（C18∶0）、花生酸（C20∶0）等；单不饱和脂肪酸有：油酸（C18∶1）、菜子油酸（C22∶1）等；多不饱和脂肪酸有：亚油酸（C18∶2）、亚麻酸（C18∶3）和花生四烯酸（C20∶4）。一般的饱和脂肪酸是最稳定的，油脂的氧化变质是从不饱和脂肪酸的氧化开始的，油脂分子的不饱和程度越高，氧化作用发生越明显。多不饱和脂肪酸的不稳定性大于单不饱和脂肪酸，游离脂肪酸的氧化速度略高于甘油酯化的脂肪酸。天然脂肪中脂肪酸的随机分布降低了氧化速度，但当一些产品油脂中存在较多的游离酸时，会提高体系中微量元素对脂肪酸的催化活性而加快油脂的氧化。

(2)油脂内源性抗氧化剂。除油脂本身成分不同外,油脂本身还含有不同的内源性抗氧化剂(如生育酚、磷脂等)。内源性抗氧化剂的种类与含量随植物油的不同而不同。大多数植物油脂中含有不同程度的生育酚,例如大豆油 87 ~ 280 mg/100g,葵花籽油 51 ~ 74 mg/100g,小麦胚芽油 180 ~ 520 mg/100g。它们对油脂本身起到一定的抗氧化作用,从而影响油脂的氧化。

2. 外部因素

影响油脂氧化的外部因素主要有水分活性(水分含量)、包装内氧气成分、流通环境温度以及光照等。

(1)水分。有研究表明,油脂食品中少量的水分(0.2%)被认为有益于油脂的稳定性。水能水化金属离子,降低其催化活性,防止亚油酸的氢过氧化物分解而产生自由基。但水分含量增加,脂类氧化速度便会呈现先快速升高,后基本保持不变,然后再次快速升高的变化。若水分含量过高,则油脂的自动氧化速度加快,例如油炸花生中平衡含水量在 2.02 g/100g 时氧化酸败速度最慢。

(2)包装内氧气含量。氧是影响油脂氧化酸败的主要原因之一。空气中的氧油脂中的溶解氧皆会促进油脂的氧化。若含油脂食品的包装容器密封不严或所使用的包装薄膜透气性过大时,氧气容易透过包装渗透到容器内导致食品产生氧化酸败。油脂的氧化速度随大气氧分压的增加而增加,当氧分压达到一定值后,氧化速度保持基本不变。

(3)温度。温度是影响油脂氧化的最重要因素。一般化学反应温度上升 10℃,反应速度便会增加一倍,油脂也不例外,脂肪自动氧化的速度,随温度升高而加快。

(4)光照。环境光照强度是引起油脂光氧化的主要原因,在含油脂食品的储藏销售过程中,使其氧化酸败的光源主要是太阳光、人造白炽灯光等。有学者指出,短波长光线(紫外光)对油脂氧化的影响较大,在油脂类食品的包装流通过程中,主要受橱窗和商店内部的荧光灯产生的紫外光影响。这些光是波长达 390 μm 的紫外线和波长 390 ~ 490 μm 的紫色和蓝色可见光,其光波与其他可见光相比较短,因此所含能量也较大。

二、含油食品抗氧化包装及货架寿命研究进展

由于含油脂类食品的主要氧化类型为自动氧化和光氧化,因此在这类食品的储存销售过程中须考虑到如何阻止氧化,保证食品品质。在食品加工中最普遍使用的是添加各种抗氧化剂的方法,但大多数抗氧化剂耐热性较差,因此仅靠

抗氧化剂的添加并不能完全保证食品品质。为此,近几年来国内外学者、食品及包装业内人士越来越重视对这类食品抗氧化包装的研究。基于油脂氧化的基本机理,这类食品的抗氧化包装主要采取阻氧、避光的包装形式,以隔绝外界的氧气和光对油脂氧化稳定性的影响。

1. 阻氧包装

主要指包装材料本身对氧气的阻隔性能。早期的食用油通常用玻璃瓶包装,由于玻璃密度大、易碎、携带不方便等缺点,近几年逐渐被聚氯乙烯、聚苯乙烯等各种塑料容器所取代。瓶盖多采用螺旋盖,盖内衬垫一层垫片,以增强其密封性。

在其他含油脂食品的包装中多采用多层复合材料,如 BOPP/VMCPP、各种 K 涂材料的复合、铝塑复合材料等。

2. 阻光包装

有研究表明,在环境温度、湿度和包装袋内氧气浓度相同的情况下,包装用材的透光性对这类食品的货架寿命有很大影响。GrithMortensen 等人通过实验证明,在透明材料包装中,相对于氧气参与的自动氧化,干酪中油脂更容易受到光的影响发生光氧化。

针对紫外线对油脂氧化的影响,国内外学者把越来越多的注意力放在阻紫外光包装的研究上。传统的紫外线的阻光包装有两种:一是采用不透光的包装材料,如铝箔、纸以及它们的复合材料;二是让塑料薄膜着色或印刷。前者完全遮光,已经不具有透明材料特性;后者则透明性下降,使商品价值下降。为了达到既阻止紫外线照射又使包装透明的目的,可采用紫外线吸收剂加以解决。方法为将紫外线吸收剂混合在树脂中,制成透明包装材料,或者将掺有紫外线吸收剂的黏合剂或涂料涂覆在塑料薄膜上,由此得到既有透明性又能防止紫外线照射的薄膜。

紫外线吸收剂有两大类:有机物紫外线吸收剂和无机超微粒子紫外线吸收剂。前者使用较早且用途广泛,后者微纳米技术发展的产物,历史较短但具有优势和发展前途。目前具有吸收紫外线的包装材料主要有以下几种:

(1)ZDP－1 功能复合膜。这种复合膜基材的适应范围较广,组合后用于生成复合膜。复合后的薄膜黏合强度、热封强度和耐煮度几乎不变,不损伤透明性,可阻止 95% 的紫外线,且防紫外线功能稳定性好。目前这一薄膜在糕点等快餐食品领域已经实用化,并在茶叶、面条、海菜和熟肉制品逐渐推广使用。但其缺点在于无法防止可见光的透过。

(2)加入氧化铁超微粒子紫外吸收剂制得的极其透明包装材料。经测试证明,该类材料厚度约 1 mm 的片材基本上就能阻止波长 400 nm 以下的光,但波长在 600 nm 以上的可见光还是可以透过包装材料。

除此之外,在食用油的 PET 瓶内添加紫外线阻隔层,可有效地阻止 90% 的紫外光,有效阻止食用油的光氧化过程。

3. 真空、充气包装

对于油炸、油炸膨化含油脂类食品,油炸工序多使用富含不饱和脂肪酸的棕榈油,且油炸过程通常在有催化作用的金属容器内,暴露在空气中进行的,油中过氧化值很高,油炸后有相当多的油留在成品表层。使用传统包装形式包装后袋内空气多,袋的阻隔氧化性能并不理想,在贮运过程中必将继续氧化,导致过氧化值的上升幅度加大。并且这类食品极脆,在运输过程中容易破碎,因此这类食品多采用真空、充气包装以有效地减低过氧化值对人体的危害性。

4. 脱氧活性包装

采用充氮或真空包装的优点是安全、无毒,对人体无害,但设备费用较高,且无法完全去除包装中的全部氧气。包装中氧气残存量在 2% ~5% 之间,并不能完全抑制油脂氧化的发生,因此目前的含油脂食品包装开始应用脱氧包装形式。脱氧包装属于活性包装的一种,最早在日本被开发,目前在日本、澳大利亚和美国等国家已经在市场上使用 10 年以上。这种包装在很短的时间内吸收包装内的氧,使包装内氧气的浓度达到 0. 1% 以下,甚至近于无氧状态,使食品免受氧的影响,质量得到保证。过去的脱氧包装是用含有吸氧剂等活性作用物质的小袋子、片剂或纸条等加入包装中,近年发展成直接将吸氧物质一起加在包装材料里,达到除氧功能。值得注意的是,无论含油脂类食品采用脱氧包装或真空包装或充气包装,都对包装材料和封口的密封性提出了相应的要求,必须要求包装材料的透气率最低。最理想的包装材料应兼具遮光性与防潮性能,以排除湿度和紫外光对油脂氧化的促进作用。

三、典型油脂食品的包装

1. 烹调油包装

烹调油包括豆油、菜籽油、香油和色拉油等。传统上,烹调油均采用玻璃瓶包装,近年来逐渐被塑料包装容器所取代,常用容器有 PVC、PET、PS 瓶和 PE 注塑容器。

油脂的新型包装材料和容器正在开发之中。纸/PE/离子型树脂复合材料制成的容器热封性好，又耐油脂；PA（或 CPP）/Al/离子型树脂可用作盒中衬袋包装油脂，也可制成自立袋。

熬炼好的动物油脂为了避免污染，使消费者打开包装即可食用，在熬好后，稍加冷却，就用聚酯复合薄膜封袋，或者直接将其注入聚丙烯薄壁容器使其在容器内凝结。这两种包装都能使内容物隔绝空气及其他污染物，有较长的货架寿命。油脂大容量包装都是用铁桶。

2. 花生酱、芝麻酱等含油食品包装

花生酱、芝麻酱等都是油脂含量较高的食品，容易氧化而引起酸败，并产生蛤喇味。这类食品的传统包装方法是采用玻璃瓶、罐包装，并加入适量的抗氧化剂。

花生酱和芝麻酱等含油食品的现代包装广泛采用塑料薄膜和吸塑成型容器包装，并辅之以真空和充气包装技术，可有效地抑制内装的食品发生氧化酸败。在选用包装材料时，应注意环境温湿度对材料透气性能的影响，使包装产品在温、湿度变化环境之中尽可能维持包装内的气氛稳定，确保产品在贮存期限内的质量。如花生酱和芝麻酱的充氮包装，在环境湿度为 50% RH 时，可以采用 PT/PE 薄膜包装，若在环境湿度为 80% RH 时，因 PT/PE 膜的透气率随之增高，因而不宜选用，此时应选用 PA（PET）/PE、BOPP/A1/PE（EVA）等阻气性能较好的复合薄膜。

3. 调味品包装

常用的调味品有酱油、酱类、食醋、味精和食盐等。在我国，调味品的传统包装是用玻璃瓶。调味品的新型包装材料也在广泛应用。

（1）酱油、酱类、食醋的包装。酱油、酱类、食醋目前基本上都已强制采用玻璃瓶包装或其他小包装，这样可以避免贮存和运输过程中受污染。此外还可采用硬质聚氯乙烯瓶和双拉伸聚丙烯瓶包装，近年来已开发生产的塑料软包装酱油和食醋，其保质期可达 6 个月。

（2）辣酱油、番茄酱、蛋黄酱等高档调味品的包装。辣酱油、番茄酱、蛋黄酱含有丰富的营养成分，易变质、变味，需用高阻气性包装材料进行包装。除了常用的玻璃瓶包装之外，国外开发了多层吹塑容器如 PA/PE、PE/EVAL/PE 等共挤吹塑瓶用于这类调味品包装，复合片材热成型容器也常用作辣酱类调味品的包装。

复习思考题

1. 简述乳制品的分类。
2. 详细说明乳制品的包装要求。
3. 概述不同类型的饮料包装要求。
4. 详细说明包装在糖果、巧克力中的作用。
5. 简要分析常用巧克力包装材料。
6. 影响油脂氧化的主要因素,可采用哪些包装方法进行抗氧化?

第八章　食品包装标准与法规

本章学习重点及要求：

1. 了解食品包装标准的定义，了解ISO、欧盟、美国等组织与食品包装相关的标准和法规；

2. 熟悉我国食品包装相关标准和法规。

食品是供人们直接食用的特殊商品，而用于食品的包装，其卫生与安全性将直接关系到人类的健康与安全。为此，食品包装既要符合一般商品包装的标准和法规，又要符合与食品卫生与安全性有关的标准与法规。

食品包装标准（Food Packaging Standards）就是对食品的包装材料、包装方式、包装标志及技术要求等的规定。法规（Laws）是“含有立法性质的管制规则，由必要的权力机关及授权的权威机构制定并予颁布实施的有法律约束力的文件”。一个自愿执行的标准可以被吸收到法规中，这样它的条款就变成强制性的了。实施规范是指工业部门或其行业协会等权威机构所制订的标准化的参考文件，但它还没有被正式接受为标准。

制定标准、法规及实施规范是为了所有有关成员之间相互交流、减少差异、提高质量、保证安全、促进自由贸易及便于实施操作。纵观国际上现行的食品法规和标准，其中都含有食品包装的要求；食品包装标准和法规与食品标准和法规密不可分，两者都有十分具体的要求。但最基本的核心问题是共同的，就是保证食品的卫生与安全。

第一节　ISO及欧盟包装标准与法规

ISO（International Standards Organization）即国际标准化组织，是于1946年由25个国家发起组织的，旨在加强国际合作和统一各国的工业标准的国际组织。1947年2月23日其在瑞士正式开展工作，至今已有74个正式会员和15个通讯会员。正式会员是各国最有代表性的国家标准化组织，有权参加ISO的任何学术委员会并享有正式表决权；通讯会员通常是设有国家级标准化组织的发展中国家的某个机构，不参与ISO的技术工作，但可获得ISO有关工作的全部情报。

一、ISO 包装标准

农业食品产品委员会发布过150多种标准，并已列入ISO标准目录，其中包括农产品的包装、贮藏和运输指南，以下是部分有关标准。

(1)轻型金属容器用ISO标准，详见表8-1。

表8-1 轻型金属容器用ISO标准

标准号	标准名称(内容)
ISO 90-1—1997	轻型金属容器.定义和尺寸和容量的测定.第1部分:开顶罐
ISO 90-2—1997	轻型金属容器.尺寸、容量的定义和测定.第2部分:一般用途的容器
ISO 90-3—2001	轻型金属容器.定义和尺寸容量测定.第3部分:气溶胶罐
ISO1361—1997	薄板金属容器;顶开式罐.圆形罐.内径
ISO/TR 11776—1992	薄金属容器.非圆开口罐.标准容量限定的罐头
ISO/TR 8610—1984	薄金属容器.在焊接端面有抽气孔的牛奶和奶制品的圆形罐头.容量和相关直径
ISO 10653—1993	薄壁金属容器.顶开圆罐.按装盖后的公称总容量定义的罐
ISO 10654—1993	薄壁金属容器 顶开圆罐 按公称灌装容量定义的用于充气液体产品的罐
ISO TR 11761—1996	薄壁金属容器.顶部开口的圆罐头盒.根据结构型式对罐头盒规格的分类
ISO TR 11762—1996	薄壁金属容器.用于充气液体产品的顶开圆罐.按结构类型对罐尺寸的分类
ISO 10193—2000	一般用途小容量金属容器.容积达40 000 mL的圆筒形及圆锥形容器的标称填充容积
ISO/TR 7670—1982	密封食品和饮料的密封金属容器.鱼类和其他渔业产品食品罐头.圆和非圆罐和关联圆罐直径容量

(2)有关包装和流通的ISO标准:ISO/TC63—Glass Contain-ers UDC621.869.88(玻璃容器)标准，ISO/TC122/SC2(袋类)标准及其他相关ISO标准见表8-2。

表8-2 ISO包装和流通标准

标准号	标准名称(内容)	类型
ISO 445—2009	托盘.术语	D.3
ISO 780—1999	包装.货物搬运用的图形标志	D.1
ISO 3349—1984	木材.静态弯曲的弹性模量的测定	D.2
ISO 3676—2012	包装.满装的运输包装件和单元货物—单元货物尺寸	D.2
ISO 6590/1—1983	第一部分.纸袋	A.1
ISO 6590/2—1986	第二部分.热塑性软质薄膜袋	A.1
ISO 6591/1—1984	包装.袋.说明及测量方法.第1部分:空纸袋	A.1

续表

标准号	标准名称(内容)	类型
ISO 6591/2—1988	包装.包装袋.测量方法和描述.第2部分:热塑软薄膜制成的空袋	A.1
ISO 6599/1—1983	包装.包装袋.试验的环境调节.第1部分:纸袋	C.1/2
ISO 7023—1983	包装.包装袋.试验用取样法	C.1/2
ISO 7458—2004	玻璃容器:抗内压性—试验方法	C.2
ISO 7459—2004	玻璃容器.耐热冲击性和热冲击耐久性—试验方法	C.2
ISO 7965/1—1984	包装.袋.跌落试验.第1部分:纸袋	C.1
ISO 7965/2—1993	包装.袋.跌落试验.第2部分:柔性热塑簿膜包装袋	C.1
ISO 8106—2005	玻璃容器.用重量法测定容量.试验方法	C.2
ISO 8113—2004	玻璃容器.耐垂直负载.试验方法	C.2
ISO 8162—1985	玻璃容器.皇冠盖瓶口.尺寸	A.1

(3)ISO有关满装运输包装件试验标准,由ISO/TC122/SC3制定,参见表8-3。

表8-3 ISO满装运输包装件试验标准

标准号	内容
TC 122	包装标准化技术委员会
ISO 2206-1987	第一部分 试验样品部位的标示方法包装.满装的运输包装.试验时包装件要素的标识
ISO 2233-2000	包装.满装的运输包装和单元货物.试验条件
ISO 2234-2000	包装.满装的运输包装单位重量.静载荷法堆垛试验
ISO 2248-1985	包装.完整、满装的运输包装件.垂直冲击跌落试验
ISO 2244-2000	包装.满装的运输包装和单位重量.水平冲击试验
ISO 2247-2000	包装.满装的运输包装和部位重量.恒定低频振动试验

二、欧盟包装法规

欧盟全称叫做欧洲联盟(European Union),由欧洲共同体(European Communities)发展来的,是一个集政治实体和经济实体于一身、在世界上有重要影响的区域一体化的组织。

欧盟法律是与欧盟各成员国国内法律平行执行的独立法律系统。欧盟法律在欧盟各成员国的法律系统有直接效力,在很多领域高于国内法,特别是单一市场所涵盖的领域(经济政策和社会政策方面)。根据欧洲法院的确认,欧盟不是一个联邦政府而是构成国际法中一个全新法律秩序的联合体。欧盟法律有时候被归类为超国家法。

(一)欧盟有关包装法规的形式

法规是指约束全部欧盟成员国各方面事项的欧盟法。如果成员国的法律与该法规冲突,则欧盟法规优先。欧盟法规的形式为:规章(Regulations)、指令(Directives)、决定(Decisions)、建议和意见(Recommendations and advice),其中建议和意见没有约束力。

本节介绍的法规主要是指令。

欧盟指令是欧盟为协调各成员国现行法律的不一致而制定的法律要求。通常是由欧洲议会(The European Parliament)和欧盟理事会(The Council of The European Union)根据欧共体条约赋予的职责颁布的。各成员国政府有责任将本国的法律与指令取得协调一致,与指令由冲突的现行国家法律都应撤销。指令对所有成员国有约束力。

指令仅要求成员国达到指令所要求的目标,而实施指令的方式和措施由成员国相关机构各自作出选择。

(二)欧盟指令的内容和特点

欧盟指令规定基本要求(Essential Requirement),是技术性法规。

基本要求规定了保护公众利益的基本要素,基本要求是强制性的,只有满足基本要求的产品方可投放市场和交付使用。

基本要求主要是指产品在生命、环境和国家安全、消费者利益和能源消耗方面的要求。仅就主要技术内容而言,欧盟指令相当于我国的强制性国家标准。所不同的是,欧盟指令涉及税收,规定制造商、供应商、进口商和操作者等的责任,提及消费者的义务等(我国的强制性国家标准通常不涉及这些内容)。出口欧盟商品的包装,应首先了解欧盟针对包装的指令中的基本要求。

基本要求是市场准入的第一道技术门槛,跨越这道门槛才有资格参与市场竞争。

(三)欧盟包装指令简介

指令名称:关于包装和包装废弃物处理的欧洲议会和理事会指令(On Packaging and Packaging Waste)

指令简称:欧盟包装指令

法规编号:94/62/EC

发布时间:1994 - 12 - 20

生效时间:1994－12－31

修订时间:2003－09－29,Regulation1882/2003/EC

2004－02－11,2004/12/EC

2005－05－09,2005/20/EC

欧盟包装和废弃包装物指令对包装材料进行管制,主要原因在于包装材料常在使用过后,被消费者任意地丢弃至环境土壤中,其中所含的危害物质将会直接对土壤水质造成污染。欧盟包装指令主要规范四大重金属(铅、汞、镉及六价铬),最高浓度限值:铅(Pb)、镉(Cd)、汞(Hg)、六价铬(Cr^{+6})<100 mg/kg;管制对象包括:产品包装纸盒、纸箱、木框、胶卷盒、塑料袋、气泡袋、泡棉、保利龙、固定器具、薄板、绳索、涂料、墨水、胶带、胶、束线带、标签、说明书等。

欧盟包装指令的具体条款:

条款包括目标、范围、定义、防止、再生与回收利用、回收利用系统、标志与识别系统、标准、重金属含量、信息系统、包装使用者信息、管理计划、通知、报告义务、自由投放市场、科学技术进步的改进、特别措施、技术委员会程序、以国家法律实施等二十五条。主要的内容包括:

1. 包装定义和适用范围

包装指令规定包装是指从原材料到加工过的货物、从生产者到使用者或消费者的,由任何性质原材料制成的被用于包容、保护、搬运、运送、展示货物目的的所有产品。

另外为进一步明确包装的定义,2004 年对包装指令修订后,附件 I 中对包装的定义列出了适用这些标准的说明性的例子:

(1)满足了上述定义的要求,且没损害包装其他功能的物体应认为是包装。如果是产品整体不可分割部分,必须终其一生用于包容、支撑或保护产品并且与所有组件必须一起使用、消耗和处置的物体不属于包装。譬如 CD 盒外包装薄膜和糖盒就属于包装范畴,而工具箱、(小袋装)茶叶包、芝士周围的蜡层及要和花木终其一生的花盆等就不算是包装。

(2)设计或打算在销售点装填的物体和出售的可处置物体,在销售点装填了或设计打算装填的应认为是提供了包装功能的包装物。譬如纸或塑料袋子、食品薄膜、三明治袋子、铝箔等就属于包装范畴。而搅拌器(Stirrer)、不回收餐具等不属于包装范畴。

(3)包装组件和附件应认为是整体包装的部分。直接挂于或附着产品并具有包装功能的附件应认为是包装物。而虽然是产品整体不可分割的部分,但要和所有组件一起消耗或处置的物品除外。譬如直接挂在或附着在产品上的商标应属于包装范畴。钉书钉、塑料套管(Plastic Sleeves)等属于部分包装范畴。

包装指令适用范围包含投放在欧盟市场上的所有包装以及所有包装废物,无论用于工业、商业、办公室、商店、服务、居家或其它层面,无论使用的原材料类型。

2. 主要目标和防止措施

包装指令主要目标是通过对包装和包装废物管理的国家措施进行有序协调,一方面防止对所有成员国以及第三方国家的环境有任何影响,或减少这种影响,从而提供高水平的环境保护;另一方面保障欧盟内部市场的运行,避免贸易壁垒和不正当竞争。

包装指令的防止措施主要有两个方面。一是防止产生包装废物,减少包装废物总量;二是通过重复使用、再生和其它方式的回收利用包装废物,从而减少这类废物的最终处置。此外,包装指令规定各成员国除了按基本要求采取措施来防止包装废物的形成外,还应确保其他防止措施的执行。这些其他措施包括国家行动计划、介绍旨在减少包装对环境影响的生产者责任的行动计划或其他类似行动。

3. 回收利用和再生目标

回收利用和再生目标是能否实现包装指令主要目标的基本保证,是细化了的可操作的具体目标。包装指令第6条第1款非常详细地规定了各欧盟成员国包装废物的回收利用和再生的具体目标。该款规定各成员国应采取必要的措施在其全部领土范围内达到下面目标:

(1)在2001年6月30日前,按重量计最少50%至最多65%的包装废物应该被回收利用或在废物焚烧工厂焚烧获取能源;

(2)在2008年12月31日前,按重量计最少60%的包装废物应该被回收利用或在废物焚烧工厂焚烧获取能源;

(3)在2001年6月30日前,按重量计最少25%至最多45%包装废物中所含原材料总量应该被再生利用;按重量计最少巧%的每一种包装原材料应该被再生利用;

(4)在2008该被再生利用;年12月31日前,按重量计最少55%至最多80%的包装废物应该被再生利用;

(5)在2008年12月31日前,含在包装废物中的原材料应达到下述最低再生目标:(a)玻璃按重量计60%、(b)纸和木板按重量计60%、(c)金属、(d)塑料按重量计 22.5%(加上某些可以再生为塑料的原料)、(e)木材按重量计 15%。

考虑到部分国家的特殊情况和 2004 年有 10 个新成员国加入欧盟的客观事实,包装指令对实现上述目标也做出了例外规定:

(1)由于希腊、爱尔兰、葡萄牙的特殊情况,即分别有大量小岛、农村和山区和当前包装消费水平较低,可推迟达到某些目标的期限直到他们自己选择一个日期,但最迟不晚于 2011 年 12 月 31 日。

(2)由于新加入欧盟的成员国需要一段时间来遵从此指令的要求,2003 年加入到欧盟的成员国可以延迟达到某些目标的期限直到他们自己选择一个日期。此日期,捷克、爱沙尼亚、塞浦路斯、立陶宛、匈牙利、斯洛文尼亚和斯洛伐克不应迟于 2012 年 12 月 31 日;马耳他不应迟于 2013 年 12 月 31 日;波兰不应迟于 2014 年 12 月 31 日;拉脱维亚不应迟于 2015 年 12 月 31 日。

(3)考虑到有些国家的包装回收系统基础比较好,已经或准备制定计划超过包装指令的最高目标并为此提供了有效合适的再生和回收利用容量,包装指令规定在他们的措施避免了内部市场的不正当竞争和没有妨碍其他成员国执行本指令的情况下,应被允许为了高水平的环境保护追求自己的更高目标。制定更高目标的成员国应告知欧洲委员会这些措施,在和成员国协作检验了这些措施与上述考虑一致,以及没有包含任何形式的歧视或有关成员国之间贸易的隐藏限制,欧洲委员会应确认这些措施。

4. 基本要求

基本要求规定了包装的成分和有关特性,是从源头减少包装废物对环境的影响。这些基本要求包括包装中的重金属含量、有关包装物成分和可重复使用、可回收利用包装的特性。

有关包装中的重金属含量,各成员国应保证包装和包装组件中铅、镉、汞和六价铬的含量总和不超过下列标准:在成员国将本国的法律、法规和管理规定遵从了包装指令要求后的 2 年内按重量计为 600 mg/kg;3 年内按重量计为 250 mg/kg;5 年内按重量计为 100 mg/kg。

对包装制造和包装物成分的要求有如下规定:

(1)包装制造应限制包装物的容量和重量到最小,足够达到对包装的产品和消费者必要的安全、卫生、容量要求的水准即可。

(2)包装设计、制造和销售应考虑其重复使用或回收利用(包括再生),以及最小化处置包装废物和来自管理运转残渣对环境的影响。

(3)基于包装或来自管理运转的残渣或包装废物在焚烧和填埋时,有害和有毒物质会存在于排放气体、灰烬或沥出物中，包装制造应最小化包装原料或包装成分中有害和有毒物质含量。

对包装可重复使用特性做出了如下要求：

(1)在通常使用情况下，包装的物理特性应能满足多次循环。

(2)在工人们处理使用过的包装时，达到有关的健康、安全要求。

(3)在包装不再重复使用并变成废物时，满足可回收利用包装的要求。而且上面的3项要求必须同时满足。

对包装的可回收利用特性的要求。

(1)包装以原料再生形式回收利用的，按照当前欧共体标准，包装制造应能够使按重量计一定百分比的再生原料用于市场产品的制造。这个百分比可根据包装物原料的类型不同而改变。

(2)包装以能源恢复形式回收利用的，应具有可供能源恢复最优化选择的最低热值。

(3)包装以堆肥形式回收利用的，应具有不妨碍分类收集和堆肥处理的生物可分解特性。

(4)生物可分解包装应具有能够经过物理的、化学的、热量的或生物的分解使大部分已完成的堆肥基本上分解为二氧化碳、生物和水。

5. 返回、收集与回收处理系统

包装指令规定各成员国应采取必要措施以保证建立返回、收集与回收处理系统，以便于从消费者、最终使用者或从废物流动中返回或收集使用过的包装和包装废物，以便将其引向最合适的废物管理选择。包装指令还规定返回、收集与回收处理系统制度应该向有关部门的经营者和主管政府当局公开。这些制度也适用于非歧视条件下的进口产品，包括详细安排和为进入此系统所征的关税，且这些制度应该设计成能遵从欧共体条约，避免贸易壁垒或不正当竞争。也就是说所有欧盟成员国以外国家出口到欧盟的产品都要遵从欧盟的包装废物返回、收集与回收处理系统的有关要求。

6. 标志与标识系统和包装使用者的信息

为便于对包装收集、重复使用、回收利用，包装指令要求欧盟理事在本指令实施后的二年内(1996年12月31日之前)对包装标志做出相关决定，规定包装物应显示其识别和分类的目的。包装物还应在其自身或在标签上有合适的标志。这些标志应该清晰可见，易于识别及适当地持久耐用。为发挥消费者的作用，更好的实现此指令的包装废物再生、回收利用目标，包装指令对包装使用者应能获得的信息也做出了规定。即成员国应采取措施，在自成员国将本国法律、法规和管理规定遵从了包装指令要求后的二年内，保证包装的使用者，包括消费者，获得如下必要信息：

(1)包装使用者可利用的返回、收集和回收利用系统；

(2)包装使用者在包装和包装废物的重复使用、回收利用和再生中所起的作用；

(3)市场上现有包装标志的含义；

(4)对包装和包装废物管理计划的基础知识。

7. 经济手段

包装指令规定欧盟理事今爽：烬燕杰指令、具场的实现，以欧盟条约的相关条款为基础，可采用一定经济手段。在没有这类措施的情况下，成员国可以依照欧盟环境政策的原则(比如污染者付费原则)，和欧盟条约设定的义务，采取经济措施来实现这些目标。

8. 标准化

包装指令要求欧洲委员会应促进与包装基本要求有关的欧洲标准的准备工作，通过制定标准防止包装废物对环境的影响，特别是促进下述欧洲标准的制定：

(1)包装生命周期分析的标准和方法；

(2)对包装中存在重金属和其它有害物质，以及从包装和包装废物释放到环境中的重金属和其它有害物质的测量和检验方法；

(3)各种类型包装物中需要再生原材料的最低标准；

(4)再生方法的标准；

(5)堆肥和堆肥方式的标准；

(6)包装标志的标准。

9. 以国家法律实施

欧盟包装指令只是对所达到的具体目标的进行了规定，但包装指令并不能直接在欧盟成员国生效，需要转化为各成员国的国家立法，并且相应地构成该国立法的一个部分才能起作用。包装指令要求个成员国在1996年6月30日前，应使遵从本指令的法律、法规和管理规定生效，并及时通知欧洲委员会。另外，成员国应将在本指令范围内改进的所有现有的法律、法规和管理规定通告给欧洲委员会。

（四）欧盟食品接触材料指令

指令编号:1935/2004/EC

2005年,欧盟颁布针对于食品级接触材料和物质的指令,编号为:1935/2004/EC,取代了89/109/EEC指令,并于2006年1月1日起正式强制实施。欧盟1935/2004/EC指令规定,传统上对食品级接触材料的定义凡作为食品生产、包装、运输或支持材料的成分不会对食品产生任何影响者,则称为食品接触材料。

指令1935/2004/EC规定食品级接触材料常规上大致可以区分为以下17项:活性及智能型物质、黏着剂、陶瓷、软木塞、橡胶、玻璃、离子交换树脂、金属及合金、纸及纸板、树胶、影印墨水、再生纤维素(如人造丝或玻璃纸)硅化物、纺织品、油漆、蜡、木头,也包括它们的复合物。

指令1935/2004/EC规定,当产品接触食品时,不可:释出对人体健康构成危险的成分;导致食品的成分产生不能接受的改变;降低食品所带来的感官特性(使食品的味道,气味,颜色等改变)。

指令1935/2004/EC包括:

2002/72/EC:欧盟对食物接触的塑料材料及产品的限制指令;

AP(2004)-1:欧盟对食物接触的有机涂层材料及产品的限制指令;

AP(2004)-4:欧盟对食物接触的橡胶材料及产品的限制指令;

AP(2004)-5:欧盟对食物接触的硅胶材料及产品的限制指令;

AP(2002)-1:欧盟对食物接触的纸张材料及产品的限制指令;

84/500/EEC:有关与食品接触陶瓷制品的法律。

第二节　美国的食品包装标准与法规

美国的食品与药品包装法规,是作为针对现实的和潜在的食品与药品安全性危机的一种对策而逐渐发展和完善的,为此美国政府依法建立了食品和药品管理局(FDA),它是监督执行的权威机构。

第二次世界大战后的一段时期,由于食品添加剂的广泛应用,引起了人们对食品安全性的关注。于是,1958年美国国会通过了若干关于食品药品法规的关键性修正条文,对包括可能从包装材料或其他与食品接触的表面转移到食品上的任何物质在内的一切食品添加剂提出了要求;还规定除了某些特例外,食品在销售前的加工处理、必须符合有关食品添加剂的法律要求。修正条文的通过使国会认识到食品加工已成为一门相当复杂的工艺技术，不宜由国会直接控制管理，应赋予它委任的专家机构以更为广泛的权力。同样，在有关食品添加剂法规颁布之后不久，国会于1960年又颁布了有关对食品着色剂实行事前报批手续的法律条文。

一、美国食品和药品管理局的食品与包装法规

1958年以前，食品的包装只需符合有关伪劣商品的法律条款。如果食品在不符合卫生要求的情况下包装，或者由于包装容器包含某种有损人体健康的有害物质而致使产品受污染，则可以认为该产品掺假；如果产品包装容器的制造、加工和充填是故意想使购买者误认为某种名牌产品，则可认为该产品是假冒商品。其实这是远远不够的。因此，美国的食品添加剂修正案规定：食品包装材料的组成成分与直接添加到食品中去的食品添加剂一样，必须符合食品添加剂的有关规定，并实行事前报批制度。因此，包装材料的组成成分如未经FDA所公布的食品添加剂法令的认可，不得使用。直接添加剂（指直接添加到食品中的物质）和间接添加剂（由包装材料转移到食品中去的物质）之间没有严格的界限，这两种类型的添加剂都同样必须按法律程序报批。

1. 包装材料按食品添加剂法令处理的情况

食品添加剂的法律定义是决定包装材料的组成成分和其他与食品接触的物质是否需要受法令制约的出发点。《美国法典》（United States Code 缩写 U. S. C.）第21卷（篇）第201节对食品添加剂的定义作了如下的陈述："某种物质在使用之后能够或有理由证明，可能会通过直接和间接的途径成为食品的组分，或者能够极有理由证明会直接或间接地影响食品特色，而又未经有资格的专家通过科学的方法或凭经验确认其在拟定中的使用场合下是安全的，则可认为该物质是食品添加剂（包括所使用的包装材料和容器）。"根据这个定义，与食品接触的包装材料中只有三种物质不属于食品添加剂，可以不受FDA所颁布的法规限制。这三类物质是：

（1）有理由证明不可能成为食品的组分的物质；

（2）其安全性已经得到普遍认定的物质（GRAS）；

（3）事先已被核准的物质。

此外，法律条款本身虽未明确指明，但是按照法律惯例及FDA的解释，家庭用各种食物器具获准不受食品添加剂法规的限制。FDA根据法律已经确认，凡由功能性阻隔材料与食品隔开而不与食品接触的物质不属于食品添加剂，因而

在使用时可以不受任何法律的限制。

关系到食品包装材料法律地位的，最重要的，也是最易引起争议的问题是：未经批准的物质是否可以用作食品的成分。《食品添加剂法》(美国)第170.3(e)节对此说明如下："必须搞清楚包装容器和包装材料生产过程中所使用的物质，是否可能直接或间接地用作该包装容器或包装材料所包装的食品的组成成分。如果包装材料中的成分不会从包装材料转移到食品上，也不会成为食品成分时，该物质不应视为食品添加剂。"

实际上，与食品发生接触并且预料将成为食品组分的物质，必须超过某个最低含量限值时，才可以认为该物质已成为食品添加剂。这个观点虽在有关法律条款上已有所体现，但不论是联邦法院、还是FDA，至今尚未能确定出准确而可靠的最低含量限值。

因此，没有可用于确定某一特定物质是否符合法律条款的法定衡量标准，这一直是包装工业的一个问题。

2. 食品添加剂的申请

如果已经确认某种物质是一种良好的添加剂，不涉及违禁或特殊处理的问题，则可提出"食品添加剂申请书"。申请书中必须提交按照预期的最大饮食摄入量(EDI)考虑时，该食品添加剂安全性的详尽数据；还须包括与食品添加剂有关的一切数据资料，如添加剂的化学名称和成分及正确使用条件、使用方法，添加剂的标注，添加剂成为产品组分后对产品理化和技术特性的影响的准确数据；最终产品中所需的添加量、添加剂在食品中含量的实用测定方法，以及有关添加剂安全性研究报告等。

关于添加剂的安全性试验，如果估计每日摄入量(EDI)小于0.05 mg/kg，FDA通常只要求进行急性毒性试验，如果新添加剂的EDI大于0.05 mg/kg时，则要求进行包括两个物种的亚急性毒性试验；若EDI超过1～2 mg/kg，则需进行长期食用试验，包括一个为期2年的食用研究和一个为期3年以上的试用期，这种长期研究费用一般在125万～150万美元，而1984年一项亚急性毒性试验的费用约12.5万美元。由此可见，作为食品添加剂处理的新的食品包装材料的研究开发费用在美国是昂贵的。

FDA将以申请书中所提出的食品添加剂的数据为依据，确定包装材料在预定使用场合下的安全性、添加剂准备使用的场合、添加剂在人和动物食用过程中的累积性影响，以及其他安全性因素均是FDA评价包装材料安全性必须考虑的因素。法律规定FDA在收到申请书之日起的90 d内，必须做出批准使用或驳回申请的决定,并以法令形式予以公布。

包装材料一经批准,它就必须遵守《联邦食品、药品、化妆品法》(美国)第174.5节间接添加剂部分中关于与食品接触的材料的正确生产方法方面的规定GMP(Good Manufacturers Practice),即良好操作规范。该规定的主要内容包括与食品接触的包装材料组分,用量不应超过为实现所希望的物理特性和技术特性所必需的数量,所用原料的纯度应适合于预定的用途;同时应符合《联邦食品、药品、化妆品法》(美国)中有关不宜食用的食品方面的规定。

包装材料制造商和食品厂商常常会对食品包装材料法规产生误解,特别是对法典第001节中有关某种包装材料或包装材料中的某种成分不是食品添加剂的规定产生误解。这些公司往往只敢购买经食品和药品管理局(FDA)和美国农业部(USDA)正式认可的包装材料。实际上,如果某种物质不是食品添加剂,也就不必由FDA按法律程序予以正式批准。必须指出,在市场上合法销售的产品,一般不属于食品添加剂,但如果发生纠纷,最终必须由FDA确认。

二、美国农业部的食品与包装法规

虽然美国FDA对食品与包装具有一般性的权力,但美国农业部(USDA)对肉类、家禽等食品的管理却具有国会所赋予的主要司法权。

1. 食品包装材料法规

对于包装,美国农业部通常倾向于对接受联邦政府检查的肉类、家禽加工厂中所使用的包装材料的用途运用法律手段实施管理。检查管理按下列三项原则操作:

(1)由包装材料的供货方提交信用卡或保证书,明确声明其产品符合《联邦食品、药品、化妆品法》和有关食品添加剂的法规;

(2)供货方必须提交美国农业部食品安全检查处签发的化学成分认证书;

(3)上述美国农业部的认证书只有随同供货方的信用卡或保证书一同递交,方可视为有效。

法规要求包装材料的检查员、巡回监督员、地区监督员必须要求供货厂商提交信用卡或保证书。对于与食品直接接触的包装材料,供货厂商应该提交适当形式的信用卡或保证书,而对于与食品不直接接触的包装材料,如不作为内包装用的运输包装箱、贴在封存食品罐头盒或其他包装容器器壁上的标签,则可不必提交具有法律约束力的保证书。此外,肉类和家禽加工过程中所使用的包装原料用包装材料不必提交任何形式的保证书。同样地,如抗氧化剂、胶黏剂、调味料的包装材料也可不必提交信用卡或保证书。

2. 包装材料的着色剂

关于着色剂在食品包装材料中的使用,在1983年10月,由FDA颁布的有关着色剂管理法规中,未提出一份可用于接受联邦政府检查的经正式认可的着色剂参考名单。因此,肉类和家禽制造厂商必须向包装材料供应商问明所用的着色剂是否已被FDA所批准。有些着色剂只经过美国农业部批准而未经FDA批准,而根据美国农业部的现行法规,只有美国农业部批准是不够的。

以前,只要未出现物质转移现象,FDA即予以"无异议"的批复,这个批复过程往往需耗2个月时间。现在FDA显然已放弃了这项政策。从1984年起,FDA要求着色剂制造商填写正式的申请书报批,而这个批准过程可能要18个月至2年。由着色剂制造商提出的申请书中,还要提交一份着色剂的抽提量或通过各种途径的转移量不超过0.001 mg/kg的分析报告。

三、其他包装标准

除了FDA和美国农业部外,还有一些由专业团体、国家和国际包装制造者协会、政府代理机构制订的标准,或为了满足某些特殊用户集团的需要而制订的标准。美国材料与试验学会(ASTM)制订有《包装和包装材料的检验方法》。部分ASTM包装标准目录见表8-4。

表8-4 美国ASTM包装标准目录(摘录)

标准号	标准名称	中译名
D 646 - 1996	Basis Weight of Paper and Paperboard	纸与纸板的基本重量
D 645645/ D 645M - 1997	Thickness of Paper and Paperboard	纸与纸板的厚度
D 828 - 1997	Tensile Breaking Strength of Paper and Paperboard	纸与纸板的扯裂强度
D 775 - 1986	Method for Drop Test for Loaded Boxes	箱形包装件跌落试验
D 1596 - 1997	Standard Test Method for Dynamic Shock Cushioning Characteristics of Packaging Material	包装材料减震性能试验
D 880 - 1992	Standard Test Method for Impact Testing for Shipping Containers and Systems	船用集装箱的冲击试验
D 999 - 2001	Standard Test Methods for Vibration Testing of Shipping Containers	船运集装箱的振动标准试验方法
D 3078 - 1994	Leeks for Heat - Sealed Flexible Packages	热封韧性包装箱的泄漏的试验

续表

标准号	标准名称	中译名
D 3059 - 1979 (1984)	Percent Product Retention in Pressurized Food Containers	加压食品容器中食品百分比保持性
D 782 - 1982	Test Methods for Shipping Containers in Revolving Hexagenol Drum	在回转六角鼓中作船运集装箱试验
D 999 - 2001	Vibration Testing of Shipping Containers	船运集装箱的振动标准试验
D 895 - 1994	Water Vapor Permeability of Packages	包装箱的水蒸气渗透性的测试
D 3103 - 1999	Thermal Insulation Quality of Packages	包装件的绝热性能
D 3951 - 1998	Commercial Packaging	商业包装
D 3475 - 1995	Child - Resistant Packaging	儿童安全包装
D 829 - 1997	Tensile Breaking Strength (wet) of Paper and Paperboard	纸与纸制品湿抗拉强度
D 726 - 1994	Standard Test Method for Resistance of Nonporous Paper to Passage of Air	空气中无孔纸的透气性的测试方法
D 4727/ D 4727M - 1998	Standard Specification for Corrugated and Solid Fiberboard Sheet Stock (Container Grade) and Cut Shapes	瓦楞面的和实心的纤维板坯料(包装级)和切制形材
D 5168 - 1998	Standard Practice for Fabrication and Closure of Triple - Wall Corrugated Fiberboard Containers	三层波纹状纤维板容器的制造和封闭
D 2020 - 1992	Mildew(Fungus)Resistance Paper and Paperboard	纸与纸板的抗霉菌性
E 96 - 2010	Water Vapor Transmission of Materials in Sheet Form	片材的水蒸气透过性
D 3662 - 1988	Bursting Strength of Pressure - Sensitive Tapes	压敏胶带耐破度
D 3654 - 1996	Holding Power of Pressure - Sensitive Tapes	压敏胶带持黏力
D 3330 M - 1996	Peel Adhesion of Pressure - Sensitive Tapes at 180 deg Angle(Metric)	压敏胶带抗 180℃ 剥离强度(米制)
D 3759 - 1996	Tensile Strength and Elongation of Pressure - Sensitive Tapes	压敏胶带的拉伸强度和伸长率
D 3652 - 1993	Thickness of Pressure - Sensitive Tapes	压敏胶带与胶带厚度
D 3816 - 1996	Water Penetration Rate of Pressure - Sensitive Tapes Packaging Test Methods	压敏胶带透水率包装试验方法
D 3833/ D 3833M - 1996	Water Vapor Transmission of Pressure - Sensitive Tapes	压敏胶带水蒸气透过性
D 642 - 1994	Compression Test for Shipping Container	船用集装箱压力试验

第三节　中国的食品包装标准与法规

一、食品包装法规

我国有关食品与包装的方法和标准化工作与欧美等发达国家相比要落后得多。随着经济和国际贸易的发展以及人们安全意识的提高,我国相继制订、修订并颁布实施了许多有关食品与包装的标准和法规,已初步形成了一套与国际接轨的食品包装法规和标准体系。

《中华人民共和国食品安全法》已由中华人民共和国第十一届全国人民代表大会常务委员会第七次会议于 2009 年 2 月 28 日通过,自 2009 年 6 月 1 日起施行。该法与此前的《中华人民共和国食品卫生法》(已经废止)相比,具有四大亮点:建立食品召回制度;保健品禁宣传疗效;任何食品不能免检;食品安全标准统一。卫生部于 1997 年正式颁布实施了《食品卫生行政处罚办法》,用以加大执法力度,整顿规范食品市场;新修订的《食品添加剂卫生管理办法》自 2002 年 7 月 1 日起施行。

二、食品包装的管理办法、条例

1.《包装资源回收利用暂行管理办法》

此办法由中国包装技术协会和中国包装总公司根据《中华人民共和国固体废弃物污染环境防治法》的有关条款而编制,自 1999 年 1 月 1 日起,随同国标 GB/T 16716—1996《包装废弃物的处理与利用——通则》一并在全国范围内贯彻实施。本办法共有八章,分别阐明了包装术语与包装的分类,规定了纸、木、塑料、金属、玻璃等包装废弃物回收利用的管理原则、回收渠道、回收办法、分级原则、贮存和运输、回收复用品种、复用办法、复用的技术要求、试验方法、检验规则、包装废弃物的处理与奖惩原则、附则等内容。本办法既适用于纸、木、塑料、金属、玻璃等包装资源的回收利用与管理,也适用于其他包装资源的回收利用与管理。

2. 其他管理办法和规定(部分)

(1)《保健食品管理办法》,此办法作为中华人民共和国卫生部令(第 46 号)自 1996 年 6 月 1 日起施行。

(2)《绿色食品标志管理办法》,此办法由农业部于2012年10月1日制定并施行。

(3)《食品添加剂卫生管理办法》,此规定由中华人民共和国卫生部于2002年7月1日起施行。

(4)《化妆品卫生监督条例》,本条例自1990年1月1日起施行。

(5)《废塑料加工利用污染防治管理规定》,由环境保护部、发展改革委、商务部联合制定,并于2012年10月1日起施行。

(6)《印刷业管理条例》,由中华人民共和国国务院于2001年8月2日公布实施。

(7)《商品条码管理办法》经2005年5月16日国家质量监督检验检疫总局局务会议审议通过,现予公布,自2005年10月1日起施行。

(8)《出境货物木质包装检疫处理管理办法》,由国家质检总局制定,自2005年3月1日起实施。

(9)《直接接触药品的包装材料和容器管理办法》,由国家食品药品监督管理局于2004年07月20日发布。

三、食品包装材料和容器的国家标准

食品用包装材料和容器的国家标准大致分为四类:第一类为包装材料和容器的技术规格的性能指标;第二类为食品包装用材料和容器的卫生标准;第三类为食品包装材料和容器卫生标准的分析办法;第四类为有关食品包装的标示标准。前三种标准具体可参照表8-5~表8-7。

1.包装材料和容器的技术规格的性能指标标准

这类标准主要规定了食品包装材料容器的有关技术规格的性能指标。有关食品包装的材料和容器包括:纸类包装材料、塑料包装材料、塑料复合包装材料、金属包装材料、玻璃、包装机械。食品包装材料和容器的技术规格的性能指标见表8-5。

表 8－5　食品包装材料和容器的技术规格的性能指标

种类	标准代号	标准名称
纸包装材料	QB/T 1014—2010	食品包装纸
	QB/T 1706—2006	条纹牛皮纸
	GB/T 24695—2009	食品包装用玻璃纸
	QB/T 1016—2006	鸡皮纸
	GB/T 24696—2009	食品包装用羊皮纸
	QB/T 1710—2010	食品羊皮纸
	GB/T 28121—2011	非热封型茶叶滤纸
	QB/T3531—1999	液体食品复合软包装材料
	QB/T 1011—1991	单面涂布白纸板
	QB/T 1314—1991	标准纸板
	GB/T 22822—2008	厚纸板
	GB/T 6544—2008	瓦楞纸板
	GB/T 13024—2003	箱纸板
	GB 12308—1990	金属罐头食品包装纸箱技术条件
	GB/T 27590—2011	纸杯
	GB/T 27589—2011	纸餐盒
	GB/T 5737—1995	食品塑料周转箱
	GB/T 5738—1995	瓶装酒、饮料周转箱
	GB/T 6980—1995	钙塑瓦楞箱
	QB 1260—1991	软聚氯乙烯复合膜
	QB 1231—1991	液体包装用聚乙烯吹塑薄膜
	QB 1259—1991	聚乙烯气垫薄膜
	QB 1956—1994	聚丙烯吹塑薄膜
	GB/T 13519—1992	聚乙烯热收缩薄膜
	GB/T 13508—2011	聚乙烯吹塑桶
	QB/T 1868—2004	聚对苯二甲酸乙二醇酯(PET)碳酸饮料瓶
	QB 2197—1996	榨菜包装用复合膜、袋
	QB/T 1871—1993	双向拉伸尼龙(BONY)/低密度聚乙烯(LDPE)复合膜、袋
	GB/T 10004—2008	包装用塑料复合膜、袋 干法复合、挤出复合
	GB 19741—2005	液体食品包装用塑料复合膜、袋
	GB/T 18192－2008	液体食品无菌包装用纸基复合材料

2. 食品包装用材料和容器的卫生标准

食品包装用材料及容器的卫生与安全性直接关系到食品的卫生安全。如前所述，美国 FDA 把食品包装用材料及容器作为食品添加剂，控制其卫生和安全性。我国历来重视食品包装材料及容器的卫生和安全，为此制定了一系列完备的国家标准，包括纸、塑料、涂覆材料等。食品包装用材料及容器的卫生标准见表8－6。

表8－6　食品包装用材料和容器的卫生标准

材料种类	标准代号	标准名称
纸	GB 11680—1989	食品包装用原纸卫生标准
塑料	GB 4803—1994	食品容器、包装材料用聚氯乙烯树脂卫生标准
	GB 9683—1988	复合食品包装袋卫生标准
	GB 9687—1988	食品包装用聚乙烯成型品卫生标准
	GB 9688—1988	食品包装用聚丙烯成型品卫生标准
	GB 9689—1988	食品包装用聚苯乙烯成型品卫生标准
	GB 9690—2009	食品容器、包装材料用三聚氰胺、甲醛成型品卫生标准
	GB 9691—1988	食品包装用聚乙烯树脂卫生标准
	GB 9692—1988	食品包装用聚苯乙烯树脂卫生标准
	GB 9693—1988	食品包装用聚丙烯树脂卫生标准
	GB 13113—1991	食品容器及包装材料用聚对苯二甲酸乙二醇脂成型品卫生标准
	GB 13114—1991	食品容器及包装材料用聚对苯二甲酸乙二醇脂树脂卫生标准
	GB 13115—1991	食品容器及包装材料用不饱和聚酯树脂及其玻璃钢制品卫生标准
	GB 13116—1991	食品容器及包装材料用聚碳酸酯树脂卫生标准
	GB 14942—1994	食品容器、包装材料用聚碳酸酯成型品卫生标准
	GB 14944—1994	食品包装材料用聚氯乙烯瓶盖垫片及粒料卫生标准
	GB 9683—1988	复合食品包装袋卫生标准
涂覆材料	GB 4805—1994	食品罐头内壁环氧酚醛涂料卫生标准
	GB 7105—1986	食品容器过氯乙烯内壁涂料卫生标准
	GB 9680—1988	食品容器漆酚涂料卫生标准
	GB 9682—1988	食品罐头内壁脱模涂料卫生标准
	GB 9686—2012	食品安全国家标准 内壁环氧聚酰胺树脂涂料
	GB 11676—2012	食品安全国家标准 有机硅防粘涂料
	GB 11677—2012	食品安全国家标准 易拉罐内壁水基改性环氧树脂涂料
	GB 11678—1989	食品容器内壁聚四氟乙烯涂料卫生标准

续表

材料种类	标准代号	标准名称
其他	GB 4804—1984	搪瓷食具容器卫生标准
	GB 9684—2011	食品安全国家标准 不锈钢制品
	GB 11333—1989	铝制食具容器卫生标准
	GB 13121—1991	陶瓷食具容器卫生标准
	GB 14147—1993	陶瓷包装容器铅、镉溶出量允许极限
	GB 4806.1—1994	食品用橡胶制品卫生标准
	GB 9685—2008	食品容器、包装材料用添加剂使用卫生标准
	GB 14967—1994	胶原蛋白肠衣卫生标准

3.食品包装用材料和容器卫生标准分析方法

为严格和规范执行国家有关食品包装材料和容器的卫生标准,由国家技术监督局批准实施的包装用材料及容器卫生标准分析方法标准见表8-7。

表8-7 食品包装用材料和容器卫生标准分析方法标准

材料种类	标准代号	标准名称
纸	GB/T 5009.78-2003	食品包装用原纸卫生标准的分析方法
塑料	GB/T 4615—2013	聚氯乙烯 残留氯乙烯单体的测定 气相色谱法
	GB/T 5009.122—2003	食品容器、包装材料用聚氯乙烯树脂及成型品中残留1,1-二氯乙烷的测定
	GB/T 5009.67—2003	食品包装用聚氯乙烯成型品卫生标准的分析方法
	GB/T 5009.71—2003	食品包装用聚丙烯树脂卫生标准的分析方法
	GB/T 5009.60—2003	聚乙烯、聚苯乙烯、聚丙烯成型品卫生标准的分析方法
	GB/T 5009.61—2003	二聚氰胺成型品卫生标准的分析方法
	GB/T 5009.58—2003	食品包装用聚乙烯树脂卫生标准的分析方法
	GB/T 5009.59—2003	食品包装用聚苯乙烯树脂卫生标准的分析方法
	GB/T 5009.71—2003	食品包装用聚丙烯树脂卫生标准的分析方法
	GB/T 5009.98—2003	食品容器及包装材料用不饱和聚酯树脂及其玻璃制品卫生标准分析方法
	GB/T 5009.99—2003	食品容器及包装材料用聚碳酸酯树脂卫生标准的分析方法
	GB/T 5009.100—2003	食品包装用发泡聚苯乙烯成型品卫生标准的分析方法
	GB/T 5009.125—2003	尼龙6树脂及成型品中己内酰胺的测定
	GB/T 5009.119—2003	复合食品包装袋中二氨基甲苯的测定

续表

材料种类	标准代号	标准名称
涂覆材料	GB/T 5009.69—2008	食品罐头内壁环氧酚醛涂料上卫生标准的分析方法
	GB/T 5009.68—2003	食品容器内壁过氯乙烯涂料卫生标准的分析方法
	GB/T 5009.70—2003	食品容器内壁聚酰胺环氧树脂涂料卫生标准的分析方法
	GB/T 5009.80—2003	食品容器内壁聚四氟乙烯涂料卫生标准的分析方法
金属	GB/T 5009.72—2003	铝制食具容器卫生标准的分析方法
	GB/T 5009.81—2003	不锈钢食具容器卫生标准的分析方法
其他	GB/T 5009.62—2003	陶瓷制食具容器卫生标准的分析方法
	GB/T 5009.64—2003	食品用橡胶垫片(圈)卫生标准的分析方法

4.食品标签标准及其标签管理(包括商品条码)

食品标签是指在食品包装容器上或附在食品包装容器上的一切标签、吊牌、文字、图形、符号及其他说明物。食品标签是食品包装设计的重要内容,必须受到国家标准及法规的严格限制。这是因为,标签是商品的识别,具有引导和指导消费的功能,通过食品标签法规实施严格管理有助于防止伪劣商品的流通和防止误导和欺骗消费者,确保食品的卫生与安全,从而保护消费者的利益。

我国于1987年5月首次颁布《食品标签通用标准》,使包装食品的标签管理进入法制轨道。经过几年实践,为了与新颁布的相关法规保持一致并与国际接轨,先后于1994年、2004年和2011年进行了修订,现行的版本为《食品安全国家标准—预包装食品标签通则》(GB 7718—2011)。1995年6月国家技术监督局颁布通知,要求所有进口预包装食品要有中文标签,并实施申报认可制度。1996年国家经贸委、卫生部、国家技术监督局三部委联合签发《关于检查进口预包装食品标签的通知》,要求从同年9月1日起凡从各口岸进口的预包装食品都必须符合我国有关食品标签强制性国家标准,进口预包装食品的中文标签需经国家技术监督局、中华人民共和国卫生检验检疫局审核备案,标签应有食品名称、净含量、原产国家或地区名称。这一系列措施旨在保证食品市场的合法正常竞争,保护经营企业和广大消费者的权益。

我国食品包装标签、标志标准见表8-8。

表 8－8　食品包装标签、标志标准

标准代号	标准名称
GB 191—2008	包装储运图示标志
GB 6388—1986	运输包装收发货标志
GB 7118—2011	食品安全国家标准 预包装食品标签通则
GB 13432—2004	预包装特殊膳食用食品标签通则
GB 10344—2005	预包装饮料酒标签通则
QB/T 4631—2014	罐头食品包装、标志、运输和贮存
ZBX 08001—1987	食用淀粉包装、标志、运输、贮存标准
QB 1733.1—1993	花生制品的试验方法、检验规则和标志、包装运输贮存
QB/T 1804—1993	工业酶制剂通用检验规则和标志、包装运输、贮存
SB/T 10008—1992	冷冻饮品的检验规则、标志、包装、运输及贮存
GB/T 20977—2007	糕点通则
SB 116—1982	冰蛋品的包装、标志、运输、保管

复习思考题

1. 有关食品包装标准的国际性标准化组织有哪些？
2. ISO 涉及食品包装的技术委员会主要做哪些方面的工作？
3. 有关食品包装的指令主要有哪几类？主要内容是什么？
4. 我国食品包装标准主要有哪几类？怎样执行？
5. 我国食品标签标准有那些？

参考文献

[1]章建浩.食品包装学[M].北京:中国农业出版社,2009.

[2]刘喜生.包装材料学[M].长春:吉林大学出版社,2004.

[3]王建清.包装材料学[M].北京:国防工业出版社,2004.

[4]潘松年.包装工艺学[M].北京:印刷工业出版社,2005.

[5]王志伟.食品包装技术[M].北京:化学工业出版社,2008.

[6]柯贤文.功能性包装材料[M].北京:化学工业出版社,2004.

[7]章建浩.食品包装大全[M].北京:中国轻工业出版社,2000.

[8]M.贝克.包装技术大全[M].孙蓉芳,陈文贤,译.北京:科学出版社,1992.

[9]徐文达,程裕东,岑伟平,等.食品软包装材料与技术[M].北京:机械工业出版社,2003.

[10]骆光林.包装材料学[M].北京:印刷工业出版社,2006.

[11]陈黎敏.食品包装技术与应用[M].北京:化学工业出版社,2002.

[12]蔡惠平.肉制品包装[M].北京:化学工业出版社,2004.

[13]章建浩.食品包装技术[M].北京:中国轻工业出版社,2009.

[14]李大鹏.食品包装学[M].哈尔滨:哈尔滨地图出版社,2009.

[15]高晗,张露,赵伟民.食品包装技术[M].北京:中国科学技术出版社,2012.

[16]王利兵.食品包装安全学[M].北京:科学出版社,2011.

[17]李代明.食品包装学[M].北京:中国科学出版社,2008.

[18]高海生,李凤英.果蔬保鲜实用技术问答[M].北京:化学工业出版社,2004

[19]张欣.果蔬制品安全生产与品质控制[M].北京:化学工业出版社,2005.

[20]高德.实用食品包装技术[M].北京:化学工业出版社,2004.

[21]杨福馨.农产品保鲜包装技术[M].北京:化学工业出版社,2004.

[22]钱俊,王武林,余喜,等.特种包装技术[M].北京:化学工业出版社,2004.

[23]杨福馨,吴龙奇.食品包装实用新材料新技术[M].北京:化学工业出版社,2002.

[24]卢立新.果蔬及其制品包装[M].北京:化学工业出版社,2005.

[25]赵丽芹.果蔬加工工艺学[M].北京:中国轻工业出版社,2002.

[26]冯双庆.果蔬贮运学[M].北京:化学工业出版社,2008.

[27]生吉萍,申琳.果蔬安全保鲜新技术[M].北京:化学工业出版社,2010.

[28]陆兆新.果蔬贮藏加工及质量管理技术[M].北京:中国轻工业出版社,2004.

[29]赵晨霞.果蔬贮藏加工技术[M].北京:科学出版社,2004.

[30]洪鹏志,章超桦.水产品安全生产与品质控制[M].北京:化学工业出版社,2005.

[31]熊善柏.水产品保鲜储运与检验[M].北京:化学工业出版社,2007.

[32]林洪.水产品保鲜技术[M].北京:中国轻工业出版社,2001.

[33]汪之和.水产品加工与利用[M].北京:化学工业出版社,2003.

[34]刘红英.水产品加工与贮藏[M].北京:化学工业出版社,2006.

[35](英)G.M.霍尔.水产品加工技术(第二版)[M].夏文水,陈洁,吕兵,译.北京:中国轻工业出版社,2002.